你问我答学工控

学会西门子
S7-400 PLC 应用

主　编　沈子熊

参　编　贾永翠　张树敏　季　金　侯江薇
　　　　马子敬　赵宝全　梁春苗　张伯虎

中国电力出版社
CHINA ELECTRIC POWER PRESS

内 容 提 要

本书从实际应用和教学需要出发，采用问答形式，以西门子 S7-400 PLC 为例，由浅入深、循序渐进的介绍了 PLC 的基础编程语言、编程技术、组织块、PLC 控制系统的应用设计、工业通信网络的组态与编程及编程实例。

本书在编写过程中最大限度的降低学习难度，以提高读者的学习兴趣。全书层次分明，系统性强，注重理论联系实践，每章中都结合大量实例问题去讲解，便于读者学习。可作为电气自动化及相关专业技术人员和 PLC 初学者的入门读物及自学教材，也可作为电气类相关院校和培训学校师生的参考学习资料。

图书在版编目(CIP)数据

学会西门子 S7-400 PLC 应用/沈子熊主编. —北京：中国电力出版社，2015.3
(你问我答学工控)
ISBN 978-7-5123-6770-8

Ⅰ.①学… Ⅱ.①沈… Ⅲ.① plc 技术-问题解答
Ⅳ.①TM571.6-44

中国版本图书馆 CIP 数据核字(2014)第 268509 号

中国电力出版社出版、发行
(北京市东城区北京站西街 19 号　100005　http://www.cepp.sgcc.com.cn)
汇鑫印务有限公司印刷
各地新华书店经售

*

2015 年 3 月第一版　2015 年 3 月北京第一次印刷
710 毫米×980 毫米　16 开本　27.75 印张　491 千字
印数 0001—3000 册　定价 **65.00** 元

前　言

随着微处理器、计算机和数字通信技术的飞速发展，计算机控制已扩展到了几乎所有的工业领域。现代社会要求制造业对市场需求作出迅速的反应，生产出小批量、多品种、多规格、低成本和高质量的产品，为了满足这一要求，生产设备和自动生产线的控制系统必须具有极高的可靠性和灵活性，PLC 编程正是顺应这一要求出现的，它是以微处理器为基础的通用工业控制装置。

西门子 S7-400 PLC 是目前市场占有率较高的大型 PLC，在冶金、化工、汽车等行业的应用非常广泛。目前，国内有关 S7-400 PLC 方面的书籍很多，这些书各有特色，广泛阅读这些书籍无疑能极大地丰富 PLC 方面的知识，培养综合运用知识的能力。但是很多这类书籍存在着一个问题，那就是设计与测试脱节，有的书籍只是生搬硬套了 S7-400 PLC 标准说明，使读者无法提高实际运用的能力。鉴于这些原因，为了帮助广大读者尽快提高 S7-400 PLC 水平，作者根据自己多年的经验，用问答的形式编写了本书。

本书详细讲解了 PLC 基础编程语言；编程技术；组织块；PLC 控制系统的应用设计；工业通信网络的组态与编程；应用案例；网络通信实例；详细讲解过程控制实例等内容。全书层次分明，系统性强，注重理论联系实践，每章中都结合大量实例问题去讲解，便于读者学习。

本书可作为电气自动化及相关专业技术人员和 PLC 初学者的入门读物及自学教材，也可作为电气类相关院校和培训学校师生的参考学习资料。

本书由沈子熊任主编，贾永翠、张树敏、季金、侯江薇、马子敬、赵宝全、梁春苗、张伯虎参与了本书的编写工作。

由于作者水平和时间有限，书中还有很多不足之处，敬请广大读者谅解。

编　者

目 录

1

9

11

了解西门子 S7-400 PLC

问 1 **什么是可编程序控制器？**

答：可编程序控制器（Programmable Logic Controller）简称 PLC，是以微处理器为核心的工业自动化控制装置，被誉为现代工业生产自动化的三大支柱（PLC、机器人、CAD/CAM）之一。可编程序控制器从诞生至今已经超过 40 年，随着计算机技术、电子技术和通信技术的发展，其应用领域正逐步扩大，发展前景日益广阔，已经成为实现工厂自动化（FA）强有力的工具。

问 2 **PLC 应具备哪些条件？**

答：继电器控制系统是用弱电信号控制强电系统的控制方法，已有上百年的历史。在复杂的继电器控制系统中，故障的查找和排除困难，花费时间长。同时，当工业生产在工艺要求发生变化的情况下，控制柜内的元器件和接线需要做相应的变动时，改造工期长、费用高，以至于用户宁愿另外制作一台新的控制柜。1968 年，美国的通用汽车（GM）公司为了适应生产工艺不断更新的需要，要求寻找一种比继电器更可靠、功能齐全、响应速度更快的新型工业控制器，并从用户角度提出了新一代控制器应具备的 10 大条件，主要内容包括：

（1）编程简单，可在现场修改程序。

（2）维护方便，最好是插件式的。

（3）可靠性高于继电器控制柜。

（4）体积小于继电器控制柜。

（5）可将数据直接送入管理计算机。

（6）在成本上可与继电器控制柜竞争。

（7）输入可以是交流 115V（即用美国的电网电压）。

（8）输出为交流 115V、2A 以上，能直接驱动电磁阀。

（9）在扩展时，原有系统只需要很小的变更。

（10）用户程序存储器容量至少能扩展到 4KB（Byte，字节）。

GM 公司提出上述条件后，立即引起了开发的热潮。1969 年，美国数字设备（DEC）公司研制了世界上公认的第一台可编程序控制器，并应用于通用汽车

（GM）公司的自装配线上。控制器当时称为可编程序逻辑控制器，目的是取代继电器，以执行逻辑判断、定时、计数等顺序控制功能。紧接着，美国莫迪康（MODICON）公司也开发出同名的控制器。1971 年，日本从美国引进了这项新技术，很快研制成了日本第一台 PLC。1973 年，西欧国家也研制出它们的第一台 PLC。

我国从 1974 年也开始研制可编程序控制器，1977 年开始进入工业应用，最初是在引进设备中大量使用了 PLC，后来在各类企业的生产设备及产品中的应用不断扩大了 PLC 的应用范围。目前，我国已经可以生产中小型 PLC。

由于 PLC 当初主要用于逻辑控制、顺序控制，故称其为可编程序逻辑控制器。随着半导体技术，尤其是微处理器和微型计算机技术的发展，到 20 世纪 70 年代中期以后，特别是进入 20 世纪 80 年代以来，PLC 已广泛地使用 16 位甚至 32 位微处理器作为中央处理器，输入/输出模块和外部电路也都采用了中、大规模甚至超大规模的集成电路，使 PLC 在概念、设计、性能价格比以及应用方面都有了新的突破。这时的 PLC 已不仅仅具有逻辑判断功能，还具有数据处理、闭环回路调节、数据处理和通信功能，因此称为可编程序控制器更为合适，应简称为 PC，但为了与个人计算机（Personal Computer）的简称 PC 相区别，一般来说我们还是将它简称为 PLC。

问3 PLC 的定义是什么？

答： 国际电工委员会（IEC）于 1982 年 11 月颁发了 PLC 标准草案第一稿，1985 年 1 月颁发了第二稿，1987 年 2 月颁发了第三稿。在草案中对 PLC 的定义如下：

"PLC 是一种数字运算操作的电子系统，专为在工业环境下应用而设计。它采用了可编程序的存储器，用来在其内部存储和执行逻辑运算、顺序控制、定时、计数器和算术运算等操作命令，并通过数字式和模拟式的输入和输出，控制各种类型的机械或生产过程。PLC 及其有关外部设备，都按易于与工业系统连成一个整体，易于扩充其功能的原则设计。"

从 IEC 对 PLC 的定义中，我们可以从以下几个方面对 PLC 进行界定或者加以理解：

（1）PLC 的本质是"数字运算操作的电子系统"，目前已经是"微计算机系统"，它是一种用程序来改变控制功能的工业控制计算机，除了能完成各种各样的控制功能外，还有与其他计算机通信联网的功能。定义还强调了 PLC 可直接应用于工业环境，它须具有很强的抗干扰能力、广泛的适应能力和应用范围。这也是区别于一般微机控制系统的一个重要特征。

（2）这种工业计算机采用"面向用户的指令"，因此编程方便。它能完成逻辑运算、顺序控制、定时、计数和算术操作，它还具有"数字量和模拟量输入/输出控制"的能力，并且非常容易与"工业控制系统连成一体"。易于"扩充"。PLC 用于取代传统的继电器系统，是一种无触点设备，其编程的思想来源于继电器梯形图，因此它又属于电气控制的范畴。

（3）从应用领域来看，PLC 用于"控制各种类型的机械或生产过程"，改变程序即可改变生产工艺，因此可在初步设计阶段选用 PLC，可以使得设计和调试变得简单容易。在实施阶段再确定工艺过程，从制造生产 PLC 的厂商角度看，在制造阶段不需要根据用户的订货要求专门设计控制器，适合批量生产，PLC 是一种通用的自动化装置，其初衷是工业自动化控制，现在的应用已经发展到控制领域的各个方面。

应该强调的是，PLC 与以往使用的顺序控制器在"可编程序"方面有质的区别，PLC 引入了微处理器及半导体存储器等新一代电子器件，并用规定的指令进行编程，能灵活地修改，即用软件方式来实现"可编程序"的目的。

PLC 是微机技术与继电器在控制技术相结合的产物，其基本设计思想是把计算机功能完善、灵活、通用等优点和继电器控制系统的简单易懂、操作方便、价格便宜等优点结合起来，控制器的硬件是标准的、通用的。根据实际应用对象，将控制内容编成软件写入控制器的用户程序存储器内，PLC 克服了继电器接触器控制系统中机械触点的接线复杂、可靠性低、功耗高、通用性和灵活性差的缺点，充分利用微处理器的优点，并将控制器和被控对象方便地连接起来。由于这些特点，PLC 问世以后很快受到工控界的欢迎，并得到迅速发展。目前，PLC 已成为工厂自动化的强有力工具，得到了广泛的应用，在工厂里被称为"蓝领计算机"。

问 4　PLC 的技术发展概况是怎样的？

答：限于当时的元器件条件及计算机发展水平，早期的 PLC 主要由分立元器件和中小规模集成电路组成，可以完成简单的逻辑控制及定时、计数功能。20 世纪 70 年代初出现了微处理器，人们很快将其引入 PLC，使 PLC 增加了运算、数据传送及处理等功能，完成了真正具有计算机特征的工业控制装置。为了方便熟悉继电器、接触器系统的工程技术人员使用，PLC 采用和继电器电路图类似的梯形图作为主要编程语言，并将参加运算及处理的计算机存储元器件都以继电器命名。此时的 PLC 为微机技术和继电器常规控制概念相结合的产物。

20 世纪 70 年代中末期，PLC 进入实用化发展阶段，计算机技术已全面引入 PLC 中，使其功能发生了飞跃。更高的运算速度、超小型体积、更可靠的工业抗干扰设计、模拟量运算、PID 功能及极高的性价比奠定了它在现代工业中的地位。20 世纪 80 年代初，PLC 在先进工业国家中已获得广泛应用。这个时期 PLC 发展的特点是大规模、高速度、高性能、产品系列化。这个阶段的另一个特点是世界上生产 PLC 的国家日益增多，产量日益上升，这标志着 PLC 已步入成熟阶段。

20 世纪末期，PLC 的发展特点是更加适应于现代工业的需要。从控制规模上来说，这个时期发展了大型机和微型机；从控制能力上来说，诞生了各种各样的特殊功能单元，用于压力、温度、转速、位移等各式各样的控制场合；从产品的配套能力来说，生产了各种人机界面单元、通信单元，使应用 PLC 的工业控制设备的配套更加容易。目前，PLC 在机械制造、石油化工、冶金钢铁、汽车、轻工业等行业的应用都得到了长足的发展。

PLC 已经大量地应用在楼宇自动化、家庭自动化、商业、公用事业、测试设备和农业等领域，并涌现出大批应用 PLC 的新型设备。掌握 PLC 的工作原理，具备设计、调试和维护 PLC 控制系统的能力，已经成了现代工业对电气技术人员基本要求。

问 5 PLC 的特点有哪些？

答： PLC 具有控制功能强、可靠性高、使用灵活方便、易于扩展、兼容性强等一系列优点。

（1）可靠性高，抗干扰能力强。高可靠性是电气控制设备的关键性能。PLC 由于采用现代大规模集成电路技术，采用严格的生产工艺制造，内部电路采取了先进的抗干扰技术，具有很高的可靠性。例如，三菱公司生产的 F 系列 PLC 平均无故障时间（MTBF）高达 30 万 h 以上。一些使用冗余 CPU（Central Processor Unit，中央处理器）的 PLC 的平均无故障工作时间则更长。从 PLC 的外部电路来说，使用 PLC 构成的控制系统与同等规模的继电接触器系统相比，电气接线及开关触点已减少到数百甚至数千分之一，故障也就大大降低。此外，PLC 带有硬件故障自检测功能，出现故障时可及时发出警报信息，在应用软件中，还可以编写外部元器件的故障自诊断程序，使系统中除 PLC 以外的电路及设备获得故障自诊断保护。这样，整个系统具有极高的可靠性也就不足为奇了。

（2）配套齐全，功能完善，适用性强。PLC 发展到今天，已经形成了大、中、小各种规模的系列化产品，可以用于各种规模的工业控制场合。除了逻辑处理功能以外，现代 PLC 大多具有完善的数据运算能力，可用于各种数字控制领域。近年来 PLC 的功能单元大量涌现，使 PLC 渗透到了位置伺服控制、温度控制、计算机数控（CNC）等各种工业控制中，加上 PLC 通信能力的增强及人机界面技术的发展，使用 PLC 组成各种控制系统变得非常容易。

（3）易学易用，深受工程技术人员欢迎。PCL 作为通用工业控制计算机，是面向工矿企业的工控设备。它的接口扩展容易，编程语言易被工程技术人员接受。梯形图语言的图形符号与表达方式和继电器电路图相当接近，只用 PLC 的少量开关量逻辑控制指令就可以方便地实现继电器电路的功能，为不熟悉电子电路、不懂计算机原理和汇编语言的人使用计算机从事工业控制打开了方便之门。

（4）系统设计、构建工作量小，维护方便，改造容易。PLC 用存储逻辑代替接线逻辑，大大减少了控制设备外部的接线，使控制系统设计及建造的周期大为缩短，同时维护也变得容易起来。更重要的是使同一设备通过改变程序从而改变生产过程成为可能。这很适合多品种、小批量的生产场合。

（5）体积小，质量轻，能耗低。以超小型 PLC 为例，新近推出的品种底部尺寸小于 100mm，质量小于 150g，功耗仅有数瓦。由于体积小，很容易装入机械内部，是实现机电一体化的理想控制设备。

问 6 PLC 的应用领域有哪些？

答： 目前，PLC 已广泛应用于钢铁、石油、化工、电力、建材、机械制造、汽车、轻纺、交通运输、环保及文化娱乐等各个行业。现代 PLC 已经不仅仅具有逻辑判断和顺序控制功能，还有数据处理、PID 调节和通信联网等功能。PLC 的主要应用领域可以归纳为如下几类：

（1）开关量逻辑控制。这是 PLC 最基本、最广泛的应用领域，它取代传统的继电器电路，实现逻辑控制、顺序控制，既可用于单台设备的控制，也可用于多机群控及自动化流水线，如注塑机、印刷机、订书机械、组合机床、磨床、包装生产线、电镀流水线等。

（2）运动控制。PLC 可以用于圆周运动或直线运动的控制。从控制机构配置来说，从早期直接用于开关量 I/O 模块连接位置传感器和执行机构，到现在一般使用专用的运动控制模块，如可驱动步进电动机或伺服电动机的单轴或多轴位置控制模块。世界上各主要 PLC 生产厂家的产品几乎都有运动控制功能，广泛用于各种机械、机床、电梯、机器人等场合。

（3）过程控制。过程控制是指对温度、压力、流量和物位等慢速连续模拟量的闭环控制。为了使 PLC 处理模拟量，必须实现模拟量（Analog）和数据

（Digital）之间的 A/D 转换及 D/A 转换。主要 PLC 生产厂家都生产配置的 A/D 转换模块和 D/A 转换模块，使 PLC 可以用于控制模拟量。作为工业控制计算机，PLC 能编制各种各样的控制算法程序，完成闭环控制。PID 调节是一般闭环控制系统中用得较多的调节方法，大、中型 PLC 都有 PID 模块，目前许多小型 PLC 也具有这种功能模块。PID 处理一般是 PLC 内部运行专用的 PID 子程序，过程控制在冶金、化工、热处理、锅炉控制等场合有着非常广泛的应用。

（4）数据处理。现代 PLC 具有数学运算（含矩阵运算、函数运算、逻辑运算）、数据传送、数据转换、排序、查表、位操作等功能，可以完成数据的采集、分析及处理。这些数据可以与存储在存储器中的参考值比较，完成一定的控制操作，也可以利用通信功能传送到别的智能装置，或将它们打印制表。数据处理一般用于大型控制系统，如无人控制的柔性制造系统；也可用于过程控制系统，如造纸、冶金、食品工业中的一些大型控制系统。

（5）通信联网。PLC 通信包括 PLC 间的通信及 PLC 与其他智能设备间的通信。随着计算机控制系统的发展，工厂自动化网络发展迅猛，各 PLC 生产厂家十分重视 PLC 的通信联网功能，纷纷推出各自的网络系统，新近生产的 PLC 都具有通信网络接口，通信非常方便。

问7　国内外 PLC 主要生产厂家有哪些？

答：PLC 自问世以来经过几十年的发展，在工业发达国家（如美国、日本、德国等）已成为重要的产业之一，新的生产厂家不断涌现，PLC 的品种多达几百种。

我国大量应用 PLC 始于 20 世纪 80 年代，一些大中型工程项目引进的生产流水线上采用了 PLC 控制系统，使用后取得了明显的经济效益，从而促进了国内 PLC 的发展和应用。目前，国内 PLC 的应用已取得了许多成功的经验和成果，证明了 PLC 是大有发展前途的工业控制装置，它与 DCS、SCADA、计算机网络系统相互集成、互相补充而形成的综合系统将得到更加广泛的应用。

近 10 年来，随着 PLC 价格的不断降低和用户需求的不断扩大，越来越多的中小设备开始采用 PLC 进行控制。目前国产 PLC 厂商众多，主要集中于北京、浙江、江苏、深圳和我国台湾地区，品牌主要包括和利时、信捷、厦门海为、步科电气（凯迪恩）、黄石科威、北京安控、南京嘉华、上海正航、德威林（矩形科技）、欧辰、科威等，我国台湾地区的品牌包括永宏、台达、盟立、士林、丰炜、智国、台安。

在全世界上百个 PLC 制造厂中，有几家举足轻重的公司，它们是美国

Rockwell 自动化公司所属的 A. B（Allen & Bradly）公司，美国 GE-Fanuc 公司，德国的西门子（Siemens）公司，法国的施耐德（Schneider）自动化公司，日本的三菱公司和欧姆龙（MORON）公司。这几家公司控制着全世界 80％以上的 PLC 市场，它们的系列产品有其技术广度和深度，机型涵盖微型 PLC 到有上万个 I/O（输入/输出）点的大型 PLC。

德国的西门子，美国的 A-B、GE-Fanuc、MODICON，法国的 TE 和日本的三菱、欧姆龙七家公司占有着全世界 PLC 市场 80％以上的份额，它们的系列产品有其技术广度和深度，从售价为 100 美元左右、几十点的微型 PLC 到数千点的大型 PLC 应有尽有。

在小型 PLC 中，日本各厂家占领的市场份额最大，其结构型式的优点也较为突出，因而其他国家小型 PLC 的结构型式也都以日本的产品为基准。大中型 PLC 市场份额基本上被美国和欧洲国家的产品占领。其中，西门子公司的 SIMATIC S7 系列 PLC 在我国各个行业领域中已有广泛应用，其大型 PLC（S7-400 系列）凭借功能强大、软硬件资源丰富、使用灵活、扩展方便和全集成自动化（Totally Intergrated Automation，TIA）等诸多优点，目前在我国应用较广，市场占有率较高。

问 8　PLC 的发展趋势表现在哪几个方面？

答：在 21 世纪 PLC 将会有更大的发展，从技术上看，计算机技术的新成果会更多地应用于 PLC 的设计和制造上，会有运算速度更快、存储容量更大、智能更强的品种出现；从产品规模上看，会进一步向超小型及超大型方向发展；从产品的配套性上看，产品的品种会更丰富、规格会更齐全，完美的人机界面、完备的通信设备会更好地适应各种工业控制场合的需求；从市场上看，各国各自生产多品种的局面会随着国际竞争的加剧而被打破，会出现国际通用的编程语言；从网络的发展情况来看，PLC 和其他工业控制计算机组网构成大型的控制系统，是 PLC 技术发展的一个方向。

现代 PLC 的发展有两个重要趋势：其一是向体积更小、速度更快、功能更强和价格更低的微小型方面发展；其二是向大型网络化、高可靠性、好的兼容性和多功能性方面发展。具体说，其发展趋势表现在下列几个方面：

（1）向小型化发展。在提高系统可靠性的基础上，PLC 产品的体积越来越小，速度加快，功能越来越强，而价格降低。从整体结构向小型模块化方向发展，增加了配置的灵活性，将更加广泛地取代常规的继电器控制。

（2）向大型化方向发展。目前大中型 PLC 的 CPU 已经从早期的 1 位、8

位、16 位朝着 32 位、64 位发展，时钟频率已经达到几百兆赫兹，运算速度大大提高，部分 PLC 从单 CPU 处理向多 CPU 的并行处理发展，速度可以达到 0.2ms/千步，存储区容量也成倍增加，同时具有高可靠性、网络化和智能化的特点。现代大型 PLC 都具有强大的通信功能，通过专用或者开放的通信协议（如已经得到广泛应用的西门子公司的 PROFIBUS、三菱公司 CC-Link、AB 公司的 DeviceNet 现场总线等），可以将 PLC 系统的控制功能和信息管理功能源为一体，使之能对大规模、复杂系统进行综合性的自动控制。同时 PLC 开始向过程控制和 CNC 渗透和发展，使得 PLC 和 DCS、CNC 之间已经没有明显的界线。

（3）编程语言和编程工具的多样化、高级化和标准化。在 PLC 系统结构不断向前发展的同时，编程工具和编程语言也随着硬件和软件的发展而不断发展。目前 3 种 PLC 编程语言占主导地位：标准的继电器梯形图语言、顺序功能图语言和模仿过程流程的功能块图语言。另外新的编程语言不断出现，现在有部分 PLC 已经采用高级语言，如 BASIC 语言、C 语言等。为了统一 PLC 的编程，IEC 于 1993 年发布了 IEC 61131 标准，它是有关 PLC 的硬件、安装、实验、编程、通信等方面的国际标准。其中 IEC 61131-3 是 PLC 标准编程语言，它总共规定了 5 种编程语言。其中，3 种是图形化语言，2 种是文本化语言。图形化语言有梯形图（Ladder Diagram，LD）、顺序功能图（Sequential Function Chart，SFC）、功能块图（Function Block Diagram，FBD）；文本化语言有指令表（Instruction List，IL）和结构文本（Structured Text，ST）。IEC 并不要求每个产品都运行上述全部 5 种语言，可以只运行其中一种或者几种，但是必须符合标准。以往各个 PLC 生产厂家的产品互相不开放，而且各个厂家的硬件各异，其编程方法也各不相同，用户每使用一种 PLC 时，不但要重新了解其硬件结构，同时必须重新学习编程方法及其规定。IEC 61131 的推出和实施，打破了以前各个 PLC 生产厂家的产品相互不兼容的局限性。近期生产的 PLC 大都兼容 IEC 61131-3 标准，加速了 PLC 的应用和开发。

（4）发展智能模块。智能输入/输出模块具有 CPU、RAM 等，可以和 PLC 的 CPU 并行工作，提高了 PLC 的速度和效率。各种智能模块在不断的推出，如高速计数模块、PID 回路调节模块、远程 I/O 模块、通信和人机接口模块、专用数控模块等，使 PLC 的高速计数、过程控制、通信等功能大大加强，在可靠性、适应性、扫描速度和控制精度等方面对 PLC 有较大的提升。

（5）向网络化方向发展，实现通信的简单易用化。加强 PLC 的联网能力成为 PLC 的主要发展趋势，PLC 的联网包括 PLC 之间、PLC 和计算机与其他智能设备之间的联网。PLC 的生产厂家都在使自己的产品与制造自动化通信协议标准（MAP）兼容，从而使不同的 PLC 之间可以相互通信，PLC 与计算机之间的连网能进一步实现计算机辅助制造（CAM）和计算机辅助设计（CAD）。

目前，有的厂商的 PLC 使用专用的通信协议来通信，或使用有较多厂商支持的通信协议和通信标准，如使用现场总线。为了尽量减少用户在通信编程方面的负担，PLC 厂商做了大量工作，使设备之间的通信自动周期性进行，不需要用户为通信编程，用户的工作只是在组成系统时做一些硬件或软件上的初始化设置。

PLC 与计算机通信时，如采用标准的通信协议，PLC 一侧的编程工作量不大，如采用 GE-Fanuc 公司的 RTU 协议时，PLC 作为从站，计算机作为主站，只有计算机能主动发出命令，PLC 收到后返回响应帧。PLC 的响应帧（包括其中的 CRC 校验字）是自动生成的，计算机发出命令的则需要用户编程。

（6）组态软件在上位机与 PLC 通信中的应用。相当多的大中型控制系统都采用 PC（上位计算机）加 PLC 的方案，通过串行通信接口或网络通信模块交换数据信息，以实现分散控制和集中管理，上位计算机主要完成数据通信、网络管理、人机界面（HMI）和数据处理的功能。数据的采集和设备的控制一般由 PLC 等现场设备完成。

使用 DOS 操作系统时，设计一个美观漂亮、使用方便的人机界面是非常困难和费时的。在 Window 操作系统下，使用 VC＋＋、VB 和 Delphi 等可视化编程软件，可以用较少的时间设计出较理想的人机界面。但是与种类繁多的现场设备的通信仍然比较麻烦，以致现在杂志上还在大量刊登有关这方面内容的文章。实现人机界面与现场设备互动的程序的设计也比较复杂。

为了解决上述问题，用于工业控制的组态软件应运而生。国际上比较著名的组态软件有 InTouch 和 iFix 等，国内也涌现出了组态王、MCGS、紫金桥和力控等一批组态软件。有的 PLC 生产厂家也推出了自己的组态软件，如西门子公司的 WinCC 和 GE-Fanuc 公司的 CIMPLICITY 等。组态软件预装了计算机与各主要厂家的 PLC 通信的程序，用户只需做少量的设置就可以实现 PLC 与计算机的通信。用户可以用鼠标操作迅速地生成与 PLC 交换信息的、美观的人机界面（包括复杂的画面、动画和画线等），画面上可以设置各种按钮、指示灯显示或输入数字或元器件的字符，还可以用电位器、指针表、拨码开关、光柱等形象的元器件来显示 PLC 中的数据。通过设置这些显示和输入元器件可以很容易地与 PLC 中编程元器件联系起来。使用组态软件可以大量地减少设计上位计算机程序的工作量，缩短开发周期，提高系统的可靠性。

（7）基于上位计算机的 PLC、软逻辑 PLC 和嵌入式 PLC。近年来，计算机软件和硬件技术的迅速发展，推动了自动控制技术的一系列的新发展，目前有许多工业控制产品、机电一体化产品，开始转向以上位计算机为平台的控制方式，近期推出的 PLC 产品已采用 Window 作为编程和操作的平台，PLC 结构从整机和模块式发展到直接使用高性能工业控制机实现软逻辑 PLC，或者在 PLC 系统中使用实时嵌入式操作系统（Real-time Embed Operation System），如 Window CE\RTLinux 等，嵌入式 PLC 和软逻辑 PLC 也已经面世，并应用于工业控制领域。PLC 的通信连网功能使它能与个人计算机和其他智能控制设备交换数字信息，使系统形成一个统一的整体，实现分散控制和集中管理。通过双绞线、同轴电缆或光纤连网，信息可以传送到几十千米远的地方，通过 Modem 和互联网可以与世界上其他地方的计算机装置通信。

问 9　PLC 自动化网络有什么特点？

答：目前在工业控制中，按控制系统的体系结构来划分，其主要有三大控制系统，即 PLC 控制系统、集散控制系统（Distributed Control System，DCS）和现场总线控制系统（Fieldbus Control System，FCS）。而在 DCS 和 FCS 中，也常常会有 PLC 的应用。

PLC 是由继电器逻辑控制系统发展而来的，初期主要用于代替继电器控制系统，侧重于开关量逻辑控制和顺序控制方面。后来，随着微电子技术、大规模集成电路技术、计算机技术和通信技术的发展，PLC 在技术上和功能上发生了极大的变化，在开关量逻辑控制的基础上，增加了数值计算、闭环调节等功能，系统增加了模拟量和 PID 调节等特殊功能模块，实现了开关量逻辑控制、顺序控制和过程控制的完美结合，运算速度有了极大的提高。新型 PLC 的 CPU 在性能上已经赶上了工业控制机；具有各种丰富的智能 I/O 模块；通信功能强大，实现了 PLC 之间、PLC 与上位计算机之间以及 PLC 与其他智能设备间的通信，由此发展出了多种局部总线和网络，也可构成集散控制系统。PLC 网络既可作为独立的 DCS，也可作为 DCS 的子系统。目前比较流行的 PLC 网络有 SIEMENS 公司的 SINEC-LI、SINEC-HI、S4、S5、S6、S7 等；GE 公司的 GENET；三菱公司的 MEISECNET/10、MELSECNET/H。PLC 作为自动化控制网络和国际通用网络的重要组成部分，将在工业及工业以外的众多领域发挥越来越大的作用。

问 10　现场总线技术的特点是什么？

答：目前，现场总线技术在工业生产自动化中得到了极大的发展和应用。现在看来，FCS 是继 DCS 之后控制系统结构上的又一次重大变革，其必将成为工业自动化发展的主路，会对工业自动化的各个领域的发展产生极其深远的影响。现场总线是连接智能现场设备和自动化系统的数字式、双向传输、多分支结构的通信网络。也有将现场总线定义为：用在生产现场，在智能测控设备之间实现双向串行多节点数字通信的系统，称为开放式、数字化、多点通信的低成本底层控制系统。利用现场总线既能传输现场总线上仪表设备与上位计算机的通信信号，还能为现场总线上的智能传感器/变送器、智能执行器、PLC、可编程调节器等装置供电。现场总线是一种开放式的互联网，它可与同层网络相连，也可与不同层网络相连，只要配有统一的标准数字化总线接口并遵守相关通信协议的智能设备和仪表，都能并列地接入现场总线。开放式、数字式和网络化结构的现场总线控制系统，由于具有成本低、组合扩展容易、安装及维护简便等显著优点，从问世就在生产过程自动化领域引起极大的关注。其主要特点如下：

（1）开放性。现场总线的开放性有几层含义。一是指相关标准的一致性和公开性，一致开放的标准有利于不同生产厂家设备之间的互连与替换。二是系统集成的透明性和开放性，用户进行系统设计，集成和重构的能力大大提高。三是产品竞争的公正性和公开性，用户可按自己的需要和评价，选用不同生产厂家的产品组成大小随意的系统。

（2）交互性。现场总线设备的交互性有几层含义。一是指上层网络与现场设备之间具有互沟通的能力。二是指现场设备之间具有互通能力，也就是具有互操作性。三是指不同生产厂家的同类设备可以相互替换，也就是具有互换性。

（3）自治性。由于智能仪表将传感测量、补偿计算、工程量处理与控制等功能下放到现场设备中完成，因此一台单独的现场设备即具有自动控制的基本功能，可以随时诊断自己的运行状况，实现功能的自治。

（4）适应性，安装在工业生产第一线的现场总线是专为恶劣环境而设计的，对现场环境具有很强的适应性，具有防电、防磁、防潮和较强的抗干扰能力，可满足本质安全防爆要求，可支持多种通信介质，如双绞线、同轴电缆、光缆、射频、红外线、电力线等。

另外，由于投入门槛的降低和重构灵活性的提高，使得现场总线的资产投入不会产生沉淀而浪费，大大提高了经济性。此外，由于现场设备的开放性，设备价格不会被生产厂家垄断；由于现场设备的互换性，备品库也可大大降低。

自 20 世纪 80 年代中期以来，世界上有许多企业、集团和国家开展现场总线标准的研究，并出现了多种有影响的现场总线标准。这些现场总线标准自身都有自身的特点，并在特定范围内产生了非常大的影响，显示出了较强的生命力，目前，典型的现场总线主要有 FF、PROFIBUS、CAN、LonWorks、CC-Link 和 HART 等。

问 11 DCS 的特点是什么？

答：集散控制系统（DCS）在前面已经有所介绍，这里不再具体介绍。概括起来讲，DCS 的核心是通信。也可以说，数据通路是集散控制系统的脊柱。由于它的任务是为系统所有部件之间提供通信网络，因此，数据通路自身的设计就决定了总体的灵活性和安全性。数据通路的媒体可以是一对绞线、同轴电缆或光纤电缆。通过数据通路的设计参数，基本上可以了解一个特定 DCS 的相对优点与弱点。DCS 的设计开发主要关注的是系统能处理多少 I/O 信息；系统能处理多少与控制有关的控制电路的信息；能适应多少用户和装置（CRT、控制站等）；传输数据的完整性是怎样彻底检查的；数据通路的最大允许长度是多少；数据通路能支持多少支路；数据通路是否能支持由其他制造厂生产的硬件（PLC、计算机、数据记录装置等）。为保证通信的完整性，大部分 DCS 厂家都能提供冗余数据通路。

为了保证系统的安全性，使用了复杂的通信规约和检错技术。所谓通信规约就是一组规则，用于保证所传输的数据被接收，并且被理解得和发送数据一样。

问 12 FCS 的特点是什么？

答：（1）FCS 的核心是总线协议，即总线标准。一种类型的总线，只要其总线协议一经确定，相关的关键技术与有关的设备也就被确定。就其总线协议的基本原理而言，各类总线都是一样的，都以解决双向串行数字化通信传输为基本依据，但由于各种原因，各类总线的总线协议存在很大的差异。为了使现场总线满足可互操作性要求，使其成为真正的开放系统，目前通过的现场总线国际标准有 8 种类型，而原 IEC 国际标准只是 8 种类型之一，与其他 7 种类型总线的地位是平等的。其他 7 种总线，不论其市场占有率有多少，每个总线协议都有一套软件、硬件的支撑。它们能够形成系统，形成产品。所以，要实现这些总线的相互兼容和互操作，就目前状态而言，几乎是不可能的。通过上面的叙述我们知道，开放的 FCS 的互操作性，是就一个特定类型的现场总线而言的，只要遵循该类型现场总线的总线协议，对其产品就是开放的，并具有互操作性。换句话说，不论什么厂家的产品，也不管是否是该现场总线公司的产品，只要遵循该总线的总线协议，产品之间就是开放的，并具有互操作性，就可以组成总线网络。

（2）FCS 的基础是数字智能现场装置。数字智能现场装置是 FCS 系统的硬件支撑，是基础。FCS 系统执行的是自动控制装置与现场装置之间的双向数字通信现场总线信号制。如果现场装置不遵循统一的总线协议，即相关的通信规约，不具备数字通信功能，那么所谓双向数字通信只是一句空话，也就不能称之为现场总线控制系统。另外，现场总线的一大特点就是要增加现场一级控制功能。如果现场装置不是多功能化的产品，那么 FCS 的特点也就不存在了，所谓简化系统、方便设计、利用维护等优越性也是不可能的。

（3）FCS 的本质是信息处理现场化。对于一个控制系统，无论是采用 DCS 还是采用 FCS，系统需要处理的信息量是一样多的。实际上，在采用 FCS 控制以后，可以从现场得到更多的信息。FCS 的信息量没有减少，甚至增加了，而传输信息的线缆却大大减少了。这就要求一方面要大大提高线缆传输信息的能力，另一方面要让大量信息在现场就地完成处理，减少现场与控制机房之间的信息往返。可以说现场总线的本质就是信息处理的现场化。

通过使用现场总线，用户可以大量减少现场接线，用单个现场仪表可实现多变量通信，不同制造厂家生产的装置间可以进行互操作，增加现场一级的控制功能，系统集成大大简化，并且维护十分简便。

问 13　PLC 与 DCS 的区别是什么？

答： PLC 是由继电器逻辑控制发展而来的，所以它在开关量处理、顺序控制方面具有一定的优势，发展初期主要侧重于开关量顺序控制。DCS 则是由回路仪表系统发展而来的，它在回路调节、模拟量控制方面具有一定的优势，发展初期主要侧重于回路调节功能。

随着计算机技术的发展，PLC 增加了数值运算、PID 闭环调节功能，并开始与 PC 或小型计算机联网，PLC 本身也可以构成网络系统，组成分级控制，实现 DCS 所完成的功能。而 DCS 也加强了开关量顺序控制功能，可以使用梯形图语言。由此可见，PLC 与 DCS 在发展过程中始终是互相渗透、互为补充的，彼此越来越接近。实际上，很多工业生产过程既可以用 PLC 控制，也可以用 DCS 控制。就自动化控制系统的发展趋势来看，全分布式计算机控制系统必然会得到迅速发展，它将发挥几种典型控制系统体系自身的优势，并把它们有机地结合起来，形成一种新型的全分布式计算机控制系统。

问 14　DCS 与 FCS 的区别是什么？

答：（1）DCS 是个大系统，其控制器功能强而且在系统中的作用十分重要，数据通路更是系统的关键，所以，必须整体投资一步到位，事后的扩容难度较大。而 FCS 功能下放较彻底，信息处理现场化，数字智能现场装置的广泛采用，使得控制器功能与重要性相对减弱。因此，FCS 投资起点低，可以边使用、边扩展、边投入运行。

（2）DCS 是封闭式系统，各公司产品基本不兼容，而 FCS 是开放式系统，用户可以选择不同厂商、不同品牌的各种设备连入现场总线，从而达到最佳的系统集成。

（3）DCS 的信息是数字信号和模拟信号，必须有 D/A 转换与 A/D 转换，而 FCS 是全数字化的，免去了 D/A 转换与 A/D 转换，高集成化，高性能，使系统的精度大大提高。

（4）FCS 可以将 PID 闭环控制功能装入变送器或执行器中，缩短了控制周期，目前 FCS 可以从 DCS 的每秒 2～5 次提高到每秒 10～20 次，从而改善调节性能。

（5）DCS 可以控制和监视工艺全过程，对自身进行诊断、维护和组态。但是，由于自身的弱点，其 I/O 信号采用传统的模拟量信号，因此，它无法在 DCS 工程师站上对现场仪表（含变送器、执行器等）进行远程诊断、维护和组态。FCS 采用全数字化技术，智能数字现场装置发送多变量信息，而不仅仅是单变量信息，并且还具备检测信息差错的功能。另外 FCS 采用的是双向数字通信现场总线信号制，因此，它可以对现场装置（含变送器、执行机构等）进行远程诊断、维护和组态。FCS 的这些优点是 DCS 无法比拟的。

（6）FCS 由于信息处理现场化，与 DCS 相比可以省去相当数量的隔离器、端子柜、I/O 终端、I/O 卡件及 I/O 柜，同时也减少 I/O 装置，从而节省了装置室的空间与占地面积。

（7）FCS 可以大量减少电缆与敷设电缆用的桥架等，同时节省了设计、安装和维护费用。

（8）FCS 相对于 DCS 组态简单，由于结构、性能标准化，便于安装、运行、维护。

用于过程控制或者说用于模拟量连续过程类的 FCS，在设计开发中应重点考虑的问题主要包括如下几个方面。要求总线具有本质安全防爆功能，而且是非常重要的。基本监控如温度、压力、物位等，这些物理量的变化是缓慢的，而且还有滞后效应，因此，节点监控并不需要快速的响应时间，但要求有复杂的模拟量处理能力。这一物理特征决定了系统多采用主-多之间的集中轮询制，这在技术上是合理的，在经济上是有利的；温度、压力、流量、物位等参数的测量，其物理原理是经典的，但传感器、变送器及控制器向着数字智能化发展，作为针对模拟量连续过程类及其仪器仪表而开发的 FCS，应侧重于低速总线的设计完善。

问 15 三种控制系统的发展展望是什么？

答： 我们已经知道，有的 FCS 是由 PLC 发展而来的，有的 FCS 是由 DCS 发展而来，那么，FCS 已走向实用化，PLC 与 DCS 的前景又将如何呢？

美国在 20 世纪 60 年代末期首先设计出了 PLC，目的是取代继电器，执行逻辑、定时、计数等逻辑和顺序控制功能，建立柔性的程序控制系统。PLC 经过 40 多年的发展，已经十分成熟与完善，并已经具有了闭环模拟量的控制功能。PLC 在 FCS 中的地位已被确定，目前并无多少争论，在 IEC 推荐的 FCS 系统体系结构中，PLC 常常作为一个站挂在高速总线上。

自 1973 年提出第一台以微处理器为基础的控制器以来，DCS 逐步完善，并最终形成功能齐全、安全可靠的分散控制系统，它的性能大大优于以往任何一种控制系统。它还可以通过工业以太网建立管理层网络，以满足工厂自动化越来越高的加强管理的要求。

但是，自从有 FCS，并于 20 世纪 90 年代走向实用化以来，近年来有不少学者和专家认为："从现在起，新的 FCS 将逐渐取代传统的 DCS"；"当调节功能下放到现场去以后，传统的 DCS 就没有存在的必要而会自动消失"；"今后 10 年，传统的 4～20mA 模拟信号将逐步被双向通信现场总线信号所取代，模拟与数字的分散型控制系统将更新换代为全数字 FCS"等。这些论点归纳为一个观点就是，FCS 将取代 DCS，而 DCS 将从此消亡。

上述论点有其一定的依据。首先，数字通信是一种趋势，代表了技术进步的方向，是任何人都阻挡不了的。现场总线双向数字通信信号以及由此而产生的巨大推动力，加速了现场装置与控制仪表的变革，并促进开发出越来越多的功能完善的数字智能现场装置，这些都是 DCS 所不具备的，而由此产生的优越性以及给系统的设计、配置、组态、运行、维护和管理等方面带来的效益也是 DCS 所不及的。其次，FCS 是由 DCS 和 PLC 发展而来，它保留了 DCS 的特点，或者说 FCS 吸收了 DCS 多年开发研究及现场实践的经验，当然也包括教训。由此得出结论——FCS 将取代 DCS 似乎有其必然性。

但是，我们同时也应该看到，DCS 的发展也已经历了 30 多年，在电力、石油、化工等诸多领域有着广泛应用，它的设计思想、组态配置、功能匹配等已经达到了比较完善的程度，并且现在在 FCS 中也有所体现。从这个角度来看，似乎还不能说 DCS 就此消亡，在那些 FCS 不能充分发挥其特点和优越性的领域中，DCS 仍有用武之地。

综上所述，首先，正如目前的 DCS 与新型的 PLC，由于多年的开发研究除各自保留自身原有的特点外，又相互补充、相互融合形成新的系统。现在的 DCS 早已不是当初的 DCS，同样，目前的 PLC 也非早期的 PLC 所能比拟的。我们现在武断地说 DCS 取代了 PLC，或者说 PLC 取代了 DCS，显然都是不合乎实际情况的。其次，随着 FCS 的出现，DCS 并不会随之而立即消亡，而往往是将过去处于控制系统中心地位的 DCS 移到现场总线的一个站点上。可见，DCS 和 FCS 也是在相互融合，各自取长补短的。目前，不少典型的控制系统采用 FCS 作为控制系统的体系结构，以 PLC 作为控制系统底层的核心控制器，并且进一步拓展了 DCS 的控制思想，进而实现了一种全分布式控制的新型控制思想。

问 16 PLC 的主要技术指标是什么？

答：PLC 的种类很多，用户可以根据控制系统的具体要求选择不同技术性能指标的 PLC。PLC 的技术性能指标主要有以下几个方面：

（1）输入/输出点数（I/O 点数）。PLC 的 I/O 点数是指外部输入和输出端子数量的总和，它是描述 PLC 控制规模大小的一个重要的技术指标。通常来讲，小型的 PLC 有几十点，中型的 PLC 有几百点，大型的 PLC 会超过上千点。

（2）存储容量。PLC 的存储器由系统程序存储器、用户程序存储器和数据存储器三部分组成。PLC 存储容量通常指用户程序存储器，它表征系统提供给用户的可用资源，是系统性能的一项重要技术指标。在欧美国家生产的 PLC 中，通常用 K 字（KW）或 K 字节（KB）来表示，也有的 PLC 直接用所能存放的程序量表示。而在日本生产的 PLC 中，程序指令一般是按"步"存储的，一步占用一个地址单元，一条指令有往往不止一步，一个地址单元一般占用 2 个字节（16 位二进制数为一个字，即 2 个字节）。如果一个内存容量为 4K（1K＝1024）步的 PLC，其内存为 8KB。

（3）扫描速度。PLC 采用循环扫描方式工作，完成一次扫描所需的时间称为扫描周期。这里指扫描一步指令的时间，如 μs/步。有时也可用扫描 1K 步用户程序所需要的时间，以 ms/千步为单位。影响扫描速度的主要因素有用户程序的长度和 PLC 产品的类型。PLC 中 CPU 的类型、机器字长等直接影响 PLC 的运算精度和运行速度。

（4）指令系统。指令系统是指 PLC 所有指令的总和。PLC 的编程指令条数和种类越多，其软件功能就越强，但掌握其应用难度也相对增加。用户应根据实际控制要求选择合适指令功能的 PLC。

（5）编程元器件的种类和数量。编程元器件是指输入继电器、输出继电器、辅助继电器、定时器、计数器、通用寄存器、数据寄存器和特殊辅助继电器等，其种类和数量的多少直接关系到编程是否方便灵活，也是衡量 PLC 硬件功能强弱的一个技术指标。

（6）功能模块或功能单元。功能模块或单元种类的多少与功能的强弱是衡量 PLC 产品的一个重要指标。近年来，各 PLC 生产厂家非常重视特殊功能单元的开发，特殊功能单元种类日益增多，功能越来越强，使 PLC 的控制功能日益扩大。生产厂家的产品手册上还提供 PLC 的负载能力、外形尺寸、质量、保护等级、适用的安装和使用环境，如温度、湿度等性能指标参数，以供用户参考。

（7）通信连网功能。通信包括 PLC 之间的通信和 PLC 与其他设备之间的通信。通信主要涉及通信模块、通信接口、通信协议和通信指令等内容。PLC 的组网和通信能力已成为衡量 PLC 产品水平的重要指标之一。

问 17 PLC 根据硬件结构型式可以分为哪几类？

答：根据硬件结构型式的不同，可分为整体式和模块式两类。

（1）整体式 PLC。整体式 PLC 又称为单元式 PLC 或箱体式 PLC。它把电源、CPU、I/O 接口等部件都集中装在一个箱体内，具有结构紧凑、体积小、质量轻、价格低等优点。整体式 PLC 又分为基本单元（又称主机）和扩展单元。两者的区别是前者内部有 CPU 模块而后者没有 CPU 模块。当需要进行扩展时，只需用扁平电缆将基本单元和一定数量的扩展单元连接起来即可。

（2）模块式 PLC。模块式 PLC 由机架（或导轨）和模块组成，可根据需要选配不同的模块，如 CPU 模块、I/O 模块、电源模块以及各种功能模块，只需将模块插入模块插座上即可。各部件独立封装成模块，各模块之间通过总线连接，然后安装在机架或导轨上，这种结构配置非常灵活方便，通常大型、中型 PLC 多采用此种结构。模块式 PLC 的典型产品有西门子公司的 S7-400 系列、A-B 公司的 PLC-5 系列和三菱公司的 Q 系列 PLC 等。

问 18 PLC 根据 I/O 点数可以分为哪几类？

答：根据 PLC 的 I/O 点数的不同可将 PLC 分为小型、中型和大型三类。

（1）小型 PLC。I/O 点数小于 256 点为小型 PLC。小型 PLC 以开关量控制为主，具有体积小、价格低的优点，可用于开关量的控制、定时/计数的控制、顺序控制及少量模拟量的控制场合，代替继电控制在单机或小规模生产过程中使用。

（2）中型 PLC。I/O 点数大于 256 点、小于 2048 点的为中型 PLC。中型 PLC 功能比较丰富，兼有开关量和模拟量的控制能力，适用于较复杂系统的逻辑控制和闭环过程的控制。

（3）大型 PLC。I/O 点数大于 2048 点的为大型 PLC。大型 PLC 用于大规模过程控制、集散式控制和工厂自动化网络。

问 19 PLC 根据功能可以分为哪几类？

答：根据 PLC 所具有的功能不同，可将 PLC 分为低档、中档、高档三类。

（1）低档 PLC。具有逻辑运算、定时、计数、移位以及自诊断、监控等基本功能，还可有少量模拟量 I/O、算术运算、数据传送和比较、通信等功能，主要用于逻辑控制、顺序控制或少量模拟量控制的单机控制系统。

（2）中档 PLC。中档 PLC 除具有低档 PLC 的功能外，还具有较强的模拟量 I/O、算术运算、数据传送和比较、数制转换、远程 I/O、子程序、通信连网等功能。有些还可增设中断控制、PID 控制等功能，适用于复杂的控制系统。

（3）高档 PLC。高档 PLC 除具有中档 PLC 的功能外，还增加了带符号算术运算、矩阵运算、位逻辑运算、平方根运算及其他特殊功能函数的运算，以及制表和表格传送功能等。高档 PLC 具有更强的通信连网功能，可用于大规模过程控制或构成分布式网络控制系统，实现工厂自动化。

问 20 PLC 由哪些部分构成？

答：PLC 硬件的基本结构主要由 CPU、存储器、I/O 接口电路（或者为 I/O 模块）、通信接口、扩展接口和电源等部分组成。其中，CPU 是 PLC 的核心，I/O 接口电路（或 I/O 模块）是连接现场 I/O 设备与 CPU 的桥梁，通信接口用于与编程器、上位计算机等外部设备连接，PLC 的基本结构如图 1-1 所示。

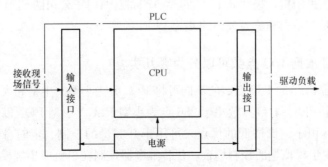

图 1-1　PLC 的基本结构

问 21 **PLC 的 CPU 功能是什么？**

答：同一般的微机一样，CPU 是 PLC 这个特殊工业计算机的核心。PLC 中所配置的 CPU 随机型不同而不同，常用的有三类，即通用微处理器（如 Z80、8086、80286 等）、单片微处理器（如 8031、8096 等）和位片式微处理器（如 AMD29W 等）。小型 PLC 大多采用 8 位通用微处理器和单片微处理器。中型 PLC 大多采用 16 位通用微处理器或单片微处理器，大型 PLC 大多采用高速位片式微处理器。

目前，小型 PLC 为单 CPU 系统，而中、大型 PLC 大多为双 CPU 系统，有些 PLC 中甚至多达 8 个 CPU。对于双 CPU 系统。一般一个为字处理器，采用 8 位或 16 位处理器；另一个为位处理器，采用由各厂家设计制造的专业芯片。字处理器为主处理器，用于执行编程器接口功能、监视内部定时器、监视扫描时间、处理字节指令以及对系统总线和位处理器进行控制等。位处理器为从处理器，主要用于处理位操作指令和实现 PLC 编程语言向机器语言的转换。采用位处理器提高了 PLC 的速度，使 PLC 能更好地满足实时控制要求。

在 PLC 中 CPU 按系统程序赋予的功能，指挥 PLC 有条不紊地进行工作，归纳起来主要有以下几个方面：

（1）接收从编程器输入的用户程序和数据。

（2）诊断电源、PLC 内部电路的工作故障和编程中的语法错误等。

（3）通过输入接口接收现场的状态或数据，并存入输入映像寄存器或数据寄存器中。

（4）从存储器逐条读取用户程序，经过解释后执行。

（5）根据执行的结果，更新有关标志位的状态和输出映像寄存器的内容，通过输出单元实现输出控制。有些 PLC 还具有制表打印或数据通信等功能。

问 22 **PLC 存储器的功能是什么？**

答：存储器主要有两种：一种是可读/写操作的随机存储器 RAM，另一种是只读存储器 ROM、PROM、EPROM 和 E^2PROM。在 PLC 中，存储器主要用于存放系统程序、用户程序及工作数据。

系统程序是由 PLC 的生产厂家编写的，和 PLC 的硬件组成有关，完成系统诊断、命令解释、功能子程序调用管理、逻辑运算、通信及各种参数设定等功能，提供 PLC 运行的平台，系统程序关系到 PLC 的性能，而且在 PLC 使用过程中不会变动，所以是由厂家直接固化在只读存储器 ROM、PROM 或 EPROM

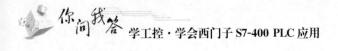

中的，用户不能访问和修改。

　　用户程序是随 PLC 的控制对象而定的，由用户根据对象生产工艺的控制要求而编制的应用程序。为了便于读出、检查和修改，用户程序一般存于 CMOS 静态 RAM 中，用锂电池作用备用电源，以保证断电时不会丢失信息。为了防止干扰对 RAM 中程序的破坏，当用户程序经过运行正常，不需要改变时，可将其固定在只读存储器 EPROM 中。现在有许多 PLC 直接采用 E²PROM 作为用户存储器。

　　工作数据是 PLC 运行过程中需要经常变化、经常存取的一些数据。它存放在 RAM 中，以适应随机存取的要求。在 PLC 的工作数据存储器中，设有存放 I/O 继电器、辅助继电器、定时器、计数器等逻辑器件的存储区，这些器件的状态都是由用户程序的初始设置和运行情况而确定的，根据需要，部分数据在断电时用备用电池维持其现有的状态，这部分在断电时可保存数据的存储区域称为保持数据区。

　　由于系统程序及工作数据与用户无直接联系，所以在 PLC 产品样本或使用手册中所列存储器的形式及容量是指用户程序存储器。当 PLC 提供的用户存储器容量不够用时，许多 PLC 还提供存储器扩展功能。

问 23　PLC 的 I/O 接口电路的功能是什么？

　　答： I/O 接口电路通常也称为 I/O 单元（或 I/O 模块），是 PLC 与工业生产现场之间的连接部件。被控对象的各种数据通过 PLC 输入接口被检测，以这些数据作为 PLC 对被控制对象进行控制的依据；同时 PLC 通过输出接口将处理结果送给被控制对象，以实现控制目的。

　　由于外部输入设备和输出设备所需的信号电平是多种多样的，而 PLC 内部 CPU 处理的信息只能是标准电平，所以 I/O 接口要实现这种转换。I/O 接口一般具有光电隔离和滤波功能，以提高 PLC 的抗干扰能力。另外，I/O 接口上通常有状态指示，工作状况直观，便于维护。

　　PLC 提供了多种操作电平和驱动能力的 I/O 接口，有各种各样功能的 I/O 接口供用户选用。I/O 接口的主要类型包括开关量（数字量）输入（DI）和开关量（数字量）输出（DO）、模拟量输入（AI）、模拟量输出（AO）等。

　　常用的开关量输入接口按其使用的电源不同有三种类型，即直流输入接口、交流输入接口和交/直流输入接口。

　　常用的开关量输入接口按输出开关功率器件不同有三种类型，即继电器输出、晶体管输出和双向晶闸管输出。

　　在继电器输出电路中，继电器同时起隔离和功放的作用。为了起到灭弧的作用，在触点两端并联了电阻、电容和压敏电阻。继电器输出电路可驱动交流或直流负载，但其响应时间长，动作频率低。

在晶体管输出电路中，晶体管的饱和导通/截止相当于触点的通/断。该电路中稳压管用来抑制过电压，起保护晶体管的作用。晶体管输出电路的响应速度快，动作频率高，但只能用于驱动直流负载。

在双向晶闸管输出电路中，光敏晶闸管起隔离和功放的作用。电路中往往设置了电阻、电容和压敏电阻等元件，用来抑制关断时产生的过电压和外部浪涌电流。双向晶闸管输出接口的响应速度快，只能用于交流负载。

输出模块最大通断能力大小依次为继电器、晶闸管、晶体管。而通断响应时间的快慢则刚好相反。使用时应根据以上特性选择不同的输出形式。

PLC 的 I/O 接口所能接收的输入信号个数和输出信号个数即为 PLC I/O 点数。I/O 点数是选择 PLC 的重要依据之一，当系统的 I/O 点数不够时，可通过 PLC 的 I/O 扩展接口对系统进行扩展。

问 24 PLC 通信接口的功能是什么？

答：PLC 配有各种通信接口，这些通信接口一般都带有通信处理器。PLC 通过这些通信接口可与监视器、打印机、其他 PLC、计算机等设备实现通信。PLC 与打印机连接，可将过程信息、系统参数等输出打印；与监视器连接，可将控制过程图像显示出来；与其他 PLC 连接，可组成多机系统或连成网络，实现更大规模的控制。与计算机连接，可组成多级分布式控制系统，实现控制与管理相结合。

远程 I/O 系统也必须配备相应的通信接口模块。

问 25 PLC 功能模块或智能模块的功能是什么？

答：功能模块或智能模块是一个独立的计算机系统，有自己的 CPU、系统程序、存储器以及与 PLC 系统总线相连的接口。作为 PLC 系统的一个模块，它通过总线与 PLC 相连，进行数据交换，并在 PLC 的协调管理下独立地进行工作。

PLC 的特殊功能模块种类很多，如高速计数模块、PID 控制模块、运动控制模块、中断控制模块等。

问 26 PLC 编程装置的功能是什么？

答：编程装置的作用是编辑、调试、输入用户程序，也可以在线监控 PLC

内部状态和参数，与 PLC 进行人机对话，它是开发、应用、维护 PLC 不可缺少的工具。编程装置可以是专用编程器，也可以是配有专用编程软件包的通用计算机系统。专用编程器由 PLC 生产厂家生产，专供该厂家生产的某些 PLC 产品使用，它主要由键盘、显示器和外存储器接插口等部件组成。专用编程器有简易编程器和智能编程器两类。

图形编程器又称智能编程器，它本质上是一台专用便携式计算机，既可联机编程，又可脱机编程。可直接输入和编辑梯形图程序，使用更加直观、方便，但价格较高，操作也比较复杂。大多数智能编程器带有磁盘驱动器，提供录音机接口和打印机接口；专用编程器只能对指定生产厂家的几种 PLC 进行编程，使用范围有限，价格较高。同时，由于 PLC 产品不断更新换代，所以专用编程器的生命周期也十分有限。因此，现在的趋势是使用以个人计算机为基础的编程装置，用户只要购买 PLC 生产厂家提供的编程软件和相应的硬件接口装置即可，这样，用户只需用较少的投资即可得到高性能的 PLC 程序开发系统。

基于个人计算机的程序开发系统功能强大，它既可以编制、修改 PLC 的梯形图程序，又可以监视系统运行、打印文件、系统仿真等。配上相应的软件，还可实现数据采集和分析等许多功能。

问 27　PLC 电源的功能是什么？

答：PLC 配有开关电源，以供内部电路使用。与普通电源相比，PLC 电源的稳定性好、抗干扰能力强，对电网提供的电源稳定度要求不高，一般允许电源电压在其额定值 $\pm15\%$ 的范围内波动。许多 PLC 还向外提供直流 24V 稳压电源，用于对外部传感器供电。

问 28　PLC 其他外部设备包括哪些？

答：PLC 还有许多其他外部设备，如 EPROM 写入器、外存储器、人/机接口装置等。

EPROM 写入器是用来将用户程序固化到 EPROM 存储器中的一种 PLC 外部设备。为了使调试好的用户程序不易丢失，经常用 EPROM 写入器将 PLC 内的 RAM 保存到 EPROM 中。

PLC 内部的半导体存储器称为内存储器，有时可用外部的磁带、磁盘和半导体存储器做成的存储盒等来存储 PLC 的用户程序，这些存储器称为外存储器。外存储器一般是通过编程器或其他智能模块提供的接口，实现与内存储器之间相互传送用户程序。

人/机接口装置用来实现操作人员与 PLC 控制系统的对话。最简单、最普通的人/机接口装置由安装在控制台上的按钮、转换开关、拨码开关、指示灯、LED 显示器、声光报警器等器件构成。对于 PLC 系统，还可采用半智能型 CRT 人/机接口装置和智能型终端人/机接口装置。半智能型 CRT 人/机接口装置可长期安装在控制台上，通过通信接口接收来自 PLC 的信息并在 CRT 上显示出来；而智能型终端人/机接口装置有自己的微处理器和存储器，能够与操作人员快速交换信息，并通过通信接口与 PLC 相连，也可作为独立的节点接入 PLC 网络。

问 29　**PLC 的扫描工作方式和分时处理是如何进行的？**

答： 在前面已经介绍了 PLC 的组成结构，下面介绍一下 PLC 的工作原理，这里主要以日本 PLC 生产厂家的机型为例。一般来说，PLC 有两种基本的工作状态，即运行（RUN）状态和停止（STOP）状态。运行状态是执行应用程序的状态。停止状态一般用于程序的编制、修改和下载。为了使 PLC 的输出能够及时地响应可能随时变化的输入信号，用户程序不是只执行一次，而是反复不断地重复执行，直至 PLC 停机或切换到停止状态，因此 PLC 采用的是周期循环扫描的工作方式。运行和停止两种工作状态下 PLC 扫描过程是不同的，在这两种不同的工作状态下，扫描过程所要完成的任务也不尽相同。一个扫描周期主要可分为以下 5 个阶段：内部处理阶段、通信服务阶段、输入采样阶段、程序执行阶段和输出刷新阶段。CPU 对用户程序的执行过程是 CPU 的循环扫描过程，并采用集中输入采样、集中输出刷新的方式来完成。

（1）内部处理阶段。CPU 对 PLC 内部的硬件进行故障检查，复位监控定时器（WDT）等。

（2）通信服务阶段。它是扫描周期的信息处理阶段，PLC 与外部设备，如编程器、网络设备等进行通信，CPU 处理从通信端口接收到的信息。

当 PLC 处于停止状态时，只执行以上两个阶段的操作。当 PLC 处于运行状态时，还要完成其他阶段的操作。在 PLC 存储器中，设置了一块区域用来存放输入信号和输出信号的状态，它们分别称为输入映像寄存器和输出映像寄存器；PLC 梯形图中别的编程元件也有对应的映像存储区，它们统称为元件映像寄存器。

（3）输入采样（输入处理）阶段。每次扫描周期的开始，先读取输入端口的当前值，并写到输入映像寄存器区域。在随后的用户程序执行过程中，CPU 访问输入映像寄存器区域，而并非读取输入端口的状态。输入信号的变化并不会影响到输入映像寄存器的状态，通常要求输入信号有足够的脉冲宽度，才能被响应。

（4）程序执行阶段。在用户程序执行阶段，PLC 按照梯形图的顺序，从左到右、从上到下地逐行扫描。在这一阶段，CPU 从用户程序的第一条指令开始执行直到最后一条指令结束，程序运行结果放入输出映像寄存器区域。CPU 逐条解释并执行用户程序。根据 I/O 状态表（属数据表状态存储器）中的 ON/OFF 信息，按用户程序给定的逻辑关系运算，将运算结果写入 I/O 状态表。注意 I/O 状态表这个概念，用户程序中的部分输入、输出"元件"是它，但它当前的状态值和与它对应 I/O 端子上的元件的状态不一定相同（见后面的 I/O 滞后响应时间的介绍）。在此阶段，允许对数字量 I/O 指令和不设置数字滤波的模拟量 I/O 指令进行处理，在扫描周期的各个部分，均可对中断事件进行响应。

（5）输出刷新（输出处理）阶段。每个扫描周期的结尾，CPU 把存在输出映像寄存器中的数据输出到数字输出端点（写入输出锁存器中），更新输出状态。然后 PLC 进入下一个循环周期，重新执行输入采样阶段，周而复始。

需要注意的是，如果程序中使用了中断，中断事件出现立即执行中断程序，中断程序可以在扫描周期的任意点被执行，如果程序中使用了立即刷新指令，可以直接存取 I/O 点。用输入刷新指令读输入点值时，相应的输入映像寄存器的值未被修改；用输出刷新指令写输出点值时，相应的输出映像寄存器的值被修改。

综上所述，在输入采样阶段，PLC 把所有外部输入电路的 ON/OFF 状态读入输入映像寄存器。外接的输入触点电路接通时，对应的输入映像寄存器为"1"状态，梯形图中对应的输入继电器的常开触点接通，常闭触点断开；外接的输入触点电路断开时，对应的输入映像寄存器为"0"状态，梯形图中对应的输入继电器的常开触点断开，常闭触点接通。在程序执行阶段，即使外部输入信号的状态发生了变化，输入映像寄存器的状态也不会随之变化，输入信号变化了的状态只能等到下一个扫描周期的输入采样阶段被读入。PLC 的用户程序由若干条指令组成，指令在存储器中按步序号顺序排列。当没有跳转指令时，CPU 从第一条指令开始，逐条顺序地执行用户程序，直到用户程序的结束处。

在执行指令时，从输入映像寄存器或别的元器件映像寄存器中将有关编程元器件的 0/1 状态读出来，并根据指令的要求执行相应的逻辑运算，运算的结果写入到对应的元器件映像寄存器中。因此，各编程元器件的映像寄存器（输入映像寄存器除外）的内容随着程序的执行而变化。在输出处理阶段，CPU 将输出映像寄存器的 0/1 状态传送到输出锁存器。梯形图中某一输出继电器的线圈"通电"时，对应的输出映像寄存器为"1"状态，信号经输出模块隔离和功率放大后，继电器型输出模块中对应的硬件继电的线圈通电，其常开触点闭合，使外部负载通电工作。如果梯形图中输出继电器的线圈"断电"，对应的输出映像寄存器为"0"状态。在输出刷新阶段之后，继电器型输出模块中对应的硬件继电器的线圈断电，其常开触点断开，外部负载断电，停止工作。某一编程元器件对应的映像寄存器为"1"状态时称该编程元器件为 ON，元器件映像寄存器为"0"状态时称该编程元器件为 OFF。

问 30　I/O 滞后时间的功能是什么？

答： I/O 滞后时间又称为系统响应时间，是指从 PLC 外部输入信号发生变化的时刻起至它控制的有关外部输出信号发生变化的时刻止这段时间的间隔。这个时间由输入电路的滤波时间、输出模块的滞后时间和因扫描工作方式产生的滞后时间三部分组成。

输入模块的 RC 滤波电路用来滤除由输入端引入的干扰噪声，消除因外接输入触点动作时产生抖动引起的不良影响，滤波时间常数决定了输入滤波时间的长短，其典型值为 10ms 左右。

输出模块的滞后时间与输出模块开关元器件的类型有关。若是继电器型输出电路，负载由导通到断开时的最大滞后时间为 10ms；双向晶闸管输出电路的滞后时间约为 1ms，可适应高频动作；晶体管型输出电路的滞后时间一般在 1ms 以下，开关频率高。

扫描工作方式引起的滞后时间，最长可超过两个扫描周期，PLC 总的响应延迟时间一般只有数十毫秒，对于一般的系统是无关紧要的，要求 I/O 信号之间的滞后时间尽量短的系统，可以选用扫描速度快的 PLC 或在软件及硬件上采取适当的措施。

问 31　PLC 与继电器工作原理的差别有哪些？

答： PLC 与继电器工作原理的差别主要体现在以下几个方面：

（1）组成元器件的差别。继电器控制电路由许多真正的硬件继电器组成，而梯形图则由许多所谓的"软继电器"组成。

（2）触点数量的差别。硬继电器的触点数量有限，用于控制的继电器的触点数一般只有 4～8 对；而梯形图中每个"软继电器"供编程使用的触点数在理论上有无限对，可多次重复使用。

（3）逻辑关系上的差别。继电器电路图是用低压电器的接线表达逻辑控制关

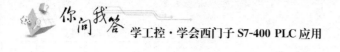

系的，PLC 则主要使用梯形图来表达这种逻辑关系。

（4）运行时序上的差别。在运行时序上，对于继电器电路来说，忽略电磁滞后及机械滞后，同一个继电器的所有触点的动作和它的线圈通电或断电可认为是同时发生的。但在 PLC 中，由于指令的分时扫描执行，同一个元器件的线圈工作和它的各个触点的动作并不同时发生。这就是继电-接触器系统的并行工作方式和 PLC 的串行工作方式的差别。因此，PLC 采用了上面介绍的不同于一般微机的扫描工作方式，而其扫描的速度又是十分快的。这样对于系统 I/O 响应要求不高的场合，PLC 与继电器控制在处理结果上就没有什么区别了。

问 32 SIMATIC 自动化控制系统由哪些部分组成？

答：（1）SIMATIC PLC。

1）S7 系列 PLC：传统意义的 PLC 产品。

S7-400 PLC：该系列是西门子公司模块式大型的 PLC，最多可以扩展 300 多个模块。

2）M7-400：M7-400 可以作为 CPU 或功能模块使用，具有 AT 兼容计算机的功能，可以用 C、C++或 CFC 等高级语言或专用语言进行编程。

3）WinAC：WinAC 系统能够在个人计算机上实现 PLC 的功能，有 WinAC 基本型、实时型和插槽型。

（2）PROFIBUS-DP 分布式 I/O。PROFIBUS-DP 分布式 I/O 主要是远程分布式 I/O-ET200 系列，包括 ET200S、ET200M、ET200X 等。

（3）PROFINET 分布式 I/O。PROFINET 分布式 I/O 是工业以太网向现场一层延伸的分布式 I/O。

（4）SIMATIC HMI。西门子的工业控制人机界面（HMI）主要包括 TP（触摸面板或触摸屏）、OP（操作员面板）、MP、移动面板、组态开发软件 WinCC flexible。

（5）SIMATIC NET。SIMATIC NET 组成了西门子工业通信网络。

（6）标准工具软件 STEP7。利用 STEP7 软件可对所有的 SIMATIC 设备、模块的硬件和通信连接进行组态、参数设置和编程，并有设备及程序的测试、启动、维护运行和诊断以及文件的建档等功能。

问 33 全集成自动化的思想是什么？

答：西门子公司提出了在控制领域中将统一的组态和编程、统一的数据管理、统一的通信集成于一个自动控制系统的全集成自动化（Totally Intergration

Automation，TIA）思想。

问 34　S7-400 PLC 的工作原理是什么？

答：PLC 的 CPU 对用户执行程序采用循环扫描的工作方式。西门子 S7-400 PLC 的 CPU 中可以加载使用许多逻辑块，如 OB（Organization Block，组织块）、FC（Function，功能）、FB（Function Block，功能块）、SFC（System Function，系统功能）和 SFB（System Function Block，系统功能块）等。

其中，OB1 是用于循环处理的组织块（MainProgram Sweep/Cycle，主程序循环），通过这个主程序（可以认为是主函数）可以调用别的逻辑块（FC、FB、SFC 或 SFB，它们可以认为都是子程序或子函数），或在主程序、子程序执行过程中被中断程序（组织块）中断。在 PLC 启动完成后，PLC 的 CPU 就不断地循环调用 OB1，这种程序循环处理过程是可以被某些事件中断的。在用户程序执行过程中，CPU 并不直接访问 I/O 模块中的输入地址区和输出地址区，而是访问 CPU 的 I/O 过程映像区。

S7-400 PLC 通电后就由停止工作状态切换到运行工作状态，CPU 执行启动操作，清除没有保持功能的位存储器、定时器和计数器，清除中断堆栈和块堆栈的内容，复位保存的硬件中断等。此外，还要执行一次用户编写的"系统完全重启组织块（暖启动组织块）"——OB100，以完成用户指定的初始化操作，之后 PLC 将进入周期性的循环执行过程。西门子 S7-400 PLC 进入运行或可编程运行（RUN 或 RUN-P）工作状态后，其循环执行各个阶段任务的过程如图1-2所示。

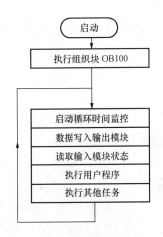

图 1-2　西门子 S7-400 PLC 循环执行各个阶段任务的过程

问 35　S7-400 PLC 硬件系统由哪些部分组成？

答：S7-400 PLC 是西门子用于中、高档性能范围的 PLC。它采用模块化及无风扇的设计，具有坚固耐用、系统容易扩展和广泛的通信能力等特点。S7-400 PLC 系统容易实现分布式结构以及用户友好的操作，使其成为中、高档性能控制领域中非常理想的解决方案。

西门子 S7-400 PLC 硬件系统的组成如图 1-3 所示。S7-400 PLC 的各个模块之间通过总线连接器实现相互连接，然后再将它们连接到标准 DIN 导轨上用螺钉加以固定。

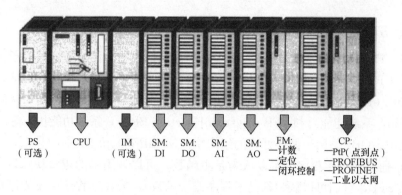

| PS
（可选） | CPU | IM
（可选） | SM:
DI | SM:
DO | SM:
AI | SM:
AO | FM:
—计数
—定位
—闭环控制 | CP:
—PtP（点到点）
—PROFIBUS
—PROFINET
—工业以太网 |

图 1-3　西门子 S7-400 PLC 硬件系统的组成

问 36 硬件系统组成的各部件的功能是什么？

答：一个 S7-400 PLC 硬件系统主要包括导轨（RACK）、电源模块 CPU 模块、接口模块、信号模块、功能模块和附件等部分。以下对各个类型的模块进行简要说明。

（1）电源模块（Power Supply，PS）：PS 为 PLC 提供系统供电电源、信号电源和总线电源等。

（2）CPU 模块：CPU 用以实现 PLC 的控制和运算功能，它是 PLC 的"大脑"。

（3）信号模块（Signal Module，SM）：主要包括以下几种类型的 I/O 模块。

1）数字量输入模块（DI）：一般为 DC 24V 或 AC 120/230V。

2）数字量输出模块（DO）：一般为 DC 24V 或 AC 120/230V，多采用继电器输出方式。

3）模拟量输入模块（AI）：具有电压、电流、电阻和热电偶等输入方式。

4）模拟量输出模块（AO）：具有电压或电流类型的输出方式。

（4）功能模块（Function Module，FM）：FM 可以使用 PLC 实现特殊的功能，如实现计数、定位和闭环控制功能等。

（5）通信处理器（Communication Processor，CP）：通信处理器可以为 PLC 提供连网的功能，以实现点到点（Point to Point，PtP）连接、PROFIBUS 和工业以太网等类型的通信。

（6）接口模块（Interface Module，IM）：IM360、IM361 和 IM365 等 IM 可以用来进行多层机架的组态，它们把总线从一层传到另一层，以实现总线的联络。

(7) 占位模块（Dummy Module，DM）：DM（DM370）为没有设置参数的信号模块保留一个插槽。DM 用来给未参数化的信号模块保留插槽，当用一个信号模块替换它时，将保持原先的结构和地址分配。

(8) 附件：S7-400 PLC 的附件包括总线连接器、前连接器和导轨等。

问 37 CPU 面板布局的部件和接口功能是什么？

答：在 S7-400 系列 CPU 面板上，主要有以下部件和接口。

(1) 工作模式选择开关。

1）MRES（存储器复位）：工作模式选择开关打到存储器复位模式，可以对系统存储器进行复位操作。

2）STOP（停止）：工作模式选择开关打到停止模式，程序不被执行。

3）RUN（运行）：工作模式选择开关打到运行模式，程序被执行，通过编程器只能进行读操作。

4）RUN-P（可编程运行）：工作模式选择开关打到可编程运行模式，程序被执行，通过编程器可以进行读/写操作。

(2) 状态指示发光二极管（LED）。

1）SF（系统故障）：当 CPU 内部故障（或错误）或带诊断功能模块故障（或错误）时，该状态指示 LED 常亮。

2）BATF（电池故障）：当电池不足或无电池时该状态 LED 长亮。

3）DC5V（内部 DC 5V 电源指示）：当有 DC 5V 电源时该状态 LED 长亮。

4）FRCE（强制 I/O 指示）：当至少有一个输入或输出被强制时 FORCE 状态指示 LED 长亮。

5）RUN（运行状态指示）：运行状态指示 LED，当 CPU 启动时闪烁，在运行模式下则长亮。

6）STOP（停止状态指示）：PLC 在停止模式下该停止状态指示 LED 长亮，当有存储器复位请求时会慢速闪烁，当正在执行存储器复位时会快速闪烁，当由于存储器卡的插入需要存储器复位时也会慢速闪烁。

(3) 微型存储器卡（Micro Memory Card，MMC）。在 CPU 面板上方右侧有一个存储器的插槽，可以插入微型存储器卡，其外观如图 1-4 所示，当发生断电时利用微型存储器卡可以不需要备用锂电池就可以保存 PLC 用户程序和有关数据。

(4) 电池盒。在 CPU 前盖下有一个装锂电池的空间，当出现断电时锂电池

图 1-4 西门子
S7 PLC 的微型
存储器卡

用来保存 RAM 中的内容。

（5）MPI。使用 MPI（Multipoint Interface，多点通信接口）可以使 PLC 与编程器 PG、上位计算机、人机界面（操作员面板 OP 和触摸屏 TP）以及其他 S7 系列 PLC 等连接。

（6）DP 接口。DP 接口是将分布式 I/O 接口直接连接到 CPU 的接口。

应掌握使用模式选择开关进行存储器程序清除的操作。当需要新建一个项目或程序时，我们首先需要要对 CPU 进行存储复位（清空）操作。复位操作可以通过操作 CPU 面板上的模式选择开关来完成。具体的操作步骤如下：

（1）先接通 PLC 的工作电源，并等待至 CPU 的自检测过程运行完毕。

（2）将模式选择开关旋转至 MRES 位置并保持在这个位置，直到 STOP LED 从闪烁变为长亮状态。

（3）再将模式选择开关旋转至 STOP 位置并迅速转回 MRES 位置，并保持在这个状态，此时 STOP LED 开始快速闪动。

（4）STOP LED 快速地闪动表示 CPU 的存储器已被完全清空。

（5）松开模式选择开关，这时模式选择开关会自动返回到 STOP 位置。

（6）CPU 存储器已被复位（清空），此时就可以进行新的控制程序的编辑、下载了。

应注意，程序的下载只能在模式选择开关在 STOP（停止）或 RUN-P（可编程运行）位置时才可进行。

问 38 S7-400 PLC 的硬件安装步骤有哪些？

答：西门子 S7-400 PLC（模块式）硬件系统的安装示意图如图 1-5 所示。

在进行西门子 S7-400 PLC 的硬件安装时，从最左边开始应按照下面的顺序，将各个模块挂接在标准 DIN 导轨上，以完成 PLC 硬件系统的搭建。

S7-400 PLC 模块安装顺序：PS—CPU 模块—SM—FM—CP—IM。

问 39 S7-400 PLC 的编写软件有哪些？

答：（1）STEP7-Lite。STEP7-Lite 是一种低成本、高效率的软件。STEP7-Lite 的特色是能非常敏捷地进行编程和简略的项目处理。它不能和帮助的 SIMATIC 软件包一起使用，如工程工具，但是 STEP7-Lite 编写的程序可以由

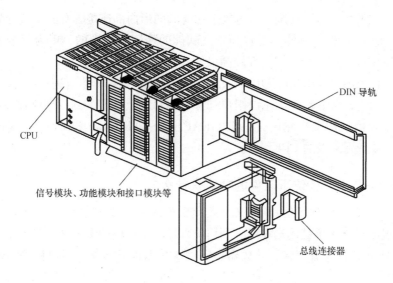

图 1-5 西门子 S7-400 PLC 安装示意图

STEP7 进行处理。

（2）STEP7。使用 STEP7 可完成较大或较复杂的应用，如，需要用高级语言或图形化语言进行编程或需要使用功能以及通信模块。STEP7 能和辅助的 SI-MATIC 软件包（如工程工具）兼容。

（3）STEP7 Professional。除了 STEP7 编程软件自己识别的语言外，STEP7 Professional 能够支持所有 IEC 编程语言：梯形图（LAD，Ladder Diagram）、指令表（IL，Instruction List，西门子公司将其称为语句表）、功能块图（FBD，Function Block Diagram）、连续功能图（CFC，Continuous Function Chart）和结构化文本（ST，Structured Text）等。此外，它还包含由这些语言所建立的程序的离线仿真。因此，STEP7 Professional 是包含了 STEP7、S7-GRAPH、S7-SCL 等多个软件包的集合。

问 40 **S7-400 PLC 的工程师工具软件的编程语言有哪些？**

答：工程师工具软件以用户使用友好、面向任务的方法对自动化系统进行附加编程，它主要包括下面几种编程语言：

（1）S7-SCL（结构化控制语言）是一种基于 Pascal 的高级语言，用于对 SI-MATIC S7/C7 控制器编程。S7-GRAPH 对工序控制进行图形组态，可用于 SIAMTIC S7/C7 控制器。S7-HiGraph 应用状态图对顺序或异步的生产流程进行图形化描绘，它可用于 SIAMTIC S7/C7 控制器。

（2）CFC（连续功能图）通过复杂功能的图形内部连接既有的工艺计划，可用于 SIMATIC S7 控制器。工程师工具软件的使用对较大的、更为复杂的应用是非常有利的，相应地，它需要较高级的 CPU 模块的支持。

所有的 CPU 模块均能使用 STL、LAD 和 FBD 等基本语言进行编程。例如，需使用 S7-SCL 高级语言，建议用户选择 CPU313C、CPU314 或更高级的 CPU 模块。如果需使用图形化语言（S7-GEAPH、S7-HiGraph 和 CFC），建议选择 CPU314 或者更高级的 CPU 模块。

问 41 S7-PLCSIM 仿真软件的功能是什么？

答： S7-PLCSIM 用仿真 PC（个人计算机）来模拟实际 PLC 的运行，用户可通过视图对象来调试用户程序。利用仿真环境中提供的多种视图对象可以实现对仿真 PLC 内部各种变量、计数器、定时器等编程元器件和用户程序的监视与修改等。

问 42 S7-400 PLC 硬件系统由哪些部分组成？

答： S7-400 PLC 是西门子 PLC 家族中功能最为强大的 PLC，适用于中高性能控制领域。以 S7-400 PLC 为核心构成的自动化解决方案可以满足最为复杂的任务要求。它具有功能分级的各种型号 CPU 模块以及种类齐全的各种信号模块、功能模块等，能够为其自动化任务提供优良的解决方案。以 S7-400 PLC 为核心可以实现全分布式系统和强大的通信功能，组成系统方式自由灵活。即使控制系统的规模继续扩大，仍能做到扩展自由灵活。

S7-400 PLC 自动化系统采用模块化设计。它所具有的模板扩展和配置功能使其能够按照每个不同的需求灵活组合。S7-400 PLC 的外形如图1-6 所示。

图 1-6　S7-400 PLC 的外形

与 S7-400 PLC 类似，一个 S7-400 PLC 硬件系统的组成主要包括 PS、CPU 模块、各种 SM、CP、FM、IM 和其他模块及附件等。

SIMATIC S7-400 是一种通用控制器，由于其具有较高的电磁兼容性和抗冲击、耐振动性能，因此能够很好地满足各种通用的工业标准，各模板支持带电热插拔。

问 43 **S7-400 PLC 硬件系统各组成部分的基本功能是什么？**

答：S7-400 PLC 硬件系统各组成部分的基本功能如下。

（1）机架（RC）：机架包括通用机架（UR）、中央机架（CR）和扩展机架（ER）等，它们为 S7-400 PLC 各个模块之间的机械和电气连接提供了基本的硬框架。

（2）PS：PS 将 AC 120/230V 或 DC 24V 电源供给到 S7-400 PLC 上。

（3）CPU：CPU 有多种型号规格可供用户选择，某些 CPU 带有内置的 PROFIBUS-DP 接口，可广泛地适应用户对控制器各种性能要求。一个中央控制器（CC）可以包括多个 CPU 模块，可使系统的性能更为强大、稳定、可靠。

S7-400 PLC 的 CPU 外形如图 1-7 所示。在 S7-400 PLC 的 CPU 面板上设有 CPU 故障指示 LED、DP 接口故障指示 LED、启动工作开关、工作模式选择开关、存储卡插槽、DP 接口、MPI 和电池等部件，它们可以用于显示 CPU 及 DP 总线工作状态、启动/停止 CPU、选择 CPU 运行模式和连接外部相应的附件等。

（4）SM：SM 包括数字量输入和输出模块（DI/DO）和模拟量的输入和输出模块（AI/AO）。

图 1-7 S7-400 PLC 的 CPU 外形

（5）CP：CP 用于 PLC 与现场总线、工业网络连接和 PtP 等多种通信方式的连接。

（6）FM：用于高速计数、精确定位、电子凸轮控制等专门的高级控制任务。

（7）IM：用于连接中央控制单元和扩展单元。S7-400 PLC CC 最多可以连接 21 个扩展单元。

另外，根据用户实际控制需要还可选择以下单元或模块。

1）西门子 S5 系列模板。SIMATIC S5-155U、135U 和 155 的所有 I/O 模板都可和相应的 SIMATIC S5 扩展单元一起使用。

2）专用的 IP 和 WF 模板既可用于 S5 扩展单元，通过增加适配器盒也可直接用于 CC。

问 44 **S7-400 PLC 有几种通信方式？**

答：S7-400 PLC 具有 MPI 通信、PROFIBUS-DP 通信、工业以太网通信、

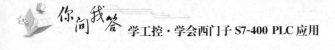

过程通信和数据通信等多种通信方式。

（1）工业以太网和现场总线 PROFIBUS-DP 主接口，S7-400 PLC 能够和 S7-200 系列、S7-300 系列 PLC 系统以及其他 S7-400 PLC 进行通信。

某些型号的 CPU 内集成了附加的 PROFIBUS-DP 接口，可实现用于经济型 ET-200 分布式 I/O 系统的总线；S7-400 PLC 还具有用于连接到 PROFIBUS、AS-i 现场总线和工业以太网的通信处理器和用于功能强大的 PtP 连接的通信处理器。

（2）过程通信。通过总线（AS-i 或 PROFIBUS）可以周期性地寻址 I/O 模块（过程映像数据交换），可从循环执行级调用过程通信。

（3）数据通信。自动化系统之间或 HMI 站和若干个自动化系统之间的数据交换。数据通信可以周期执行或基于事件驱动通过用户程序块来调用。

问 45 S7-400 PLC 系统扩展方式有几种？

答：S7-400 PLC 构成的自动化系统由 CR 和一个或多个 ER（根据实际控制要求再扩展出 ER）组成。可针对应用在缺少插槽时添加 ER 或远程操作信号模块（如在处理位置附近）。使用 ER 时，需要 IM、附加机架和附加电源模块（可选，非必需）。使用 IM 时，必须始终使用相应的连接器件，如果在 CR 中插入发送 IM，应该在每个连接的 ER 中插入配套的接收模块。

如果实际控制要求需要比 CC 更多的功能，S7-400 系列 PLC 的 CC 还可以扩展最多 21 个扩展单元（EU）。

S7-400 PLC 的各种具体的扩展方式如下：

（1）通过 IM 进行扩展连接。CC 和 EU 通过发送 IM 和接收 IM 连接。CC 可插入最多 6 个发送 IM。每个 EU 可安装 1 个接收 IM。每个发送 IM 有 2 个接口，每个接口都可以连接一条扩展通路。

（2）集中式扩展连接。集中式扩展方式适用于小型控制规模的配置或控制柜直接安装在机器上的场合。每个发送 IM 接口可支持 4 个 EU，如有需要还可同时提供 5V 电源。CC 和最后一个 EU 的最大距离是 1.5m（带 5V 电源）或 3m（不带 5V 电源）。

（3）用 EU 进行分布式扩展。EU 进行分布式扩展方式适用于 I/O 点分布范围广，并且在一个地方有几个 EU 的场合。发送 IM 的每个接口最多可支持 4 个 EU。可以使用 S7-400 系列的 EU 或者 SIMATIC S5 系列的 EU。CC 和最后一个 EU 的最大距离是 100m（S7 EU）或 600m（S5 EU）。

采用上面的几种扩展方案时应遵守以下原则：

1）PS 总是安装在 CC 和 EU 的最左边。

2）任何一个 CC、EU 的数量最多不可超过 21 个。

3）连接到任一 CC 的发送 IM 不能超过 6 个，并且最多只有 2 个 IM 可以获得 5V 电源。

4）CC 和 S7 系列 EU 相隔距离最大为 100m。

5）通过通信总线（C 总线）的数据交换，仅限于 CC 和 6 个 EU（EU1～EU6）之间。

（4）用 ET200 远程 I/O 模块进行远程扩展。这种方式适用于分布范围很广的系统，通过 CPU 中的 PROFIBUS-DP 接口最多可连接 125 个总线节点。CC 和最后一个节点的最大距离不超过 23km（使用光缆）。

一个 S7-400 PLC 系统硬件扩展的例子如图 1-8 所示。

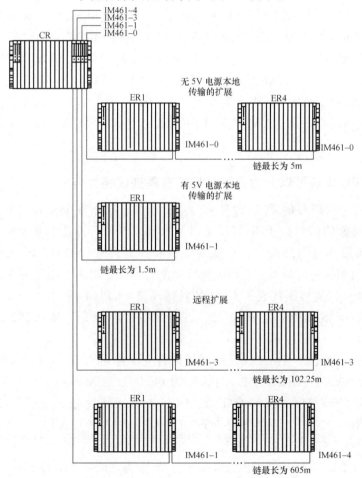

图 1-8　S7-400 PLC 系统硬件扩展示例

问 46 S7-400 PLC 硬件组成模块包括哪些内容?

答: S7-400 系列 PLC 的硬件组成模块包括 CPU、SM (具体分为 DI/DO、AI/AO)、FM、STIMAITC S5 智能 I/O 模块和通信处理器等。

问 47 PS 的型号规格有哪些?

答: S7-400 PLC 的 PS 通过背板总线,向机架上的其他模板提供工作电压。它们不为 SM 提供负载电压。S7-400 PLC 的 PS 型号规格较多,主要有 PS407 4A (订货号为 6ES7 407-0DA00-0AA0)、PS407 A (订货号为 6ES7 407-0DA01-0AA0)、PS407 10A (订货号为 6ES7 407-0KA01-0AA0)、PS407 10AR (订货号为 6ES7 407-0KR00-0AA0)、PS407 20A (订货号为 6ES7 407-0RA00-0AA0)、PS407 20A (订货号为 6ES7 407-0RA01-0AA0)、PS405 4A (订货号为 6ES7 405-0DA00-0AA0)、PS405 4A (订货号为 6ES7 405-0DA01-0AA0)、PS405 10A (订货号为 6ES7 405-0KA00-0AA0)、PS405 10A (订货号为 6ES7 405-0KA01-0AA0)、PS405 10AR (订货号为 6ES7 405-0KR00-0AA0)、PS405 20A (订货号为 6ES7 405-0RA00-0AA0) 和 PS405 20A (订货号为 6ES7 405-0RA01-0AA0) 等。

问 48 CPU 模块可以分为几种类型? 有哪些规格型号?

答: S7-400 PLC 的 CPU 种类可分为标准型、故障安全型和冗余型等几大类,主要包括 CPU412、CPU414、CPU416 和 CPU417 等几个基本系列。在此基础上,可以通过附加接口、功能的多少和强弱再进行细分。S7-400 PLC 的 CPU 型号可根据它的基本型号和订货号来界定。CPU 的基本型号可以表征 CPU 的基本性能,订货号则代表了 CPU 的具体规格。CPU 的基本型号中含有字母 "H" 的表示该 CPU 为安全型、冗余型或容错型,如 CPU414-4H 或 CPU417-4H。

S7-400 系列 PLC 的 CPU 模块型号规格主要有 CPU412-1 (订货号为 6ES7 412-1XF03-0AB0)、CPU412-2 (订货号为 6ES7 412-2XG00-0AB0)、CPU414-2 (订货号为 6ES7 414-1XG03-0AB0)、CPU414-3 (订货号为 6ES7 414-3XJ00-0AB0)、CPU414-4H (订货号为 6ES7 414-4HJ00-0AB0)、CPU416-2 (订货号为 6ES7 416-2XF02-0AB0、6ES7 416-2FK02-0AB0)、CPU416-3 (订货号为 6ES7 416-3XL00-0AB0)、CPU417-4 (订货号为 6ES7 417-4XL00-0AB0) 和 CPU 417-4H (订货号为 6ES7 417-4XL01-0AB0) 等。

以 CPU412-1 和 CPU417-4 两个型号为例，其重要的技术参数性能如表 1-1
所示。

表 1-1　　　　　　　　**CPU412-1 和 CPU417-4 重要技术参数性能**

序号	项目	CPU412-1（订货号为 6ES7 412-1XF03-0AB0 固体版本 V3.1）	CPU 417-4（订货号为 6ES7 417-4XL00-0AB0 固体版本 V3.1）
1	硬件组态	CR/EU：最多 1/21 多 CPU：最多 4 个 插入 IM 的数量：最多 6 个。IM 460：最多 6 个。IM 463.2：最多 4 个 DP 主站数。集成：1。通过 IM 467：最多 4 个。通过 CP：最大 10 个	CR/RU：最多 1/21 多 CPU：最多 4 个 插入 IM 的数量：最多 6 个。IM 460：最多 6 个。IM 463.2：最多 4 个 DP 主站数。集成：2。通过 IF964-DP：2。通过 IM467：最大 4 个。通过 CP：最大 10 个
2	工作存储器	48K 程序代码＋48K 工作数据	内置 2MB 程序代码＋2MB 工作数据，可扩展
3	装载存储器	256KB RAM	256KB RAM
4	扫描速度	0.2m/1000 条	0.1m/1000 条指令
5	位存储器	2KB	16KB
6	计数器	C0～C255，有 256 点	C0～C511，有 512 点
7	定时器	T0～T255，有 256 点	T0～T511，有 512 点
8	逻辑块数量	OB：可加载 OB1、OB10、OB11、OB20、OB21、OB32、OB40、OB41、OB60～OB62、OB80～OB88、OB100、OB101、OB121、OB122 等组织块，容量最大 48KB FB：最大 256，容量最大 48KB FC：最大 256，容量最大 48KB	OB：可加载 OB1、OB10～OB17、OB20～OB23、OB30～OB38、OB40～OB47、OB60～OB64、OB80～OB88、OB100、OB101、OB121、OB122 等组织块，容量最大 48KB FB：最大 6144，容量最大 64KB FC：最大 6144，容量最大 64KB
9	总 I/O 地址区	4KB/4KB 数字量通道：32768/32768。模拟量通道：2048/2048	16KB/16KB 数字量通道：131072/131072。模拟量通道：8192/8192
10	编程软件	STEP 7 V5.2 及以上	STEP 7 V5.2 及以上
11	通信接口	MP1：有。PROFIBUS-DP 接口：DP 主站	MP1：有。PROFIBUS-DP：DP 主站/PROFIBUS

问 49　**SM 包括几种？**

答：根据处理现场信号的类型，SM 包括 DI/DO 和 AI/AO。在 S7-400 PLC

中，数字量输入模块为 SM421，数字量输出模块是 SM422；模拟量输入模块为 SM431，模拟量输出模块是 SM432；SM 的具体规格型号、端子接线和内部电路结构这里就不再详细介绍了。

问 50 **FM 包括几种？**

答：FM 可实现 S7-400 PLC 高级的、特定控制功能，主要有 FM 450-1 计数器模块、FM451 定位模块、FM452 电子凸轮控制器、FM453 定位模块、FM455 闭环控制模块、FM458-1DP 基本模块等多种模块可供选择。

问 51 **CP 包括几种？**

答：CP 包括 CP400、CP441-1、CPU441-2、CP443-5 基本型、CP443-5 扩展型、CP443-1、CP443-1Advanced 和 CP444 等多种规格型号，可实现 PLC 不同类型、各种层次的通信要求。

S7-400 PLC 构成的远程网络通信系统如图 1-9 所示。

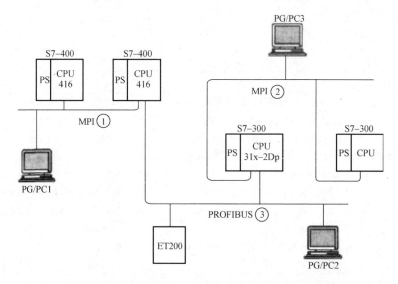

图 1-9 S7-400 PLC 构成的远程网络通信系统

问 52 **S7-400 PLC 的冗余（容错）功能包括哪些？**

答：（1）多 CPU 处理。S7-400 PLC 具有多 CPU 处理能力，机架上最多可配置 4 个 CPU。这几个 CPU 同时运行，可以自动、同步地变换其运行模式。

多 CPU 处理的适用场合是，用户程序太长，存储空间不够，硬件系统可以分开硬件组态。通过通信总线，CPU 可以彼此互连通信。

（2）安全型、冗余型系统的工作原理。S7-400 应用"热备用"模式的主动冗余原理，当发生故障时，可以无扰动、自动地进行主备控制系统切换。两个控制器运行相同的用户程序，换收相同的数据，这两个控制器同步地更新数据内容，当主备系统中任何一个系统有故障时，另一个系统接替承担全部控制任务。

安全型自动化系统的 CPU 主要是 S7-400F/FH。S7-400F 为安全型自动化系统，出现故障时转为安全状态，并执行中断。S7-400FH 为安全及容错自动化系统，如果系统出现故障，生产过程能继续执行。S7-400F/FH 使用标准模块和安全型模块，整个工厂用相同的标准工具软件来配置和编程。PRFISafe PROFI-BUS 规范允许安全型功能的数据和标准报文帧一起传送。

（3）硬件冗余。无论是系统故障带来的损失还是系统维修引起的损失都会造成生产的停顿。停工成本越高，越需要使用容错系统，容错型 CPU 构成的 PLC 系统可以大大减少生产的损失，容错系统的高投入会很快被挽回的生产损失所补偿。

S7-400H 主要器件都是双重的，即 CPU、PS 以及连接两个 CPU 的硬件都是双重的。在硬件组态上使用分为两个区（每个区 9 个槽）的机架 UR2H，或者两个独立的 UR1/UR2。两个 CPU 运行时需要同步，通过同步子模块连接两个 CPU，用光缆互连。

每个 CR 上有 S7-400 系列的 I/O 模块，也可以有 ER 或 ET200M 分布式 I/O。中央功能总是冗余配置的，I/O 模块可以是常规配置、切换型配置或冗余配置，常采用冗余供电的方式。

（4）软件冗余。容错型 CPU 具有 Software Reduadancy（软件冗余性）。在很多的实际应用中，对冗余质量的要求或者对冗余 PLC 必备系统各部分数目的要求也不能确保专业容错系统高可靠性的工作，这时，通常简单的软件机制就能满足在错误事件发生时，让一个替代系统去继续运行不能正常执行的控制任务。S7 系列的软件冗余性可选软件在 S7-400 标准系统上运行，当生产过程出现故障时，几秒钟内便切换到替代系统。

S7-400H 可以使用系统总线或点对点（PtP）通信，支持 PROFIBUS 现场总线或工业以太网的容错通信。

问 53 **S7-400 总体结构包括哪些部分**？

答：S7-400 为大型模块化 PLC，如图 1-10 所示，它适用于可靠性要求极高的大型复杂控制系统。

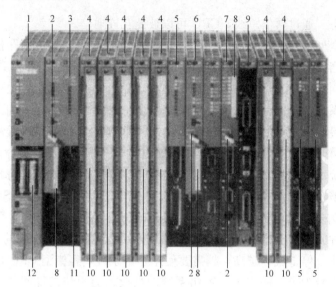

图 1-10　S7-400（CR2 机架）PLC

1—PS；2—状态开关（钥匙操作）；3—状态和故障 LED；4—I/O 模块；

5—IM；6—CPU2；7—FM 456-4（M7）应用模块；8—存储器卡；

9—M7 扩展模块；10—带标签的前连接器；11—CPU1；12—备用电池

S7-400 采用大模块结构，由机架、PS、CPU 模块、DI/DO、AI/AO、CP、IM 和 FM 等部分组成，如图 1-11 所示。

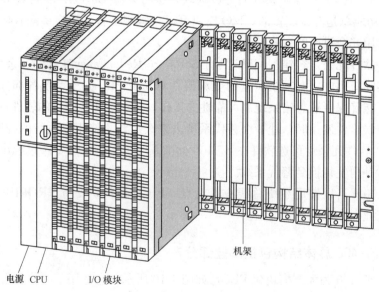

机架

电源　CPU　　　I/O 模块

图 1-11　S7-400 系统构成图

问 54 机架的功能是什么？分为几种？

答：S7-400 的机架用于固定安装在机架上的模块，并向模块提供工作电压，通过信号总线将各个模块连接在一起，它由固定导轨、塑料部件、通信总线（含有背板总线、I/O 总线和有总线连接器的通信总线）、局部接地的连接等部分组成，S7-400 的机架分为通用机架 UR1/UR2、中央机架 CR2/CR3、扩展机架 ER1/ER2 和 UR2-H。

问 55 通用机架 UR1/UR2 由哪些部分组成？有什么作用？

答：UR1 和 UR2 为通用机架，可用于装配 CPU 模块和扩展单元。UR1 为带 18 个插槽的机架，最多可装配 18 个模块；UR2 为带 9 个插槽的机架，最多可装配 9 个模块。UR1 和 UR2 都有 I/O 总线和通信总线，①＋②可作为 I/O 总线，③＋④构成通信总线，如图 1-12 所示。UR1 和 UR2 机架可用于装配 CR 或 ER，当 UR1 或 UR2 用做 CR 时，可以安装除接收 IM 之外的所有 S7-400 模块，且必须安装一个 PS 和一个 CPU 模块，扩展时可连接 21 个扩展单元，但必须插入 IM 发送接口模块，且最多只能插入 6 个 IM；当 UR1 或 UR2 用做 ER 时，可以安装除 CPU 和发送 IM 外的所有 S7-400 模块，注意，在特殊情况下，PS 不能与 IM461-1 接收模块一起使用。

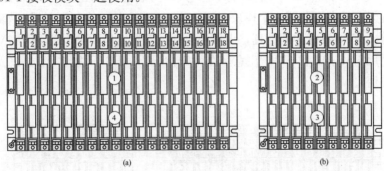

(a) (b)

图 1-12 通用机架 UR1/UR2

(a) UR1；(b) UR2

问 56 **UR2-H 机架的功能是什么？由哪些部分组成？**

答：UR2-H 为带 9 个插槽的机架，它实质上是在一机架导轨上的两个电气隔离的 UR2 机架，主要应用于紧凑结构的冗余 S7-400H 系统，UR2-H 机架可用于装配 CR 或 ER，当它用做 CR 时，可以安装除接收 IM 之外的所有 S7-400

模块，且必须安装 2 个 PS 和两个 CPU 模块，扩展时可连接 21 个扩展单元，但必须插入 IM 发送 IM，且最多只能插入 6 个 IM，当它用做 ER 时，可以安装除 CPU 和发送 IM、IM461-2 和适配器模块外的所有 S7-400 模块。每个 CPU 模块有它自身的 I/O 模块，它们能相互操作和并行运行。注意，在特殊情况下，PS 不能与 IM 461-1 接收模块一起使用。

问 57　**中央机架 CR2/CR3 的功能是什么？由哪些部分组成？**

答：CR2 为带 18 个插槽的用于装配分段式的 CR，它有 I/O 总线和通信总线，其 I/O 总线分为两个带有 10 个或 8 个插槽的局部总线区段。CR3 为带 8 个插槽的用于在标准系统中装配的 CR 和扩展单元，它有一条 I/O 总线和一条通信总线，每条总线可使用 4 个插槽。CR2 用做 CR 时，必须安装一个 PS 和两个 CPU，扩展时可连接 21 个扩展单元，但必须插入 IM 发送接口模块，且最多只能插入 6 个 IM，每个 CPU 模块有它自身的 I/O 模块，它们能相互操作和并行运行。

问 58　**扩展机架 ER1/ER2 的功能是什么？由哪些部分组成？**

答：ER1 和 ER2 为扩展机架，用于标准 S7-400 系统中以低成本的方式装配扩展模块。ER1 为带 18 个插槽的机架，最多可装配 18 个模块，ER2 为带 9 个插槽的机架，最多可装配 9 个模块。ER1 和 ER2 只有一条 I/O 总线，如图 1-13 所示。ER1/ER2 没有中断处理，无模块缓存，没有给模块供电的 DC 24V 电源，但可以使用 PS、IM 和 SM。注意，在特殊情况下，PS 不能与 IM 461-1 接收模块一起使用。

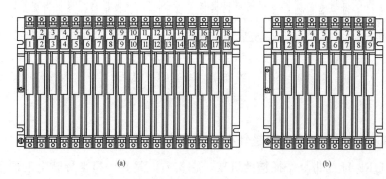

(a)　　　　　　　　　　　　　(b)

图 1-13　扩展机架 ER1/ER2

(a) ER1；(b) ER2

问 59 **IM 有哪些种类？功能是什么？**

答：S7-400 PLC 的 IM 有 IM460/461-0、IM460/461-1、IM460/461-3、IM460/461-4、IM463-2、IM467/IM467FO 等种类。在应用中，必须成对使用。例如，在 CR 中插入发送模块 IM460-0 时，在 ER 中需插入 IM461-0。

IM460-0 为发送 IM，IM461-0 为接收 IM，这两个 IM 配合使用，用于不进行电源传输的局部半径为 3m 内的集中式本地链接，带有通信总线。IM460-0 可以插入到 UR1、UR2 和 CR2 机架中，每个机架中最多可插入 6 个 IM460-0，IM460-0 有两个接口，每个接口最多扩展 4 个机架，模块最多可扩展 8 个机架。IM461-0 可以插入到通用机架 UR1、UR2 和扩展机架 ER1、ER2 中，插入通用机架 UR1 和 UR2 时可与 IM460-0 一起配合使用；插入扩展机架 ER1、ER2 时只能与 IM460-3 一起使用。IM461-0 有 1 个输入接口和 1 个输出接口，其中，输入接口用于连接线路侧 IM 的 468-1 连接电缆；输出接口用于连接负载侧 IM 的 468-1 连接电缆。IM461-0 有编码开关，通过它可设置机架号。

IM460-1 为发送 IM，IM461-1 为接收 IM，这两个 IM 配合使用，用于不进行电源传输的局部半径为 1.5m 内的集中式本地链接，不带通信总线。IM460-1 有两个接口，但每个接口只能扩展 1 个机架。IM460-1 接口可以插入到 UR1、UR2 和 CR2 机架中，每个机架中最多可插入 2 个 IM460-1，IM461-1 有两个接口，每个接口最多扩展 4 个机架，模块最多可扩展 8 个机架，IM461-1 有 1 个输入接口和 1 个输出接口，其中输入接口用于连接线路侧 IM 的 468-3 连接电缆；输出接口用于连接负载侧 IM 的 468-3 连接电缆。IM461-1 可以插入到通用机架 UR1、UR2 和扩展机架 ER1、ER2 中，IM461-0 有编码开关，通过它可设置机架号。

IM460-3 为发送 IM，IM461-3 为接收 IM，这两个 IM 只能一起配套使用，用于不进行电源传输的局部半径为 100m 内的分布式链接，带通信总线。IM460-3 可以插入到 UR1、UR2 和 CR2 机架中，每个机架中最多可插入 6 个 IM460-3，IM460-3 有两个接口，每个接口最多扩展 4 个机架，模块最多可扩展 8 个机架，IM461-3 可以插入到通用机架 UR1、UR2 和扩展机架 ER1、ER2 中。IM461-3 有 1 个输入接口和 1 个输出接口，其中输入接口用于连接从线路侧 IM 来的 468-1 连接电缆；输出接口用于连接负载侧 IM 的 468-1 连接电缆，IM461-3 有编码开关，通过它可设置机架号。

IM460-4 为发送 IM，IM461-4 为接收 IM，这两个 IM 也只能一起配套使用，用于不进行电源传输的局部半径为 605m 内的分布式远程链接，不带通信总线。

IM460-4 可以插入到 UR1、UR2 和 CR2 机架中，每个机架中最多可插入 6 个 IM460-4，IM460-4 有两个接口，每个接口最多扩展 4 个机架，模块最多可扩展 8 个机架。IM461-4 可以插入到通用机架 UR1、UR2 和扩展机架 ER1、ER2 中。IM461-4 有 1 个输入接口的 1 个输出接口，其中输入接口用于连接线路侧 IM 的 468-1 连接电缆；输出接口用于连接负载侧 IM 的 468-1 连接电缆。IM461-4 有编码开关，通过它可设置机架号。

IM463-2 用于将半径为 600m 内的 S5 扩展单元与 S7-400 进行分布式连接。在 S7-400 的 CR 中使用 IM463-2，在 S5 扩展单元中使用 IM314，这样可以将 EU183U、EU185U、EU186U、ER701-2、ER701-3 等 S5 的扩展单元连接到 S7-400 中。IM463-2 可以插入到 UR1、UR2 和 CR2 机架中，IM463-2 有两个接口，每个接口最多扩展 4 个单元，模块最多连接 8 个 S5 扩展单元。IM463-2 通过 721 连接电缆与 SIMATIC S5 扩展单元连接。在一个 SIMATIC S7-400 CPU 内，最多可插入 4 个 IM463-2，因此最多允许连接 32 个 SIMATIC S5 扩展单元。

问 60 PS 有哪些？功能是什么？

答：S7-400 的 PS 是将相应电压转换成 DC 5V/24V 的工作电压，并通过背板总线向机架中的其他模块供给工作电压，而不给 SM 提供负载电压。

S7-400 系列 PLC 的 PS 为 PS405 和 PS407 两大系列。根据输出电流的大小不同，PS405 系列 PS 分为 PS405（4A）、PS405（10A/10AR）和 PS405（20A），PS407 系列 PS 分为 PS407（4A）、PS407（10A/10AR）和 PS407（20A）。

PS405 系列 PS 用于连接输入直流电源、输出直流电源。它具有防短路和开路保护功能；有可靠的隔离特性，符合 IEC 61131-2，可用做负载电源，连接额定输入电源为 DC 19.2～72V，PS405（4A）的输出电压为 DC 5V（4A）/24V（0.5A），PS405（10A，标准）和 PS405（10AR，具有冗余能力）的输出电压为 DC 5V（10A）/24V（1A），PS405（20A）的输出电压为 DC 5V（20A）/24V（1A）。

PS407 系列 PS 用于连接输入直流电源、输出直流电源，它具有防短路和开路保护功能；有可靠的隔离特性，符合 IEC 61131-2，可用做负载电源，连接额定输入电源为 DC 88～300V 或者 AC 85～264V，PS407（4A）的输出电压为 DC 5V（4A）/24V（0.5A），PS407（10A，标准）和 PS407（10AR，具有冗余能力）的输出电压为 DC 5V（10A）/24V（1A），PS407（20A）的输出电压为 DC 5V（20A）/24V（1A）。

问 61 **CPU 模块有哪些？性能指标包括什么？**

答： S7-400 PLC 的 CPU 模块主要有 CPU412-1、CPU414-1、CPU414-2、CPU414-3、CPU416-1、CPU416-2、CPU416-3、CPU417-4 等，它们的主要技术指标见表 1-2。

表 1-2   **S7-400 CPU 模块的主要技术指标**

型号	RAM（程序/数据）	装载存储器	计数器/定时器数量	数字量通道（I/O）	模拟量通道（I/O）	I/O 地址区	通信功能
CPU412-1	144KB/144KB	64MB	2048/2048	32768/32768	2048/2048	4KB/4KB	PG/OG
CPU412-2	256KB/256KB	64MB	2048/2048	32768/32768	2048/2048	4KB/4KB	PG/OG
CPU414-2	0.5MB/0.5MB	64MB	2048/2048	65536/65536	4096/4096	8KB/8KB	PG/OG
CPU414-3	1.4MB/1.4MB	64MB	2048/2048	65536/65536	4096/4096	8KB/8KB	PG/OG
CPU414-3PN/DP	1.4MB/1.4MB	64MB	2048/2048	65536/65536	4096/4096	8KB/8KB	PG/OG
CPU416-2	2.8MB/2.8MB	64MB	2048/2048	130172/131072	8192/8192	16KB/16KB	PG/OG
CPU416-3	5.6MB/5.6MB	64MB	2048/2048	130172/131073	8192/8192	16KB/16KB	PG/OG
CPU416-3PN/DP	5.6MB/5.6MB	64MB	2048/2048	130172/131074	8192/8192	16KB/16KB	PG/OG
CPU417-4	15MB/15MB	64MB	2048/2048	130172/131075	8192/8192	16KB/16KB	PG/OG

CPU412-1 满足中等控制规模的低成本解决方案，可用于具有少量 I/O 配置的较小型系统中，具有组合的 MPI/DP 接口，可在 PROFIBUS-DP 网络中运行。CPU412-2 适用于中等性能的应用，它具有两个 PROFIBUS-DP 主站系统。

CPU414-2、CPU414-3 和 CPU414-3PN/DP 为中等性能要求中的高需求而设计。它们可以满足对程序容量和处理速度有较高要求的应用。CPU414-2 和 CPU414-3 中内置 PROFIBUS-DP 接口，可以作为主站或从站直接连接到 PROFIBUS-DP 现场总线。使用 IF964-DP 接口模板，还可将其他 DP 主站系统连接到 CPU414-3 和 CPU414-3PN/DP 上。CPU414-3PN/DP 具有交换机的功能，它提供了可从外部接触到的两个 PROFINET 端口。

CPU416-2、CPU416-3 和 CPU416-3PN/DP 为功能强大的 SIMATIC S7-400 CPU。CPU416-2 和 CPU416-3 中内置 PFOFIBUS-DP 接口，可以作为主站或从站直接接到 PROFIBUS DP 现场总线。使用 IF964-DP 接口模板，还可将其他

DP 主站系统连接到 CPU416-3 和 CPU416-3PN/DP 上，当使用 ERTEC400-ASIC 时，CPU416-3PN/DP 的集成 PROFINET 接口具有交换机的功能，它提供了可从外部接触到的两个 PROFINET 端口，除分层网络拓扑结构之外，还可以在新型 S7-400 控制器中创建总线型结构。

CPU417-4 是功能强大的 SIMATIC S7-400 CPU，集成了 PROFIBUS-DP 接口，使它能够作为主站或从站直接连接到 PROFIBUS-DP 现场总线，还可以通过 IF964-DP 接口子模板连接 2 个 DP 主站系统。

问 62 **CPU 模块面板与状态显示包括哪些内容？**

答：S7-400 的 CPU 模块面板如图 1-14 所示，图中的"X"表示 CPU 模块型号中的 4 或 6。CPU 模块面板上的"状态指示灯（LED）"的含义见表 1-3。

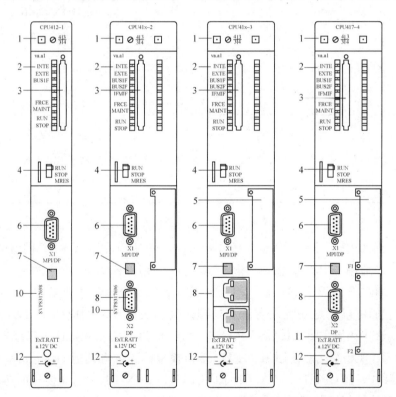

图 1-14　S7-400 的 CPU 模块面板

1—模块名称、产品版本、短订货号及固体版本印记；2—状态指示灯(LED)；3—存储卡槽；
4—模式选择开关；5—IM 插孔；6—MPI/PROFIBUS；7—条形码；8—PROFIBUS DP 接口；
10—序列号；11—IM2 的插孔；12—电源、外部备用电源电压

表 1-3　　　　　　　　　　　状态指示灯（LED）的含义

LED 标志	颜色	亮时表示的含义	所在 CPU 模块			
			CPU412-1	CPU412-2 CPU412-2 CPU416-2	CPU414-3 CPU416-3	CPU417-4
INTF	红色	内部错误	✓	✓	✓	✓
EXIF	红色	外部故障	✓	✓	✓	✓
FRCE	黄色	激活强制	✓	✓	✓	✓
RUN	绿色	运行状态	✓	✓	✓	✓
STOP	黄色	停止状态	✓	✓	✓	✓
BUS1F	红色	MP1/PROFIBUS-DP 接口 1 （X1）上的总线故障	✓	✓	✓	✓
BUS2F	红色	PROFIBUS-DP 接口 2 （X2） 上的总线故障	×	✓	✓	✓
IFM1F	红色	IM1 上的故障	×	×	✓	✓
IFM2F	红色	IM2 上的故障	×	×	×	✓

问 63　多 CPU 处理有什么特点？

答：在 SIMATIC S7-400 PLC 系统中，在 CR 上最多可以安装 4 个 CPU 模块，这些模块可以同时启动，或同时进入停止状态，实现同步执行控制任务，这种多 CPU 处理主要适用于以下情况。

对于一个 CPU 来说，当用户程序太长，或存储空间不够时，可以将程序分配给多个 CPU 来执行。如果整个系统由多个不同的部分组成，并且这些部分可以很容易地彼此拆开和单独控制，则各 CPU 分别处理不同的部分，每个 CPU 访问分配给它的模块。

通过通信总线，CPU 彼此互连。如果组态正确，通过编程软件可以访问 MPI 网络上的全部 CPU。

在启动时，多 CPU 运行的 CPU 将自动检查彼此间是否能同步，要实现同步，必须具备两个条件：①组态的所有 CPU 必须插好；②已创建了正确的组态数据，并已下载到已插入的所有 CPU 中。如果上述条件有一条不满足，那么在诊断缓冲区中将会出现错误信息。

退出停止状态时，将比较 RESTART/REBOOT 启动类型。如果启动类型不同，CPU 将不会进入运行状态。

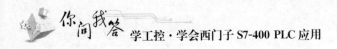

在多 CPU 处理运行时，每个 CPU 可以访问 STEP7 为其组态分配的模块，模块的地址区总是单独分配给一个 CPU。每个具有中断能力的模块被分配给一个 CPU，这样的模块产生的中断不能被其他 CPU 接收。

过程中断和诊断中断只能发送给一个 CPU，在模块有故障或插/拔某一模块时，通过 STET7 参数赋值时分配的 CPU 处理中断，有机架故障时，每个 CPU 调用 OB86。

使用多 CPU 中断（OB60）可以在相应的 CPU 中同步响应一个事件，与通过模块触发过程中断相比，通过调用 SFC35"MP-ALM"触发的多 CPU 中断只能通过 CPU 输出。

分段的机架 CR2 属于物理分段，不是通过参数赋值分段，每段只能有一个 CPU，它不是多 CPU 处理，每个分段的机架上的 CPU 构成一个独立的子系统。它们没有共享的逻辑地址区，多 CPU 处理不能在分段的机架上运行。

问 64 SM 包括哪些？主要技术参数有哪些？

答：S7-400 PLC 的 SM（I/O 模块）也包括 DI/DO 和 AI/AO，S7-400 PLC 的 DI/DO 包括数字量输入模块 SM421、数字量输出模块 SM422，S7-400 PLC 的 AI/AO 包括模拟量输入模块 SM431、模拟量输出模块 SM432。

S7-400 PLC 的规格及主要技术参数见表 1-4～表 1-6。

表 1-4　　　　　　　数字量输入模块 SM421 的主要技术参数

型号	额定负载电压 L+/L1	背板总线最大消耗电流	过程中断/诊断中断	内部/外部故障诊断	数字量输入点数	额定输入电压	各地通道间每组数量
6ES7 421-7BH00-0AB0	DC 24V	130mA	✓	✓	16	DC 24V	有/8
6ES7 421-1BL01-0AA0	—	20mA	×	×	32	DC 24V	有/32
6ES7 421-1EL00-0AA0	—	200mA	×	×	32	AC/DC 120V	有/8
6ES7 421-1FH20-0AA0	—	80mA	×	×	16	AC/DC 120/230V	有/4
6ES7 421-7DH00-0AB0	—	150mA	×	×	16	AC/DC 24～60V	有/1
6ES7 421-5EH00-0AA0	AC 120V	100mA	×	×	16	AC 120V	有/1

表 1-5　　　　　　　数字量输出模块 SM422 的主要技术参数

型号	额定负载电压 L+/L1	背板总线最大消耗电流	过程中断中断	内部/外部故障诊断	数字量输入点数	"1"信号时最小输出电压	各地通道间每组数量
6ES7 422-1FH00-0AA0	AC 120/230V	400mA	×	×	16	L-18.1V	有/4

48

型　号	额定负载电压 L+/L1	背板总线最大消耗电流	过程中断/诊断中断	内部/外部故障诊断	数字量输入点数	"1"信号时最小输出电压	各地通道间每组数量
6ES7 422-1HH00-0AB0	AC 230/DC 60V	1A	×	×	16（继电器）	—	有/2
6ES7 422-5EH00-0AB0	AC 20/120V	600mA	×	×	16	AC 20～132V	有/1
6ES7 422-1BH11-0AA0	DC 24V	160mA	×	×	16	L±0.5V	有/8
6ES7 422-5EH10-0AB0	DC 20～125V	700mA	√	√	16	L±1V	有/8
6ES7 422-1BL00-0AA0	DC 24V	200mA	×	×	32	L±0.3V	有/32
6ES7 422-7BL00-0AB0	DC 24V	200mA	×	√	32	L±0.8V	有/8

表 1-6　　　　　　　　　　模拟量输入模块 SM431 的主要技术参数

型　号	额定负载电压 L+(DC)	背板总线最大消耗电流	极限值中断/诊断中断	诊断	模拟量输入点	用于电阻测量的模拟量输入点数	内部/外部隔离	通过隔离	最大转换位数
6ES7 431-0HH00-0AB0	24V	100mA	×	×	16	—	无	无	13 位
6ES7 431-1KF00-0AB0	—	350mA	×	×	8	4	有	无	13 位
6ES7 431-1KF10-0AB0	24V	600mA	×	×	8	4	有	无	14 位
6ES7 431-1KF20-0AB0	24V	1000mA	×	×	8	4	有	无	14 位
6ES7 431-7QH00-0AB0	24V	700mA	可组态	可组态	16	8	有	无	16 位
6ES7 431-7KF00-0AB0	—	1200mA	√	√	8	8	有	无	16 位
6ES7 431-7KF10-0AB0	—	650mA	√	√	8	8	有	无	16 位

模拟量输出模块 SM432 只有一个型号，即 6ES7 432-1HF00-0AB0，输出点数为 8，额定负载电压为 DC 24V，输出电压范围为 ±10V、0～10V 和 1～5V，输出电流范围为 ±50mA、0～20mA 和 4～20mA。电压输出的最小负载阻抗为 1kΩ，有短路保护，短路电流为 25mA，电流输出的最大阻抗为 500Ω，开路电压最大为 18V，在模拟量部分、总线和屏蔽之间有隔离，分辨率为 13 位，每通道最大转换时间为 420μs。

问 65 **FM 有哪些？其功能是什么？**

答：S7-400 的 FM 有计数器模块 FM450-1、快速/慢速进给驱动位置控制模块 FM451、电子凸轮控制器模块 FM452、步进电动机和伺服电动机定位模块 FM453、闭环控制模块 FM455、应用模块 FM458-IDP 和 SIMATIC S5 智能 I/O 模块等。

　　FM450-1 是智能的双通道计数器模块，用于 S7-400 系列 PLC 系统的简单计数任务。每一通道直接连接一个增量型编程器；通过集成的数字量输入模块直接连接门信号；通过集成的数字量模块实现比较功能和输出响应等。

　　FM451 是一种用于包装机械、造纸和印刷机械、木材加工机械、起重设备和搬运设备、橡胶和塑料等机械设备的直线、回转轴定位控制的 3 通道定位模块。每通道 4 个数字量输出可用于快速进给/慢速驱动的电动机控制。

　　FM453 也是定位模块，它可以控制 3 个独立的伺服电动机或步进电动机，以高时钟频率控制机械运动，用于简单的 PtP 定位到对响应、精度的速度有极高要求的复杂运动控制。FM453 还具有长度测量、变化率限制、运行中设置实际值、通过调整输入使定位启动或停止的特殊功能。

　　FM455 为 16 通道的闭环控制模块，它用于温度控制、压力控制、流量控制、液位控制。FM455 有两种类型：FM455C 和 FM455S。FM455C 为连续动作控制器，有 16 路模拟量输出，用于控制模拟量执行器；FM455S 为步进控制器或脉冲控制器，有 32 路模拟量输出，用于控制电动机驱动的执行器或二进制控制的执行器。

　　应用模块 FM458-IDP 是用于输入算术控制任务的基本模块，带 PROFI-BUS-DP 接口。基本模块可以执行计算、开环控制和闭环控制，通过 PROFI-BUS-DP 接口可以连接到分布式 I/O 的驱动系统，通过扩展模块可以对 I/O 和通信进行模块化扩展。I/O 扩展模块 EXM438-1 是 FM458-1DP 的可选插入式扩展模块，用于读取和输出有时间要求的信号，有 DI/DO 和 AI/AO，可连接增量式和绝对式编码器，有 4 个 12 位模拟量输出。通信扩展模块 EXM448 是 FM458-1DP 的可选插入式扩展模块，可以使用 PROFIBUS-DP 或 SIMOLINK 进行高速通信，带有一个备用插槽，可以插入 MASTERRIVES 可选模块，用于建立 SI-MOLONL 光纤通信。FM458-1DP 还有一些附件接口模块，包括数字量输入、数字量输出和程序存储模块。

　　SIMATIC S5 智能 I/O 模块可以用于 S7-400。配置专门设计的适配器后，可以直接插入 S7-400。也可以应用于 IP242B 计数器模块、IP244 温度控制模块、WF705 位置译码器模块、WF706 定位模块、WF707 凸轮控制器模块、WF721 定位模块和 WF723A/B/C 定位模块。智能 I/O 模块的优点是它们可以完全独立地执行实时任务，这就减轻了 CPU 的压力，使其能够将精力完全集中于更高级的开环或闭环控制任务上。

问 66 CP 有哪些？其功能是什么？

答： S7-400 的 CP 有 CP440、CP441-1/2、CP443-5 基本型/扩展型、CP443-1 基本型/高级型和 CP444 等，它们用来与各种通信设备互连。

CP440 可实现多种标准协议，并允许与多种站点通过 RS 422/RS 485 进行高性能的报文数据传输，CP441 的通过 PtP 连接进行高速、高性能的串行数据传输。CP441 有两种版本：CP441-1 和 CP441-2。其中，CP441-1 有一个可变接口，用于简单的 PtP 连接；CP441-2 有两个可变接口，用于高性能的 PtP 连接。CP443-5 基本型为用户提供各种 PROFIBUS 总线系统的通信服务。CP443-5 扩展型为用户提供多种 PROFIBUS 总线系统的通信服务，作为 PROFIBUS-DP 主站运行，它独立完成数据传输并且可以连接从站。CP443-1 基本型模块利用 TCP/IP 和 ISO 网络协议将 SIMATIC S7-400 连接到工业以太网上，CP443-1 高级型模块用于将 SIMATIC S7-400 连接到工业以太网上，支持 TCP/IP 和 ISO 以太网标准，带 4 个以太网接口。CP443-1 高级型模块支持 PROFINET 协议，可连接 PNI/O。CP444 利用 MMS 服务，根据 MAP3.0 将 SIMATIC S7-400 连接到工业以太网上。

问 67 CR 和 ER 如何安装？

答： 机架是安装各个模块的基本框架，一台 S7-400 PLC 的机架可由 1 个 CR 和 1 个或多个 ER 组成。如果在系统中缺少插槽，可再添加 ER 或远程操作 SM。S7-400 系统中的机架类型见表 1-7。

表 1-7　　　　　　　　　　　　　**S7-400 系统中的机架类型**

机架	插槽数	可用总线	应用领域	说明
UR1	18	I/O 总线，通信总线	CR 或 ER	适用于 S7-400 中的所有模块类型
UR2	9			
ER1	18	受限 I/O 总线	ER	适用于 SM、接收 IM 和所有 PS
CR2	18	I/O 总线，分段通信总线，连续	分段 CR	适用于除接收 IM 之外的所有 S7-400 模块，I/O 总线分为 2 个 I/O 总线段，分别有 10 个和 8 个插槽
CR3	4	I/O 总线，通信总线	标准系统中的 CR	适用于除接收 IM 之外的所有 S7-400 模块，CPU41×H 仅限单机操作

续表

机架	插槽数	可用总线	应用领域	说明
UR2-H	2×9	I/O 总线，分段通信总线，分段	为紧凑安装容错型系统，分为 CR 或 ER	适用于除接收 IM 之外的所有 S7-400 模块，I/O 总线分为 2 个 I/O 总线段，每个总线段 9 个插槽

机架可通过螺钉安装在安装底板上，安装机架时，应留有足够的空间用于安装模块和散热。例如，模块上侧至少应有 40mm 的空间，下侧至少应有 22mm 的空间，左右两侧至少应有 20mm 的空间。使用电缆线槽和风扇部件时必须将电缆线槽或风扇部件安装在机架正下方 19in（≈482.6mm）以下并且在两侧还要留出额外的布线空间。

问 68 模块的安装步骤是什么？

答： 在机架中安装模块的步骤如下。

（1）卸下将要插入模块的插槽上的隔板，插入 CP441 模块并向下倾斜按入。对于双槽和三槽宽的模块，必须拆下将被相关模块覆盖的所有插槽的隔板。

（2）对于带有外盖的模块，在安装模块前卸下外盖。先向下按锁定杆，如图 1-15（a）中 a 所示，然后将外盖拉动下来，如图 1-15（a）中 b 所示。

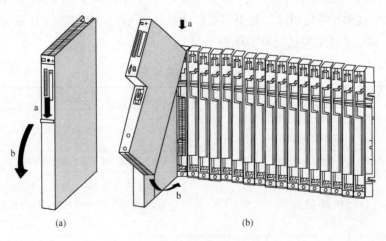

图 1-15　安装模块
（a）卸下外盖；（b）插入模块

（3）断开电源模块的电源连接器。

（4）一个接一个地安装模块，如图 1-15(b) 中 a 所示，并小心旋转装入，如图 1-15(b) 中 b 所示。如果向下旋转模块时觉得有阻力，应先轻轻向上提，然后再继续。

（5）拧紧模块顶部和底部螺钉，并重新装入模块外盖。

问 69 如何对模块进行标签？

答：模块安装好后，应给每一个模块指定槽号，插槽号印刷在机架上，对于双槽宽的模块占用两个插槽，并分配有两个插槽的连续插槽号；对于 3 槽的模块占用两个插槽，并分配有 3 个插槽的连续插槽号。

对模块指定槽号的方法如图 1-16 所示。先握住模块上的"数字轮"，再将其旋转到插入此模块插槽的插槽号，最后用手指将插槽标签按到模块上，该标签将与"数字轮"分离。

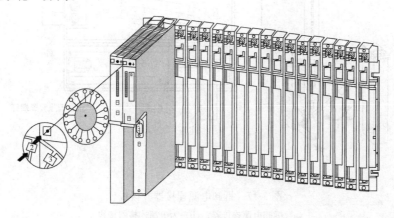

图 1-16　将槽号插入模块中

问 70 PS 连接的操作步骤是什么？

答：使用电源连接器可将 PS 连接到电源上。出厂时，电源连接器插在 PS 上，根据使用电源的类型不同，电源连接器分为 AC 和 DC 两种类型，这两种类型均已编码，即 AC 连接器只能插入 ACPS，DC 连接器只能插入 DCPS。

在接线前，必须将电源连接器从 PS 上取下，其操作步骤为：首先打开电源模块的盖子，再用合适的工具在提供的开口处撬动连接器，使它与 PS 分离［见图 1-17(a)］，然后将连接器从 PS 中向前拉出［见图 1-17(b)］。

为电源连接器接线，可参考图 1-17（b），按如下步骤进行：①如果使用带外绝缘的装有护套的软电缆，则应去除 70mm 的外部绝缘材料；②将不需要连接保护性接地（PE）的两个线芯截短 10mm；③将线芯外皮剥去 7mm；④松开电源连接器外盖上的螺钉，打开连接器；⑤松开张力消除装置的螺钉，并插入电缆；⑥按电源连接器外盖上的连接线芯，将较长的线芯连接到 PE，并拧紧线芯的螺钉。

电源连接器接好线后，可按以下步骤将已接线的电源连接器插入 PS：①打开 PS 的盖子；②将电源连接器插入模块外壳的导槽中；③将电源连接器尽可能深地推入 PS；④合上 PS 的盖子。

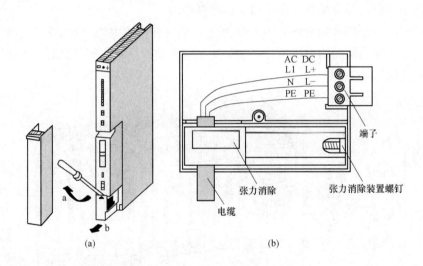

图 1-17　拆卸电源连接器并接线
（a）拆卸电源连接器；（b）为电源连接器接线

问 71 **数字量 S7-400 输出的并行接线如何连接？**

答：数字量 S7-400 输出的并行接线分两种情况：带不同额定负载电压的并行接线和带相同额定负载电压的并行接线。

对于带不同额定负载电压的数字量输出并行接线，只能通过串联二极管来实现数字量输出（额定负载电压 1L＋）与另一个数字量输出（额定负载电压 2L＋）或额定负载电压 3L＋的并行接线，如图 1-18（a）所示。对于带相同额定负载电压的数字量输出并行接线，则无需使用二极管，如图 1-18（b）所示。

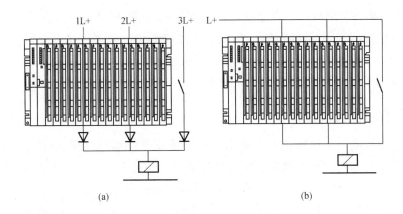

图 1-18 数字量 S7-400 输出的并行接线

(a) 带不同额定负载电压的并行接线；(b) 带相同额定负载电压的并行接线

问 72 CR 和 ER 互连的操作步骤是什么？

答：装配由 CR 和 ER 组成的自动化系统时，通过 IM 的连接电缆连接各个机架。要连接各个模块，可按以下步骤进行：①准备好自动化系统所需的全部连接电缆；②从发送 IM 开始；③打开发送 IM 的外盖；④将第一条连接电缆的插入连接器插入其中一个发送 IM 的内孔连接器中，并用螺钉拧紧，如图 1-19(a)所示；⑤若希望将两个 ER 连接到该发送 IM，应将第二个连接电缆的接头插入

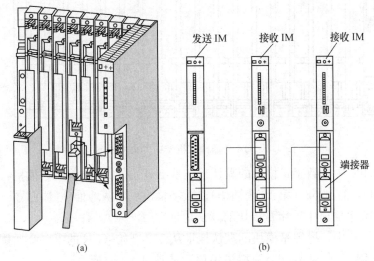

图 1-19 连接各个模块

(a) 将连接电缆插入发送 IM；(b) 1 个发送 IM 和 2 个接收 IM 之间的连接

发送 IM 的第二个端口；⑥合上发送 IM 的外盖；⑦打开第一个接收 IM 的外盖；⑧将连接电缆的空闲端插入接收 IM 的上部连接器中，并将连接器拧紧；⑨通过将发送接口（下部内孔连接器 X2）逐一连接到接收接口（上部内孔连接器 X1），连接剩余的接收 IM，如图 1-19（b）所示。

问 73 寻址的过程是什么？

答：要控制一个过程，需要从用户程序确定 SM 通道（输入和输出）的地址。通道位置与用户程序地址之间的分配必须一一对应且唯一。地址分为物理地址和逻辑地址，其中特定通道的物理地址是固定的，是基于输入或输出的物理位置；逻辑地址是可以自由选择的，用于在程序中寻址具体的输入或输出。

根据模块在 CR 中的插槽号计算该模块的默认地址时，对于模拟量模块和数字量模块应采用不同的算法，插槽编号可直接从机架上读出，如图 1-20 所示为 18 个插槽在机架中的插槽编号情况。

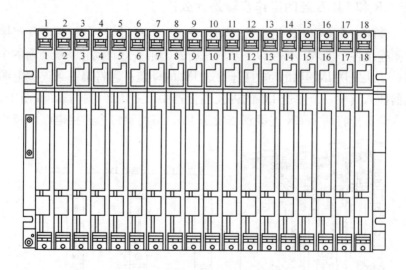

图 1-20　18 个插槽在机架中的插槽编号

在 S7-400 中，数字量模块的默认地址从 0 开始（CR 的第一个插槽，它通常由 PS 占用），直到 68（第 18 个插槽）。数字量模块默认地址＝（插槽号－1）×4。例如，第 10 个插槽中数字量模块的默认地址＝（10－1）×4＝36。

在 S7-400 中，模拟量模块的默认地址从 512 开始（CR 的第一个插槽，它通常由 PS 占用），直到 1600。模拟量模块默认地址＝（插槽号－1）×64＋512。例如，第 10 个插槽中模拟量模块的默认地址＝（10－1）×64＋512＝1088。

　　数字量模块上的通道是按位进行寻址的。对于 32 点输入的数字量输入模块，将使用 4 个字节从该模块的默认地址开始来寻址输入；对于 16 点输入的数字量输入模块，将使用 2 个字节。这些字节中的第 0 位～第 7 位则由各个输入保留。

　　模拟量模块上的通道是按字进行寻址的。从模块的默认地址开始，各通道的地址以 2 个字节递增。

学习 PLC 编程语言

问1 编程软件 STEP7 有几种编程语言？

答： 西门子 S7-400 PLC 编程语言是符合 IEC 制定的 PLC 国际标准的编程语言。编程软件 STEP7 提供梯形图（LAD）、语句表（STL）和功能块图（FBD）3 种格式的编程语言。本章中将着重以梯形图编程方式对 STEP7 的编程指令进行解释和说明。

问2 STEP7 中有几种数据类型？

答： 在对编程语言进行介绍之前，首先对 STEP7 编程过程中使用的数据类型进行简单阐述。STEP7 中有 3 种数据类型：基本数据、复合数据和参数。

问3 STEP7 中基本数据类型有哪几种形式？

答： (1) 位（BIT）。位存储单元的地址由一个变量标识符、一个字节地址和一个位地址组成。例如，I0.5 中，I 表示输入，字节地址为 0，位地址为 5；Q4.2 表示输出，字节地址为 4，位地址为 2。

(2) 字节（BYTE）。8 位二进制数组成一个字节，其中，第 0 位表示最低位，第 7 位表示最高位。使用地址标识符 B 表示字节。

IB10 表示输入地址为 10 的字节。

QB17 表示输出地址为 17 的字节。

(3) 字（WORD）。两个相邻的字节组成一个字。使用地址标识符 W 表示字，习惯上一般使用的字地址为偶数数字表示。例如，IW10 表示输入地址为 10 的字，该字包括 IB10 和 IB11 两个字节，其中高字节为 IB10，低字节为 IB11；QW16 表示输出地址为 16 的字，该字包括 IB16 和 IB17 两个字节，其中高字节为 IB16，低字节为 IB17。

(4) 双字（DWORD）。双字中包含两个字，4 字节。使用地址标识符 D 表示。为了避免交叉，一般使用 4 的倍数作为地址。例如，ID8 表示输入地址为 8 的双字，该字包括 IB8、IB9、IB10、IB11 共 4 个字节；QD12 表示输出地址为

12 的双字，该字包括 QB12、QB13、QB14、QB15 共 4 个字节。

（5）16 位整型（INT）。整数为有符号数，整数的最高位为符号位，如果最高位为 0 表示正数，最高位为 1 时表示为负数，取值范围为 $-2^{15} \sim 2^{15}-1$。

（6）32 位整型（DINT）。整数为有符号数，表示范围为 $-2^{31} \sim 2^{31}-1$。

（7）32 位浮点型（REAL）。与计算机中的浮点数使用方式和格式相同，PLC 中使用的大多数为整数数据，一般在使用浮点数时需要进行数据转换。

（8）常数（Constant）。常数值可以是字节、字或双字的形式，在 CPU 中用二进制进行存储，也可以用十进制、十六进制或浮点数形式来表示，见表 2-1。

表 2-1 基本数据类型

数据类型	描述	常数符号举例
BOOL	位	TRUE，FALSE
BYTE	字节 8 位十六进制数	B#16#00（最小值） B#16#FF（最大值）
WORD	字 16 位十六进制数 16 位二进制数 计数器 3 位 BCD 码 两个 8 位无符号十进制数	W#16#0000（最小值） W#16#FFFF（最大值） 2#0000_0000_0000_0000 C#000（最小值） C#999（最大值） B（0，0）（最大值） B（255，255）（最大值）
DWORD	双字 32 位十六进制数 4 个 8 位无符号十进制数	w#16#0000_0000（最小值） W#16#FFFFF_FFFF（最大值） B（0，0，0，0）（最大值） B（255，255）（最大值）
INT	16 位定点数	-32 768（最小值） +32 768（最大值）
DINT	32 位定点数	-2 147 483 648（最小值） +2 147 483 648（最大值）
REAL	32 位浮点数	指数形式表示数据
S5TIME	16 位 S5 格式时间值	S5T#0ms（最小值） S5T#2h46m30s（最大值）
TIME	32 位 IEC 格式时间值	T#-24d20h31m23s647ms（最小值） TIME#24d20h31ms647ms（最大值）

数据类型	描述	常数符号举例
DATE	16 位日期	D＃1990 _ 01 _ 01（最小值） Date＃2089 _ 12 _ 31（最大值）
TIME _ OF _ DAY	32 位时间日期	TOD＃00：00：0000（最小值） TIME _ OF _ DAY＃23：59：59：59.999（最大值）

问 4　状态字的功能是什么？结构形式是什么？

　　答：状态字用于存放 CPU 执行指令的状态，当指令执行时，状态字内容随之变化，并提供程序运行的结果及错误信息，其结构形式如图 2-1 所示。

15 … 9	8	7	6	5	4	3	2	1	0
未用	BR	CCI	CCO	OS	OV	OR	STA	RL/O	$\overline{FC}$

图 2-1　　状态字的结构形式

问 5　首次检测位的功能是什么？

　　答：状态字的第 0 位是首次检测位（First Check，FC）。FC 表示逻辑操作的开始状态，是 CPU 对逻辑串第一条指令的检测产生的结果，直接保存在状态字的 FC 中。经过首次检测存放在 FC 中的 0 或 1 称为首次检测结果，该位在逻辑串的开始时总是 0，在逻辑串指令执行过程中为 1。输出指令或与逻辑运算有关的转移指令（表示一个逻辑串结束的指令）将该位清零。

问 6　逻辑运算结果的功能是什么？

　　答：状态字的第 1 位为逻辑运算结果（Result of the Logic Operation，RLO）。它存储位逻辑指令和算术比较指令的结果。在程序的第一条指令中，检测信号状态，执行后，将 RLO 置 1；在程序的第二条指令中，检测信号状态，根据逻辑关系，将其与原先存储的 RLO 值组合，得出新的 RLO 值并存储，依次类推。当输出指令或转移指令执行时，逻辑串结束。

问 7　状态位的功能是什么？

　　答：状态字的第 2 位为状态位（Status Bit，STA），表示信号的状态，可以是 0，也可以是 1。当电压加在输入端上，STA 为 1，否则为 0。STA 不能用于指令检测，它只是在程序测试中被 CPU 解释使用。

问 8　或位的功能是什么？

答：状态字的第 3 位为或位（OR Bit，OR），当逻辑操作是 AND 和 OR 的组合时，OR 存储 AND 的操作结果，为后续的 OR 操作做准备，当完成组合操作时，重新清零。

问 9　溢出位的功能是什么？

答：状态字的第 4 位为溢出位（Overflow，OV）。当一个算术运算或浮点数比较指令执行时出现错误，则 OV 置 1，只有执行结果正常后，OV 被清零。

问 10　溢出状态保持位的功能是什么？

答：状态字的第 5 位为溢出状态保持位（Overflow Stored，OS）。当溢出非法操作发生时，OS 置 1；同时还具有保持 OV 的作用；在 OV 被置 1 时，OS 也被置 1；在 OV 被清零时，OS 依然保持。

问 11　条件码 1 和条件码 0 的功能是什么？

答：状态字的第 6 位和第 7 位为条件码（Condition Codes，CC）0 和条件码 1。在位逻辑指令、比较指令、算术指令、移位指令、循环移位指令以及字逻辑运算中，CC 都有相应的值表示与 0 的大小关系。

问 12　二进制结果位的功能是什么？

答：状态字的第 8 位为二进制结果位（Binary Result Bit，BR），在梯形图中，BR 与 ENO（使能输出）有对应关系，用于表示方块指令是否正确执行；如果执行错误，BR 为 0，ENO 也为 0，反之，两者均为 1。

问 13　位逻辑指令的功能是什么？

答：位逻辑指令用于二进制运算，与实际的继电器电路相结合可以理解为继电器的触点，二进制中只有 0 或者 1。就相当于线圈通电时为 1，线圈断电为 0。

问 14　触点指令的功能是什么？包括几种？

答：触点指令的功能与实际的继电器电路中的触点功能相似。触点指令包括常开触点、常闭触点、取反触点和线圈指令，见表 2-2。线圈指令的左边 RLO

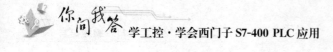

为 1 时，指定的存储位赋值为 1，即线圈导通；若 RLO 为 0，存储位赋值为 0，即线圈不导通。取反触点对其左边的 RLO 进行取反操作。

表 2-2   触点指令梯形图

名称	常开触点	常闭触点	取反触点	线圈
梯形图	─┤ ├─	─┤/├─	─┤NOT├─	─( )─

在实际编程中，这些指令可以按照数字逻辑关系进行组合使用，实现强大的控制功能。例如，触点串联实现"与"的功能，触点并联实现"或"的逻辑关系。

问 15 触点指令如何应用？

答：

例 2-1　在某控制系统中，风扇运行条件包括：

（1）主控开关开启。

（2）温度上限开关启动（即可认为温度超过限定值）。

（3）两个物位检测信号其中之一有效（即有一定数量的待加工材料）。

风扇停止条件包括：

（1）人工手动关闭。

（2）温度下限开关启动。

分析：在上述条件中，在开启时，必须同时满足的条件就可以认为是"与"的关系。例如，在温度控制中，主控开关和温度上限开关必须是串联，而两个物位检测开关则满足其中之一就可以，所以两个开关之间应该是并联关系，停止条件在整个网络中必须是串联的才能够起到作用。

程序设计：主控开启开关为 I0.5，手动关闭开关为 I0.0，温度下限开关为 I0.1，两个物位检测信号为 I0.2、I0.3，温度上限开关为 I0.4，风扇启动输出为 Q0.0，梯形图如图 2-2 所示。

```
    I0.2      I0.5      I0.0      I0.1      I0.4      Q0.0
  ──┤ ├──┬──┤ ├──────┤/├──────┤/├──────┤ ├──────( )──
    I0.3  │
  ──┤ ├──┘
```

图 2-2　梯形图

例 2-2　若系统中有 4 个输入，其中，任何一个输入打开时，系统的传送机启动，系统中另有 3 个故障检测输入开关，当其中任何一个有输入时传送机即停止工作。

程序设计：系统的 4 个输入分别为 I1.4、I1.5、I1.6、I1.7，这 4 个输入只要有一个打开系统就可以工作，所以应该是并联关系。3 个故障检测开关为 I1.0、I1.1、I1.2，其中任何一个有输入信号系统就停止工作，所以故障信号之间应该是串联关系。传送机的启动线圈为 Q1.0，梯形图如图 2-3 所示。

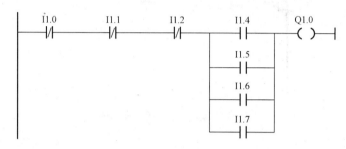

图 2-3　梯形图程序

在例 2-1 和例 2-2 中只有一个输出并且条件之间没有相互制约的关系，在很多工业系统中 PLC 都是多输出的，并且条件之间或者是输出之间都是相互制约的，这时各个触点之间的关系实际上也可以用简单的逻辑关系实现。

例 2-3　设计程序控制机床工作台的往复运动。如图 2-4 所示。

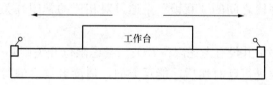

图 2-4　工作台示意图

分析：工作台由交流电动机驱动，要改变工作台的运动方向只要改变电动机的旋转方向即可，按下启动按钮，电动机驱动工作台开始工作，当工作台运动到极限位置时，由行程开关检测并发出停止前进指令，同时自动发出返回指令，只要没有按停止按钮，工作台就会继续这种自动往复的运动。

设计电动机正、反转控制电路，其中，正转点动按钮必须使正转线圈"自锁"，同样，反转点动按钮也可以实现反转"自锁"，而正转和反转线圈要实现"互锁"。

程序：启动按钮为 I0.0，停止按钮为 I0.1，左行开关为 I0.2，左转线圈为 Q0.0，右转线圈为 Q0.1，梯形图如图 2-5 所示。

程序段1：左行启动

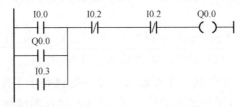

程序段2：右行启动

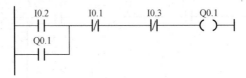

图 2-5　工作台往返运动梯形图

注意：

（1）例 2-3 中指出使用"按钮"，在编程时要注意按钮与开关的不同，开关在得电后一直保持该状态，而按钮则是得电之后又回到原状态，所以一般在使用按钮时需要"自锁"。

（2）两个程序段分别实现左转和右转的功能，两段程序中都使用了对输出开关的"或"关系，实现了"自锁"功能。

（3）两个程序段之间的"互锁"是通过对相应的常闭开关的"与"关系实现的。

（4）以上程序中并没有考虑限位开关，考虑限位开关则必须要使用定时器，即到达位置后需要进行延时然后才能反方向，请读者自己编写考虑限位开关的程序。

使用梯形图可以完成各种功能，但很多国外的书籍中大量使用 STL，实际上大多数梯形图都可以转换成 STL 形式。例如，例 2-3 中的电动机左右转控制电路可以转换为如图 2-6 所示的 STL。

```
程序段1：左行启动              程序段2：右行启动
A(                            A(
O       I       0.0          O       I       0.2
O       Q       0.0          O       Q       0.1
O       I       0.3          )
)                            AN      I       0.1
AN      I       0.1          AN      I       0.3
AN      I       0.2          =       Q       0.1
=       Q       0.0
```

图 2-6　STL 程序

问 16　置位复位指令的功能是什么？如何应用？

答：置位和复位指令根据 RLO 的值来确定指定地址位的状态是否需要改变。当 RLO 为 1 时，置位指令使指定的地址位置为 1，复位指令使指定的地址位为 0；当 RLO 为 0 时，指定地址位的指令保持不变。实际上可以把这两条指令看做特殊的输出指令。一般这两条指令配合使用，先使用置位指令对某一地址进行置位，再利用复位指令对该地址进行复位操作，利用前面的电动机正反转的例子来说明这两条指令的执行过程，如图 2-7 所示。

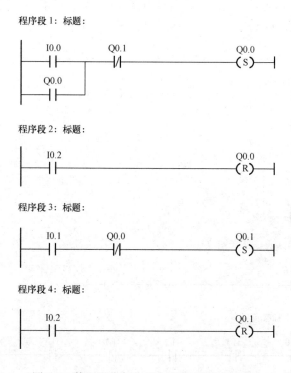

图 2-7　使用置位复位指令实现电动机正反转

程序分析如下：

（1）程序段 1 和程序段 3 的区别是，一个加入了自锁功能，而另一个没有加，但最终执行的结果是一样的，因为置位指令在执行时，只要左边的 RLO 结果为 1，输出的存储位就为 1，并且保持该状态。

（2）在程序段 1 和程序段 3 中加入互锁功能，该功能使得指令在执行过程中正转和反转只能执行其中之一。

（3）如果在该程序中置位指令和复位指令同时作用，程序输出的最终结果为复位指令的执行结果。因为 CPU 执行程序的过程是扫描的方式，先执行上面的置位，再执行复位指令，最终保存的结果是复位指令的结果。

例 2-4 生产过程连锁报警控制功能实现。常压法硝酸装置是一套连续生产的具有爆炸危险的工业装置，在紧急事故状态下实现停车，使得生产处于安全状态。报警启动的条件如下：控制室仪表盘上的紧急事故停车按钮 I1.0 动作；氨氧化炉铂网温度超过上限值 I1.1；氨过热器出口气体氨温度低于下限值 I1.2，压力高于上限值 I1.3；空气压缩机故障停止 I1.4。

如果全部故障被解除，控制室复位开关 I0.0 和故障指示灯复位 I0.1 开关同时闭合，故障指示灯 Q0.0 熄灭，梯形图如图 2-8 所示。

程序段 1：标题：

```
        I1.0                                    M0.0
       ─┤├──┬─────────────────────────────────( )──┤
        I1.1 │
       ─┤├──┤
        I1.2 │
       ─┤├──┤
        I1.3 │
       ─┤├──┤
        I1.4 │
       ─┤├──┘
```

程序段 2：标题：

```
        M0.0                                    Q0.0
       ─┤├─────────────────────────────────────(S)──┤
```

程序段 3：标题：

```
        I1.0    I1.1    I1.2    I1.3    I1.4    M0.1
       ─┤/├────┤/├────┤/├────┤/├────┤/├──────( )──┤
```

程序段 4：标题：

```
        M0.1    I0.0    I0.1    Q0.0
       ─┤├─────┤├─────┤├──────(K)──┤
```

图 2-8 报警系统梯形图程序

程序分析：程序段 1 中给出了各个信号输出的关系，只要其中的一个产生故障，则输出高电平信号。程序段 2 中使用置位指令使得故障指示信号灯置位。程序段 3 和程序段 4 所示为当系统故障全部解除并且两个复位信号同时作用时，故障指示灯复位。

触发指令的功能是什么？如何应用？

答：RS 触发器指令和 SR 触发器指令实际上可以看做将前面的置位/复位指令组合在一个块中使用，经过组合之后在使用时就可以方便地实现各种输出功能。

RS 触发器置位优先，SR 触发器复位优先，这里的优先实际上和 CPU 的顺序扫描工作过程是一致的。

例 2-5 为了说明触发器的指令功能，这里还是使用前面电动机正反转的例子，如图 2-9 所示。

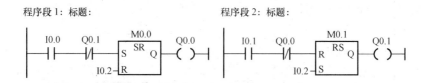

图 2-9 用 SR 触发器指令完成电动机正反转控制

程序分析：这里选用的是复位优先触发器，因为在出现故障的时候必须要紧急停车，如果使用置位优先，在停车时就要多费周折，程序中正转和反转分别用 I0.0 和 I0.1 启动，启动后不需要"自锁"，输出线圈 Q0.0 和 Q0.1 的"互锁"功能同样起作用，当 I0.2 按下时，系统复位。

例 2-6 设计了 4 组抢答器，要求 4 组中任意抢答，谁先按按钮，谁的指示灯就先亮，且只能亮一盏灯，进行下一问题时，主持人只要按复位按钮，抢答重新开始。

抢答器有 4 个输入，分别为 I0.0、I0.1、I0.2 和 I0.3，输出分别为 Q2.0、Q2.1、Q2.2 和 Q2.3，复位输入是 I0.5，梯形图如图 2-10 所示。

程序分析：抢答器设计中使用的是复位优先型触发器，I0.0、I0.1、I0.2 和 I0.3 分别对 Q2.0、Q2.1、Q2.2 和 Q2.3 进行置位操作，使用 I0.5 对输出信号进行复位，程序中将 4 个输出信号 Q2.0、Q2.1、Q2.2 和 Q2.3 进行了"互锁"操作，否则无法保证只有一盏指示灯亮。中间存储位为 M0.0、M0.1、M0.2、M0.3，每个触发器独立工作，保证程序的正确运行。

程序段 1: 标题:

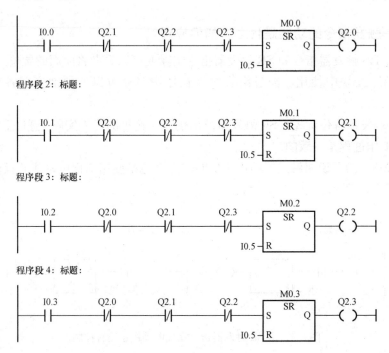

程序段 2: 标题:

程序段 3: 标题:

程序段 4: 标题:

图 2-10　抢答器程序梯形图

问 18　RLO 边沿检测指令有几种？如何应用？

答：RLO 边沿检测指令共有两个，一个是用来检测正跳沿的（中间标有 P），另一个是用来检测负跳沿的（中间标有 N）。正跳沿检测指令（见图 2-11）检测其左边的 RLO，若由 0 变为 1，正跳沿检测指令认为检测到一个正跳沿，则在一个扫描周期内导通，这时右边的线圈在一个扫描周期内有输出，检测指令上标注的地址位用来存储上一个扫描周期的 RLO，负跳沿检测指令与正跳沿检测指令相似，如图 2-12 所示，当 RLO 由 1 变为 0 时，认为检测到一个负跳沿，则检测元件在一个周期内导通，右边的输出线圈在一个周期内有信号输出。同样，

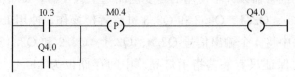

图 2-11　正跳沿检测指令的使用

M0.1 用来存储上一个扫描周期的 RLO。

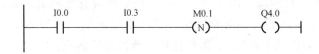

图 2-12 负跳沿检测指令的使用

例 2-7 设计一个电路，电路中包括 3 个按钮和 1 个灯，即利用 3 个按钮在不同地点控制 1 个灯，要求 3 个按钮按任意一个按钮灯亮，再按任意一个按钮灯灭。3 个按钮分别是 I0.0、I0.1 和 I0.2，灯的控制输出为 Q0.0，如图 2-13 所示。

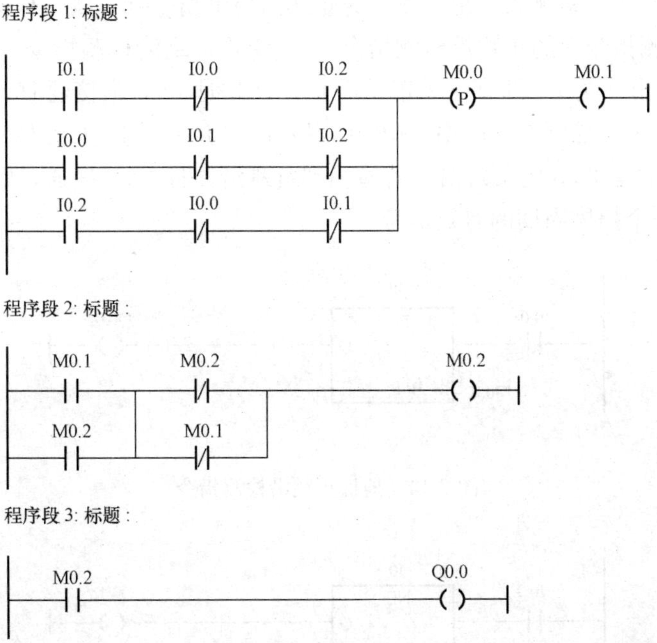

程序段 1: 标题:

```
    I0.1        I0.0        I0.2        M0.0        M0.1
 ┤ ├───────┤/├───────┤/├──────────(P)────────( )─┤
    I0.0        I0.1        I0.2
 ┤ ├───────┤/├───────┤/├
    I0.2        I0.0        I0.1
 ┤ ├───────┤/├───────┤/├
```

程序段 2: 标题:

```
    M0.1        M0.2                    M0.2
 ┤ ├───────┤ ├──────────────────────( )─┤
    M0.2        M0.1
 ┤ ├───────┤/├
```

程序段 3: 标题:

```
    M0.2                                Q0.0
 ┤ ├──────────────────────────────────( )─┤
```

图 2-13 多处灯控程序

程序分析：

（1）在程序段 1 中，第一次按动按钮时，任意一个按钮接通，在一个扫描周期中，则 M0.1 通；程序段 2 的第一分支中，由于 M0.1 通，而 M0.2 常闭触点本身是通的，所以 M0.2 接通；在程序段 3 中，M0.2 通，所以 Q0.0 接通，灯亮。

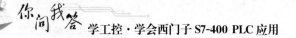

（2）在程序段 1 中，由于扫描周期已过，所以，显然几个按钮输出保持不变，M0.1 断开；程序段 2 的第一分支，仔细分析会发现能流不通，而第二分支中，由于 M0.2 是通的，同时常闭触点 M0.1 是通的，所以 M0.2 保持接通状态，在程序段 3 中，由于 M0.2 保持接通，所以灯依然亮。

（3）若再一次按，在程序段 1 中，M0.1 接通；在程序段 2 中，由于 M0.1 和 M0.2 是通的，所以第一分支和第二分支能流不通，因而，M0.2 变为不通状态；在程序段 3 中，由于 M0.2 不通，所以 Q0.0 不通，灯熄灭，之后系统循环运行。

问 19 　地址边沿检测指令可以分为几种？如何应用？

答： 地址边沿检测指令也可以分为正跳沿检测指令和负跳沿检测指令，POS 是地址沿检测指令中的正跳沿检测指令，NEG 是负跳沿检测指令。如图 2-14 所示，当 I0.1 由 0 变 1（即有一个正跳沿）并且此时 I0.0 是接通时，右边的输出 Q0.0 输出一个扫描周期，其中，M0.0 用来存储上一个 I0.1 状态。同样，在图 2-15 中检测的是 I0.3 的负跳沿，若检测到负跳沿并且 I0.2 接通，则右边的输出 Q0.1 输出一个扫描周期的有效信号。

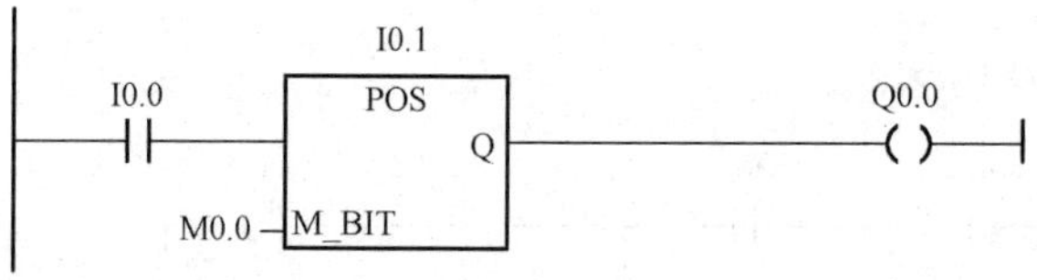

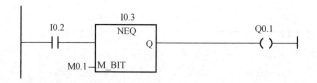

图 2-14　地址正跳沿检测指令

图 2-15　地址负跳沿检测指令

例 2-8　设计故障信息显示电路，若故障信号为 I0.0，灯控信号输出为 Q4.0，要求当系统故障输入有效时，指示灯开始以 1Hz 的频率闪烁，当操作人员按下复位按钮 I0.1 时，如果此时故障信号已经消失，指示灯熄灭，如果故障信号仍然存储，则指示灯变为常亮，直至故障消失，如图 2-16 所示。

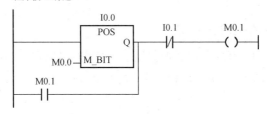

程序段 1: 标题

程序段 2: 标题:

图 2-16   故障信息显示程序

程序分析：时钟存储器字节的设置参见软件帮助。经过设置，M1.5 可以提供一个频率为 1Hz 的时钟脉冲。当系统出现故障时，I0.0 输入有效的故障信号，并且将该信号存入 M0.1 中，此时在程序段 2 中的 M0.1 常开开关变成常闭，与 M1.5 形成通路，由于 M1.5 是按照 1Hz 的频率接通的，所以右边的灯的控制信号 Q4.0 输出闪烁信号。

当按下 I0.1 时，程序段 1 中的 M0.1 复位，程序段 2 中的 M0.1 常开开关复位，M1.5 所在的分支不通。下面的 M0.1 常闭和故障信号 I0.0 组成的分支在 I0.0 信号有效的情况下接通，使右边的灯控信号有效直至故障信号 I0.0 消失。

问 20   定时器的功能是什么？

答：定时器在程序中产生时间序列，相当于继电器电路中的时间继电器。定时器的基本功能是在程序中设定响应时间或者响应顺序。S7 的定时器主要种类包括脉冲定时器、接通延时定时器、保持型接通延时定时器和断开延时定时器。

定时器在使用时要和相应的触点配置配合使用，并根据不同的定时任务增加或减少触点的数量，按照预先的操作要求确定 PLC 系统，然后确定定时器模块的使用情况，一个系统中可以使用一个或多个定时器。具体地说，定时器在程序中可以完成以下功能中的一个或者多个：延时启动、延时断开、时间限制、重复循环、触发操作、多重延时启动、多重延时关闭、设置一个循环的时

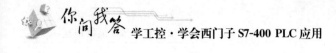

间间隔。

问 21 定时器字的概念是什么？

答：PLC 的 CPU 为每个定时器保留了一定的存储区域，用来存放当前的定时时间值。该区域的大小为一个字，其格式如图 2-17 所示。

D15							D8	D7							D0
15	14	13	12	11	10	9	8	7	6	5	4	3	2	1	0

图 2-17　定时器字的存储格式

其中，D0～D11 是用来存储用户设定的当前的 BCD 码时间值的，范围是 0～999。根据 BCD 码格式可知，D0～D3 表示时间预设值的个位，D4～D7 表示时间预设值的十位，D8～D11 是百位，D12～D13 用来存储定时器的时基。定时器的时基表示的是定时器定时的最小时间单位，见表 2-3，定时器定时的实际时间应为时基与 BCD 码表示的时间设定值的乘积，D14 和 D15 没有实际意义。

表 2-3　　　　　　　　　　　　定时器时基的设定

D13	D12	时基
0	0	10ms
0	1	100ms
1	0	1s
1	1	10s

问 22 定时器时间预置值的设置有几种格式？

答：定时器时间预置值的设置有以下两种格式。

（1）十六进制形式。W♯16♯wxyz，其中，w 是时间基准，xyz 是 BCD 格式的时间值。这个时间值的设定方式是按照定时器字的格式输入的，在预置之前必须选定时基，通过计算确定定时时间。在使用该方法前一定要熟悉定时器字的格式和意义。

（2）S5 时间格式。S5T♯ah-bm-cs-dms，其中，h 表示小时，m 表示分钟，s 表示秒，ms 表示毫秒，a、b、c、d 是用户设置的时间值，该方法比较直观，可以直接按照用户的需要设定定时器的定时时间，而时基的选定则由系统自动完成，初始值预置过程中要注意定时器的定时时间范围。

问 23 **脉冲定时器的梯形图是什么样的？工作过程是怎样的？**

答： 脉冲定时器（SP）的梯形图如图 2-18 所示。在编程过程中除了可以使用框图形式的定时器外，也可以使用线圈形式的定时器，如图 2-19 所示，SP 和其他几种定时器都是这样的。

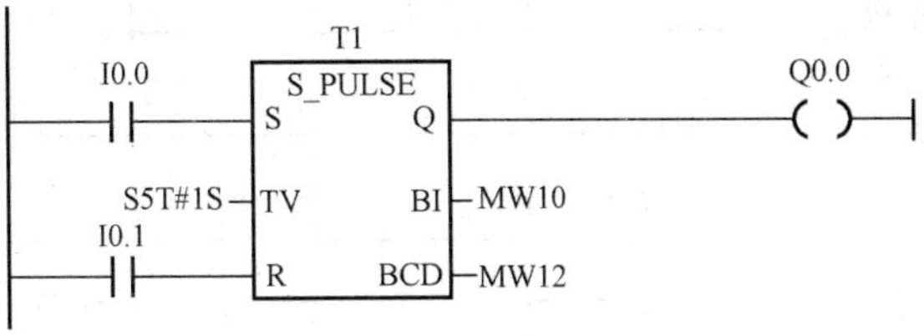

图 2-18　SP 的梯形图

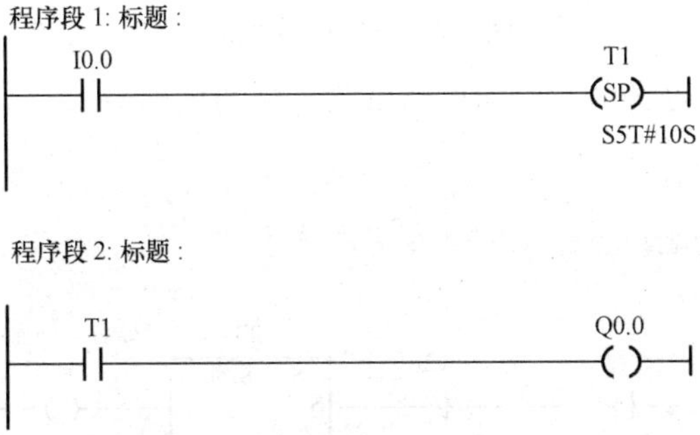

图 2-19　SP 的线圈形式

在 SP 梯形图中，S 端为启动信号输入端，正跳沿有效；TV 端为预设定时的时间输入端，输入的数据格式为前面的两种形式，在 S 端的正跳沿数据被装载到定时器字中，Q 为定时器状态输出，定时器运行时该端为高电平 1，定时器停止时该端为 0；BI 是当前定时时间的十六进制显示，BCD 端为当前定时时间的 BCD 码显示。

SP 在使用时的时序功能如图 2-20 所示。其中，假设 t 为定时时间，当 S 端由 0 变到 1 时，SP 开始工作，这时定时器的输出为 1。此时如果 S 端保持 1，并且 R 端保持为 0，定时器保持工作状态和输出状态，直到定时时间 t，定时器停止工作，输出变为 0。

若在定时器工作 S 端由 1 变为 0，或者 R 端由 0 变为 1，那么定时器立即停止工作，并且定时器的输出也变为 0。

从图 2-20 中可以看出，在复位信号为 0 的状态下，SP 是否可以运行取决于输入端的脉冲信号。输入端有正跳沿脉冲信号时，定时器按照定时时间初值开始运行，运行期间定时器的动合触点闭合，定时时间到时，动合触点断开。如果输入端脉冲信号在定时时间尚未结束时消失，则 SP 停止工作，无论定时器处于什么状态，只要复位端的信号有效，定时器的输出就变为 0。

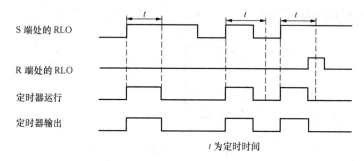

图 2-20　SP 时序功能图

例 2-9　用 SP 设计一个周期振荡电路，振荡周期为 15s，占空比为 7∶5。梯形图如图 2-21 所示。

程序段 1: 标题:

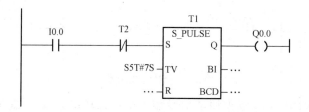

程序段 2: 标题:

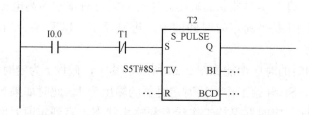

图 2-21　振荡器梯形图

程序分析：程序设计的基本思路是用定时器互相启动，形成振荡器，I0.0 为程序的启动开关，两个定时器的定时时间分别为 7s 和 8s。在程序段 1 中使用的是定时器 T2 的常闭触点，只有使用常闭触点，才能在启动开关闭合时定时器 T1 开始启动。在程序段 2 中串联了 T1 的常闭触点，在定时器 T1 工作期间该触点断开，所以定时器 T2 不能工作，在定时器 T1 停止工作时，常闭触点闭合，定时器 T2 开始工作。定时器 T2 定时时间到常闭触点闭合，定时器 T1 开始工作，如此循环，Q0.0 产生周期振荡输出。

问 24 **扩展脉冲定时器的梯形图是什么样的？工作过程是怎样的？**

答： 扩展脉冲定时器（SE）的梯形图如图 2-22 所示。各个引脚的定义与 SP 的定义相同，在编程使用时也有方框图和线圈两种形式，其线圈形式与 SP 类似。

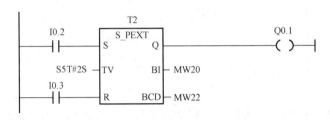

图 2-22 SE 梯形图

SE 的时序波形如图 2-23 所示。t 为定时时间，SE 的启动与 SP 的启动条件是一样的，也就是在 S 端的正跳沿将计数初值装载到定时器中，并开始定时。与 SP 运行方式不同的是，如果在定时时间未到的情况下，S 端的脉冲信号消失，则 SE 继续工作至定时时间到，SE 停止运行，输出信号变为 0。与 SP 相同的是，R 端的信号在任何时候都可以停止定时器的工作。

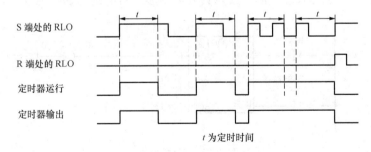

图 2-23 SE 时序功能图

例 2-10 机器在运行时，为了警告机器旁边的操作人员，报警 17s。当机器启动时，即使在 17s 的定时时间内将输入关闭，报警也会保持 17s。I0.0 为机器启动信号，I0.1 为机器停止信号，I0.5 为复位，Q0.0 为报警输出，Q0.4 为机

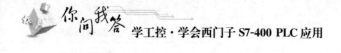

器启动输出，梯形图如图 2-24 所示。

程序段 1: 标题:

```
    I0.0         I0.1                              Q0.4
 ─┤ ├──┬──────┤/├──────────────────────────( )─┤
    Q0.4 │
 ─┤ ├──┘
```

程序段 2: 标题:

```
                              T1
    Q0.4         I0.1       ┌─────────┐         Q0.0
 ─┤ ├────────┤/├────────┤S   S_PEXT  Q├────────( )─┤
                          │            │
              S5T#17S ───┤TV        BI│
                          │            │
                 I0.5 ───┤R       BCD├─ …
                          └─────────┘
```

图 2-24   例 2-10 梯形图

程序分析：程序段 1 为机器的启动停止程序，程序段 2 中当 Q0.4 接通即机器启动，SE 开始运行，当 SE 的特性在 Q0.4 消失，或者 I0.1 在定时器定时时间未到的情况下断开，SE 都继续定时，直到定时时间到输出低电平信号。I0.5 为定时器的复位信号。

问 25 接通延时定时器如何应用？工作过程是怎样的？

答： 接通延时定时器（SD）的使用如图 2-25 所示。与前面两种定时器相似，SD 有方框图形式和线圈形式，其方框图形式的定义与 SP 一致。

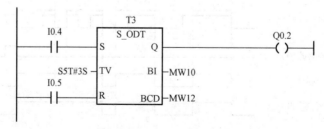

图 2-25   SD 梯形图

SD 的时序如图 2-26 所示。当 S 端正跳沿接通，SD 的定时初值被装载到定时器字中，同时定时器启动开始定时，在 SD 运行期间，定时器的输出为 0，定时时间到定时器输出高电平，如果定时器定时时间未到，输入端的信号消失，则定时器停止运行，输出端始终为 0。

t
t
t
S 端处的 RLO
R 端处的 RLO
定时器运行
定时器输出
t 为定时时间

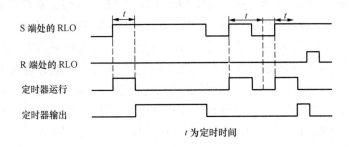

图 2-26　SD 的时序功能图

例 2-11　设计一个频率监视器，如果频率高于上限，输出报警信号 Q2.0，监视系统启动按钮为 I0.0，确认按钮 I0.1 使监视系统和报警输出信号复位，在演示程序中使用时钟存储器 M10.0（10Hz）作为监视频率输入，实际的频率监视系统可以将 M10.0 换成相应的监视传感器输出，梯形图如图 2-27 所示。

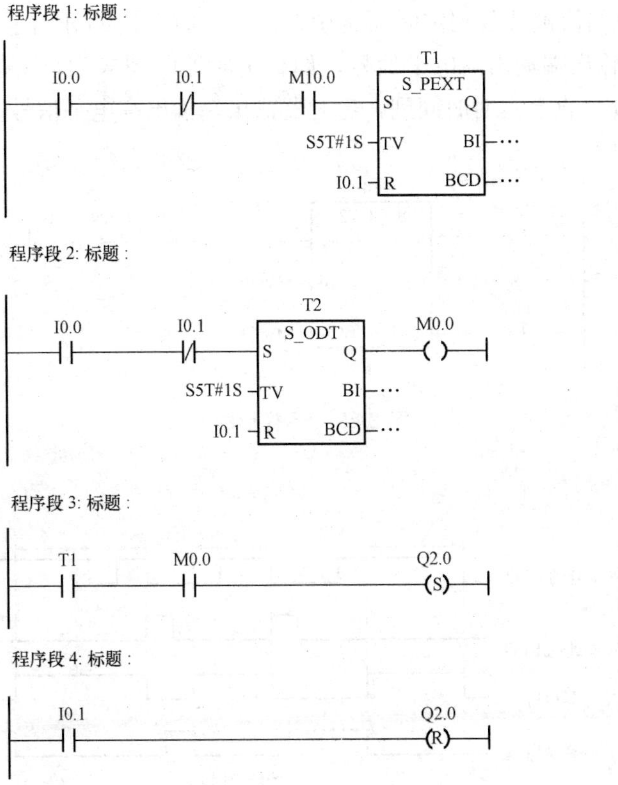

程序段 1: 标题 :
I0.0
I0.1
M10.0
T1
S_PEXT
S
Q
S5T#1S
TV
BI
I0.1
R
BCD
程序段 2: 标题 :
I0.0
I0.1
T2
S_ODT
S
Q
M0.0
S5T#1S
TV
BI
I0.1
R
BCD
程序段 3: 标题 :
T1
M0.0
Q2.0
S
程序段 4: 标题 :
I0.1
Q2.0
R

图 2-27　例 2-11 梯形图

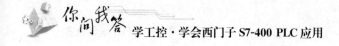

程序分析：利用 SE 的特点，时间未到时，若输入 S 端反复有正跳沿，则定时器反复启动，定时器的输出始终为 1，直至定时时间到。在程序段 1 中，如果监视频率为 1Hz，那么定时器的定时时间就是 1s。如果频率高于 1Hz，那么在1s 的定时时间没有完成时就在 S 端出现新的正跳沿信号，定时器被重新启动重新计数，这个过程不断进行，定时器保持运行状态。如果频率变低，脉冲时间间隔大于 1s 时，定时器可以完成计数，在程序段 2 中使用 SD，定时时间与 SE T1相同，其中，该定时器主要是对程序段 3 中的输出信号进行控制。如果程序段 3中没有常开触点 M0.0，那么 T1 开始工作，Q2.0 就有输出。实际上 T1 必须通过一段时间（定时时间）之后才能判断出频率是否超过限定。

问 26 保持型接通延时定时器的梯形图是什么样的？工作过程是怎样的？

答：保持型接通延时定时器（SS）的梯形图如图 2-28 所示。该定时器的方框图形式的各个引脚定义与前面相同，SS 的时序如图 2-29 所示。在 S 端的正跳沿，SS 的定时初值被装载到定时器字中，同时定时器启动开始定时，定时时间到，定时器的输出端输出高电平信号；如果定时器时间未到，S 端的信号消失，则 SS 继续工作，直至定时时间到，定时器输出端输出高电平信号。

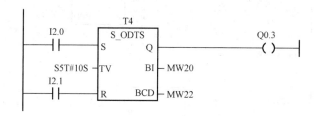

图 2-28　SS 梯形图

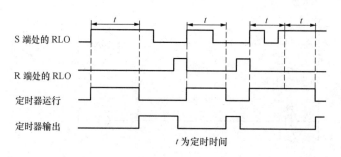

图 2-29　SS 时序功能图

问 27 断开延时定时器的梯形图是什么样的？工作过程是怎样的？

答： 断开延时定时器（SF）的梯形图如图 2-30 所示。各个引脚的定义参考 SP，SF 的时序如图 2-31 所示。在 S 端的负跳沿定时器的定时初值被装载到定时器字中，定时器开始工作。定时器的输出端则是在断开延时定时器 S 端有正跳沿时开始输出高电平信号。只要 SF 输入端有负跳沿信号，定时器的定时时间就会重新开始，实际上这个过程是定时器的初值被重新装载到定时器字中。在 SF 的输入端有高电平信号或定时器运行期间，SF 都会一直输出高电平。

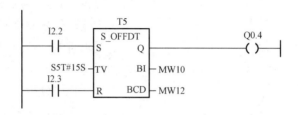

图 2-30　SF 梯形图

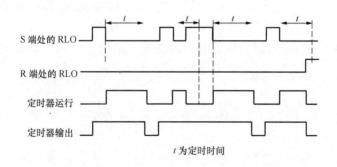

_t_ 为定时时间

图 2-31　SF 时序功能图

例 2-12 使用断开延时完成双延时关闭功能，当厂房内的灯关闭后，出口灯亮 42s，出口灯关闭后，停车场灯再开 3s，梯形图如图 2-32 所示。

程序分析：在程序段 1 中使用的是 SR 触发器启动工厂电灯，I0.0 将 Q0.0 置位，I0.1 将输出 Q0.0 复位。在程序段 2 和程序段 3 中，如果 Q0.0 为高电平，SF 产生输出，当 Q0.0 由高电平变为低电平时，定时器开始运行，T1 延时 2s，输出信号 Q0.1 在定时结束时变为低电平，T2 延时 3min 后输出 Q0.2 变为低电平。

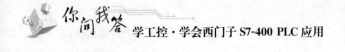

程序段 1: 标题:

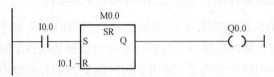

程序段 2: 标题:

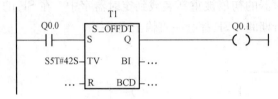

程序段 3: 标题:

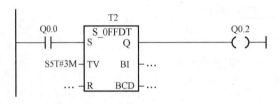

图 2-32 例 2-12 梯形图

例 2-13 振荡器在实际的工程应用中可以灵活地实现很多功能，在下面的许多例子中，定时器都用做振荡器。造纸厂造纸过程中，纸从造纸机到卷纸机，纸的一段需要打上号码，每 12s 打一个号码，这个 12s 信号就可以由定时器组成的振荡器循环重复提供。I0.0 为启动信号，Q0.0 为输出信号驱动打号机，该信号要求保持 2s，梯形图如图 2-33 所示。

程序分析：程序段 1 和程序段 2 作为振荡器为程序段 3 提供间隔脉冲信号，程序段 3 中 SE 在 T2 的定时脉冲下降沿作用下启动定时器，并保持定时信号 2s。

例 2-14 使用定时器完成延时启动功能。某加工过程中需要固定一个金属

程序段 1: 标题:

程序段 2: 标题:

程序段 3: 标题:

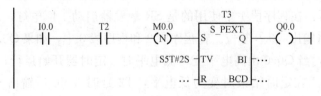

图 2-33 例 2-13 梯形图

棒，其形状由 3 个方向的水压来控制，开关启动后系统开始运行，水压头 A 按下，并保持在受压位置。5s 后，第 2 个水压头 B 从另一个方向按下并保持在预定位置。再经过 5s，第 3 个水压头 C 从第 3 个方面按下并保持在预定位置。系统停止运行，3 个水压头松开，部件取走，I0.0 系统启动信号，I0.1 系统停止开关，Q0.0 为 A 水压头输出，Q0.1 为 B 水压头输出，Q0.2 为 C 水压头输出，梯形图如图 2-34 所示。

程序段 1: 标题:

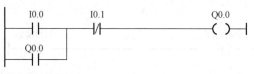

程序段 2: 标题:

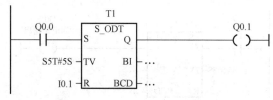

程序段 3: 标题:

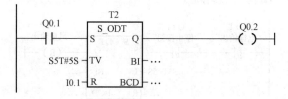

图 2-34 例 2-14 梯形图

程序分析：程序段 1 中 I0.0 闭合 A 启动，程序段 2 中 A 的输出触点信号启动定时器，5s 后接通延时定时器，输出高电平信号 B 启动。同样，在程序段 3 中使用 B 的输出触点作为定时器的启动信号，5s 后 C 打开。在该系统中使用两个定时器完成延时启动功能，在更复杂的系统中需要更多的延时，对于 3 个或 3 个以上的延时，可以叠加更多的定时器。

例 2-15 使用定时器完成延时关闭功能。木材加工系统中，使用 PLC 对电锯、风扇和润滑泵进行控制。系统运行过程中要求风扇启动 5s 后电锯和润滑泵启动，按下停止按钮后电锯停止，风扇继续运行 5s 吹走木屑，润滑泵继续运行 10s，系统的输入/输出符号定义如图 2-35 所示。系统控制过程的程序实现如图 2-36 所示。

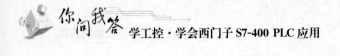

Symbol	Address		Data type
启动按钮	I	0.0	BOOL
停止按钮	I	0.1	BOOL
风扇输出	Q	0.0	BOOL
电锯输出	Q	0.1	BOOL
润滑泵输出	Q	0.2	BOOL

图 2-35　木材加工系统符号

程序段 1：风扇启动

```
        I0.0                                    Q0.0
      "启动按钮"                               "风扇输出"
      ───┤ ├───                               ───( S )───
```

程序段 2：润滑泵控制

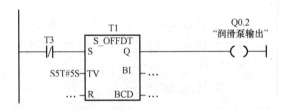

程序段 3：风扇停止

```
   Q0.1         Q0.1          T2               Q0.0
 "电锯输出"    "停止按钮"     S_ODT           "风扇输出"
 ──┤/├────────┤/├──────┤S      Q├──────────( R )──
                    S5T#5S─┤TV    BI├─ …
                       …─┤R    BCD├─ …
```

程序段 4：电锯启动

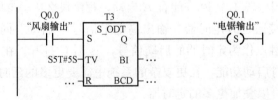

程序段 5：电锯停止

```
        I0.1                                    Q0.1
      "停止按钮"                               "电锯输出"
      ───┤ ├───                               ───( R )───
```

图 2-36　例 2-15 梯形图

程序分析：程序段 1 中 I0.0 闭合使用置位指令启动风扇。程序段 2 中风扇输出触点启动 SD。程序段 3 中是电锯启动的控制程序。同理在程序段 4 和程序段 5 中实现润滑泵的启动功能。当 I0.1 常闭触点断开，首先在程序段 3 中，电锯输出信号 Q0.1 消失，并且该信号作为两个 SD T2 和 T3 的启动信号，T2 和 T3 定时时间到，定时器常闭触点断开，在程序段 3 和程序段 5 中分别在不同的时间将两个输出信号关闭。

问 28 **计数器的功能是什么？如何存放数值？**

答： PLC 使用计数器完成计数功能，计数的范围是 0～999。在 S7-400 中，计数器可以是加法计数也可以是减法计数，实际上在 S7-400 中有 3 类计数器：加法计数器、减法计数器和加减可逆计数器。

计数器的设置与定时器相似。在 PLC 的 CPU 中计数器也有一个存储区（一个字），用来存放计数器的计数数值。

在图 2-37 所示的计数器字中，D0～D11 用来存放计数器当前计数值的 BCD 码存储区，BCD 码范围是 0～999。在访问计数器字的时候，使用 C♯ 后面跟数字的格式即可，计数数值也可以使用二进制格式进行存储，使用二进制时，将二进制计数数值存放在 D0～D9。

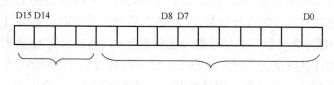

图 2-37 计数器字的格式

问 29 **加法计数器的指令形式是什么？各引脚的定义是什么？**

答： 加法计数器的方框图指令形式如图 2-38 所示。图 2-38 中各引脚的定义如下。

（1）S 为计数器初值预置使用能端，S 端由 0 变为 1（即正跳沿）时，将 PV 端的计数器初值装载到计数器字中。

（2）PV 为计数器初值输入端，在 S 端上升沿时初值输入，在以后的计数过程中以此为计数的起始数据。

（3）R 为计数器的复位端，R 端信号由 0 变 1 时计数器复位，即将计数器字清零，计数器的输出也清零。

（4）CU 为加法计数器的计数脉冲输入端，计数器在计数脉冲的上升沿到来

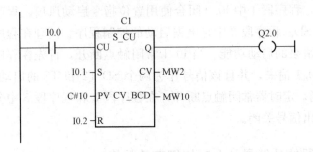

图 2-38　加法计数器的使用

时做加 1 操作。

（5）CV 为计数器当前计数值的十六进制表示，需要一个字的存储空间。

（6）CV-BCD 为计数器当前计数值的 BCD 码显示，需要一个字的存储空间。

（7）Q 为计数器状态，计数器开始计数则输出高电平，在加法计数器计数值达到 999 时，保持输出 1 不变。

问 30　减法计数器各引脚的功能是什么？

答：如图 2-39 所示，减法计数器各引脚的定义与加法计数器基本一致，只是计数脉冲的输入端变为 CD，在 S 端上升沿时将 PV 端计数初值装载到计数器字中，并以此数值为基础进行计数，CD 端在遇到正跳沿时，如果计数当前值大于 0，则开始做减 1 计数，如果计数当前值不为 0，则输出端 Q 输出高电平，当减法计数器的计数值变为 0 时，计数器的输出端 Q 变为 0。如果计数器在运行过程中复位端 R 输入有效信号，则计数器复位计数初值为 0，输出为 0。

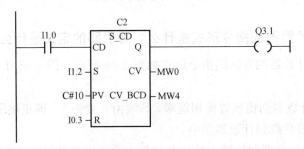

图 2-39　减法计数器的使用

问 31　加减可逆计数器各引脚的功能是什么？

答：加减可逆计数器各引脚的定义与前面的加法计数器和减法计数器基本一

致，计数初值在 S 端的上升沿作用下装载到计数器字中，在 CU 端的上升沿进行加法计数，在 CD 端的上升沿进行减法计数。Q 端的输出与加法计数器和减法计数器相同，如图 2-40 所示。

例 2-16 设计一段 PLC 控制程序实现对传送机上的某一点进行计数控制，要求记录该点在 1min 内经过多少个工件。该点有一个传感器可以在工件经过此处时发出一个脉冲信号。I0.0 为工件计数脉冲的输入，I0.1 为系统启动信号，I0.2 为系统复位信号，Q0.0 为计数结束输出，梯形图如图 2-41 所示。

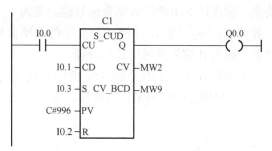

图 2-40 加减可逆计数器的使用

程序段 1：定时 60s

程序段 2：计数部分

程序段 3：计数输出指示

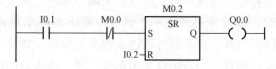

图 2-41 例 2-16 梯形图

程序分析：在系统启动前要使用 I0.2 复位信号将定时器的当前定时时间以及计数器的当前计数值全部清零，同时计数结束输出信号也清零。I0.1 启动系统定时器开始定时，同时计数器也开始计算，直至定时时间到、定时器停止工作为止，程序段 3 中的计数结束信号输出变为 1。在固定时间内进行计数的功能在工业应用较多，例如，〔例 2-11〕中的频率监视器可以用计数器在 1min 内进行计数，再对计数值进行比较和处理。

上面的程序中使用的是 SP，使用其他的定时器也可以实现上述功能，如使用 SD 完成固定时间内的计数程序，如图 2-42 所示。

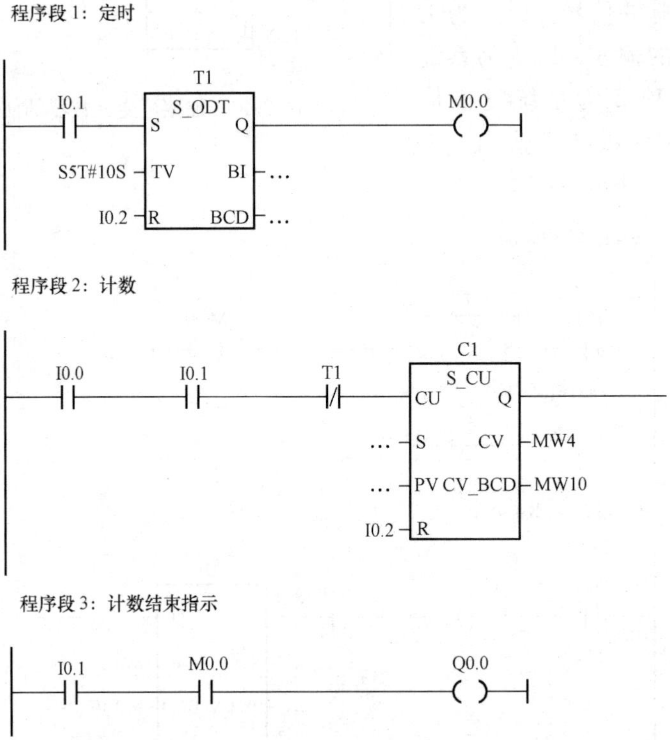

程序段 1：定时

```
           T1
         ┌─────────┐
  I0.1   │  S_ODT  │              M0.0
 ──┤├────┤S      Q├──────────────( )──
         │         │
S5T#10S──┤TV    BI├── …
         │         │
  I0.2 ──┤R    BCD├── …
         └─────────┘
```

程序段 2：计数

```
                              C1
                          ┌─────────┐
  I0.0    I0.1    T1      │  S_CU   │
 ──┤├──────┤├──────┤/├────┤CU     Q├──────────
                          │         │
                    … ───┤S     CV├── MW4
                          │         │
                    … ───┤PV CV_BCD├── MW10
                          │         │
                  I0.2 ──┤R        │
                          └─────────┘
```

程序段 3：计数结束指示

```
  I0.1    M0.0              Q0.0
 ──┤├──────┤├──────────────( )──
```

图 2-42　使用 SD 完成固定时间内计数

例 2-17 对停车场的车位进行计数。若停车场共有 30 个车位，在停车场入口处有一个接近开关，当有车经过入口时，接近开关输出脉冲。在出口处有同样的接近开关，车辆出去时，接近开关产生一个脉冲。要求当停车场尚有停车位时，入口处的闸栏才可以将门开启，车辆可以进入停车场停放，并使用指示灯表示尚有车位。若车位已满，则一个指示灯显示车位已满，且入口的闸栏不能开启让车辆进入。

I0.0 为停车场出口接近开关，输入加法计数脉冲；I0.1 为停车场入口接近开关，输入减法计数脉冲；I0.5 为计数器复位按钮；I1.0 为系统启动开关；I1.1 为系统停止按钮；I2.0 为入口闸栏启动按钮；Q0.0 为尚有停车位指示灯；Q0.1 为入口闸栏控制信号；Q0.2 为停车位已满指示灯。梯形图如图2-43所示。

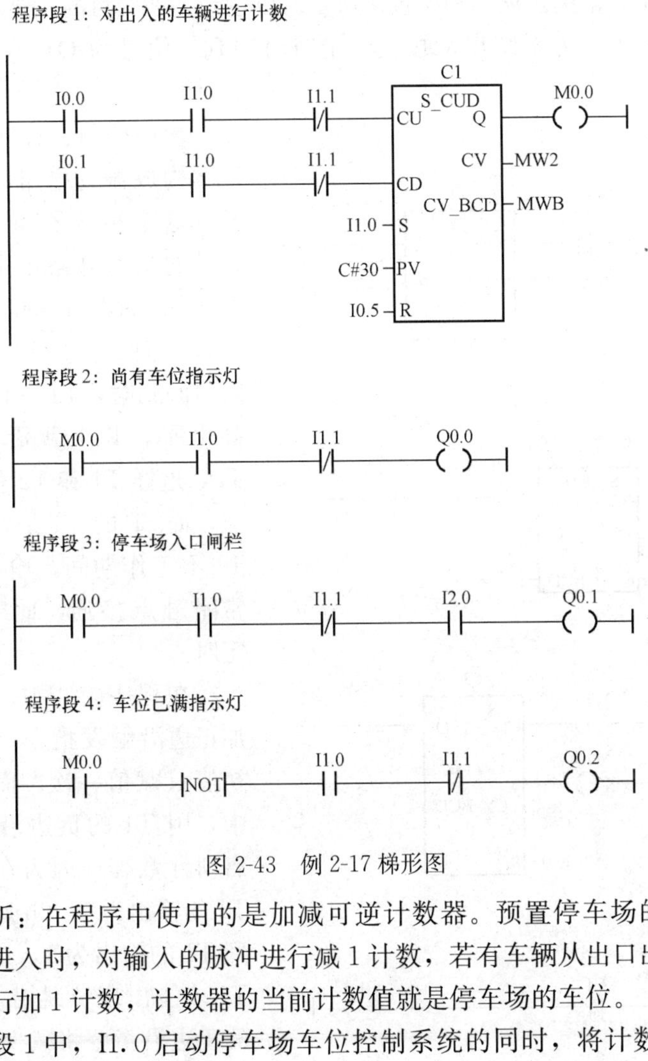

程序段1：对出入的车辆进行计数

程序段2：尚有车位指示灯

程序段3：停车场入口闸栏

程序段4：车位已满指示灯

图 2-43　例 2-17 梯形图

程序分析：在程序中使用的是加减可逆计数器。预置停车场的车位为 30，每次有车辆进入时，对输入的脉冲进行减 1 计数，若有车辆从出口出来，则对输入的脉冲进行加 1 计数，计数器的当前计数值就是停车场的车位。

在程序段 1 中，I1.0 启动停车场车位控制系统的同时，将计数器的计数初值装载到计数器字内，由于 S 端只有在上升沿时进行操作，所以在控制过程中，该信号保持为 1 不影响计数器的工作。

I0.1 将车辆从入口进入停车场产生的脉冲信号用于减法计数，I0.0 检测离开停车场的车辆，并提供计数器的加法计数脉冲。MW2 和 MW8 中显示当前的计数值，在程序中也可以加入对停车场的车位数值进行实时显示的数据处理程序。

例 2-18 根据计数器扩展定时器的定时范围，在 S7-400 中定时器的定时时间最大为 9990s，如果这个定时时间不能满足控制要求，那么可以使用计数器对定时器进行定时范围扩展，即实现多次定时以达到扩展的目的。要求将定时时间扩展为 24h，I1.0 为系统启动按钮，定时时间到，信号为 Q1.0，梯形图如图 2-44 所示。

程序段 1：标题：

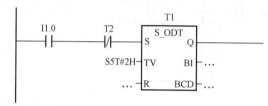

程序段 2：标题：

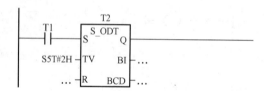

程序段 3：标题：

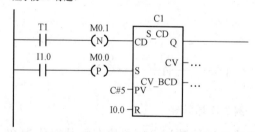

程序段 4：标题：

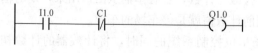

图 2-44　例 2-18 梯形图

程序分析：程序段 1 和程序段 2 构成振荡电路，振荡时间为 4h，这个振荡器与前面所述 SP 设计的振荡电路相比，在程序段 2 中是定时器 T1 的常开触点，而不是前面的常闭触点。当 SD 定时时间到时，T1 工作有效，输出高电平，其上跳沿启动定时器 T2，这样 T1 和 T2 就可以互相起振，而 SP 的 T1 是常闭触点，在 T1 不工作期间，输出为低电平，常闭触点接通，此时，T2 开始定时。

在程序段 3 中，赋值语句前加正边沿触发指令，保证计数器初值只赋值一次。而在程序段 4 中，用 T1 的负边沿触发指令来启动计数器，因为在开始的 2h，T1 的输出为 0，2h 后，延时时间到 T1 的输出为 1，这样经过 4h，T1 才能出现负跳沿，如果用 T1 的正边沿指令将减少 2h。当减法计数器计数值为 0 时，定时时间已到 24h。在程序段 4 中，以 C1 的常闭触点和 I1.0 启动按钮的并联控制输出 Q1.0。

问 32　高速计数器的功能是什么?

答：计数器在计数过程中，计数的最大速度由程序的扫描时间决定，为了得到一个可靠的计数值，计数器的输入信号必须在一个扫描周期内固定。如果输入信号改变时间小于扫描周期，计数值会因为计数丢失而变得不可靠。出现这种情况时，为了保证计数的准确性，一般使用高速计数器完成计数任务。

高速计数器除了可以处理高频率脉冲信号外，另一个优点就是可以区别脉冲的方向，并且有比较功能。达到比较值时，通过集成的数字量输出信号或者总线向 CPU 发出中断。高速计数器可以进行倍频计数，可以 2 倍频也可以 4 倍频，通过倍频测量大大提高了测量的精度。在前面的计数器工作过程中，计数功能在输入信号的上升沿计数，这里的倍频计数实际上就是在捕捉脉冲信号的过程中，同时捕捉信号的上升沿和下降沿，而 4 倍频则是对编码器的两相输出信号同时进行上升沿和下降沿计数。

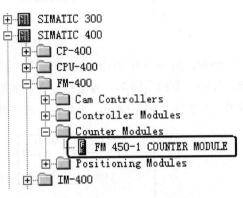

图 2-45　S7-400 中的高速计数器 I/O 模块

S7-400 中的高速计数器 I/O 模块如图 2-45 所示。

问 33　数据处理指令包括哪些?

答：数据处理指令主要包括数据传送、比较、转换和移位等。

问 34　传送指令的功能是什么? 传送指令如何工作?

答：传送指令的功能是在存储器之间或存储器与输入、输出等寄存器之间传递数据。梯形图编程的传送指令是 MOVE 方框图。MOVE 指令的操作数可以是字节、字或双字。

当传送指令的 EN 使能端输入有效信号时，指令开始操作，并在指令输出 ENO 端输出高电平。在图 2-46 中，输入 I0.0 为 1 时，EN 端输入有效信号，传输指令将左边 IN 端的十六进制数值 AF 传送到 MW20 中。如果指令执行正确则在输出端 Q2.0 输出变为 1；否则，如果输入端 I0.0 为 0，IN 端的数据不会被传送到 MW20。输入端 EN 的前面可以是触点开关，也可以直接连接到母线。如果连接到触点开关上，那么只要触点开关是接通的，每个扫描周期内 IN 端的数据都要被重新装载到 OUT 端。同理，如果直接连接到母线，程序执行的每个扫描周期 IN 端的数据也要被传送到 OUT 端。那么在 CPU 运行过程中，该指令能不能只执行一次呢？答案是肯定的。前面讲过的边沿检测指令正好可以在这里应用。

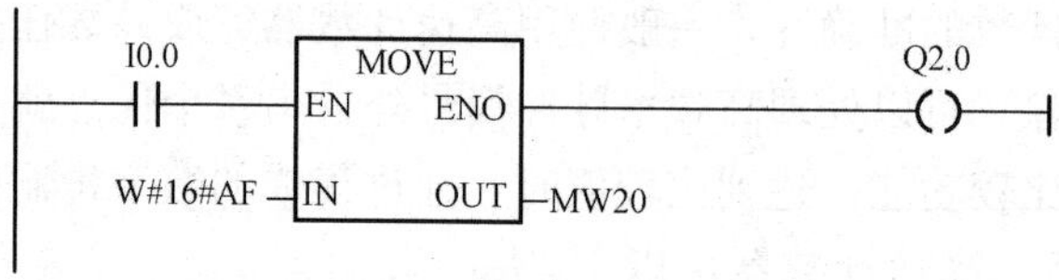

图 2-46　数据传送指令的使用

分析：图 2-47 中的指令在 CPU 得电的时候，边沿检测指令检测到一个正跳沿，接通一个扫描周期，传送指令在该周期内执行。在以后的扫描周期里，边沿检测指令检测不到正跳沿，不导通，所以传送指令不被执行。

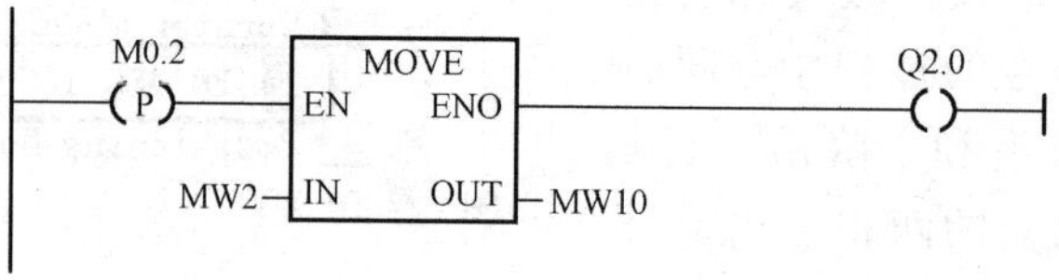

图 2-47　使用边沿检测指令的为和据传送指令

例 2-19　使用 MOVE 指令可以为定时器传送定时时间值。某风扇降温系统在达到一定的温度后会自动启动，为系统降温。如果在运行过程中风扇因故障（故障点输入 I0.5）停止，则必须等待一段时间才能重新启动。如果是限位开关 I0.0 启动风扇，则这个时间为 7s；如果是温度限位开关 I0.1 启动风扇，则需要等待 15s，梯形图如图 2-48 所示。

程序分析：在程序段 1 和程序段 2 中分别利用开关触点 I0.0 和 I0.1 为 MW20 传送数据。这两个传送指令不能同时使用，所以在程序段中串联 M0.1 和 M0.0 的常闭触点形成了"互锁"。在程序段 6 中 M20 为定时器提供定时时间，这个时间的设置则是在数据传递指令 MOVE 中进行的。将传送的数据格式按照 S5 定时器字的格式输入即可，如图 2-17 和表 2-3 所示。实际上也可以将数据传送指令 MOVE 的 IN 端的源数据直接设置成定时器数据形式，如图 2-49 所示。程序段 3 是电动机的启动，I0.5 将电动机停止的同时，程序段 4 也被 I0.5 的下降沿启动。在定时器运行期间如果再次启动电动机，程序段 3 中串联的 T1 常闭触点断开，Q2.0 没有输出信号。

程序段 1: 标题:

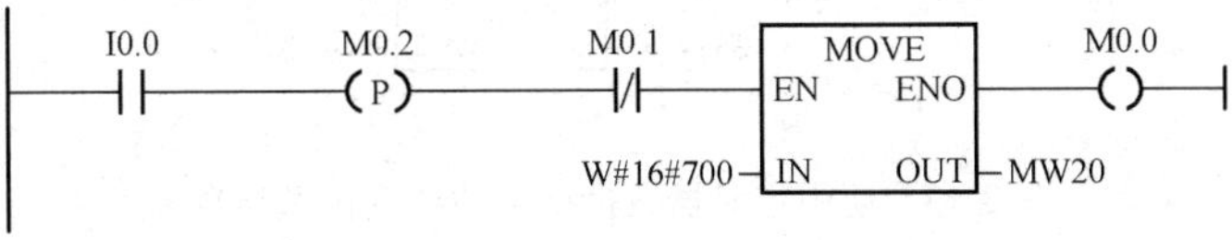

程序段 2: 标题:

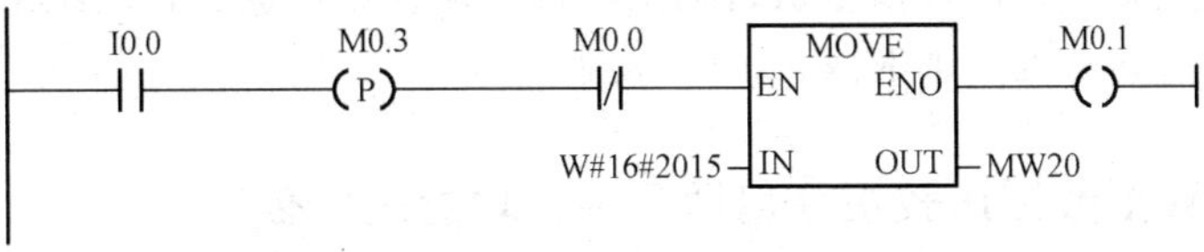

程序段 3: 标题:

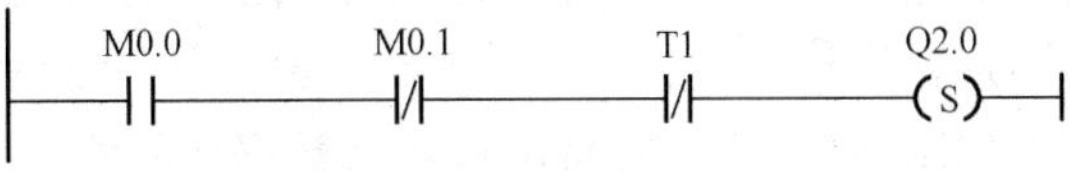

程序段 4: 标题:

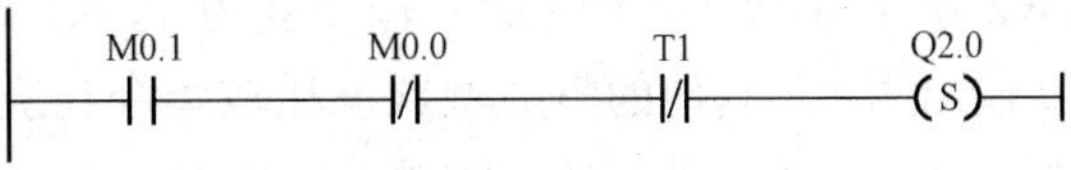

程序段 5: 标题:

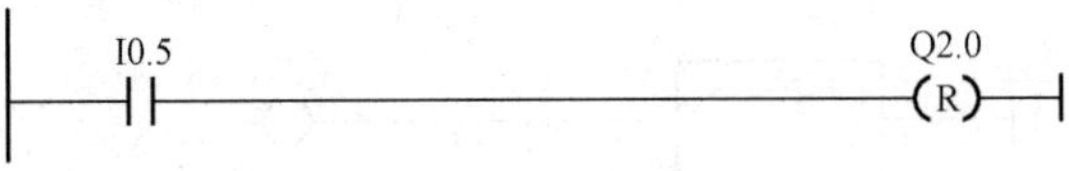

程序段 6: 标题:

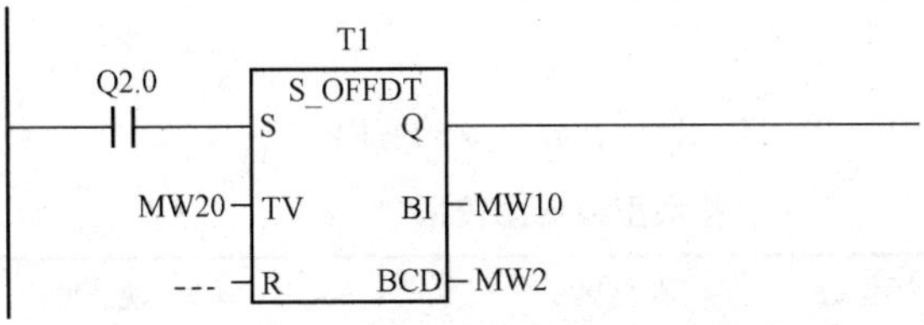

图 2-48　定时器初值传送

问 35　比较指令的功能是什么?

答: 数据比较功能通过比较指令来完成。在 S7-400 中，数据比较指令可以完成大于、小于、等于、大于等于、小于等于、不等于 6 种功能。按数据比较指令所比较的数据形式，又可以分为整数型数据比较指令、长整数型数据比较指令

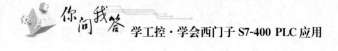

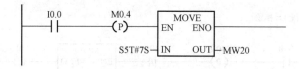

图 2-49　使用定时器数据格式的数据传送指令

和浮点型数据比较指令。在使用比较指令的过程中，两个进行比较的数据必须具有相同的数据类型。比较指令执行结束，输出端根据数据比较的结果输出相应的信号，比较结果为真，则 RLO 为 1，否则为 0。

问 36　整数型数据比较指令包括几种？功能是什么？

答：整数型数据比较指令包括上面提到的大于、小于、等于、大于等于、小于等于、不等于 6 种功能，整数型数据比较指令的方框中包括比较指令符号（CMP）以及比较功能符号（＝＝、＞、＞=、＜＞、＜、＜=）和最后的数据类型 I（Integer，整数）。如图 2-50 所示为通过整数型数据比较指令来完成 MW2 是否小于 MW10 功能的梯形图。当输入端常开触点 I0.0 闭合，即 RLO 变为 1，比较指令执行。如果 MW2 小于 MW10，则 Q2.0 输出变为 1，如果 MW2 大于或等于 MW10，则 Q2.0 输出为 0。其他的整数型数据比较指令在应用时与整数型数据小于比较指令相似。表 2-4 所示为所有的整数型数据比较指令。

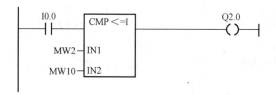

图 2-50　比较指令的使用

表 2-4　　　　　　　　　　　　　　　　整数型数据比较指令

指令形式	操作数	存储区	说　明
CMP==I　IN1　IN2	IN1　IN2	I、Q、M、L、D 或常数	IN1 中的整型数据是否等于 IN2 中的整数型数据，等于则输出为 1，否则输出为 0
CMP>I　IN1　IN2	IN1　IN2	I、Q、M、L、D 或常数	IN1 中的整型数据是否大于 IN2 中的整数型数据，大于则输出为 1，否则输出为 0

指令形式	操作数	存储区	说　明
CMP>=1 —IN1 —IN2	IN1 IN2	I、Q、M、L、D 或常数	IN1 中的整数型数据是否大于等于 IN2 中的整数型数据，大于等于则输出为 1，否则输出为 0
CMP<>1 —IN1 —IN2	IN1 IN2	I、Q、M、L、D 或常数	IN1 中的整数型数据是否不等于 IN2 中的整数型数据，不等于则输出为 1，否则输出为 0
CMP<1 —IN1 —IN2	IN1 IN2	I、Q、M、L、D 或常数	IN1 中的整数型数据是否小于 IN2 中的整数型数据，小于则输出为 1，否则输出为 0
CMP<=1 —IN1 —IN2	IN1 IN2	I、Q、M、L、D 或常数	IN1 中的整数型数据是否小于等于 IN2 中的整数型数据，小于等于则输出为 1，否则输出为 0

问 37　长整数型数据比较指令的功能是什么？

答： 长整数型数据比较指令与整数型数据比较指令的使用十分相似。与整数型数据比较指令梯形图形式相比，区别就是比较的数据类型变为长整数。将方框内的 I 换成 D（Double Integer）即为长整数型数据比较指令的梯形图形式，如图 2-51 所示。

长整数型数据比较指令所比较的数据格式是双整数，数据长度是 4 个字节，也就是相当于两个整数型数据的长度。在图 2-51 中将 MD8 和 MD12 中存放的长整数型数据进行比较，如果 MD8 中的数据小于等于

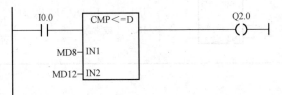

图 2-51　长整数型数据比较指令的使用

MD12 中的数据，则 Q2.0 输出变为高电平，否则输出为低电平。其余指令的执行过程基本与整数型数据比较指令一致。表 2-5 给出了所有功能类型的长整数型

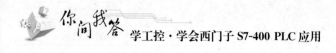

数据比较指令。

表 2-5   长整数型数据比较指令

指令形式	操作数	存储区	说　　明
CMP==D IN1 IN2	IN1 IN2	I、Q、M、L、D 或常数	IN1 中的长整数型数据是否等于 IN2 中的长整数型数据，等于则输出为 1，否则输出为 0
CMP>D IN1 IN2	IN1 IN2	I、Q、M、L、D 或常数	IN1 中的长整数型数据是否大于 IN2 中的长整数型数据，大于则输出为 1，否则输出为 0
CMP>=D IN1 IN2	IN1 IN2	I、Q、M、L、D 或常数	IN1 中的长整数型数据是否大于等于 IN2 中的长整数型数据，大于等于则输出为 1，否则输出为 0
CMP <>D IN1 IN2	IN1 IN2	I、Q、M、L、D 或常数	IN1 中的长整数型数据是否不等于 IN2 中的长整数型数据，不等于则输出为 1，否则输出为 0
CMP<D IN1 IN2	IN1 IN2	I、Q、M、L、D 或常数	IN1 中的长整数型数据是否小于 IN2 中的长整数型数据，小于则输出为 1，否则输出为 0
CMP<=D IN1 IN2	IN1 IN2	I、Q、M、L、D 或常数	IN1 中的长整数型数据是否小于等于 IN2 中的长整数型数据，小于等于则输出为 1，否则输出为 0

问 38　浮点型数据比较指令的功能是什么？如何应用？

答： 浮点型数据比较指令的使用格式如图 2-52 所示。图中，浮点型数据比较指令的梯形图与整数型数据比较指令和长整数型数据比较指令相比，方框中的数据类型符号变为 R（Real）。在数据设置中，数据的格式来自数据块，也可以与长整数型数据比较指令一样来自其他的存储区。浮点型数据比较指令与长整数型数据比较指令的数据长度都是两个字。表 2-6 中给出了所有功能类型的浮点型数据比较指令。

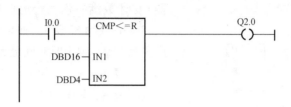

图 2-52　浮点型数据比较指令的使用

表 2-6　　　　　　　　　　浮点型数据比较指令

指令形式	操作数	存储区	说　　明
CMP==R IN1 IN2	IN1 IN2	I、Q、M、L、D 或常数	IN1 中的浮点型数据是否等于 IN2 中的浮点型数据，等于则输出为 1，否则输出为 0
CMP>R IN1 IN2	IN1 IN2	I、Q、M、L、D 或常数	IN1 中的浮点型数据是否大于 IN2 中的浮点型数据，大于则输出为 1，否则输出为 0
CMP>=R IN1 IN2	IN1 IN2	I、Q、M、L、D 或常数	IN1 中的浮点型数据是否大于等于 IN2 中的浮点型数据，大于等于则输出为 1，否则输出为 0
CMP <>R IN1 IN2	IN1 IN2	I、Q、M、L、D 或常数	IN1 中的浮点型数据是否等于 IN2 中的浮点型数据，不等于则输出为 1，否则输出为 0
CMP<R IN1 IN2	IN1 IN2	I、Q、M、L、D 或常数	IN1 中的浮点型数据是否小于 IN2 中的浮点型数据，小于则输出为 1，否则输出为 0
CMP<=R IN1 IN2	IN1 IN2	I、Q、M、L、D 或常数	IN1 中的浮点型数据是否小于等于 IN2 中的浮点型数据，小于等于则输出为 1，否则输出为 0

　　例 2-20　定时器扩展。在［例 2-18］中，利用计数器进行定时时间范围扩展，使用数据传送指令和比较指令也可以进行定时器的扩展。I0.0 为定时时间启动信号，Q4.0 为定时时间到的输出信号，梯形图如图 2-53 所示。

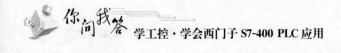

程序分析：该定时器时间扩展使用的思路是将定时器和计数器扩展，定时器 T0 定时时间为 2h，C0 的计数值最大可以达到 999，当计数器计数满时，通过比较指令输出有效信号，将该信号输出到上一级的计数器 C1 作为计数脉冲，计数器 C0 计数满一次，定时时间为 $999 \times 2 = 1998$（h）（约 83 天）。如果将 C1 的计数值设置为 900，则定时时间最大可以达到 $83 \times 900 = 74700$（天），约 204 年。该方法可以将定时范围无限扩展。

例 2-20 使用的是比较指令中的等于指令功能。例 2-21 是利用其他比较功能完成的。

例 2-21 利用小于等于比较指令完成要求的功能，一个生产系统生产的产品具有以下三种颜色之一：红色、白色或蓝色。每天限制生产蓝色产品的数量是 348，利用色敏检测器对该颜色的产品进行计量，当低于 348 时，指示灯亮，否则指示灯灭。

I0.3 是色敏检测器的输出脉冲，Q0.0 为蓝色产品尚可生产指示灯，梯形图如图 2-54 所示。

程序段 1：标题：

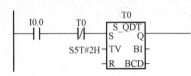

程序段 2：标题：

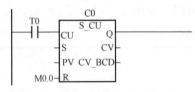

程序段 3：标题：

程序段 4：标题：

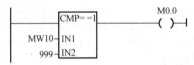

程序段 5：标题：

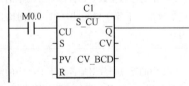

程序段 6：标题：

程序段 7：标题：

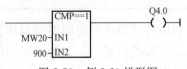

图 2-53　例 2-20 梯形图

程序段 1：标题：

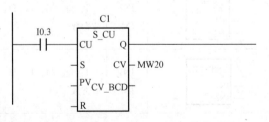

程序段 2：标题：

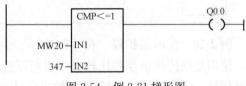

图 2-54　例 2-21 梯形图

程序分析：在程序段 1 中，I0.3 给出计数脉冲，计数器开始计数。程序段 2 中将计数器的计数值与 347 进行比较，小于等于 347 比较指令输出有效信号。当计数器的计数值增加到 348 时比较指令输出关闭，如果计数器的计数值继续增加，输出信号仍然关闭，指示蓝色产品已经达到规定数量。

例 2-22 利用大于等于比较指令完成功能。在自动化药丸装瓶系统中，有两种型号的瓶子，大瓶子可以装药丸 475 颗，小瓶子可以装药丸 225 颗。通过分装机将瓶子就位，这时两个限位开关用于分辨瓶子的大小。开始装瓶时，将装入瓶子中的药丸计数，如果小瓶子装 225 颗，停止并装瓶，进行下一步加盖操作。加盖操作需要 5s，然后输出瓶子移送信号，保持并将瓶子移走，当大瓶子装 475 颗时执行与小瓶子装满后相同的操作。

系统设计：I0.0 是系统启动信号，I0.1、I0.2 是瓶子大小测量的限位开关，I0.3 是装瓶时的计数药丸计数脉冲，Q0.0 是分装机的输出信号，Q2.0 是加盖信号，Q2.1 是瓶子移送信号，其梯形图如图 2-55 所示。

程序分析：在程序段 1 中系统启动开关和瓶子限位开关信号同时起作用，启动分装机系统。在程序段 2 和程序段 3 中，I0.1 和 I0.2 是瓶子位置限位开关，大瓶子时 I0.1 和 I0.2 输出高电平信号，小瓶子时只有 I0.1 是高电平，所以传送数据 225 的过程中使用的是限位开关 I0.1，传送数据 475 时同时使用 I0.1 和 I0.2，如果是小瓶子，程序段 3 是不是执行的。程序段 5 中使用大于等于指令进行比较，实际上从理论上讲，当瓶装药丸的数量为 225 或者 475 时，比较指令便输出高电平信号，在程序段 6 中，该信号是加盖系统的启动信号。

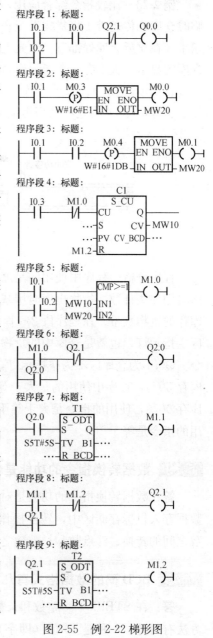

图 2-55 例 2-22 梯形图

注意：这里使用的是大于等于功能完成系统功能，没有使用等于功能，假设在因某种原因瓶子的药丸数量增加到 226 或者 476，使用大于等于指令系统能够停止，使用等于指令系统将继续执行。

例 2-23 比较指令综合应用，两个传送带之间有一个可以存放 100 件货物的临时仓库，传送带 1 将货物送至仓库，传送带 2 将货物运出仓库，传送带 1 和传送带 2 在靠近仓库处都有一个光电传感器，用来计量运入和运出的货物数量。在仓库的显示面板上有 5 个指示信号灯，Q0.0 为仓库区空指示灯，Q0.1 为仓库区有货物指示信号，Q0.2 为仓库区装入 50% 指示信号，Q0.3 为仓库区装入 90% 指示信号，Q0.4 为仓库区满指示信号。仓库区示意图如图 2-56 所示，梯形图如图 2-57 所示。

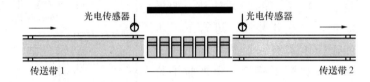

图 2-56　仓库区示意图

程序分析：程序中使用的是加减可逆计数器，库存数量初始值为 0，货物入库时用加法计数，货物出库时用减法计数，这样，计数器的当前计数值就是目前库存的货物数量，在程序段 2～程序段 6 中进行的都是比较功能。Q0.0 为仓库区空指示灯，也就是仓库中的货物数量为 0 的情况，所以该处使用的是等于 0 指令。Q0.1 为仓库区不为空指示灯，所以使用的是不等于 0 指令。Q0.2 为仓库区库存 50%，程序中使用的是大于等于 50 且小于 90 的比较指令。Q0.3 为仓库区库存 90%，使用的指令是大于等于 90 且小于 100。Q0.4 为仓库区满指示灯，使用的指令是等于 100。

问 39　数据转换指令的功能是什么？

答：数据转换指令的功能是对源操作数的数据格式进行类型转换，转换后的数据存入目标存储区中，转换操作主要有以下几种类型：BCD 码和整数及长整数之间的转换、浮点数和长整数之间的转换、数据的取反和取负操作。

问 40　BCD 码的数据格式有几种表示方式？

答：在 STEP7 中，整数和长整数是以补码形式表示的。BCD 码的数值表示方法有两种：一种是 16 位（即字）格式的 BCD 码；另一种是 32 位（即双字）

程序段 1：标题：

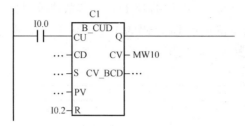

程序段 2：标题：

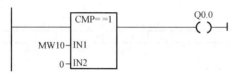

程序段 3：标题：

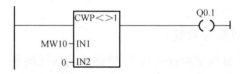

程序段 4：标题：

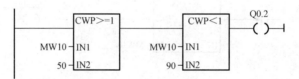

程序段 5：标题：

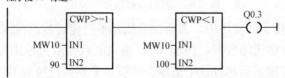

程序段 6：标题：

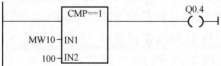

图 2-57　例 2-23 梯形图

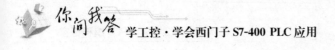

格式的 BCD 码。对于 16 位的 BCD 码，其数值范围是 −999～+999，低 12 位中每 4 位表示 BCD 码的 1 位，高 4 位中最高位表示符号位（0 表示正，1 表示负），其余位未使用，如图 2-58 所示。32 位的 BCD 码，其数值范围是 −9 999 999～+9 999 999，低 28 位中每 4 位表示 BCD 码的 1 位，高 4 位中最高位表示符号位（0 表示正，1 表示负），其余位未使用，如图 2-59 所示。

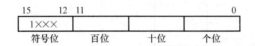

图 2-58　16 位 BCD 码的格式

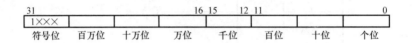

图 2-59　32 位 BCD 码的格式

问 41　BCD 码与整数间如何转换？

答： 图 2-60 中给出了整数型数据转换 BCD 格式的数据指令的使用实例。

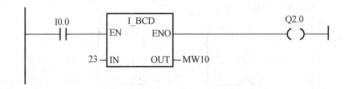

图 2-60　数据转换指令的使用

在数据转换指令的使用中，需要注意的是不要超过数据范围。例如，整数型数据转换成 BCD 格式的数据，16 位 BCD 格式的数据取值范围是 −999～+999，而 16 位整数的范围远远超过这个范围。所以一个整数转换成 BCD 格式的数据不总是可行的，如果整数超出了 BCD 码的范围，就无法得到有效的转换结果。如果整数型数据超过 BCD 码的范围，在有的 STEP7 版本中，CPU 进入停止状态，并且在诊断缓冲区内显示"BCD 码转换错误"。本书使用的 STEP7 版本中，没有显示上述信息，但是如果图 2-60 中的常开触点 I0.0 接通，转换指令仍然无法执行。另外，将双整数型数据转换成 BCD 格式的数据也存在相同的问题。

表 2-7 中给出了全部的数据转换指令。

表 2-7 数据转换指令

梯形图	说　明
I_BCD EN　ENO IN　OUT	将源操作数 IN 端的整数型数据转换成 BCD 格式的数据，并输出到 OUT 端的存储区
BCD_I EN　ENO IN　OUT	将源操作数 IN 端的 BCD 格式的数据转换成双整数型数据，并输出到 OUT 端的存储区
BCD_DI EN　ENO IN　OUT	将源操作数 IN 端的 BCD 格式的数据转换成双整数型数据，并输出到 OUT 端的存储区
DI_BCD EN　ENO IN　OUT	将源操作数 IN 端的双整数型数据转换成 BCD 格式的数据，并输出到 OUT 端的存储区
DI_REAL EN　ENO IN　OUT	将源操作数 IN 端的双整数型数据转换成整数浮点型数据，并输出到 OUT 端的存储区
I_DINT EN　ENO IN　OUT	将源操作数 IN 端的整数型数据转换成双整数型数据，并输出到 OUT 端的存储区
ROVND EN　ENO IN　OUT	将源操作数 IN 端的浮点型数据四舍五入转换成双整数型数据，并输出到 OUT 端的存储区
CEIL EN　ENO IN　OUT	将源操作数 IN 端的浮点型数据转换成大于等于它的最小双整数型数据，并输出到 OUT 端的存储区

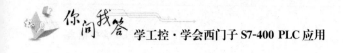

续表

梯形图	说　明
FLOOR EN　ENO IN　OUT	将源操作数 IN 端的浮点型数据转换成小于等于它的最大双整数型数据，并输出到 OUT 端的存储区
TRUNC EN　ENO IN　OUT	将源操作数 IN 端的浮点型数据转换成截位取整的双整数型数据，并输出到 OUT 端的存储区

问 42　取反和取负操作的指令形式与参数分别是什么？

答：表 2-8 中给出了取反和取负指令的具体指令形式和参数说明。

表 2-8　　　　　　　　　　　　取反和取负指令

梯形图	说　明
INV_I EN　ENO IN　OUT	求取 IN 端整数型数据的反码，并输出到 OUT 端的存储区
INV_DI EN　ENO IN　OUT	求取 IN 端双整数型数据的反码，并输出到 OUT 端的存储区
NEG_I EN　ENO IN　OUT	求取 IN 端整数型数据的补码，并输出到 OUT 端的存储区
NEG_DI EN　ENO IN　OUT	求 IN 端双整数型数据的补码，并输出到 OUT 端的存储区
NEG_R EN　ENO IN　OUT	求取 IN 端浮点型数据的补码，并输出到 OUT 端的存储区

例 2-24 将 101in（英寸）转换成以厘米为单位的数据，梯形图如图 2-61 所示。

程序段 1: 标题:

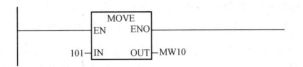

程序段 2: 标题:

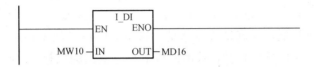

程序段 3: 标题:

程序段 4: 标题:

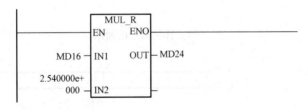

程序段 5: 标题:

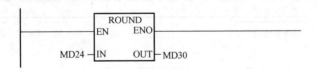

图 2-61　英寸与厘米之间单位转换

程序分析：英寸与厘米之间的单位转换比例是乘以 2.54，在相乘过程中需要确定相乘两个数的数据类型是否一致，结果是否会溢出。在上述程序中先将数据转换成双整数型，再将双整数型转换成实型，最后将乘法指令相乘后的结果四舍五入。

103

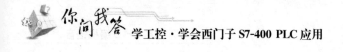
问 43 什么是一般移位指令？包括几种？如何表示？

答： 一般移位指令包括无符号移位指令和有符号移位指令，指令按功能包括数据的左移和右移两种，被移出的位自动丢弃，被移动的最后一位保存在系统状态字（STW）的 CC1 中。具体说来，移位指令的基本功能是将 IN 端的数据向左或者向右移动一位或者几位，具体移动几位由输入端 N 决定。移位后空出的位用 0 填充或者用符号位填充。图 2-62 中给出了字左移指令使用时的设置。当 I0.0 信号接通时，指令执行，将 IN 端的十六进制数据左移 6 位，MW20 中内容为 D540。具体操作过程如图 2-63 和图 2-64 所示。左移指令在操作过程将源操作数的二进制数据从低位向高位逐位移动，移出去的位自动丢弃，空出的位补 0。右移指的是从高位向低位移动，移出的位丢弃，空出的位补 0。表 2-9 中给出了无符号移位指令的具体形式和参数说明。

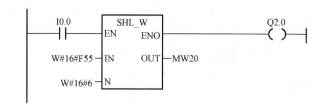

图 2-62　移位指令的使用

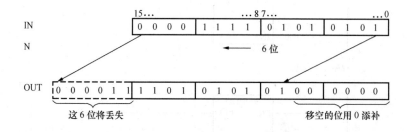

图 2-63　字左移示意图（左移 6 位）

表 2-9　　　　　　　　　　　　无符号移位指令

梯形图	说　明
SHL_W EN　ENO IN　OUT N	将 IN 端的字逐位左移，移动的位数由 N 端的数据决定，空出的位填 0

续表

梯形图	说　明
SHR_W EN　ENO IN　OUT N	将 IN 端的字逐位右移，移动的位数由 N 端的数据决定，空出的位填 0
SHL_DW EN　ENO IN　OUT N	将 IN 端的双字逐位左移，移动的位数由 N 端的数据决定，空出的位填 0
SHR_DW EN　ENO IN　OUT N	将 IN 端的双字逐位右移，移动的位数由 N 端的数据决定，空出的位填 0

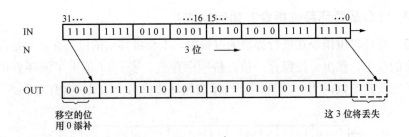

图 2-64　双字右移示意图（右移 3 位）

　　有符号移位指令的操作过程与无符号移位指令的操作过程相似。与无符号移位指令不同的是，对空出的位在有符号移位指令中补符号位，也就是正数在移出的空位中补 0，负数在移出的空位中补 1。表 2-10 中给出了有符号移位指令及其参数。如图 2-65 所示为有符号移位指令的具体操作过程。

表 2-10 有符号移位指令

梯形图	说　明
SHR_I EN　ENO IN　OUT N	将 IN 端的字逐位左移，移动的位数由 N 端的数据决定，空出的位填以符号位（正数填 0，负数填 1）
SHR_DI EN　ENO IN　OUT N	将 IN 端的双字逐位右移，移动的位数由 N 端的数据决定，空出的位填以符号位（正数填 0，负数填 1）

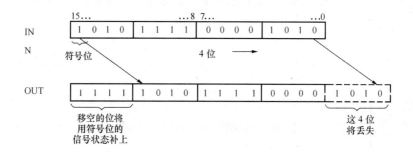

图 2-65　有符号字右移示意图（右移 4 位）

问 44 什么是循环移位指令？如何操作？

答：循环移位指令在进行移位的过程中，不会将移出的位丢弃，而是保存到空出来的位中，移出一位保存一位，按顺序存放。表 2-11 给出了循环移位指令的梯形图及其参数说明。如图 2-66 所示为循环移位指令的具体操作过程。

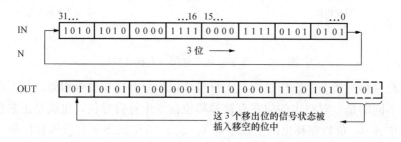

图 2-66　循环右移示意图（右移 3 位）

表 2-11　　　　　　　　　　　　循环移位指令

梯形图	说　　明
ROL_DW EN　ENO IN　OUT N	将 IN 端的双字逐位左移，空出的位用移出的位填充，移动的位由 N 端的数据决定
ROR_DW EN　ENO IN　OUT N	将 IN 端的双字逐位右移，空出的位用移出的位填充，移动的位由 N 端的数据决定

例 2-25　使用移位指令控制一段代码的输出。要求将待输出的代码从移位寄存器输出，可以使用灯或者蜂鸣器作为代码指示器。莫尔斯码系统中国际通用求救信号 SOS 的模型如图 2-67 所示。使用 I0.0 启动求救信号输出系统，Q0.0 接求救信号指示灯，每隔 0.5s 输出一位信号。将该数据存入，梯形图如图 2-68 所示。

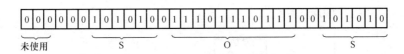

图 2-67　莫尔斯码 SOS 模型

程序分析：在程序段 1 中为代码输出设定初始值，该初始值的设置是根据莫尔斯码的规律确定的。程序段 2 和程序段 3 组成的振荡器为信号提供脉冲信号。程序段 4 中的右移指令在 T2 的下降沿动作一次，实际上就是在振荡器的信号间隔作用下进行右移。程序段 5 将信号输出到 Q0.0。

例 2-26　实现彩灯正序亮至全亮、反序熄灭至全部熄灭。彩灯变化的时间是 1s。系统中共 16 个彩灯分别接在 Q0.0～Q1.7，I0.0 为系统启动按钮，梯形图如图 2-69 所示。

程序分析：由于右移指令中要使灯顺序至全亮，必须在移位过程中移出的空位中填充 1。这里选择有符号右移指令。灯在最后一个亮过之后顺序灭掉，使用的是左移指令，1s 的变换时间由 M10.5 提供，所以该程序在运行过程中最后一盏灯亮的时间太短，实际上是不足 1s。在例 2-27 中解决了这个问题。

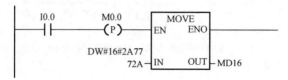

程序段 1: 标题:

```
I0.0            M0.0          ┌─────────┐
─┤ ├─────────( P )───────────┤ MOVE    │
                           EN│         │ENO
            DW#16#2A77        │         │
              72A───────────IN│       OUT├─MD16
                             └─────────┘
```

程序段 2: 标题:

```
I0.0            T2                        T1
─┤ ├───────────┤/├─────────────────────(SP)─
                                    S5T#250MS
```

程序段 3: 标题:

```
T1                                         T2
─┤/├───────────────────────────────────(SP)─┤
                                    S5T#250MS
```

程序段 4: 标题:

```
T2            M0.1       ┌──────────┐
─┤ ├──────────( N )──────┤ BHR_DW   │
                       EN│          │ENO
                         │          │
              MD16─────IN│        OUT├─MD16
                         │          │
             MD16#1──────┤N         │
                         └──────────┘
```

程序段 5: 标题:

```
                  ┌──────────┐
──────────────────┤ MOVE     │
                EN│          │ENO
                  │          │
       MB19─────IN│        OUT├─QB0
                  └──────────┘
```

图 2-68 例 2-25 梯形图

例 2-27 走马灯的实现。要求运用循环移位指令实现 8 个彩灯的循环左移和右移，梯形图如图 2-70 所示。其中，I0.0 为系统启停开关，I0.1 为左转开关，I0.2 为右转开关，MD14 存放初值，MW12 为移位数目。

程序分析：首先在程序段中建立振荡电路，为系统的移位指令提供 2s 的动作时间。在程序开始时必须给循环存储区 MD20 提供初值，例如，开始时设定最高位彩灯亮，则初值可以设置为 W♯16♯80808080（为了能够循环显示，必须设定 MB20、MB21、MB22、MB23 中的值均相同，否则彩灯在轮流亮的过程中会有段时间不亮）。

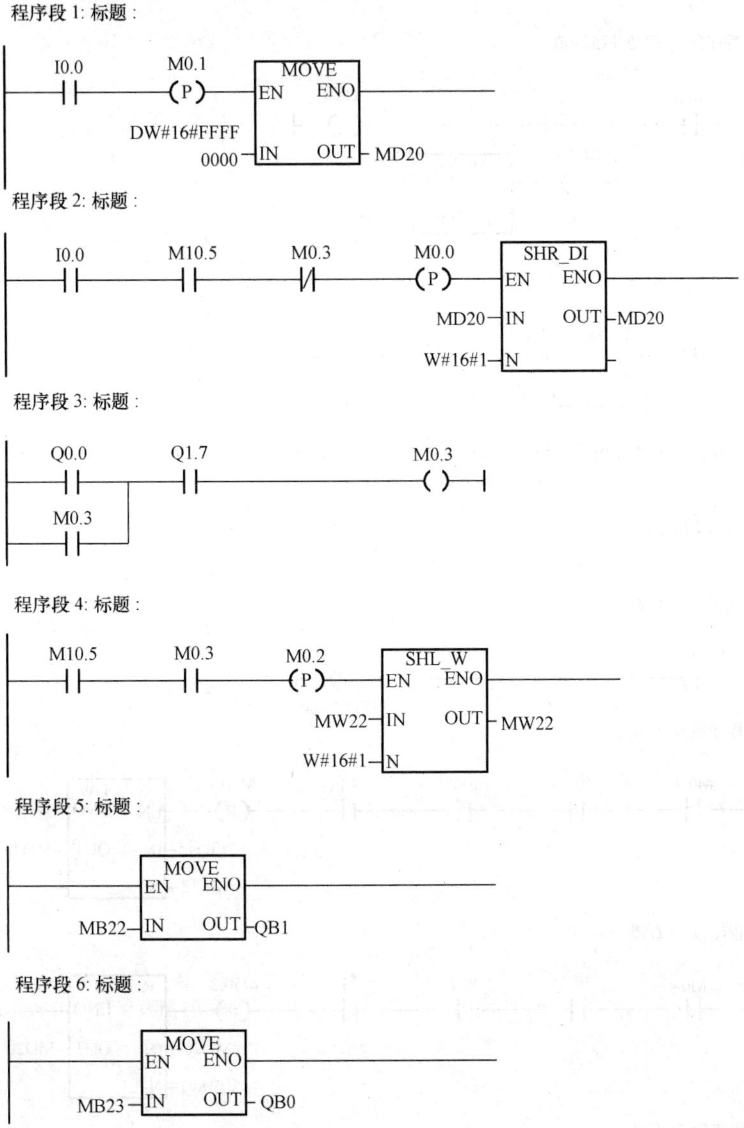

程序段 1: 标题:

程序段 2: 标题:

程序段 3: 标题:

程序段 4: 标题:

程序段 5: 标题:

程序段 6: 标题:

图 2-69   例 2-26 梯形图

问 45   数据运算指令包括哪些?

答: 数据运算指令包括整数运算指令、浮点数运算指令和逻辑运算指令,这些指令的执行结果会影响系统状态字的 CC1、CC0、OV、OS 等状态位,指令执

程序段 1: 启动并赋初值

```
    I0.0                                      M0.4
────┤ ├──┬─────────────────────────────────( )────┤
         │
         │  M50.0        ┌──────────┐
         └──┤P├──────────┤EN   MOVE ENO├
                         │             │
                 MD14 ───┤IN       OUT ├─── MD20
                         └──────────┘
```

程序段 2: 清零

```
    I0.0            ┌──────────┐
────┤ ├────────────┤EN   MOVE ENO├──────────────────
                   │             │
        DV#16#0 ───┤IN       OUT ├─── MD20
                   └──────────┘
```

程序段 3: 启动定时器，构成振荡电路

```
  "start"         T2              T1
────┤ ├──────────┤/├────────────(SP)────┤
                                 S5T#2S
```

程序段 4: 标题

```
    T1                            T2
────┤/├──────────────────────────(SP)────┤
                              S5T#250MS
```

程序段 6: 左转

```
  M0.4      I0.1      I0.2      T1      M50.1   ┌──────────┐
──┤ ├──────┤ ├───────┤/├───────┤ ├──────(P)────┤EN ROL_DW ENO├──
                                                │              │
                                       MD20 ────┤IN        OUT ├─── MD20
                                       MW12 ────┤N             │
                                                └──────────┘
```

程序段 6: 右转

```
  M0.4      I0.2      I0.1      T1      M50.2   ┌──────────┐
──┤ ├──────┤ ├───────┤/├───────┤ ├──────(P)────┤EN ROR_DW ENO├──
                                                │              │
                                       MD20 ────┤IN        OUT ├─── MD20
                                     V#16#1 ────┤N             │
                                                └──────────┘
```

程序段 7: 输出

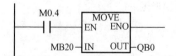

```
    M0.4          ┌──────────┐
────┤ ├───────────┤EN   MOVE ENO├──────────────────
                  │             │
        MB20 ─────┤IN       OUT ├─── QB0
                  └──────────┘
```

图 2-70 例 2-27 梯形图

行的结果要根据这些位来判断是否正确。

问 46 **整数运算指令包括哪些？功能是什么？**

答： 整数运算指令包括整数型和双整数型的加、减、乘、除运算指令。表 2-12 中给出了部分指令的功能，双整数型的指令与整数型相似。

表 2-12 算术运算指令

指令名称	梯形图	功能说明
整数型加指令	ADD_I EN ENO IN1 IN2 OUT	IN1 与 IN2 中的 16 位整数型数据相加，结果放入 OUT 端的 16 位存储区，如果结果超出整数型范围，则置位 OV、OS 位
整数型减指令	SUB_I EN ENO IN1 IN2 OUT	IN1 减去 IN2 中的 16 位整数型数据，结果放入 OUT 端的 16 位存储区，如果结果超出整数型范围，则置位 OV、OS
整数型乘指令	MUL_I EN ENO IN1 IN2 OUT	IN1 与 IN2 中的整数型数据相乘，结果放入 OUT 端的 16 位存储区，如果结果超出整数型范围，则置位 OV、OS 位
整数型除指令	DIV_I EN ENO IN1 IN2 OUT	IN1 除以 IN2 中的整数型数据，结果放入 OUT 端的 16 位存储区，如果结果超出整数型范围，则置位 OV、OS 位
取余指令	MOD_DI EN ENO IN1 IN2 OUT	IN1 除以 IN2，将余数放入 OUT 端的 32 位存储区，如果余数超出双整数型范围，则置位 OV、OS 位

问 47 **浮点数运算指令包括哪些？功能是什么？**

答： 浮点数运算指令与上述指令形式基本一致，只是指令的操作数为浮点数。浮点数经过浮点运算指令运算后的结果还是浮点数。图 2-71 中给出了浮点数四则运算的指令形式。表 2-13 中给出了浮点数的其他运算形式。

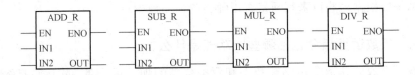

图 2-71 浮点数四则运算指令

表 2-13 浮点数运算指令其他形式

指令名称	取绝对值	求平方值	求平方根	取自然对数
梯形图	ABS EN ENO IN OUT	SQR EN ENO IN OUT	SORT EN ENO IN OUT	LN EN ENO IN OUT
指令名称	正弦函数	余弦函数	正切函数	求指数值
梯形图	SIN EN ENO IN OUT	COS EN ENO IN OUT	TAN EN ENO IN OUT	EXP EN ENO IN OUT
指令名称	反正弦函数	反余弦函数	反正切函数	
梯形图	ASIN EN ENO IN OUT	ACOS EN ENO IN OUT	ATAN EN ENO IN OUT	

例 2-28 利用减法指令在工业加工中实现偏差控制。工件在加工过程中尺寸不断改变，通过传感器可以测量工件的真实尺寸。工件加工尺寸要求是6.250in，许可偏差范围是 $-0.035 \sim +0.025$in。

I0.0 为启动信号，Q0.0 为工件合格输出指示信号，梯形图如图 2-72 所示。

程序分析：传感器测量工件的尺寸放在数据块中，在程序段 1 中将该数据传送到 MW10 中。在程序段 2～程序段 4 中分别进行标准尺寸和偏差数据的传送。程序段 5 和程序段 6 中进行的是减法操作，得到待比较偏差值，在程序段 7 中进行比较，程序段 8 输出产品合格指示信号。在该程序中主要使用减法指令对产品进行尺寸检验，也可使用加法指令进行操作，试用加法指令和比较指令完成以上功能。

例 2-29 PLC 编程实现四则运算。在一个生产线上有 6 包、8 包和 12 包的罐装汽水进入一个输送带。每一包装经过输送带时，都会有相应的传感器分辨出

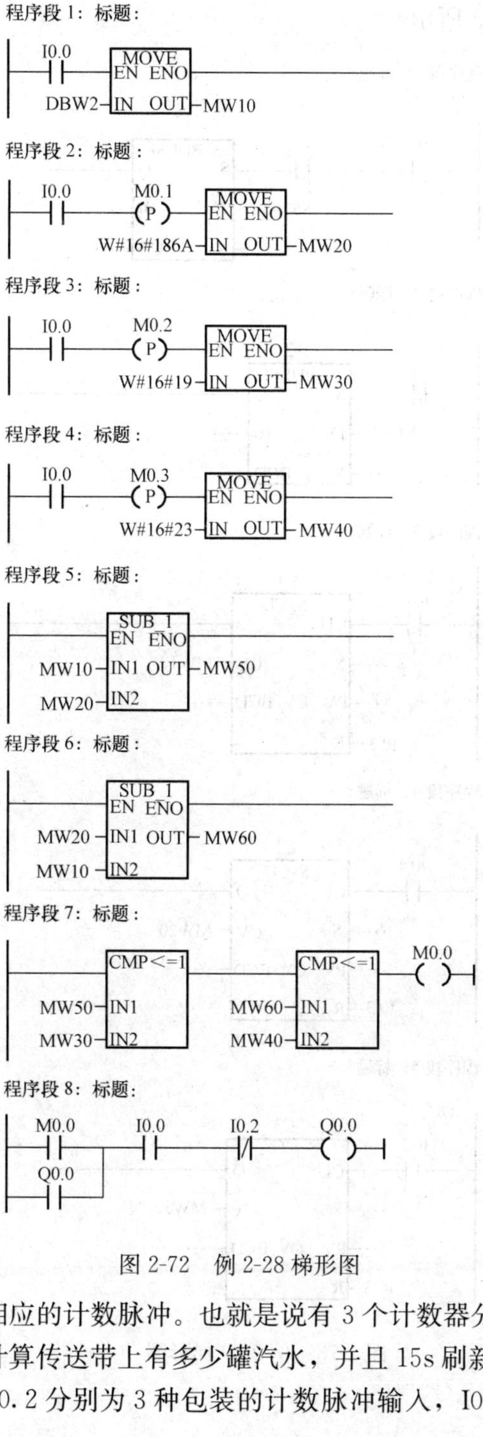

程序段 1：标题：

```
        I0.0          MOVE
      ──┤ ├──────────EN  ENO───────────────
                 DBW2─IN  OUT─MW10
```

程序段 2：标题：

```
        I0.0    M0.1         MOVE
      ──┤ ├─────( P )───────EN  ENO──────────
            W#16#186A─IN  OUT─MW20
```

程序段 3：标题：

```
        I0.0    M0.2         MOVE
      ──┤ ├─────( P )───────EN  ENO──────────
             W#16#19─IN  OUT─MW30
```

程序段 4：标题：

```
        I0.0    M0.3         MOVE
      ──┤ ├─────( P )───────EN  ENO──────────
             W#16#23─IN  OUT─MW40
```

程序段 5：标题：

```
                       SUB_I
                      EN  ENO────────────────
               MW10─IN1  OUT─MW50
               MW20─IN2
```

程序段 6：标题：

```
                       SUB_I
                      EN  ENO────────────────
               MW20─IN1  OUT─MW60
               MW10─IN2
```

程序段 7：标题：

```
              CMP<=I              CMP<=I     M0.0
             ───────┬────────────┬───────────( )──
        MW50─IN1    │    MW60─IN1 │
        MW30─IN2    │    MW40─IN2 │
```

程序段 8：标题：

```
        M0.0    I0.0    I0.2    Q0.0
      ──┤ ├─────┤ ├─────┤/├─────( )──
        Q0.0
      ──┤ ├──
```

图 2-72　例 2-28 梯形图

它的尺寸，并给出相应的计数脉冲。也就是说有 3 个计数器分别对 3 种包装进行计数。设计程序，计算传送带上有多少罐汽水，并且 15s 刷新一次。

I0.0、I0.1 和 I0.2 分别为 3 种包装的计数脉冲输入，I0.4 为定时器启动信

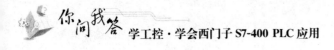

号，梯形图如图 2-73 所示。

程序段 1：标题：

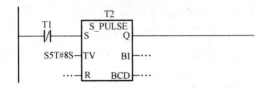

程序段 2：标题：

程序段 3：标题：

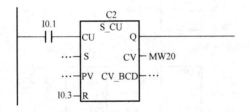

程序段 4：标题：

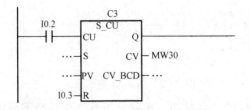

程序段 5：标题：

图 2-73　例 2-29 梯形图（一）

程序段 6：标题：

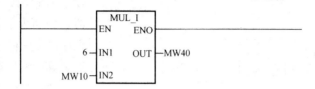

程序段 7：标题：

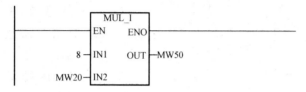

程序段 8：标题：

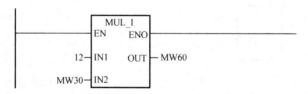

程序段 9：标题：

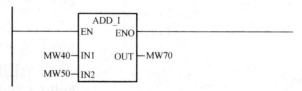

程序段 10：标题：

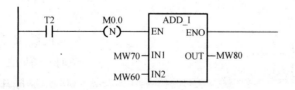

图 2-73　例 2-29 梯形图（二）

程序段 1: 标题:

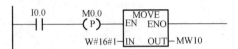

程序段 2: 标题:

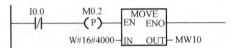

程序段 3: 标题:

程序段 4: 标题:

程序段 5: 标题:

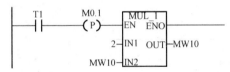

程序段 6: 标题:

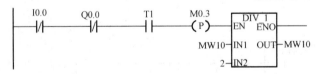

程序段 7: 标题:

程序段 8: 标题:

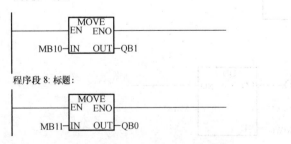

图 2-74 例 2-30 梯形图

程序分析：程序段 1 和程序段 2 中 SP 组成的振荡器为刷新提供脉冲。程序段 3～程序段 5 是 3 个计数器，分别为 3 种包装计数。程序段 6～程序段 8 进行乘法运算，程序段 9 和程序段 10 是加法运算，相加后的结果存放在 MW80 中。

例 2-30 利用乘除运算指令实现移位（扫描）控制。有一组灯共 15 个，分别接 Q0.0～Q1.6，要求当 I0.0 启动，灯开始正序每隔 1s 单个移位，并循环；当 I0.0 和 Q0.0 为关闭状态时，灯逆序每隔 1s 单个移位，直至 Q0.0 打开时停止，梯形图如图 2-74 所示。

程序分析：利用乘法和除法完成彩灯移位控制，实际上就是将十六进制数据作为输出信号，如果将一个十六进制数据乘以 2，相当于左移一位，除以 2 相当于右移一位。根据这个思路，在进行左移操作时，初始值设为 W#16#1，右移时设初值为 W#16#4000。程序中利用振荡电路为指令按照 1s 的时间操作提供脉冲信号。

例 2-31 利用乘法指令完成工业生产中的偏差控制功能。实现炉温的控制功能，炉温的给定值在某一存储区内可以根据具体需要改变，炉温控制的偏差值为 ±1%。当温度低于下限时，加热器启动开始加热，加热温度超过上限则停止加热。炉子的当前温度由温度传感器提供，该数据可以放在存储区或者数据块中。在炉温给定值为 500℃ 的情况下编程实现，梯形图如图 2-75 所示。

程序分析：程序中实现偏差控制的基本思路是用标准值乘以偏差百分比，得到偏差范围。用标准值对偏差范围进行加和减操作，从而得到炉温温度值的控制范围。再将传感器输入的实际温度值与炉温控制范围进行比较，高于上限停止加热，低于下限开始加热。程序段 1 将系统控制目标值输入到存储区 MD20 中。程序段 2 用炉温控制目标值乘以偏差百分比，得到偏差最大值。程序段 3 和程序段 4 将偏差值进行加和减得到温度控制的范围。程序段 5 和程序段 6 将采集的实际炉温（存放于 DB 中）与温度控制的上限值和温度控制的下限值进行比较，超过上限值，程序段 6 输出高电平；低于下限值，程序段 5 输出高电平。在程序段 7 中，系统启动信号和下限输出信号都能够启动加热输出，系统停止信号和上限输出信号都能够停止加热输出。

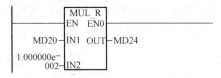

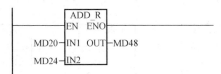

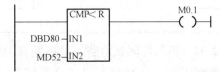

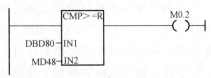

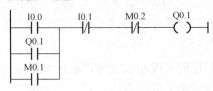

图 2-75 例 2-31 梯形图

问 48 字逻辑运算指令包括哪些？指令形式与参数分别是什么？

答： 字逻辑运算指令在功能上包括逻辑与、或、异或。功能实现方式主要是对操作数进行按位操作。操作数的类型包括整数型和双整型两种。在操作时两种数据类型的操作是相似的，只是各自的数据长度不同。表 2-14 中给出了各个字逻辑运算指令的梯形图指令形式及其参数。

表 2-14　　　　　　　　　　　字逻辑运算指令

与	或	异或	说明
WAND W EN　ENO IN1　OUT IN2	WOR W EN　ENO IN1　OUT IN2	WXOR W EN　ENO IN1　OUT IN2	输出端 IN1 和 IN2 为整数型数据
WAND DW EN　ENO IN1　OUT IN2	WOR DW EN　ENO IN1　OUT IN2	WXOR DW EN　ENO IN1　OUT IN2	输出端 IN1 和 IN2 为双整数型数据

　　例 2-32 指示灯测试电路。某机场有 16 盏指示灯，用于各种场合指示，接在 PLC 的输出端。一般情况下，总有灯是亮的，有灯是灭的。但有时候需要将灯全部打开，有时候需要将灯全部关闭。现设计一个电路，用一个开关 I0.0 打开所有的灯，用另一个开关 I0.1 关闭所有的灯，梯形图如图 2-76 所示。

　　程序分析：在程序段 1 中将指示灯目前的状态读出来，假设指示灯存放在数据块中，程序段 2 将得到的数据与十六进制数据 FFFF 进行或操作，根据或操作的原理，输出 QW0 全部为 1，即所有的灯都亮。程序段 3 中将得到的灯信号与本身进行异或操作，得到 QW0 全为 0 输出。另外将熄灭的控制开关信号和全开控制信号"互锁"，使两个信号互不干扰，除了上述使用的或指令和异或指令以外，该程序的某些功能也可以通过与指令实现，试用与指令完成指示灯全部熄灭功能。

问 49 控制指令的功能是什么？分为几种？

　　答： 控制指令控制程序的执行顺序，使 CPU 在不同的情况下运行不同的程

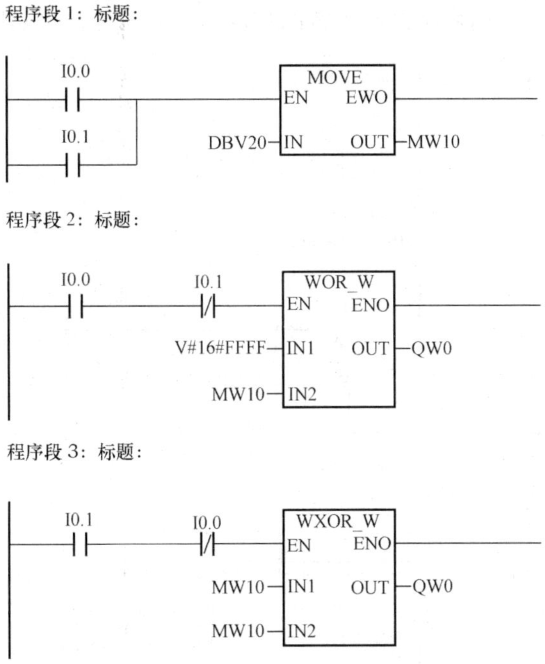

程序段 1：标题：

程序段 2：标题：

程序段 3：标题：

图 2-76　例 2-32 梯形图

序。控制指令有两种：逻辑控制指令和程序控制指令。

问 50　跳转指令有几种？如何操作？

答： 跳转指令有无条件跳转和有条件跳转两种。其中，有条件跳转指令的线圈必须受接点电路的控制，即对指令左侧边沿的 RLO 进行检测，满足高电平时，则执行跳转指令。无条件跳转指令在执行过程中不受接点电路的控制。梯形图中跳转指令的插入是在菜单栏中选择"Insert"菜单中的"Program Elements"选项，则会出现如图 2-77 所示的列表。在该列表中单击跳转指令，出现跳转指令梯形图形式使用的主要编程元素。跳转指令一般与标号指令（LABEL）成对出现。

如图 2-78 所示为有条件跳转指令的使用实例。该程序中包括 3 个程序段，按照前面章节的介绍，程序应该按照程序段 1、程序段 2、程序段 3 的顺序依次执行。由于使用了跳转指令，程序的执行顺序发生了变化。在程序段 1 中，如果

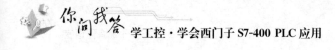

I0.0 常开触点闭合，则程序跳转至跳转指令标号 cas 处（程序段 3）开始执行，也就是说，如果此时 I0.2 闭合，Q0.0 也没有输出，即程序段 2 不执行，如果 I0.0 常开触点不闭合，则程序按照正常的顺序执行，程序段 2 这时就会被执行。

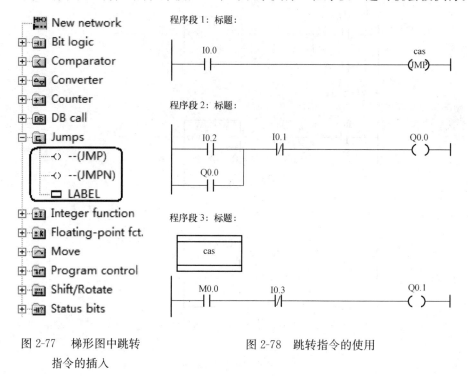

图 2-77　梯形图中跳转　　　图 2-78　跳转指令的使用
　　　　　指令的插入

　　无条件跳转指令实际上与有条件跳转指令的使用相似。例如，上面的例子中将程序段 1 换成图 2-79 中的形式，就是梯形图中的无条件跳转指令，也就是说，如果使用无条件跳转指令，程序在执行完程序段 1 之后直接执行程序段 3。

图 2-79　无条件跳转指令的使用

　　梯形图跳转指令中还有一条是中间标有"JMPN"形式的，该条指令的功能是在 RLO 为 0 时执行跳转到标号的功能。图 2-80 中，如果常开触点 I0.5 闭合，则程序不执行跳转功能，如果 I0.5 断开，则执行跳转功能。

　　例 2-33　求 $\sum\limits_{k=1}^{20} k$，梯形图如图 2-81 所示。

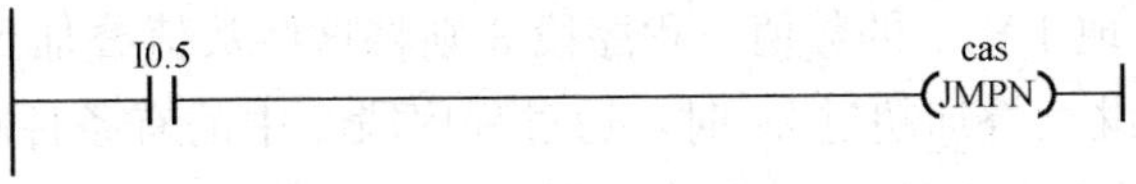

```
         I0.5                                        cas
       ──┤ ├────────────────────────────────────────(JMPN)──┤
```

图 2-80 "JMPN"指令的使用

程序分析：程序段 1 中首先对 MW10 和 MW20 赋初值，通过正边沿检测指令使得赋初值指令只执行一次，完成初值设定。在程序段 2 中，通过整数加法指

程序段 1：标题：

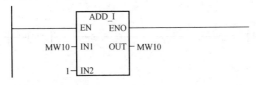

程序段 2：标题：

程序段 3：标题：

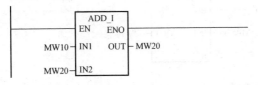

程序段 4：标题：

程序段 5：标题：

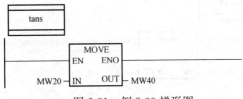

图 2-81 例 2-33 梯形图

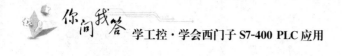

令在 MW10 中实现 1~20 的数值。程序段 3 则将这些数值叠加到 MW10 中，当 MW10 中的数值继续叠加超过 20 时，通过程序段 2 中的有条件跳转指令跳转至程序段 5，程序段 5 中 MW20 数据传送到 MW40。

例 2-34 设计时钟脉冲发生器。要求 Q12.0~Q13.7（共 16 位）分别输出频率范围为 2~0.000 061Hz 的脉冲，梯形图如图 2-82 所示。

程序分析：在程序段 1 和程序段 2 中，使用 SE T1 每隔 250ms 产生一个脉冲信号。程序段 4 中的指令只有在定时器 T1 定时时间到的情况下，发出脉冲才

程序段 1：标题：

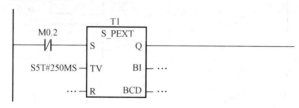

程序段 2：标题：

程序段 3：标题：

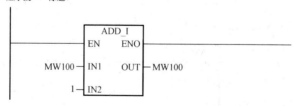

程序段 4：标题：

程序段 5：标题：

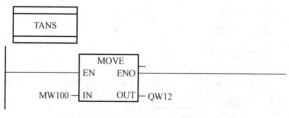

图 2-82　例 2-34 梯形图

执行，此时 RLO 为 0，MW100 中的内容加 1。在程序段 5 中，存储区 MW100 中的内容被传送到 QW12 中，由于 MW100 是不断累加的，所以使得输出位中 MW12.0～MW13.7 分别输出不同频率范围的脉冲信号。

问 51 **什么是程序控制指令？功能是什么？**

答：程序控制指令是指逻辑调用指令和逻辑块指令。调用块和结束块同样可以是无条件的，也可以是有条件的。逻辑块在 STEP7 中包括子程序、功能、功能块、系统功能和系统功能块。关于逻辑块将在后面的章节中具体介绍。

梯形图中程序控制指令的插入是在菜单栏中选择"Insert"菜单中的"Program Elements"选项，则会出现如图 2-83 所示的列表。在该列表中单击"Program Control"指令，出现程序控制指令梯形图形式使用的主要编程元素。

表 2-15 中给出了程序控制指令及其参数说明。调用指令在使用时，对指令左侧的 RLO 进行检测，如果指令左侧没有触点或者其他元件，则指令就是无条件调用指令。如果在指令左侧有触点或者其他元件，那么必须满足左侧的 RLO 为高电平时，执行调用指令，此时就为有条件调用指令。

表 2-15 程序控制指令

梯形图	说　　明
─(CALL)─┤	调用指令
─┤(RET)─┤	调用返回
─(MCR<)─┤	打开主控继电器区
─(MCR>)─┤	关闭主控继电器区
─(MCRA)─┤	激活 MCR 区
─(MCRD)─┤	结束 MCR 区

主控继电器指令主要是控制主控继电器区的指令能否正常执行，控制能流的通断。指令一般是成对出现的，（MCR<）和（MCR>）为一对指令，（MCRA）和（MCRD）为一对指令。

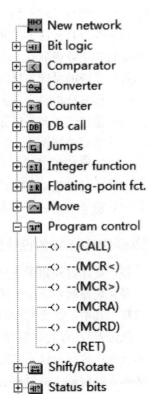

图 2-83 梯形图中程序控制
指令的插入

123

怎样用 PLC 编程

问 1 控制系统的设计包括哪些步骤？

答：从工业控制角度而言，控制系统的设计包含许多内容和步骤，设计者不仅需要具有丰富的专业知识，而且需要有效的编程思路及方法，这样对系统的设计及调试、系统的扩展、合作者之间的协作交流都是十分有利的。

设计过程对自动化工程师来说是富有挑战性的一项任务。原因有两个方面，其一是控制系统的特点：多样性（技术、元件的多样性，以及不同的工程师有不同的设计方案）；复杂性；单一性（有些系统不是批量生产）。其二是客户的要求：技术性（具有许多不同的功能）；经济性；质量保障（可靠性、便捷性、安全性应符合工业标准）。

控制系统的设计包括以下几个步骤：

（1）任务分析（将任务分解为若干子任务）。

（2）描述任务和子任务（任务说明书）。

（3）生成控制算法。

（4）选择控制媒介。

（5）执行（建立控制系统）。

（6）验证（测试整个系统）。

问 2 控制系统的设计过程是怎样的？

答：设计过程如图 3-1 所示。

要完成控制系统设计任务，自动化工程师必须具备大量的知识、技能、方法和策略。其中，需要的知识和技能包括：有关控制系统的知识（系统性能、传感器、执行器）；有关控制媒介的知识（PLC 等）；分析控制任务的技能；描述任务的技能；执行和验证的技能（PLC 编程技术和验证工具的使用）。需要具备的方法和策略包括：策划和组织工程的方法；描述控制任务的方法；系统化设计的策略（根据任务书要求，完成控制算法，生成 PLC 程序）；满足客户要求的技术解决手段（错误诊断和监控、缩短设计进程、简化软件结构）。

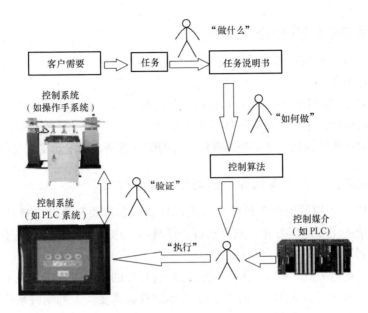

图 3-1　设计过程

问3　**编程技术的方法包括几种?**

答：在可编程控制技术中，编程技术一般包括经验法、功能图法、流程图法、解析法、顺序功能图法和状态图法等。

问4　**分析和描述任务的意义是什么?**

答：设计控制系统之前，自动化工程师首先应根据工艺流程定义控制任务和确定工作步骤。控制任务的定义为系统的设计奠定了基础，其定义必须由熟悉工艺流程的工程师和设计工程师联合进行，这样才能最大限度地减小由于错误理解工艺流程而产生的错误，同时也符合设计需要。

在大型工业控制过程的控制任务定义中，各部门的人员应商定需要多少个控制对象和信号采集点，以便每个人都知道在项目中要完成的任务。例如，在一个包含工厂制造自动化的项目中，需要从仓库中取物料并送至自动化包装区。在系统定义期间，仓库和包装区的工作人员都应与设计组协作，以满足某些数据报告的需要以及管理方面的需要。

定义任务要考虑的因素与设计结果的成败息息相关。定义任务之后，为联合设计的需要，应将控制任务划分为若干子任务（或任务块），并确定相应的输入、输出接口。子任务划分的合理性会使系统的设计事半功倍。

125

问 5 确定控制策略的意义是什么？

答： 定义了控制任务之后，就可以开始规划其解决方案了。程序开发的这部分称为算法开发。

算法对于我们来说并不新奇，我们都是按算法来完成某些任务的。好的算法能加快系统的运行速度，在实时性要求比较高的场合，尤为重要。在 PLC 的编程中，同样存在算法问题，有了好的算法、好的编程思路，程序开发就变得简单了。

问 6 决定运行方式有几种？特点分别是什么？

答： PLC 控制系统有 3 种运行方式：自动、半自动和手动。自动运行方式是控制系统的主要运行方式，只要运行条件具备，由操作人员确定并按下启动按钮后，控制器启动系统并自动运行。

半自动运行方式，即系统的启动或运行过程中的某些步骤需要人工干预方可进行，半自动运行方式多半用于检测手段不完善而需要人工判断或某些设备不具备自控条件而需要人工干涉的场合。

手动运行方式不是控制系统的主要运行方式，而是用于设备调试、系统调整和紧急情况下的控制方式，因此它是自动运行方式的辅助方式。所谓紧急情况是指控制器在故障情况下运行。从这个意义上讲，手动方式又是自动运行方式的后备运行方式，所以手动运行方式的程序一般不能进入控制器。

在运行方式设计的同时，还必须考虑到停运方式设计。PLC 的停运方式有正常停运（正常停车）、暂时停运（暂时停车）和紧急停运（紧急停车）3 种。

正常停运由控制器的程序执行，当运行步骤执行后，且无需重新启动执行程序时，或控制器接收到操作人员停运指令后，控制器将按规定的停运步骤停运系统。

暂时停运方式有以下几种：

（1）在程序控制方式下，暂时停运方式暂停执行当前程序，使所有输出都置成 OFF 状态，待暂停解除后将继续执行被暂停的程序。

（2）另一种暂停运行方式是用暂停开关直接切断负荷电源，同时送给控制器相应输入信号，以停止执行程序。

（3）还有一种暂停运行方式是把 CPU 模块上的运行状态切换成停止状态。这种方法最简单，且程序保留暂停前的状态。

紧急停运方式是，当控制系统中某一设备出现异常情况或故障时，若不立即停止运行，系统将导致重大事故或有可能损坏设备，这时必须使用紧急停运按钮使所有设备立即停运。它是既没有联锁条件也没有延迟时间的停运方式。紧急停运时，所有设备都必须停运，且程序控制被解除，控制内容复位到原始状态。

问7 控制系统调试的意义是什么？

答：调试是控制系统的最后一个设计步骤，在完成总体设计以及具体的硬件和软件系统设计之后，除了要分别对硬件系统和软件系统进行调试外，还必须进行联合调试和试运行。反复进行硬件系统和软件系统的修改和调整，直到整个控制系统全部投入正常工作，最终完成系统的设计。

需要特别指出的是，在确定控制方式之后和进行 I/O 地址分配之前，必须进行外部电路的设计；在确定存储器容量之后和选择 I/O 模块之前必须进行选择外部设备的工作；在选择 I/O 模块之后和进行控制回路设计之前，必须进行控制盘/框的设计。这些工作可在上述适当的场合穿插进行，但在整个硬件设计过程中是必不可少的。

问8 PLC 可以完成哪些控制？

答：PLC 可以完成以下几种控制：
（1）代替普通继电器的顺序控制。
（2）进行步进控制和顺序控制。
（3）进行定时器的时序控制。
（4）进行计数器的计数控制。
（5）按高速计数器值进行计数、测量和位置控制。
（6）根据模拟信号的输入进行测量控制。
（7）根据模拟 I/O 信号进行 PID 控制。
（8）用位置控制模块进行高速、高精度的位置控制。
（9）用数据指令进行数值处理、参数控制等。
在编制复杂的步进控制或顺序控制程序时，必须考虑以下几个问题：
1）启动和自锁条件（保持条件）。
2）约束条件（如位置约束）。
3）关断信号条件。
4）联锁信号条件。
在全面考虑这几个问题之后，就能够安全、正确地完成设计任务了。

问9 PLC 在液压滑台式自动攻螺机中如何实现控制？

答：由于初学者经验不足，在编程时，往往理不清条件之间的逻辑关系，或

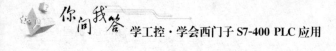

者考虑欠周全，这样，在系统调试时，将浪费大量的人力物力。

如果在编程中充分考虑控制条件，理顺逻辑关系，在软硬件方面对约束、关断等条件进行综合考虑，再进行设计，成功率会比较高。

下面以液压滑台式自动攻螺机为例，说明如何设计控制系统。

如图 3-2 所示为自动攻螺机简图。其中，1SQ、2SQ 和 3SQ 是检测滑台运行位置的行程开关，4SQ、5SQ 是检测丝锯运行位置的行程开关，KT1 是丝锥运行到终点时的电动机能耗制动开关。滑台的运动由 3 个电磁阀打开和关闭油路控制，丝锥的运动由一台电动机进行正反转控制。初始位置为滑台处于原位 1SQ，丝锥处于原位 4SQ 处。

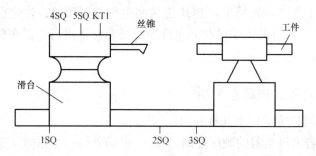

图 3-2　自动攻螺机简图

当按下启动按钮后，第 1 个电磁阀打开，油压将滑台快速推进到 2SQ，此时第 2 个电磁阀打开，滑台变为慢速前进。到 3SQ 时，电动机接触器吸合，丝锥正转前进。到达终点 5SQ 后电动机被制动停止。之后丝锥反转并后退到 4SQ，并再次能耗制动电动机。此时第 3 个电磁阀打开，油压将滑台快速推回到原位。如图 3-3 所示为自动攻螺机工序图。

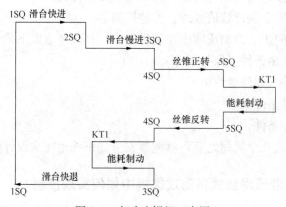

图 3-3　自动攻螺机工序图

攻螺机变量见表 3-1。

表 3-1 攻螺机变量

PLC 输入地址	变量名	PLC 输出地址	变量名
I0.0(1SQ)	滑台原位	Q4.0	电磁阀 1 动作(滑台快进)
I0.1(2SQ)	滑台变速	Q4.1	电磁阀 2 动作(滑台慢进)
I0.2(3SQ)	滑台终点	Q4.2	电磁阀 3 动作(滑台快退)
I0.3(4SQ)	丝锥原位	Q4.3	接触器 1 动作(丝锥正转)
I0.4(5SQ)	丝锥终点	Q4.4	接触器 2 动作(丝锥反转)
I1.0	启动按钮		

在 STEP7 中建立攻螺机系统的符号如图 3-4 所示。

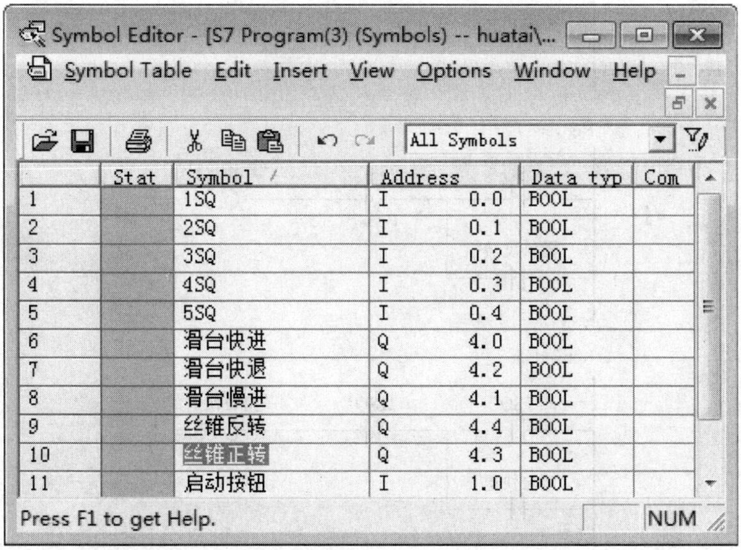

图 3-4 攻螺机系统的符号

自动攻螺机基本控制梯形图如图 3-5 所示。

说明：程序中 Network1 表示滑台快进，Network2 表示滑台慢进，Network3 表示丝锥正转，Network4 表示丝锥反转，Network5 表示滑台快退，并加入了关断条件。图 3-5 所示的程序似乎能满足控制要求，可实际上程序存在着很大的缺陷。例如，在第二段的滑台慢进中，如果丝锥在启动时不在原位，滑台运

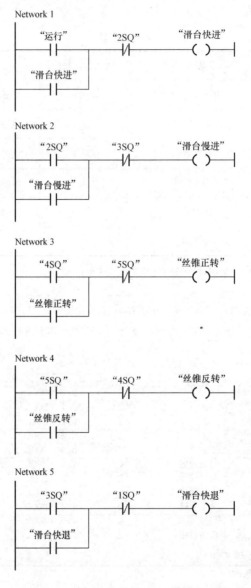

图 3-5 自动攻螺机基本控制梯形图

行到 3SQ 位置时，会造成丝锥的折断。另一方面，如在启动时，控制滑台快退
的电磁阀没有关闭，滑台根本无法动作。所以从安全的角度考虑，还必须在程序
中加入约束条件和联锁信号条件。

改进后液压式自动攻螺机梯形图如图 3-6 所示。

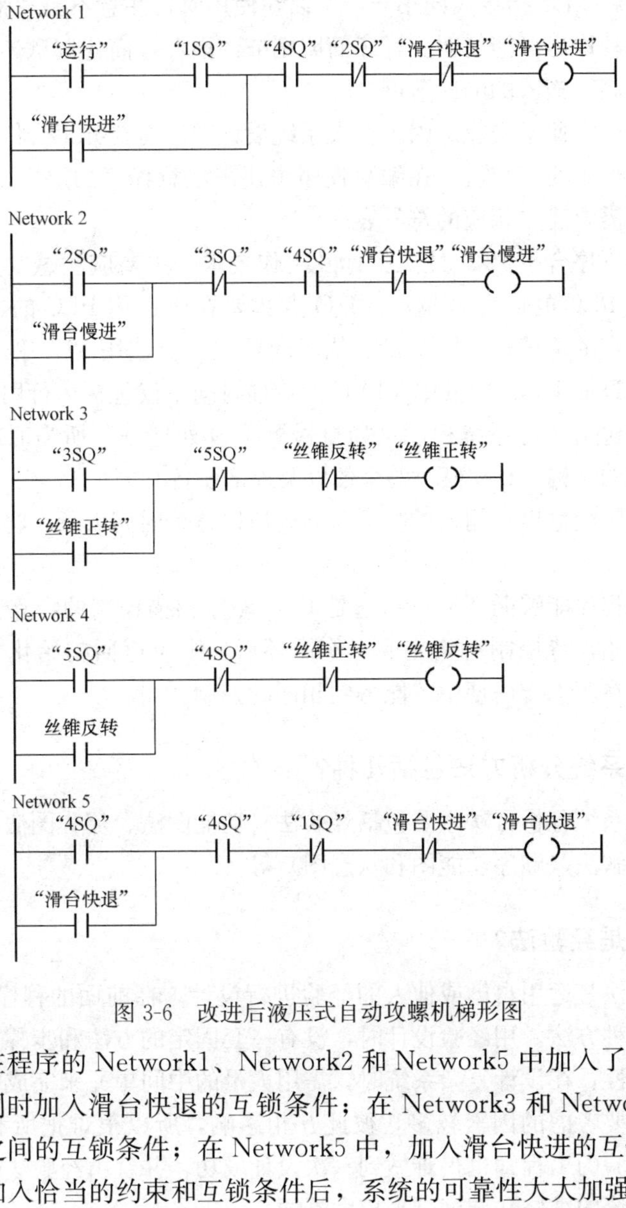

Network 1

Network 2

Network 3

Network 4

Network 5

图 3-6　改进后液压式自动攻螺机梯形图

说明：在程序的 Network1、Network2 和 Network5 中加入了丝锥在原位的约束条件，同时加入滑台快退的互锁条件；在 Network3 和 Network4 中加入丝锥正、反转之间的互锁条件；在 Network5 中，加入滑台快进的互锁条件。

可见，加入恰当的约束和互锁条件后，系统的可靠性大大加强。

问 10　编程的要求有哪些？

答：编程的基本要求如下：

（1）所编程序合乎 PLC 有关规定。所谓合乎规定是指对指令理解准确并能正确使用。各种 PLC 指令大同小异，所以在使用时，注意不要"张冠李戴"。

（2）所编程序尽可能简明。程序简明则节约内存，简化调试，并且节省程序执行时间，提高对输入的响应速度。

（3）所编程序便于交流。因为在大系统设计中，需要分工合作，程序的规范化编程将使合作者便于交流，在编写程序中还需注意程序的层次，讲究模块化、标准化，同时需要建立相应的符号表。

（4）所编程序合乎 PLC 性能指标及工作要求。主要应注意 3 点：①程序的指令条数满足 PLC 的内存容量；②I/O 点数要在所选用 PLC 的 I/O 点数范围内，并留有一定的余量；③PLC 的扫描时间要小于所选用 PLC 程序的运行监控时间（Watch Dog Time）。其中，PLC 的扫描时间不仅包括运行用户程序所需要的时间，而且包括运行系统程序（如自检测 I/O 处理等）所需时间。所以，扫描时间与系统的结构、I/O 模块的个数以及外部设备有关。

扫描时间影响输出对输入的响应时间。所以这个时间太长，将降低控制的实时性。

（5）所编程序能够循环运行。这是 PLC 顺序扫描控制的特点。运行从初始化后的状态开始，待控制对象完成工作循环后，则应返回初始化状态。只有这样，控制对象在新工作周期中才能得到相同的控制。

问 11 控制系统分析方法包括几种？

答：控制系统分析方法主要包括经验法、功能图法、流程图法、解析法（布尔等式）和图解法（顺序功能图和状态图）等。

问 12 什么是经验法？

答：经验法是运用自己或他人的经验进行设计。在前面的程序设计举例中，就是运用了这种方法。用经验设计时，没有一套固定的方法和步骤可以遵循，具有很大的试探性，在设计复杂系统时，需用大量的中间单元来完成联锁、互锁等功能。由于需要考虑的因素较多，彼此互相影响，所以很难把所有问题考虑周全。即使有经验的工程师也很难做到一次设计成功，并且由经验法设计的程序很难阅读，给系统的维修和调试带来较大不便。

问 13 什么是解析法？

答：解析法是根据组合逻辑或时序逻辑，运用相应的解析方法，对其进行逻辑关系的求解，之后，根据求解结果编写程序。解析法比较严谨，用户可以运用一定的标准，使程序优化并算法化。解析法可以避免编程的盲目性，是比较有效的方法。但由于其抽象分析的特点，所以分析系统比较复杂。

问 14 什么是功能图法？

答：功能图法利用时序波形分析系统，而流程图法则利用基础流程图，两者可以与解析法联合进行系统的设计。

问 15 什么是图解法？

答：图解法是一种行之有效的设计方法。图解法包括顺序功能图法和状态图法，运用顺序功能图和状态图编写的程序具有直观的特点，便于合作者之间的交流，便于系统的再次开发。

问 16 图解法的分析步骤是什么？

答：图解法的具体分析步骤如下：

（1）了解 PLC 程序的执行过程及输入、输出关系。

（2）根据相应图形的画法规则，画出顺序功能图或状态图。

（3）编写相关的梯形图程序或 STL 程序。

上述几种编程方法的特点比较见表 3-2。

表 3-2　　　　　　　　　　编程方法的特点比较

编程方法	特　点
经验法	有盲目性，不严谨，缺乏模块化和系统化分析
功能图法 流程图法 解析法（布尔等式）	具有容易理解的任务描述，适合于系统的分析和设计，但分析方法综合应用的效果更好，因此增加了分析的难度，直观性不强
顺序功能图法 状态图法	系统模型可以直接转换成程序，具有编程定式，更加严谨、直观

问 17 什么是系统建模？什么是工程模型？

答：系统建模从广义上讲是指工程模型的建立。工程模型是一种活动模型，它可运用于许多场合，如机械工程、电力工程、软件工程等。工程模型描述了整个工程过程。它是由若干条语句组成的，每一条语句与在不同领域的不同行为息息相关。表 3-3 所示为一个设备制造公司的工程语句和与 I/O 数据相关的行为。

表 3-3 工程语句和与 I/O 数据相关的行为

输入（来自客户）	工程语句	行　　为	输出（到客户）
调查	分析	问题分析、需求分析	报价
订单	定义	定义需求、设计（电气/气动/…/统计/软件）	建立文档，任务描述，与客户间的通信服务
设计文档的正式批准	执行	实现，生产包括测试	产品
正式移交	安装	操作环境的建立，启动	实用设备
委托事项	操作	服务	客户受益

　　在这些工程语句中包含了控制工程师的任务，即在接收到任务的技术简图后，首先必须进行系统分析，对任务进行工程描述；其次进行硬件和软件方面设计；然后实现和测试；最终建立操作环境。

　　对任务的工程描述是其中比较重要的环节。要想生成一个"Bug Free"的任务描述，必须具备完整性、简洁性和无矛盾性等特性。在许多场合下，口语描述一个任务常常不太准确，而且有效性不高，则补充的技术简洁会减少人类语言的匮乏，使之更趋近于工程，但在许多场合下仍然不能满足自动化工程师的需要。因此，必须要有行之有效的表示方法，前面已经提到了若干个分析方法，如功能图法、流程图法等。在建立控制系统工程模型时，一种或多种任务的描述将会更好地完成系统的建模工作。

　　可见，在工程模型中，任务描述只是为系统的设计提供必要的前提条件。

问 18　系统设计法可以用几部分来实现？

　　答：系统设计法可以用两大部分来实现。

　　（1）独立于技术的描述逻辑控制任务的方法。这些方法提供完善的任务描述，为系统的执行打下基础，具体为：①功能图法；②流程图法；③布尔等式（解析法）；④状态图法；⑤顺序功能图法。

　　（2）依据逻辑控制任务的描述，执行控制任务的手段，具体为：①梯形图；②功能块图；③GRAPH 语言。

问 19　如何使用功能图法和解析法分析工程实例？

　　答：如图 3-7 所示为果汁加工浓缩示意图。图中表示了果汁加工的工艺过程，设计任务包括：

　　1）用功能图法和解析法描述系统；

　　2）用功能块图进行程序的实现；

3）分析可能进行的系统监控。

这里通过此例介绍如何使用功能图法和解析法将口语描述转变为有效的逻辑控制任务。功能图法和解析法归属于同一类分析方法，其特点是严谨，但分析比较复杂。

（1）用功能图法和解析法描述系统。

1）口语描述。果汁在加热罐中的加热和浓缩过程如下：

a）在指示灯 L 亮的前提下，按下 S 开关，进料阀门 V1 打开，果汁

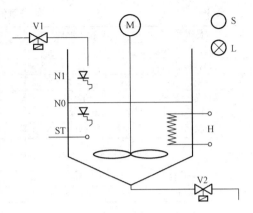

图 3-7　果汁加工浓缩示意图

通过阀 V1 加入罐中，当果汁高度上升至 N1 高度处时，阀 V1 关闭。

b）在果汁高度超过 N0 时，电动机 M 工作，开始搅拌果汁。

c）加热器 H 在果汁高度超过 N0 时也开始工作，加热的果汁温度保持在 70～80℃，由温度传感器 ST 检测温度值。

d）当果汁加热，液面高度浓缩到低于 N0 时，浓缩过程结束。打开排空阀 V2 排出果汁。为完全排空果汁，阀 V2 应持续打开 30s。

e）当果汁排空，指示灯 L 亮，等待下一次的果汁浓缩过程。

其中，液位高度传感器的感应高度分别为 N0 和 N1；N0 表示加工果汁的浓缩高度，N1 表示果汁装满果汁罐。

2）正规描述法。为了得到准确又无矛盾的描述，同时能很好地理解系统的功能，必须运用正规描述法（功能图法、流程图法、解析法、顺序功能图法和状态图法）描述系统功能。对于工程师来讲，正规描述可以作为准确描述控制预期行为的模型。某些正规描述（如顺序功能图和状态图）甚至可以直接作为控制软件来执行，其表现形式为编程手段或编程语言。这些方法更直接，从而避免了设计到执行的过程。在 STEP7V 5.3 版本中有 S7 Graph（顺序功能图）编程软件。但 S7 Graph（状态图）编程软件属自选软件包，用户必须额外购买。正规描述系统功能的另外一个原因是为了在某些场合能够更容易地理清系统的执行过程，同时还可以得到很有用的文档，便于系统的再设计和技术改选。本例将运用功能图法和解析法进行控制系统的分析。

首先进行信号的逻辑赋值（0/1），以决定其活动状态。信号赋值表见表 3-4。

表 3-4 　　　　　　　　　　信号赋值表

传感器	输入地址	功能/状态	信号赋值
起动按钮 S	I0.0	起动	1
N0 高度指示	I0.3	高度超过	1
N1 高度指示	I0.2	高度超过	1
温度传感器 ST	I0.4	温度超过 80℃	0
执行器	输出地址	功能/状态	信号赋值
电动机 M	Q0.2	搅拌/运行	1
灌入阀 V1	Q0.1	加满果汁罐	1
排空阀 V2	Q0.4	排空果汁罐	1
加热阀 H	Q0.3	加热果汁	1
准备好指示灯 L	Q0.0	照明指示	1

使用信号赋值表必须考虑以下两个问题：

a) 功能/状态列和信息赋值必须与传感器/执行器的状态一致。

b) 逻辑信号的赋值必须考虑信号断线的影响。

从表 3-4 中可以看出，系统有 5 个输出：阀 V1、V2 的控制、电动机 M 的启动、加热器 H 的启动、指示灯 L 的控制。下面分别对输出进行分析，以便得到执行器的公式化描述。

如图 3-8 所示为果汁加热功能图，它可以更准确地描述加热过程。图 3-8 中，在果汁高度大于 N0 且温度 T 在 70～80℃时，经过数次加热器的开启和关闭过程，终于使果汁高度浓缩至小于 N0，加热过程并不是持续进行的，只有当温度 T 在一定的范围内才开始。

加热器 H 的操作用解析式可以表示为

$$H = N0 \cdot ST$$

其含义表示当果汁高度超过 N0，且温度传感器感应温度低于 80℃时，两个传感器的信号状态为 "1"，此时加热器 H 开始工作。

电动机 M 的启动是在果汁高度超过 N0 时开始的，此时 N0 传感器的信号状

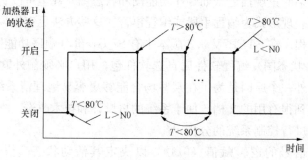

图 3-8　果汁加热功能图

态为"1"。所以电动机 M 的操作解析式可以表示为

$$M = N0$$

在口语描述中，如果果汁罐未空，或者在浓缩过程正在进行时，并不能决定何时能打开开关 S，并灌入果汁。这意味着可能会在浓缩的果汁中，掺入新鲜的果汁。这是口语描述存在问题的典型例子。此外，在口语描述中还可能出现一个问题被描述了两次，且两次描述又互相矛盾的情形。为避免上述不准确的任务描述，我们使用正规的表达方式——解析式。

果汁罐的加入操作用解析式可以表示为

$$V1 = S \cdot L \cdot \overline{N1} + V1 \cdot \overline{N1}$$

其中，解析式的第一项表示 V1 启动的条件；第二项为 V1 的自保持条件。

很明显，在加热过程中，不能允许新鲜果汁的灌入。这一点在公式中有了具体表现：在 N1 高度没有被超过，指示灯 L 亮（加热结束）的前提下，S 按钮被按下时，阀 V1 被打开。由于指示灯亮，从而保证了新鲜果汁不会在加热过程中灌入。这个描述到目前为止已经比较准确了。

如图 3-9 所示为果汁加工过程的功能图。图 3-9 中表示了指示灯 L、阀 V1 和 V2 以及高度 N0 之间的状态关系。从图 3-9 中可以看出，在 V1 有效、V2 有效或者在果汁高度没有低于 N0 的情况下，L 是无效的。所以指示灯 L 的解析式可以表示为

$$L = V1 + N0 + V2$$

根据摩根定律，将上式化简为

$$L = \overline{V1} \cdot \overline{V2} \cdot \overline{N0}$$

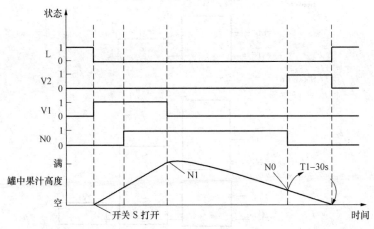

图 3-9 果汁加工过程的功能图

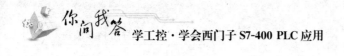
当果汁高度浓缩到低于 N0 时，触发 SE T1，在 T1 工作期间，果汁排出，排空阀 V2 打开，其解析表达式为

$$V2 = T1$$

（2）用功能块图进行程序的实现。根据解析表达式，得出果汁加工系统功能块图程序，如图 3-10 所示。

Network 1

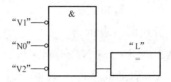

Network 2

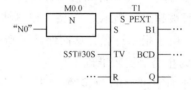

Network 3

Network 4

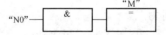

Network 5

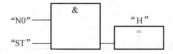

Network 6

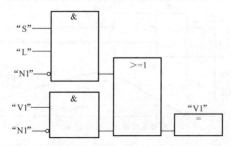

图 3-10 果汁加工系统功能块图程序

说明：在程序的 Network2 中通过 N0 的下跳沿触发 SE；在 Network3 中，实现定时器 T1 工作期间，排空阀 V2 打开。其余的段落的功能与解析表达式一致。

（3）分析可能进行的系统监控。如果灌入果汁高度总是高于 N1 或低于 N0 时，系统出现故障。出错可能是由于测量高度的传感器的电线断了。监控的方法是将信号 N0 和 N1 相"与"后置位错误指示灯。

如果阀 V1 打开时间过长，出错的可能是没有果汁；阀 V1 损坏或者测高传感器出错。

监控的方法是用 V1 启动 SD，定时时间到则错误指示灯亮。

如果温度长时间低于 80℃，出错的可能是加热器出故障，方法同上，启动定时器来点亮错误指示灯。

从工程实例中可以看出，系统的设计运用了功能图法和解析法。其中，解析法将控制模型公式化，从而避免了编程的盲目性。但是对于复杂的大型系统，很难从大量的功能图的描述中得出解析式，所以在进行系统分析时，功能图法和解析法并不是行之有效的设计方法。而顺序功能图法和状态图法具有先进的分析思想，相信用户在以后的系统分析中会逐步发现这两种设计方法的优点。

问 20　顺序功能图是如何发展起来的？

答：顺序功能图（Sequential Function Charts，SFC）最初是在 20 世纪 70 年代根据 DIN 19237 标准来制定的，同时，还有一个法国标准，称为 GRAPH-CET。而在 1993 年由 IEC（6）1131 再次为顺序功能图制定了新的标准。3 个标准之间有一些小的区别，最初的标准中顺序功能图不允许在控制中有分支或者有闭环，而在 IEC（6）1131 标准中提供了这种可能性。这里，并不介绍这种编程软件的用法，只是研究其编程思想。

问 21　顺序设计法的概念是什么？设计步骤是什么？

答：顺序控制是指按照生产工艺预先规定的顺序，在各种输入信号的作用下，根据时间顺序，执行机构自动并有序地进行操作。顺序控制在各种生产流水线上应用非常广泛。

顺序控制设计是一种先进的设计方法，其设计思想是将系统的工作周期划分为若干顺序相连的阶段，将其称为步。当步被激活时（即满足一定的转换条件），步所代表的行动或命令将被执行。这样一步一步按照顺序，执行机构就能够顺序"前进"。运用顺序控制法能够提高设计效率，并且便于合作者进行编程思想的交流。同时程序的调试和修改也将十分方便。

设计步骤如下：

（1）首先根据工艺流程，画出顺序功能图；

（2）翻译成梯形图（或功能块图）程序。

问 22 顺序功能图的绘制基础是什么？如何应用？

答：顺序功能图体现的是顺序控制的详细过程。其基本元素是由步组成的，每一步都包含 3 个要素：当前步、转换条件以及步的动作。

如图 3-11 所示为步的表现形式。由图 3-11 中可以看出，所谓步即系统当前

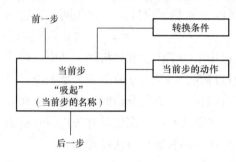

图 3-11 顺序功能图中步的表现形式

所处的状态，可以将其称为当前步；转换条件是前一步进入当前步所需要的条件信号。转换条件可以是外部的输入信号，如按钮、开关等，也可以是 PLC 内部产生的信号，如定时器等提供的信号，当然转换信号也可以是这些信号的逻辑组合。步的动作是指当前步所执行的具体命令。图 3-11 中还有辅助元素：前一步和后一步。这一点很好理解，没有前一步，怎么能有当前步；没有当前步，又怎么能有后一步。这样各个步之间形成一个链条，实现系统的顺序控制。由于 PLC 循环扫描，所以此链条封闭形成一个回环。

步的动作类型有几种形式，如表 3-5 所示为步的基本动作类型。在对应的动作中有存储型（S）和非存储型（NS）两大常用类型。存储型为保持型，可以用 S 和 R 指令对存储型动作置位和复位。而非存储型则与它所在的步同时存在也同时消失，用输出线圈指令实现。

表 3-5　　　　　　　　　　步的基本动作类型

命令类型	说　明	命令类型	说　明
S	存储命令	ST	存储并限时命令
NS	非存储命令	D	延迟命令
SH	存储，在电源故障时	SD	存储并延时命令
T	限时命令	NSD	不存储，延时命令

下面以图 3-12 说明步的动作，即在当前步进行 3 个动作：点亮指示灯（保持型）、电动机运行（非保持型），同时提升气缸下降（保持型）。图 3-12 中包括命令类型、动作的文字描述以及命令序号。

下面以具体的例子来说明顺序功能图的画法。

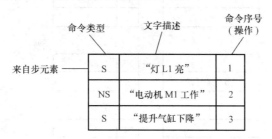

图 3-12　步的基本动作描述

例 3-1　如图 3-13 所示为彩灯循环点亮示意图。设 5 个彩灯的输出分别为 Q0.0、Q0.1、Q0.2、Q0.3 和 Q0.4，图中 I0.0 为控制开关。当 I0.0 打开时，彩灯依次顺序点亮（当一盏灯亮时，前一盏灯灭），点亮的周期为 2s。试画出系统的顺序功能图。

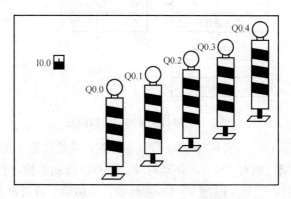

图 3-13　彩灯循环点亮示意图

分析：在按下启动按钮 I0.0 后，彩灯系统开始工作，其工作周期如下：2s 时间到，第一盏灯亮；2s 时间到，第二盏灯亮（第一盏灯灭）；2s 时间到，第三盏灯亮（第二盏灯灭）……2s 时间到，第五盏灯亮（第四盏灯灭）5 个过程。

如图 3-14 所示为彩灯系统的顺序功能图。

说明：经分析，系统工作需要 5 个步骤，加上起始和结束步，相当于有 7 步。起始位置状态（初始条件）是所有灯都灭，此时按下启动按钮 I0.0，满足转换条件，则系统从第 0 步转换到第 1 步，第 1 步的动作为点亮第一盏彩灯

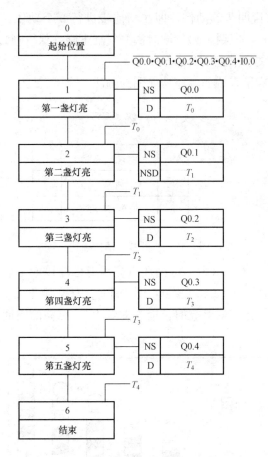

图 3-14 彩灯系统的顺序功能图

Q0.0，并延时 T_0（2s），当延时时间 T_0（2s）到，系统从第 1 步转换到第 2 步，步的动作为点亮第二盏灯 Q0.1，并延时 T_1（2s）。以此类推，直至第五盏彩灯亮，延时 T_4（2s），当延时时间 T_4（2s）到时，步结束，或者准确地说再次回到第 1 步，使第一盏灯亮。图 3-14 中的每一步都包含着步的三要素：当前步的状态、转换的条件及步的动作。而每一步的前后又分别存在其他的步，以此达到顺序控制的目的。

问 23 顺序功能图的基本结构包括哪些内容？各部分的特点是什么？

答：顺序功能图的基本结构包括单序列、选择序列、并行序列等几种形式。如图 3-15 所示为简明图，着重强调步之间的跳转关系。

（1）单序列。单序列是由顺序激活的步组成的，其特点为没有分支与合并

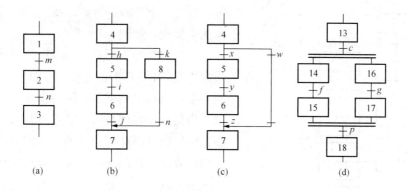

图 3-15　单序列、选择序列、并行序列形式

(a) 单序列；(b) 选择序列；(c) 跳步；(d) 并行序列

〔见图 3-15 (a)〕。

(2) 选择序列（多分支序列）。选择序列〔见图 3-15 (b)〕有分支，且转换条件要写在分支线以内。当转换条件 $h=1$ 时，功能图由第 4 步转为第 5 步。当转换条件 $k=1$ 时，功能图由第 4 步转为第 8 步。选择序列的结束称为合并。转换条件必须在合并线以内。图 3-15 (c) 中显示的是跳步，即选择序列的某一条分支上没有步，但转换条件仍然存在。

(3) 并行序列。并行序列〔见图 3-15 (d)〕是将一转换条件实现几个序列的同时激活。在转换条件 $e=1$ 时，第 14、16 步同时变为活动步。在表示同步的双水平线上，只允许有一个转换信号。并行序列表示系统的几个独立部分同时工作的情况。并行序列的结束同样称为合并。在表示同步的双水平线之下，只允许有一个转换条件，即当转换条件 $p=1$，且第 15、17 步同时为当前步时，会发生第 15、17 步到第 18 步的转变。此时，第 18 步变为当前步，而第 15、17 步同时变为前一步。

问 24　顺序功能图的绘制方法是什么？

答： 从图 3-15 中可以看出，只要能说明问题，顺序功能图可以绘制得非常简单，但是简明图里不包含动作，会带来编程的麻烦，所以这里改进一下，形成顺序功能图的简易画法。在简易画法中，每一步用存储位来代表，如 M0.0、M0.1 等；转换条件用一小横杠表示，旁边标注转换条件；选择序列的分支方向由带箭头的直线表示；并行序列的分支和合并用两条平行线表示。当前步的动作前如果有字母 S 表示保持型动作的置位，有字母 R 表示保持型动作的复位，什么都没有表示非保持型动作，字母 D 表示延时动作。

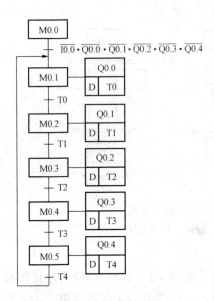

图 3-16　彩灯系统的简易顺序功能图

这样，例 3-1 中的彩灯系统可以用简易画法来实现，如图 3-16 所示。

说明：初始步用存储位 M0.0 表示，其余的用递增的存储位表示。与图 3-14 的区别在于，没有了结束步，因为循环控制的要求，当最后一盏灯亮后，紧接着是第一盏灯亮，所以以选择序列合并的形式完成了循环控制的要求，返回 M0.1 步。步的动作包括了两个方面，第一是彩灯亮，由于灯亮是非保持型动作，所以没有表示，而转换条件为延迟时间，所以以 D 表示。

注意，如果最后一步完成后，直接返回到初始步，则理解为单周期运行方式。因为开始按钮按下的动作是瞬间动作，当运行完一周期之后，由于开始按钮为假，所以转换条件不满足，因此不能进行第二周期循环。

问 25 顺序功能图绘制的注意事项包括哪些？

答：在绘制顺序功能图时，需注意如下几个方面。

（1）两个步不能直接相连，必须用一个转换条件将两者隔开（如果没有具体的转换条件，一般用定时延时来解决）。

（2）两个转换条件也不能直接相连，必须用一个步将两者隔开。

（3）起始步（起始位置）十分重要，它是进入顺序控制环（循环扫描）的入口，必不可少。

（4）起始步变为当前步有几种方法：在 PLCSIM 仿真调试时，将起始存储位打钩即可。在真实 PLC 调试时，可以用变量表将起始存储位改变为真。而在真正运行时，在 OB100 中将起始步预置为当前步，否则，系统不能正常工作。如果有手动、自动两种工作方式，在手动进入自动工作方式时，需用适当的信号将起始步变为当前步。

（5）在单周期和循环自动运行方式下，结束步返回的方式不同。单周期运行方式下，返回起始步；循环运行方式下，返回第 1 步。

每个系统的顺序功能图的绘制不是唯一的，由于个人思想的不同，顺序功能图也呈现出多样化的特点。

下面以十字路口交通灯控制系统进行说明。

例 3-2 如图 3-17 所示为十字路口交通灯系统。设计要求如下：开始按钮 I0.0 按下后，南北方向红灯亮 8s 后，跳至绿灯亮 5s，之后黄灯亮 3s，如此循环。与之对应的是东西方向的绿灯亮 5s、黄灯亮 3s 和红灯亮 8s。设南北方向红灯为 Q0.0、绿灯 Q0.1 和黄灯 Q0.2，东西方向红灯为 Q1.0、绿灯 Q1.1 和黄灯 Q1.2。试绘制顺序功能图。

分析：

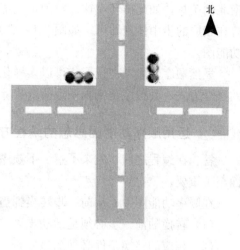

图 3-17　十字路口交通灯系统

（1）如上所述，南北方向红灯、绿灯与黄灯依次亮时，东西方向则为绿灯、黄灯和红灯亮，且南北和东西方向同时交替闪亮，同时进行，所以可以用并行序列表示，如图 3-18（a）所示。

（2）我们知道当南北方向红灯亮时，正好为东西方向绿灯与黄灯亮，同样，当东西方向转为红灯亮时，正好为南北方向绿灯和黄灯亮，如果暂时不考虑两个

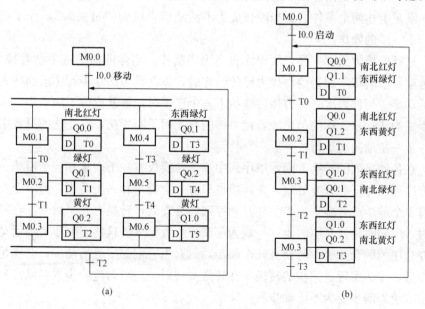

（a）　　　　　　　　　　　　　　　　（b）

图 3-18　十字路口交通灯顺序功能图

方向的红灯，则东西方向绿灯亮过，是黄灯亮，之后为南北方向的绿灯，之后为南北的黄灯，如此循环，这样，确定系统的主干步为 4 步，之后将两个方向的红灯在相应的步中体现即可。如图 3-18（b）所示为另一种十字路口交通灯的顺序功能图。

虽然顺序功能图表现形式可以多样化，但是同一个顺序功能图，如果用相同的翻译方式，其程序是基本一致的（排除掉程序的先后顺序）。

问 26 运用顺序功能图思想的编程方法如何操作？

答：在编程之前，先来了解一下顺序功能图的转换规则，这在编程的处理方面至关重要。

在顺序功能图中，从前一步转换到当前步的转换条件包括：

（1）转换的前一步必须是活动步。

（2）相应的转换条件必须满足。

满足上述两个条件时，前一步可转换到当前步。当前步由"将来时"变为"现在时"，成为活动步。

从当前步转换到后一步时，应满足的条件包括：

（1）满足转换条件。

（2）当前步是活动步。

满足上述两个条件后，当前步成为不活动步，成为"过去时"，程序顺利地进行下一步的操作。

这就像接力比赛一样，假想你自己为当前步，当你前面的选手拿着接力棒，那他就是活动步，而当他将接力棒传给你后，你就成为活动步，你前面的人变为不活动步。当你再次将接力棒传递给下一个选手时，你就成为不活动步，而下一选手成为活动步。你的角色随着接力棒的有无而不断变化，在变化的过程中，程序一步一步地向前运行。

在各种序列的转换方面，单序列中一个转换仅有一个前步和一个后步，而在选择序列的分支和合并处，一个转换也只有一个前步和一个后步，但一个步可能会有多个前步或者多个后步。在并列序列的分支处，转换有几个后步，在转换实现时，应同时将其对应的步（一般为存储位）置位（使这些当前步变为活动步）。在并行序列的合并处，转换有几个前步，只有当它们都变为活动步，并满足转换条件后，才能实现下一步的转换。在转换实现后，应将对应的步（存储位）全部复位（使当前步变为不活动步）。

下面介绍编程方法。

当顺序功能图绘制好之后，需要将其翻译成梯形图或者功能块图，即利用顺序功能图思想进行编程。程序设计包括控制程序设计和输出程序设计两部分。

控制过程是描述步的行程，用转换条件来控制步的存储位，这些必须符合顺序功能图的转换规则。当某一步为活动步时，对应的存储位置 1，当转换条件满足时，则将其后一步对应的存储位置 1，而当前步则复位为 0。控制电路的梯形图程序如图 3-19 所示。图 3-19 中显示了前一步（用存储位 M0.2 表示）为活动步时，在转换条件（条件 1～n）满足的情况下（即将 M0.2 与条件 1～n 相"与"为真时），当前步（用存储位 M0.3 表示）变为活动步，此时置位当前步（M0.3），复位前一步（M0.2）。当另一转换条件满足时，当前步转换到后一步，此时，置位后一步，复位当前步。

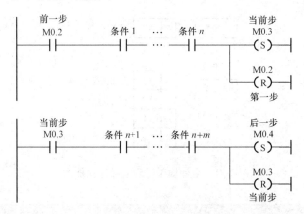

图 3-19　控制电路的梯形图程序

输出程序是描述当前步所执行的动作。由代表步的存储位作为控制接点，输出量是执行器的动作线圈，输出程序相对而言容易设计。如图 3-20 所示为输出程序的梯形图程序。若某一动作在几个步中都执行，则在开始的步中置位此动作，在结束的步中复位此动作。若某一动作只有一步执行，则用输出线圈指令即可。

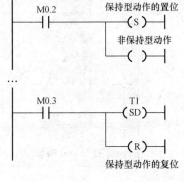

问 27　单序列的编程方式如何应用？

答：在该编程方法中，每一个当前步只有一个前步和一个后步，转换均对应相应存储位的置位和复位。有多少步就有多少个相对应的置位和复位语句。

图 3-20　输出程序的梯形图程序

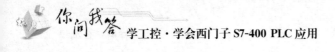

例 3-3　前面叙述过的果汁加工过程的顺序功能图如图 3-21 所示。试编写控制程序和输出程序的梯形图。

在 STEP7 中建立果汁加工过程的符号表，如图 3-22 所示。

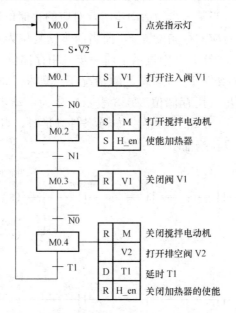

图 3-21　果汁加工过程的顺序功能图

	Sta	Symbol /	Address		Data type	Comment
1		H	Q	0.3	BOOL	加热器
2		H_en	Q	0.5	BOOL	加热器使能
3		L	Q	0.0	BOOL	指示灯
4		M	Q	0.2	BOOL	电动机
5		N0	I	0.3	BOOL	液位高度N0
6		N1	I	0.2	BOOL	液位高度N1
7		S	I	0.0	BOOL	启动开关
8		ST	I	0.4	BOOL	温度传感器ST
9		V1	Q	0.1	BOOL	阀V1
10		V2	Q	0.4	BOOL	阀V2

图 3-22　果汁加工过程的符号表

分析：根据单序列的转换条件可知，在前一步变为活动步，且对应的转换条件满足时，转换进行。将当前步设置为活动步，并将前一步复位为不活动步，在设计中，可以将控制程序和输出程序放在一起，也可以放在不同的 FC 功能中。为了能进入循环回路，在 OB100 中设置 M0.0＝1，即当前步在起始位置 M0.0 处。

果汁加工系统控制程序的梯形图程序如图 3-23 所示。果汁加工系统输出程序的梯形图程序如图 3-24 所示。

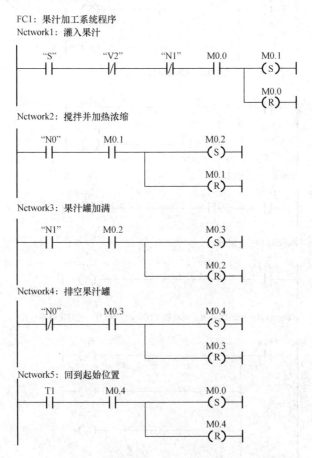

图 3-23　果汁加工系统控制程序的梯形图程序

说明：控制程序从 Network1 开始，到 Network5 结束，共 5 步，各个步分别用存储位 M0.0～M0.4 表示。

在系统满足条件时果汁灌入指示灯亮，且启动开关 S 按下时，程序从 M0.0（起始位置）转换到 M0.1（灌入果汁），表现在 Network1 中，将 M0.0 复位，

Network6：指示灯亮

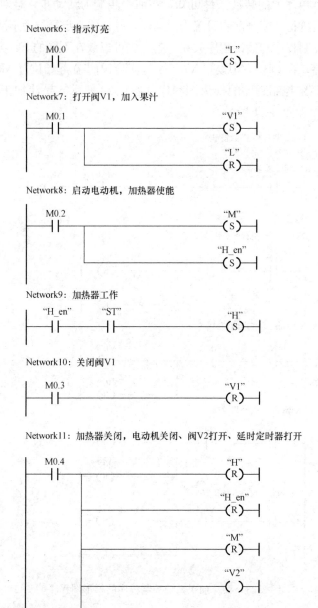

Network7：打开阀V1，加入果汁

Network8：启动电动机，加热器使能

Network9：加热器工作

Network10：关闭阀V1

Network11：加热器关闭，电动机关闭、阀V2打开、延时定时器打开

图 3-24　果汁加工系统输出程序的梯形图程序

M0.1 置位；当果汁高度大于 N0 时，程序从 M0.1 转换到 M0.2 （搅拌并加热浓缩），表现在 Network2 中，将 M0.1 复位，M0.2 置位；当果汁灌满，即果汁高度超过 N1 时，程序从 M0.2 转换到 M0.3 （果汁罐加满），表现在 Network3 中，将 M0.2 复位，M0.3 置位；当果汁经过加热后，高度浓缩到低于 N0 时，程序从 M0.3 转换 M0.4 （排空果汁罐），表现在 Network4 中，将 M0.3 复位，M0.4 置位；当延时时间 30s 到后，程序从 M0.4 重新转换到 M0.0 （起始位置），表现在 Network5 中，将 M0.4 复位，M0.1 置位。可见，控制程序只考虑步的流程，而对步的动作不做考虑。

输出程序程序从 Network6 开始，到 Network11 结束。在 Network6 中，在 M0.0 （起始位置）步将允许果汁灌入指示灯 L 点亮；Network7 中，在 M0.1 （灌入果汁）步打开灌入阀 V1；Network8 中，在 M0.2 （搅拌并加热浓缩）步将搅拌电动机 M 启动，并置位使能加热器 H-en；Network9 中，在加热器使能的状态下，当温度低于 80℃ 时，启动加热器 H。注意：这一环节并没有与某一活动步相连，在满足加热条件时就启动加热器。由于 PLC 的循环扫描，所以能保证加热器在低温时启动，高温时停止。在 Network10 中，在 M0.3 步（果汁罐加满）关闭注入阀 V1；在 Network11 中，在 M0.4 步（排空果汁罐）关闭电动机 M，复位加热器使能 H-en，打开排空阀 V2，打开接通延时定时器 T1。

只要分析清楚系统的顺序控制过程，绘制正确的顺序功能图，就可以顺利翻译成梯形图程序，基本可以保证程序的正常运行。

问 28 选择序列的编程方法如何应用？

答： 在选择序列中，有分支和合并，某一步有多个后步或多个前步。如图 3-25 所示为选择序列的顺序功能图。

从图 3-25 中可以看出，在 M0.0 步之后，有选择序列，它包括两条分支和一个合并。其中，转换 I0.0、I0.1 和 I0.2 都只有一个前步和一个后步。例如，I0.2 只有一个前步 M0.0 和一个后步 M0.2，I0.1 和 I0.0 也如此。因此复位和置位存储器位也只需一个。所以，选择序列的分支与合并的编程方法实际上与单序列的编程方法完全相同。

其控制程序如图 3-26 所示。

例 3-4 前述的彩灯系统的简易顺序功能图如图 3-16 所示。试用选择序列编程方法设计程序。

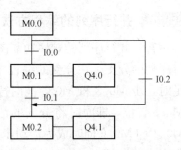

图 3-25 选择序列的顺序功能图

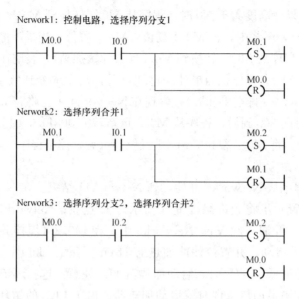

图 3-26　选择序列的控制程序

　　彩灯显示系统控制程序的梯形图程序如图 3-27 所示。彩灯显示系统输出程序的梯形图程序如图 3-28 所示。

　　说明：控制程序从 Network1 开始，到 Network6 结束。在 Network1 中，初始状态五盏灯都不亮，此时按下启动按钮，程序从第 0 步转换到第 1 步；在 Network2 中，当第五盏灯亮，并且定时时间 T4 到时，若第 5 步是活动步，则程序从第 5 步转换到第 1 步。由于有两步可以转换到第 1 步，所以属于选择序列的合并；其余各步没有分支，容易理解。

　　输出程序从 Network7 开始，到 Network11 结束。在每一步中，点亮一盏灯，同时启动 SD，定时时间都为 2s。

　　若要开始循环，必须在 OB100 中设置起始步为 M0.0。

问 29 　并行序列的编程方法如何应用？

　　答：并行序列的顺序功能图如图 3-29 所示。图 3-29 中 M0.2 之后有一个并行序列的分支，在分支的编程中，当 M0.2 成为活动步，并且转换条件 I0.3 满足时，步 M0.3 和 M0.5 同时成为活动步。因此在程序中，要同时将 M0.3 和 M0.5 置位，即同时将分支的活动步置位。在合并的编程中，由于合并必须在 M0.4 和 M0.6 同时成为活动步，并且转换条件 I0.6 满足的情况下实现，所以在程序中需将 M0.4、M0.6 以及 I0.6 的常开接点串联，作为后一步置位的条件，

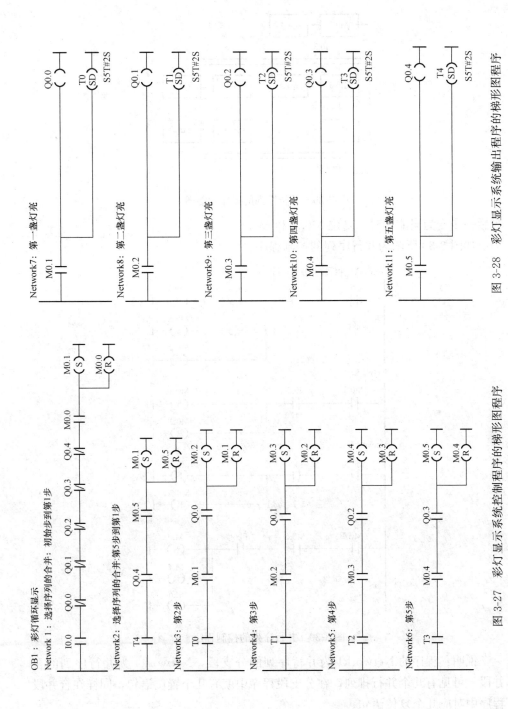

图 3-28 彩灯显示系统输出程序的梯形图程序

图 3-27 彩灯显示系统控制程序的梯形图程序

153

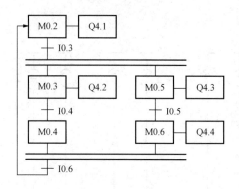

图 3-29 并行序列的顺序功能图

当后一步变为当前步时，复位 M0.4 和 M0.6。

如图 3-30 所示为并行序列的控制程序。

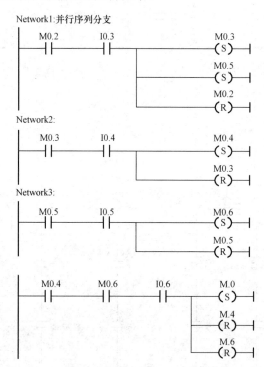

图 3-30 并行序列的控制程序

说明：程序的 Network1 为并行序列的分支段，Network4 为并行序列的合并段。可见有几个并行排列，在分支段程序中就有几个置位语句，同样在合并段程序中对应几个复位语句。

有了上述的分析，已经能够处理并行序列的编程。

例 3-5　如图 3-31 所示为专用钻床加工系统示意图，它是用来加工零件的。需加工的零件为圆盘状零件，其中，均匀分布了 3 个大孔和 3 个小孔。钻床自动运行的初始状态为：两个钻头在最上位，上限位开关 I0.3 和 I0.5 为 ON。工作过程为：夹紧工件，大小钻头开始向下钻孔，至规定的深度后，钻头向上提升并等待，此时工件旋转 120° 后，开始加工第二对孔。当 3 对孔加工完后，松开工件，回到初始状态。钻孔的孔数用减计数器来控制，计数器设定初值为 3。试画出顺序功能图，并编写相应的梯形图程序。

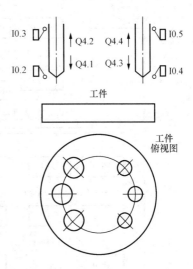

图 3-31　专用钻床加工系统示意图

专用钻床加工系统的变量表见表 3-6。

表 3-6　　　　　　　　　　**专用钻床加工系统的变量表**

PLC 输入地址	变量名	PLC 输出地址	变量名
I0.0	启动信号	Q4.0	夹紧执行
I0.1	T 件夹紧	Q4.1	大钻头钻孔
I0.2	大钻头下限位开关	Q4.2	大钻头上升
I0.3	大钻头上限位开关	Q4.3	小钻头钻孔
I0.4	小钻头下限位开关	Q4.4	小钻头上升
I0.5	小钻头上限位开关	Q4.5	转盘旋转
I0.6	转盘旋转到位	Q4.6	松开执行
I0.7	工作台松开		

分析：两个钻头向下钻孔和钻头提升的过程用并行序列来表示，在零件加工完毕之前，需要重复加工过程；在完成加工后，系统返回初始步。这个过程因为有分支，所以可以用选择序列来表示。专用钻床加工系统的顺序功能图如图 3-32 所示。

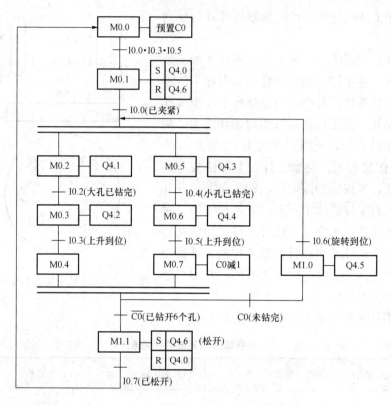

图 3-32　专用钻床加工系统的顺序功能图

钻床加工控制程序的梯形图程序如图 3-33 所示。钻床加工输出程序的梯形图程序如图 3-34 所示。

在大部分的生产流水线上，顺序控制占据主导地位。如果具有清晰的分析思路，解决问题将游刃有余。以上介绍了各种序列的程序翻译问题，那么如何进行程序调试呢？首先用户可以在仿真 PLC 中勾选代表起始步的存储位，将相关转换条件（起始步转换到第 1 步的条件）设置好后，观察起始步是否跳转到第 1 步。同理观察其他步的运行情况，是否与顺序功能图的步的转换相同；之后观察相应的动作是否实现。如果步的转换不正确，则在控制程序中查找问题，如果在动作执行中出错，则查找输出程序。注意是否存在多线圈问题。同样也可以建立变量表，列出相关步的存储位，列出相关输出动作，将起始步存储位修改成真，结合仿真 PLC，设置好每一步的转换条件，观察代表各步的存储位的变化情况，再观察相应的输出情况。由于有正确的顺序功能图，编程及调试将成为很容易的事情。

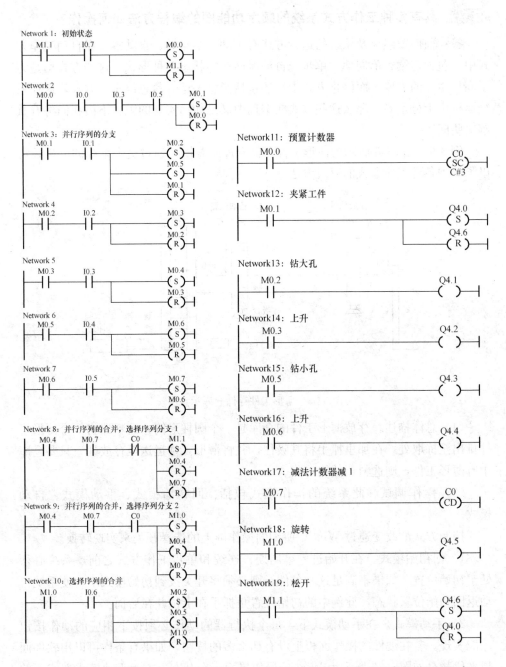

图 3-33　钻床加工控制程序的梯形图程序　　图 3-34　钻床加工输出程序的梯形图程序

问 30 **具有多种工作方式系统的顺序功能图的编程方法如何操作？**

答：前面曾经提及系统的运行方式有手动、半自动、自动等。在自动工作方式中又包含连续、单周期、单步、自动返回初始状态几种形式。这些方式均是为了满足生产的需要。而停止方式中，还包括紧急停运（紧急停车）方式，这在系统运行中十分重要。那么这些方式在编程中又是如何实现的呢？下面我们将着重解决些问题。

例 3-6 图 3-35 所示为薄形工件存储仓库示意图。通过这个系统的分析，可以了解到各种工作方式的解决方法。

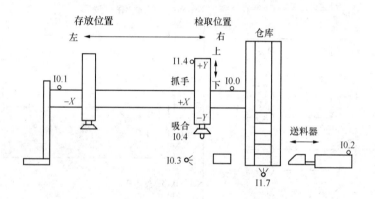

图 3-35 薄形工件存储仓库示意图

（1）总体描述。存放薄形工件的仓库是一个圆柱形筒，选料器将一个薄形工件排出至拣取处，在那里抓手将其吸住，并将薄形工件运送至存放处。只要仓库中有薄形工件，则选料器始终工作。

（2）操作调试。此系统的操作模式包括：回初始模式、手动模式、自动模式。

控制方式的改变通过 WinCC 所编的操作屏上的选择开关来实现转换。

1）回初始模式。在开始进入单周期、连续和单步工作方式之前，系统必须处于初始位置。如果不满足这一条件，则必须将开关拨到初始模式下，使系统自动返回初始位置状态，此例中的初始位置是抓手在上位并在后面。

2）手动模式。在手动模式下，每个执行器的动作必须按下相应的动作按钮才能实现。若在硬件的操作面板上没有那么多的按钮，如果有条件可以用软件面板来代替。如图 3-36 所示为 WinCC 操作界面。在其右上方为手动模式方式下的操作指示。如果出现错误操作，则执行器被锁定。如抓手不在上位，则抓手不能

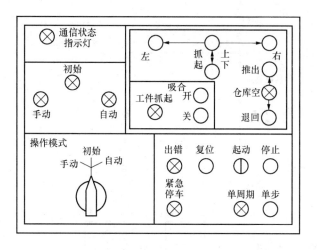

图 3-36 WinCC 操作界面

从左到右运动。这是为了安全和系统调试的需要。

在手动编程中，运用经验法就可以实现其功能，但在程序中必须加入联锁功能。例如，限位开关对运动的极限位置的限制；上行与下行、左行与右行之间的互锁。在转换到其他工作模式时，所有的手动操作必须复位。

3）自动模式。在自动模式下，程序自动循环，前提条件是各部件位置在其初始位置上。

自动模式下有单周期、单步和连续 3 种工作方式。这 3 种方式可用"连续"标志和"转换允许"标志来区分，这些标志以常开接点的方式串联在程序中。其中，"连续"标志区分单周期方式和连续工作方式；"转换允许"标志区分单步运行方式和连续自动运行方式。这 3 种运行方式的编程按照同一个顺序功能图来实现。

"转换允许"标志可以用存储位来表示，它主要是为了区分单步运行和连续运行两种工作模式。"转换允许"常开接点接在控制程序程序的每一步中，相当于每一步加了一个附加的转换条件。在一般情况下，状态为 0，条件不满足，不允许步与步之间的转换。如果状态为 1，则在满足转换条件的前提下置位后一步，复位前一步。系统向前步进一步。如图 3-37 所示为转换允许信号波形图。在连续和单步运行状态下，究竟需要什么样的"转换允许"标志信号呢？显然在连续运行模式下，"转换允许"标志必须在启动按钮按下之后，始终为高电平，如图 3-37（a）所示，直到停止按钮按下为止。而在单步运行模

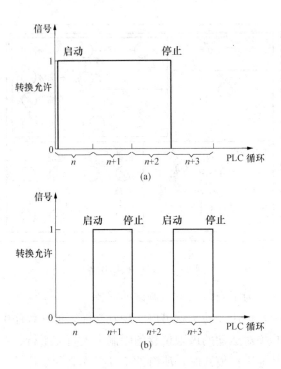

图 3-37　转换允许信号波形图

式下，"转换允许"标志必须为脉冲信号，如图 3-37（b）所示。在启动按钮按下的一个 PLC 扫描周期，"转换允许"为高电平，等启动按钮再次按下，则又有一个周期的高电平产生。这样通过不断地按动启动按钮，各个步之间就可以单步运行了。

在单周期运行状态下，按一次启动按钮，系统只工作一个周期，所以应该在程序中加入"连续标志"存储器位。当"连续标志"为 1 时，系统会不断地从最后一步返回到第 1 步，并连续反复地工作。而当"连续标志"为 0 时，系统返回并停留在初始步（第 0 步）。完成一个周期的工作，在顺序功能图中表现为选择序列的形式。

（3）系统分析及设计。下面将实现系统的功能，首先设定系统的初始状态为：抓手在右边，同时在上边，并且没有吸合薄形工件；仓库中有薄形工件，并且送料器在缩回状态，同时在拣取位置没有薄形工件。

表 3-7 所示为薄形工件存储仓库工作符号表。在进行设计之前需要建立符号表或者变量表。

表 3-7 薄形工件存储仓库工作符号表

设　备	功　能	输　入
B1.0	抓手在右边拣取位置	I0.0
B1.1	抓手在左边存储位置	I0.1
B3.1	送料器在缩回位置	I0.2
B3.2	薄形工件在被拾取的位置	I0.3
B4.1	薄形工件在吸合位置	I0.4
B5.1	抓手在上位	I1.4
B4.2	仓库不空	I1.7
S1.4	紧急停运按钮	I1.3
S1.1	手动按钮	I0.5
S1.2	同初始按钮	I0.6
S1.3	自动按钮	I0.7
S11	启动按钮	I1.1
S10	停止按钮	I1.2
S12	单步运行按钮	I1.5
S13	单周期运行按钮	I1.6
S20	向上按钮	I2.0
S21	向下按钮	I2.1
S22	向左按钮	I2.2
S23	向右按钮	I2.3
S24	吸合按钮	I2.4
S25	释放按钮	I2.5
S26	送料器前推按钮	I2.6
设备	功能	输出
Y1.1a	抓手向右拣取位置运动	Q4.0
Y1.1b	抓手向左存储位置运动	Q4.1
Y3	送料器向前运动	Q4.2
Y4	吸气	Q4.3
Y5	抓手向下运动	Q4.4

系统的工作过程如下：

1) 按下启动按钮时，送料器推出薄形工件。

2) 送料器撤回。

3）抓手向下运动，吸气（延时）。

4）抓手向上运动。

5）抓手向左运动。

6）抓手向下运动并放下薄形工件，放气（延时）。

7）抓手向上运动。

8）抓手向右运动。

9）回到初始状态。

由于程序结构较复杂，所以需要调用功能来实现。其中，功能 FC1 是公用程序，无需调用条件。在手动工作方式下，调用功能 FC2，调用条件是手动按钮 I0.5。在回初始工作方式下，调用功能 FC3，调用条件是 I0.6。同理在功能 FC4 中实现自动方式和单步运行方式，实现条件是单步运行按钮（I1.5）、单周期运行按钮（I1.6）和自动按钮（I0.7）的并联。在每一段中都加入紧急停运按钮，一旦发生紧急情况，系统无条件停机。主程序 OB1 如图 3-38 所示。

首先编写系统的初始化程序 OB100，如图 3-39 所示。在初始化程序中将初始位置加入到其中，设定初始步 M0.0。其中，“B1.0”为抓手在右面，“B5.1”

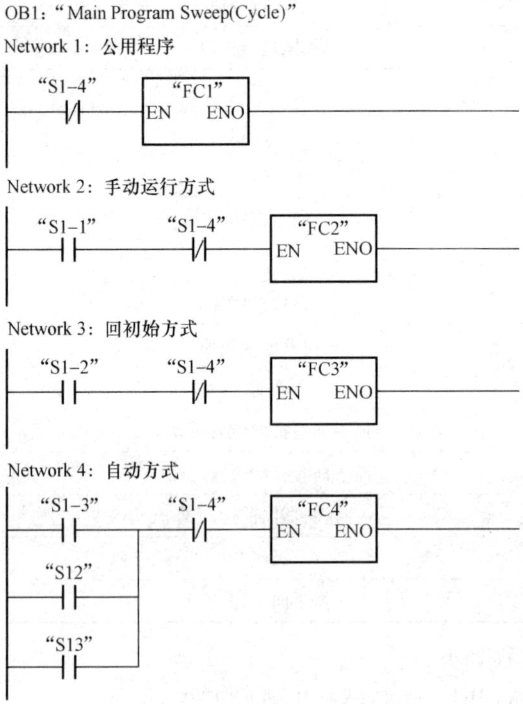
OB1：“Main Program Sweep(Cycle)”
Network 1：公用程序
“S1–4”
“FC1”
EN
ENO
Network 2：手动运行方式
“S1–1”
“S1–4”
“FC2”
EN
ENO
Network 3：回初始方式
“S1–2”
“S1–4”
“FC3”
EN
ENO
Network 4：自动方式
“S1–3”
“S1–4”
“FC4”
EN
ENO
“S12”
“S13”

图 3-38　主程序 OB1

为抓手在上位,"B3.2"为拣取位置没有薄形工件,"B4.2"为仓库中不空,"B3.1"为送料器在缩回位置。

在公用程序 FC1 中,主要实现一些功能,如系统工作在手动方式和回初始状态下,其处理和在 OB100 中的处理相同,设定初始状态及 M0.0。主要是因为用户在手动模式下运行系统,其中的

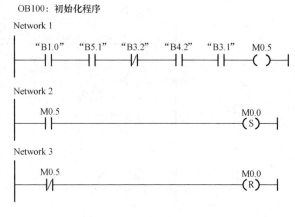

图 3-39 初始化程序 OB100

储存位可能会改变 M0.0 的状态,此时如果没有公用程序中的 M0.0 的设定,再返回自动运行模式,会出现系统无法运行的情况。另外,当系统从这两种状态转为自动运行后,为防止表示自动运行方式的存储位出现两个以上的活动步,需在此将存储位清零。公用程序 FC1 如图 3-40 所示。可见,公用程序起运行方式转变的过渡作用和保险作用。

手动程序 FC2 如图 3-41 所示。在 FC2,手动操作对应有抓手的上升

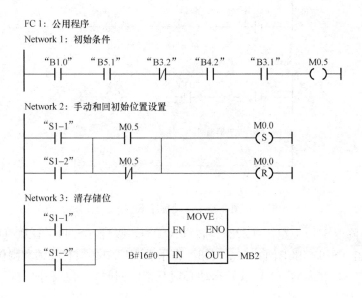

图 3-40 公用程序 FC1

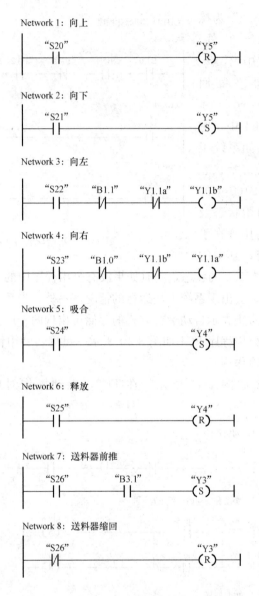

图 3-41　手动程序 FC2

（S20）、下降（S21）、左行（S22）、右行（S23）、吸合（S24）、释放（S25）、送料器的推出（S26）和退回共 8 个按钮。在手动程序中必须有互锁和限位。例如，向左（Y1.1a）和向右（Y1.1b）运动必须互锁。同时，向左和向右都有限位开关 B1.1 和 B1.0 进行限位。

在自动工作状态（包括自动、单步和单周期运行方式）下，考虑到连续运行状态和单步运行状态的不同，在两者的转换中加入"转换允许"存储器位 M0.4。在自动运行方式（S1-3）下，M0.4 在启动按钮（S11）按下后，始终为高电平。而在单步运行方式下（S12），M0.4 在启动按钮按下时，出现一个扫描周期的高电平，使程序从当前步向后一步运行。

在自动和单周期的转换中加入"连续标志"存储器位 M0.7。在连续标志 M0.7 为 1 时，程序连续自动运行，当 M0.7 为 0 时，程序只工作一个周期，在返回初始状态后停止工作。

当停止按钮（S10）按下时，将存储位清零。如图 3-42 所示为薄形工件系统的顺序功能程序。如图 3-43 所示为薄形工件系统的控制程序。如图3-44所示为薄形工件系统的输出程序。

回初始位置的程序 FC3 大同小异，包括：抓手若在左，则向右运动；抓手

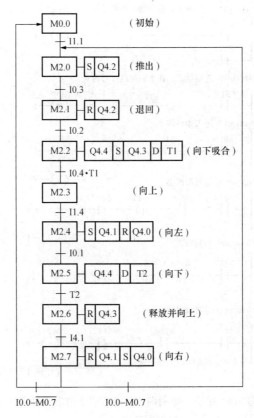

图 3-42　薄形工件系统顺序功能图

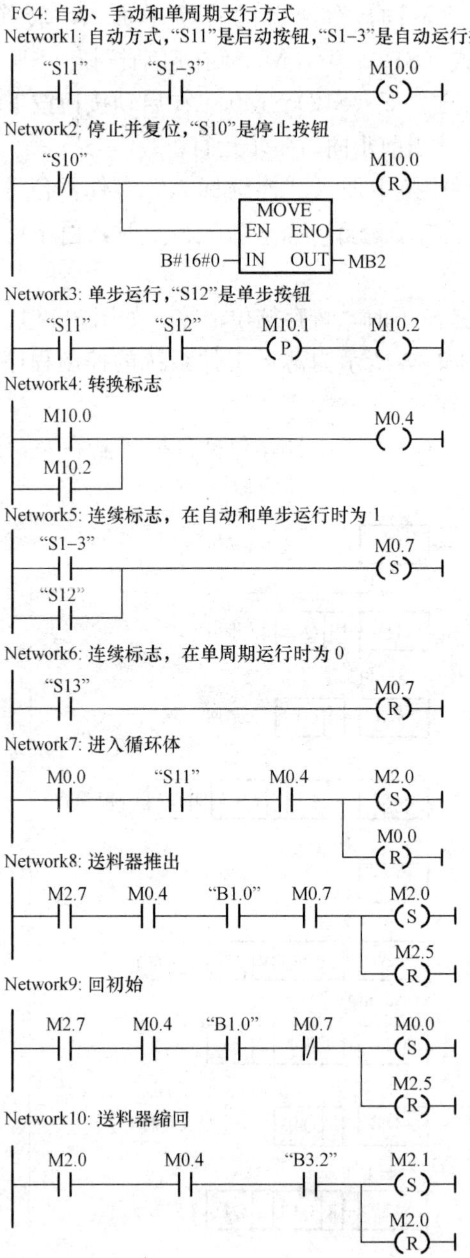

FC4: 自动、手动和单周期支行方式
Network1: 自动方式, "S11"是启动按钮, "S1-3"是自动运行按钮

```
    "S11"        "S1-3"                      M10.0
  ---| |---------| |-------------------------(S)---
```

Network2: 停止并复位, "S10"是停止按钮

```
    "S10"                                    M10.0
  ---|/|-----+---------------------------------(R)---
             |
             |         ┌──────────┐
             |         │  MOVE    │
             +---------┤EN    ENO├──
                       │          │
            B#16#0 ────┤IN    OUT├── MB2
                       └──────────┘
```

Network3: 单步运行, "S12"是单步按钮

```
    "S11"        "S12"       M10.1        M10.2
  ---| |---------| |---------(P)-----------( )---
```

Network4: 转换标志

```
    M10.0                                    M0.4
  ---| |-----+-------------------------------( )---
             |
    M10.2    |
  ---| |-----+
```

Network5: 连续标志, 在自动和单步运行时为 1

```
    "S1-3"                                   M0.7
  ---| |-----+-------------------------------(S)---
             |
    "S12"    |
  ---| |-----+
```

Network6: 连续标志, 在单周期运行时为 0

```
    "S13"                                    M0.7
  ---| |-------------------------------------(R)---
```

Network7: 进入循环体

```
    M0.0        "S11"       M0.4         M2.0
  ---| |---------| |---------| |-----+-----(S)---
                                     |
                                     |   M0.0
                                     +-----(R)---
```

Network8: 送料器推出

```
    M2.7    M0.4    "B1.0"   M0.7       M2.0
  ---| |-----| |-----| |------| |---+-----(S)---
                                    |
                                    |   M2.5
                                    +-----(R)---
```

Network9: 回初始

```
    M2.7    M0.4    "B1.0"   M0.7       M0.0
  ---| |-----| |-----| |------|/|---+-----(S)---
                                    |
                                    |   M2.5
                                    +-----(R)---
```

Network10: 送料器缩回

```
    M2.0        M0.4       "B3.2"      M2.1
  ---| |---------| |---------| |----+-----(S)---
                                    |
                                    |   M2.0
                                    +-----(R)---
```

图 3-43 单步、单周期、自动方式下薄形工件系统的
控制程序（一）

Network11: 抓手向下，吸合工作

```
   M2.1        M0.4       "B3.1"      M2.2
 ──┤├──────────┤├──────────┤├────────┬──( S )──
                                      │
                                      │   M2.1
                                      └──( R )──
```

Network12: 抓手向上

```
   M2.2        M0.4       "B4.1"        T1       M2.3
 ──┤├──────────┤├──────────┤├──────────┤├──────┬──( S )──
                                               │
                                               │  M2.2
                                               └──( R )──
```

Network13: 向左

```
   M2.3        M0.4       "B5.1"      M2.4
 ──┤├──────────┤├──────────┤├────────┬──( S )──
                                      │
                                      │   M2.3
                                      └──( R )──
```

Network14: 向下

```
   M2.4        M0.4       "B1.1"      M2.5
 ──┤├──────────┤├──────────┤├────────┬──( S )──
                                      │
                                      │   M2.4
                                      └──( R )──
```

Network15: 释放并向上

```
   M2.5        M0.4         T2        M2.6
 ──┤├──────────┤├──────────┤├────────┬──( S )──
                                      │
                                      │   M2.5
                                      └──( R )──
```

Network16: 向右

```
   M2.6        M0.4       "B5.1"      M2.7
 ──┤├──────────┤├──────────┤├────────┬──( S )──
                                      │
                                      │   M2.6
                                      └──( R )──
```

图 3-43　单步、单周期、自动方式下薄形工件系统的
控制程序（二）

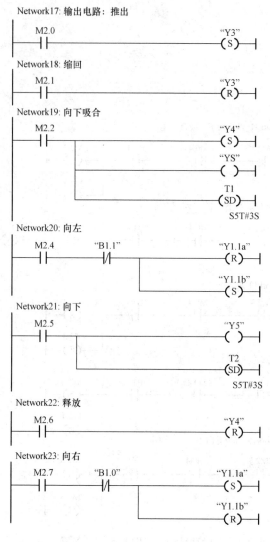

图 3-44　单步、单周期、自动方式下薄形工件
系统的输出程序

若在下，则向上运动；抓手若吸合工件，则放开工件；送料器若在推出位置，则撤回。该程序比较简单，自己可以尝试编写。

问 31　**MPS 工作站采用什么技术？包括哪些模块？**

答：德国 Festo 教学仪器制造厂生产的 MPS 工作站采用现代气动技术、传感器技术及 PLC 控制技术，对生产线进行了模块化及标准化设计，由标准化 MPS 气动元件组成大型的加工装配生产线。模块包括供料站、检测站、加工站、提取站和分类站等。模块间通过 PROFIBUS 现场总线（或光电传感器）互相通信。

问 32 **MPS 供料站包括几个模块？各模块的作用是什么？如何工作？**

答： 如图 3-45 所示为供料站组成。供料站共包括两个模块：堆放工件料仓模块、转换模块。

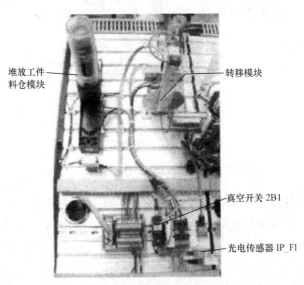

图 3-45 供料站组成

工件料仓桶中最多可以放入 8 个工件，每个工件由桶的上部开口处放入，桶内是否有工件由透光传感器 B4 来检测。双作用气缸推出最低部的工件至传输平台。推出气缸的位置由光电传感器 IB1、IB2 来探测。如图 3-46 所示为供料站传

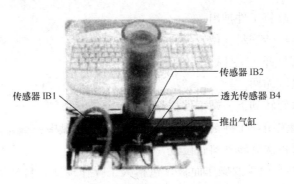

图 3-46 供料站的传感器的位置

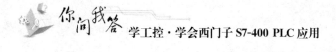

感器位置。如图 3-47 所示为供料站执行机构及传感器安装位置。

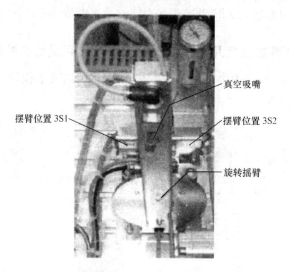

真空吸嘴

摆臂位置 3S1

摆臂位置 3S2

旋转摇臂

图 3-47   供料站执行机构及传感器安装位置

转换模块通过真空吸盘吸合被发捡出的工件。真空开关 2B1 检查工件是否被吸住。之后，由摆动气缸的传输臂将工件从堆放工件料仓 3S1 处转移到下一站的工件托盘 3S2 处。

初始状态：

（1）推出气缸在缩进位置。

（2）旋转臂在堆放工件料仓位置。

工作过程：

（1）如果料仓中有工件，并且启动按钮被按下时，旋转臂旋转到下一站工件托盘处。

（2）推出气缸将工件推出。

（3）旋转臂旋转到料仓位置。

（4）真空阀打开，工件被牢牢吸合。

（5）推出气缸缩回。

（6）旋转臂旋转到下一站工件托盘位置。

（7）真空阀关闭，工件被释放落在下一站工件托盘中。

（8）旋转臂再次旋转到料仓位置，如此循环。

MPS 工作站有简单的操作面板，包括人工操作模式、自动操作模式和回初始位置。用户还可以用 WinCC 设计自己的操作面板。

回初始位置模式：在开始任何自动循环之前，操作单元必须在其初始位置。

在单步执行模式，每按动启动按钮一下，操作单元单步执行动作一步。

人工操作模式：在人工操作模式下，每一个执行器必须通过按下相应动作按钮才能被激活，这样做是为了避免错误的操作。

自动操作模式：当操作单元位于初始状态下，按下启动按钮，系统开始自动循环扫描。当按下停止按钮时，自动循环扫描过程结束。

问 33 系统设计中，单步运行方式和连续运行方式的工作过程是什么？

答：在系统设计中，这里仅对自动模式下的单步运行方式和连续运行方式进行了分析。

首先，编程前先定义符号表，如图 3-48 所示为供料站符号表。

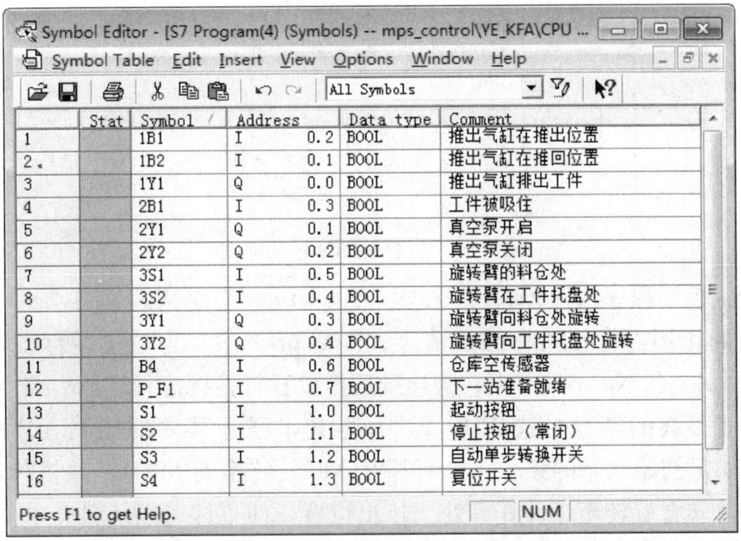

	Stat	Symbol	Address		Data type	Comment
1		1B1	I	0.2	BOOL	推出气缸在推出位置
2		1B2	I	0.1	BOOL	推出气缸在推回位置
3		1Y1	Q	0.0	BOOL	推出气缸排出工件
4		2B1	I	0.3	BOOL	工件被吸住
5		2Y1	Q	0.1	BOOL	真空泵开启
6		2Y2	Q	0.2	BOOL	真空泵关闭
7		3S1	I	0.5	BOOL	旋转臂的料仓处
8		3S2	I	0.4	BOOL	旋转臂在工件托盘处
9		3Y1	Q	0.3	BOOL	旋转臂向料仓处旋转
10		3Y2	Q	0.4	BOOL	旋转臂向工件托盘处旋转
11		B4	I	0.6	BOOL	仓库空传感器
12		P_F1	I	0.7	BOOL	下一站准备就绪
13		S1	I	1.0	BOOL	起动按钮
14		S2	I	1.1	BOOL	停止按钮（常闭）
15		S3	I	1.2	BOOL	自动单步转换开关
16		S4	I	1.3	BOOL	复位开关

图 3-48 供料站符号表

如图 3-49 所示为供料站的顺序功能图。从图 3-49 中可以看出，某些动作有时在两步甚至多步中出现，此时要注意输出程序的编写中必须避免多线圈的问题，即将相同动作的输出并联处理。或者在顺序功能图的绘制中将动作开始的步用置位语句将其置位，在动作结束的步中用复位语句将其复位。两种绘制方法均可。

编程时，将控制程序放在 FC1 程序中，而把输出程序放在 FC2 中。供料站控制程序如图 3-50 所示。供料站输出程序如图 3-51 所示。

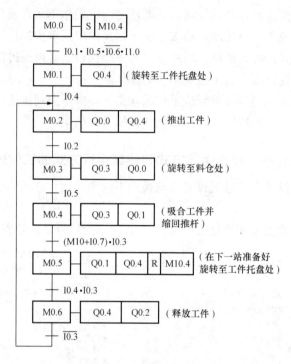

图 3-49　供料站的顺序功能图

说明：控制程序从 Network1 开始，到 Network2 结束。其中，Network1 为复位按钮的作用，将相关存储器清零；Network2 中，为单步运行设置转换标志；Network3 和 Network4 中，为连续运行设置转换标志；Network5 将两者合一，设置了最终的转换标志 M10.2，并将其串联于其后的控制程序中；Network6 在满足初始状态的条件下，程序从 M0.0 转换到 M0.1，并执行其相对应的动作；旋转臂旋转至工件托盘处（让出位置，使工件可以从料仓中推出）；后面程序，以此类推。注意：在程序的 Network10 中，当下一站准备好后（工件

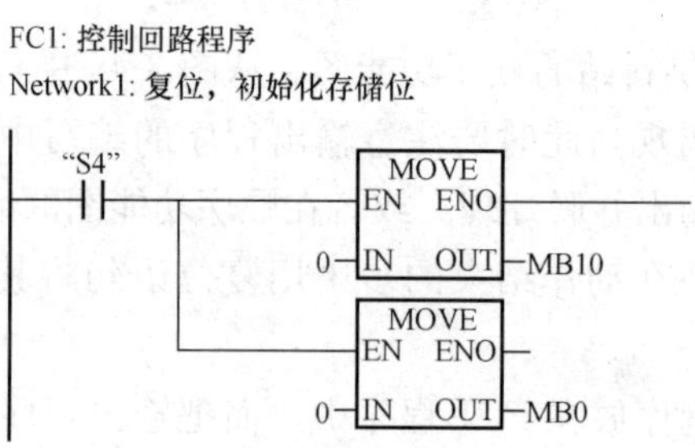

FC1：控制回路程序

Network1：复位，初始化存储位

图 3-50　供料站控制程序（一）

Network2: 单步运行模式

```
   "S3"      "S1"      M20.0     M10.0
────┤├────────┤├───────( P )──────( )────┤
```

Network3: 自动运行模式

```
   "S3"      "S1"                M10.1
────┤/├───────┤├───────────────( S )────┤
```

Network4: 停止

```
   "S2"                         M10.1
────┤/├────────────────────────( R )────┤
```

Network5: 设置转换标志

```
   M10.1                        M10.2
────┤├────────┬─────────────────( )─────┤
   M10.0      │
────┤├────────┘
```

Network6: 若在起始位置，则旋转至工件托盘处

```
   M10.2   M0.0   "1B2"  "3S1"  "B4"    M0.1
────┤├──────┤├─────┤├─────┤├─────┤/├───┬─( S )──┤
                                       │ M0.0
                                       └─( R )──┤
```

Network7: 推出工件

```
   M10.2   M0.1         "3S2"   M0.2
────┤├──────┤├───────────┤├───┬─( S )──┤
                              │ M0.1
                              └─( R )──┤
```

Network8: 旋转至料仓处

```
   M10.2   M0.2   "IB1"        M0.3
────┤├──────┤├─────┤├────────┬─( S )──┤
                            │ M0.2
                            └─( R )──┤
```

Network9: 吸合工件，推动活塞杆缩回

```
   M10.2   M0.3   "3S1"        M0.4
────┤├──────┤├─────┤├────────┬─( S )──┤
                            │ M0.3
                            └─( R )──┤
```

图 3-50　供料站控制程序（二）

173

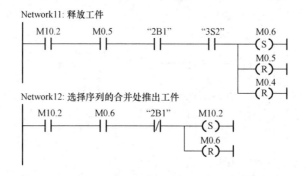

Network11: 释放工件

图 3-50　供料站控制程序（三）

托盘处没有工件），则旋转臂向工件托盘处转动。当工作站刚开始工作时，下一站准备好的信号没有产生，所以预先设置第一次通过信号 M10.4。在下一站正常工作，可以发送通信信号 I0.7 后，将其取消。注意：在下一站准备好后，下一站发出信号 Q1.7，本站 I0.7 接收此信号后，常闭触点接通。

输出程序的第 0 步，设置通过信号，当旋转臂携带工件旋转至工件托盘处，下一站可以工作时，在第 6 步取消通过信号。注意：前面提到的多线圈问题在输出程序的 Network2～Network5 中都存在，所以，必须并联处理，否则由于循环扫描的缘故，后面的程序会刷新前面的结果，导致程序出错。

为了程序的正常运行，在 OB100 中设置初始步为 M0.0。

问 34　检测站由几个模块组成？各模块的作用是什么？

答： 如图 3-52 所示为检测站的组成。检测站包括如下 5 个模块。

（1）识别模块。

（2）提升模块。

（3）测量模块。

（4）气垫滑动模块。

（5）滑动模块。

检测站决定工件的内部特性。检测站的传感器位置如图 3-53 所示。

识别模块通过两个具有数字输出的接近传感器来识别工件的颜色。这两个接近传感器，一个为电容传感器，另一个为光电传感器。其中，电容传感器 Part-AV 能检测到金属、红色和黑色工件（检测有无工件）；光电传感器能检测黑色工件。两个传感器同时工作可以检测出"黑"和"非黑"工件。

在工件被提升之前，反射式传感器监控工作区域的工件托盘是否是空的。

FC2: 输出电路程序

Network1: 第一次运行，设置通过信号

```
 M0.0                                    M10.4
──┤├──────────────────────────────────( S )──
```

Network2: 旋转臂向工件托盘处旋转

```
 M0.1           "3Y1"                    "3Y2"
──┤├────┬────────┤/├────────────────────( )──
        │
 M0.2   │
──┤├────┤
        │
 M0.5   │
──┤├────┤
        │
 M0.6   │
──┤├────┘
```

Network3: 推出活塞推出工件

```
 M0.2                                    "1Y1"
──┤├────┬────────────────────────────────( )──
        │
 M0.3   │
──┤├────┘
```

Network4: 旋转臂向料仓处旋转

```
 M0.3           "3Y2"                    "3Y1"
──┤├────┬────────┤/├────────────────────( )──
        │
 M0.4   │
──┤├────┘
```

Network5: 真空泵开启

```
 M0.4                                    "2Y1"
──┤├────┬────────────────────────────────( )──
        │
 M0.5   │
──┤├────┘
```

Network6: 真空泵关闭，关闭通过信号

```
 M0.6                                    "2Y2"
──┤├─────────────────────────────────────( )──
```

图 3-51 供料站输出程序

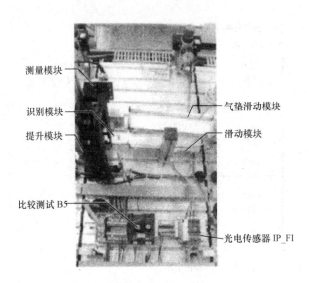

图 3-52　检测站的组成

图 3-53　检测站的传感器位置

来自识别模块的工件被提升模块提升到测量模块位置，使用的执行器是无推杆气缸。

无推杆气缸的位置由感应接近传感器 1B1 和 1B2 来检测，如图 3-54 所示。

推出气缸的位置由磁接近传感器 2B1 来检测。

测量模块包括测量工件高度的模拟传感器，模拟测量值可以通过模拟比值转换成数字量。它能测量工件的高度为 2.5mm，此时数字量输出为 1；低于 2.5mm，输出为 0。本系统的红色和金属工件具有 2.5mm 的高度，而黑色工件低于此高度。

测量之后，通过识别模块的活塞推出的红色和金属工件被输送到气垫滑动模块。而气垫滑动模块将工件传输到下一站。同样，通过识别模块的活塞推出的错误工件被输送到底部安装的滑动模块。这样合格的工件被挑选出来。

（1）开始条件：

1）工件在工件托盘中。

2）工作区是空的（旋转臂不在工件托盘处）。

（2）初始位置：

1）提升气缸在底部。

2）推出气缸在缩回位置。

3）气垫滑动模块在关闭状态。

（3）工作过程：

1）检测工件的颜色和材料。

2）提升气缸上升。

3）测量工件的高度。

（4）如果测试正确：

1）打开气垫滑动模块。

2）将推出气缸的活塞杆推出。

3）将推出气缸的活塞杆缩回。

4）关闭气垫滑动模块。

5）将提升气缸下降。

6）返回初始状态。

（5）如果测试失败：

1）将提升气缸下降。

2）将推出气缸的活塞杆推出。

3）将推出气缸的活塞杆缩回。

4）返回初始位置。

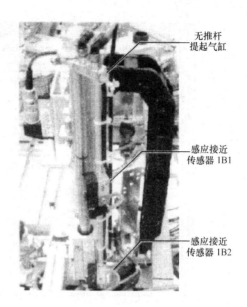

图 3-54　检测站的执行机构及传感器位置

（图中标注：无推杆提起气缸、感应接近传感器 1B1、感应接近传感器 1B2）

问 35　工作站设计的步骤是什么？

答： 在编程之前，首先编写符号表，检测站的符号表如图 3-55 所示。

按照工作过程绘制出检测站的顺序功能图，如图 3-56 所示。

将检测工件站控制程序放在 FC1 程序中，并把输出程序放在 FC2 中。检测站控制方式设定的梯形图程序如图 3-57 所示。检测站的控制程序如图 3-58 所示。检测站的输出程序如图 3-59 所示。

	Stat	Symbol	Address		Data type	Comment
1		1B1	I	0.4	BOOL	提升气缸在高位
2		1B2	I	0.5	BOOL	提升气缸在低位
3		1Y1	Q	0.0	BOOL	提升气缸下降
4		1Y2	Q	0.1	BOOL	提升气缸升起
5		2B1	I	0.6	BOOL	推出气缸在缩回位置
6		2Y1	Q	0.2	BOOL	推出气缸的活推出塞杆
7		3Y1	Q	0.3	BOOL	气垫滑动打开
8		B2	I	0.1	BOOL	测试工件
9		B4	I	0.2	BOOL	检测旋转臂是否工件容纳器，空为1
1		B5	I	0.3	BOOL	工件高度正确
1		P_F	I	0.7	BOOL	下一站准备就绪
1		P_N_FO	Q	0.7	BOOL	本站就绪
1		Port_AV	I	0.0	BOOL	工件检测
1		S1	I	1.0	BOOL	起动按钮
1		S2	I	1.1	BOOL	停止按钮
1		S3	I	1.2	BOOL	自动单步按钮
1		S4	I	1.3	BOOL	复位按钮

图 3-55　检测站的符号表

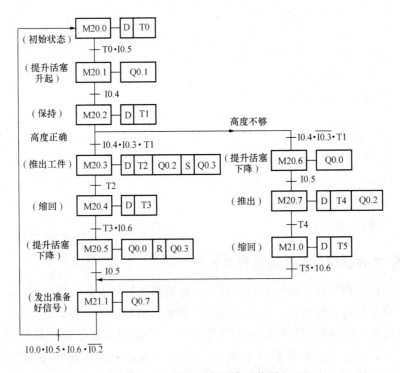

图 3-56　检测站的顺序功能图

FC1: 控制电路程序

Nerwork1: 复位，初始化存储位

```
 "S4"                        MOVE
──┤├──┬──────────────────┤EN   ENO├────────
      │                   │          │
      │               0 ──┤IN    OUT├── MB20
      │                   
      │                    MOVE
      └──────────────────┤EN   ENO├
                         │          │
                     0 ──┤IN    OUT├── MB10
```

Nerwork2: 单步工作方式

```
    "S3"        "S1"       M22.0      M10.0
──────┤├──────────┤├───────(P)────────( )──────
```

Nerwork3: 自动工作方式

```
    "S3"        "S1"                  MI0.1
──────┤/├──────────┤├───────────────────(S)──────
```

Nerwork4: 停止

```
    "S2"                              MI0.1
──────┤/├───────────────────────────────(R)──────
```

Nerwork5: 在单步和自动方式下，设置转换标志 M10.2

```
    M10.0                             MI0.2
──────┤├──┬──────────────────────────────( )──────
          │
    M10.1 │
──────┤├──┘
```

图 3-57　检测站控制方式设定的梯形图程序

179

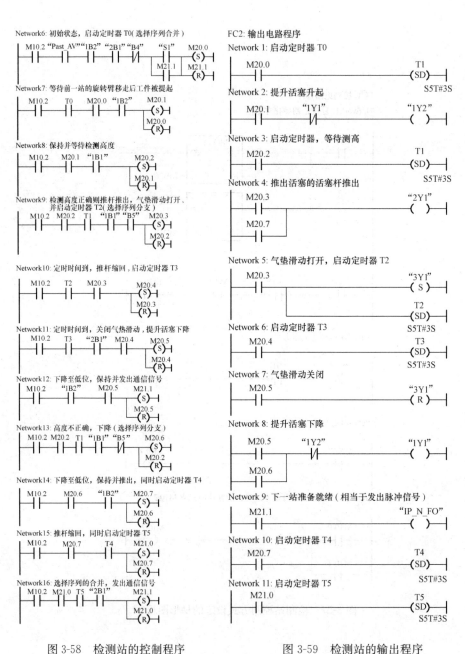

图 3-58　检测站的控制程序　　　　图 3-59　检测站的输出程序

在两站的编程中关键是两个站之间的通信，当站 2 的提升气缸在低位时，工件托盘在低位，处于可以容纳工件的位置。此时发送脉冲信号 IP-N-FO 给站 1，这样站 1 接收到这个信号（站 2 发输出信号 IP-N-FO，站 1 接收信号 IP-FI）后，等待在料仓处的旋转臂开始吸着工件旋转，到工件托盘处放下工件（如果不这样做，结果是提升气缸空着上升）。之后站 1 的旋转臂开始往料仓处旋转。旋转需要一定的时间，所以在站 2 的起始位置启动定时器 T0，等待旋转臂的旋转，旋转结束后，站 2 检测到工件，返回到初始状态，延时后，提升气缸才开始带动工件托盘上升。

编程中还需注意几点细节：

（1）站 2 的提升气缸在低位和高位处需停止，否则，如果一直给提升气缸加信号，会出现提升气缸在高位时，冲顶上部的传感器，进而使提升气缸出现故障，磁耦合脱落。

（2）在开始工作时，站 1 开始的动作是旋转臂旋转到工件托盘处，这样，料仓处的气缸才可能推出工件。而站 2 的初始工作条件是旋转臂不在工件托盘所在的工作区，那么两者如何协调呢？因为站 1 开始工作时，站 2 并不能立即开始工作，因工件托盘里没有工件，所以，两个站的启动时间并不相同，因此实际上并不需要两个站在时间上进行协调。

MPS 工作站还有其他工作站，如加工、提取和分类站等构成装配生产线。其他站的工作大同小异，这里不再赘述。

问 36　GRAPH 编程的特点是什么？

答：STEP7 V5.4 以上的版本均带有 S7GRAPH 编程语言，适用于 SIMATIC 400、C7 和 WinAC，其特点是以图形方式，快速准确地组织和编写 PLC 系统的顺序控制程序。即之前介绍的顺序功能图绘制好之后还需要翻译成梯形图或功能块图，而这种方法直接用非常近似的图形化编程语言实现，直观明了。

问 37　顺序控制程序结构包括几个部分？

答：顺序功能图需要 3 个块：调用 S7 GRAPH 的块、S7 GRAPH FB 块（描述顺序控制的块）和 S7 GRAPH FB 的背景数据块。其包含的分支数越多，则执行的时间越长，分支数的多少和 CPU 的类型有关。

问 38　顺序控制器的工具条中各按钮的含义是什么？

答：顺序控制器的工具条中各按钮的含义如图 3-60 所示。

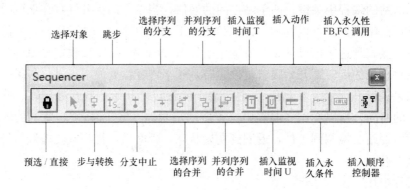

图 3-60   顺序控制器的工具条中各按钮的含义

问 39 顺序控制的常用动作指令包括哪些？

答：如前所述，顺序控制的常用动作有保持型和非保持型两大类型，此外还包括时间调用的方式、块的调用方式等，具体见表 3-8。

表 3-8　　　　　　　　　　　　顺序控制的标准动作

动作指令	地址标识符	注　　　释
N	I、Q、M、D	步处于活动状态，地址置为 1，不保持
S	I、Q、M、D	步处于活动状态，地址置为 1，保持
R	I、Q、M、D	步处于活动状态，地址置为 0，保持
D	I、Q、M、D T#（const）	步处于活动状态并延时时间 T#（const）后，若步仍为活动步，则动作为 1，不活动则为 0
L	I、Q、M、D T#（const）	步处于活动状态，在脉冲时间 T#（const）内，若步仍为活动步，则动作为 1，不活动则为 0
CALL	FB、FC、SFB、SFC	步处于活动状态，指定块被调用

问 40 S7 GRAPH 的步进计数器包括哪些？

答：S7 GRAPH 的步进计数器见表 3-9，动作中的计数器依赖于事件。计数器可以具有互锁功能。对于具有互锁功能的计数器，只有在互锁条件满足和事件发生时，动作中的计数器才会计数。对于无互锁功能的计数器，则事件发生时，动作中的计数器才会自动计数。

表 3-9   **S7 GRAPH 中的步进计数器**

事件	指令	地址标识符	数据位	注释
S1、S0、L1、L0、V1、V0、A1、R1	CS[C]	C <initial counter value>	X	设置：事件一出现[并且自锁条件满足]，设定的计数值就装载到该计数器
S1、S0、L1、L0、V1、V0、A1、R1	CU[C]			初始的计数值
S1、S0、L1、L0、V1、V0、A1、R1	CD[C]	C	X	增计数：事件一出现[并且"自锁"条件满足]，计数值增加 1
S1、S0、L1、L0、V1、V0、A1、R1	CN[C]	C	X	减计数：事件一出现[并且"自锁"条件满足]，计数值减 1
S1、S0、L1、L0、V1、V0、A1、R1	CR[C]	C	X	复位：事件一出现[并且"自锁"条件满足]，计数值复位为 0

表 3-9 中，[ ] 表示可选择带互锁功能；X 表示计数器序号；X 的范围是 0~999。所有计数功能包括设置计数值，即需要一个初始的计数值，初始的计数值通过下面的类型来设置。

计数的初始值：IW、QW、DBW、DIW 等。

计数器变量：C0~C999。

问 41   S7 GRAPH FB 的基本参数集包括哪些？

答：在 S7 GRAPH 程序编辑器中，执行菜单命令 "Options/Block Settings"，可以在 "Compile/Save" 选项中的 "FB Parameters" 区中进行选择。其中，S7 GRAPH FB 基本的输入参数见表 3-10，输出参数见表 3-11。

表 3-10   **S7 GRAPH FB 的基本输入参数**

参数	数据类型	参数说明
EN	BOOL	使能输入，控制 FB 的执行
OFF_SQ	BOOL	关闭顺序控制器，使所有步变成不活动步
INIT_SQ	BOOL	激活初始步，复位顺序控制器
ACK_EF	BOOL	确认错误和故障，强制切换到下一步
SW_AUTO	BOOL	切换到自动模式
SW_MAN	BOOL	切换到手动模式
SW_TAP	BOOL	切换到单步模式
T_PUSH	BOOL	在其上升沿时，开始控制

表 3-11 S7 GRAPH FB 的基本输出参数

参数	数据类型	参数说明
ENO	BOOL	使能输出，执行 FB 没有错误则为 1，否则为 0
ERR_FLT	BOOL	有故障
AUTO_ON	BOOL	指示自动模式
TAP_ON	BOOL	指示半自动模式
MAN_ON	BOOL	指示手动模式

问 42 **S7 GRAPH** 的编程步骤是什么？

答： 下面以一个控制实例说明 S7 GRAPH 的编程步骤。

例 3-7 试设计电动机启动控制系统，要求按下按钮 I0.0 一次，第一台电动机 Q0.0 启动；再次按下按钮，第 2 台电动机 Q0.1 启动；第 3 次按下按钮时，第 3 台电动机 Q0.3 启动；之后，按钮第 4 次按下时，3 台电动机同时停止。然后依次循环。

（1）建立项目，插入 S7 程序。

（2）单击块，插入新对象/功能块，选择语言为 GRAPH，如图 3-61 所示。

（3）双击功能块 FB1，打开顺序功能图编辑器，如图 3-62 所示。

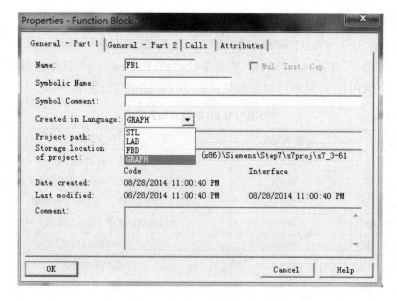

图 3-61 功能块语言选择

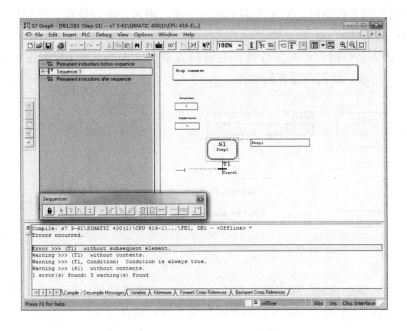

图 3-62 顺序功能图编辑器

（4）编写顺序控制程序。

1）插入条件时，单击条件处，右键插入需要的逻辑关系（与、或、比较器）（或者单击快捷按钮，如图 3-63 所示。如果为一个逻辑条件则简单插入"与"或

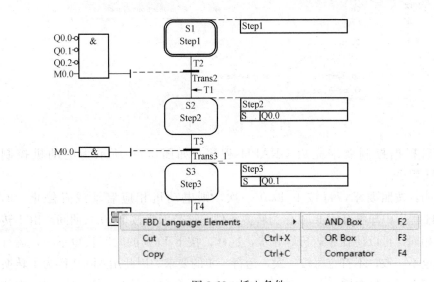

图 3-63 插入条件

185

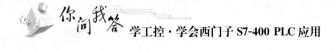

者是"或"的关系即可,如果为多个逻辑关系,还可以添加管角、反相门,之后输入相应的条件)。

2)插入动作时,单击条件处,右键插入动作(Action)(或者按快捷键),如图 3-64 所示,输入所需要的动作。

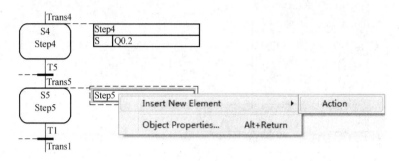

图 3-64　插入动作

3)插入新的步时,单击最下方的 Trans5,右键选择插入新的步(或者按快捷键),如图 3-65 所示。还可以根据需要插入跳转或者分支。

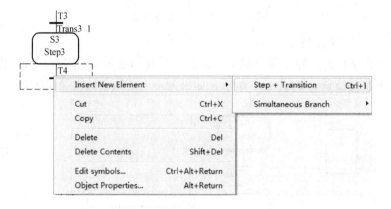

图 3-65　插入新的步

之后根据控制要求完成 GRAPH 程序。如图 3-66 所示为电动机控制 GRAPH 程序。

说明:按照要求,每按下 I0.0 一次,则电动机相应启动或者停止,而 GRAPH 程序中却没有用 I0.0 作为转换条件,这是因为按下 I0.0 期间,由于转换条件相同,可以使程序运行好几步,这样,按下 I0.0 的时间长短不一,运行的步数也不一致,不符合每按一次,运行一步的要求。因此用 M0.0 作为了转换条件,而 M0.0 是在按下 I0.0 按钮后,只导通一个扫描周期(体现在 OB1 中的

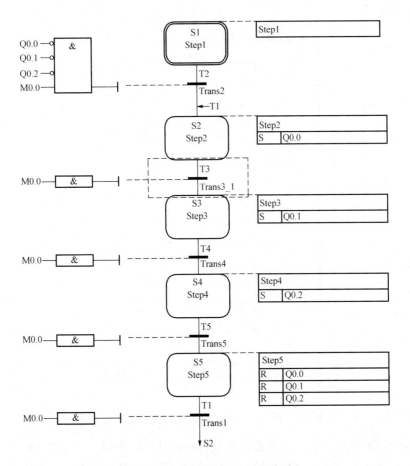

图 3-66　电动机控制 GRAPH 程序

Network2)，确保 GRAPH 程序每次按下 I0.0 只运行一步，程序中包含动作指令 S 和 R。

（5）保存 FB1，经过 FB1 的自动编译后，无错误，则系统自动生成 FC72 和 SFC64 功能。

（6）双击 OB1，调用 FB1。OB1 程序如图 3-67 所示。

（7）打开模拟仿真器 PLCSIM，CPU 置于 RUN-P 状态，下载所有程序。

（8）在 FB1 功能模块中，单击监控按钮，调试程序如图 3-68 所示。调试时需要仿真 PLC 的配合。

例 3-8　前述的 FEST0 MPS 检测站的工作过程为：检测工件的颜色和材料—提升气缸上升—测量工件的高度。如果测试正确：打开气垫滑动模块—将推出气缸的活塞杆推出—将推出气缸的活塞杆缩回—关闭气垫滑动模块—将提升气

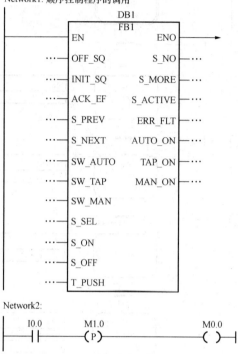

OB1:"主程序"

Network1: 顺序控制程序的调用

Network2:

图 3-67　电动机控制 OB1 程序

缸下降—返回初始状态。如果测试失败：将提升气缸下降—将推出气缸的活塞杆推出—将推出气缸的活塞杆缩回—返回初始位置。其初始状态为：工件在工件托盘中；工作区是空的（旋转臂不在工件托盘处）；提升气缸在底部；推出气缸在缩回位置；气垫滑动模块在关闭状态。下面用 GRAPH 语言来实现。

检测站的符号表如图 3-69 所示。

检测站程序中，实现自动运行和复位操作的程序块分别为 FB2 和 FB1，用 GRAPH 编写。其自动运行程序 FB2 如图 3-70 所示。

说明：GRAPH 程序中有选择序列，还包含了延时动作指令。当选择序列和并行序列在分支和合并处难以实现时（没有合适的分支或者合并位置），则加个空步可以解决。

复位程序如图 3-71 所示。主程序 OB1 如图 3-72 所示。

S7 GRAPH 以图形化方式清晰表明了控制的过程，功能强大，可以实现多种运行方式，并且其调试方便，便于掌握。

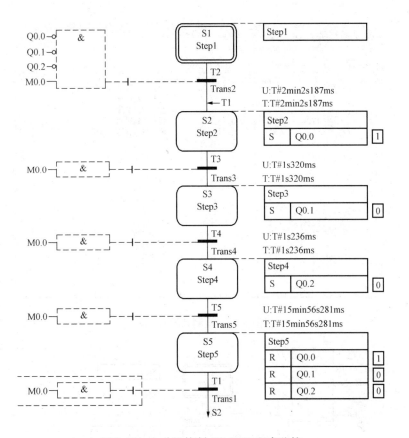

图 3-68　电动机控制 GRAPH 程序监控

问 43　状态图的功能是什么?

答:状态图是与顺序功能图的分析法比较相似的另一种有效的编程方法,但应用的侧重点不同,顺序功能图侧重于顺序控制过程,而状态图侧重于异步的非顺序过程。状态图能通过状态和状态间的转换来描述设备装置的功能元素或者系统的工作过程。典型的状态图注解图如图 3-73 所示。

问 44　状态图的要素是什么?

答:状态图包含 3 个要素:状态(圆形表示)、转换条件、转换方向(带箭头的直线)。只要当前状态是在状态 1 位置,同时满足转换条件 K13,图 3-73 中的状态 1 就可以转换到状态 3,其中的箭头表示转换的方向。

Symbol Editor - [S7 Program(4) (Symbols) -- mps_control\YE_KFA\CPU 4...

Symbol Table　Edit　Insert　View　Options　Window　Help

All Symbols

	Stat	Symbol /	Address		Data type	Comment
1		1B1	I	0.4	BOOL	提升气缸在高位
2		1B2	I	0.5	BOOL	提升气缸在低位
3		1Y1	Q	0.0	BOOL	提升气缸下降
4		1Y2	Q	0.1	BOOL	提升气缸升起
5		2B1	I	0.6	BOOL	推出气缸在缩回位置
6		2Y1	Q	0.2	BOOL	推出气缸的活推出塞杆
7		3Y1	Q	0.3	BOOL	气垫滑动打开
8		B2	I	0.1	BOOL	测试工件
9		B4	I	0.2	BOOL	检测旋转臂是否工件容纳器，空为1
1		B5	I	0.3	BOOL	工件高度正确
1		P_F	I	0.7	BOOL	下一站准备就绪
1		P_N_FO	Q	0.7	BOOL	本站就绪
1		Port_AV	I	0.0	BOOL	工件检测
1		S1	I	1.0	BOOL	启动按钮
1		S2	I	1.1	BOOL	停止按钮
1		S3	I	1.2	BOOL	自动单步按钮
1		S4	I	1.3	BOOL	复位按钮

Press F1 to get Help.　　　　NUM

图 3-69　检测站的符号表

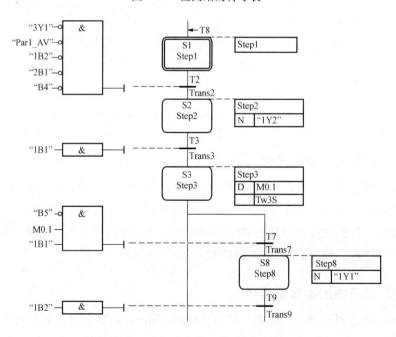

图 3-70　检测站自动运行程序 FB2（一）

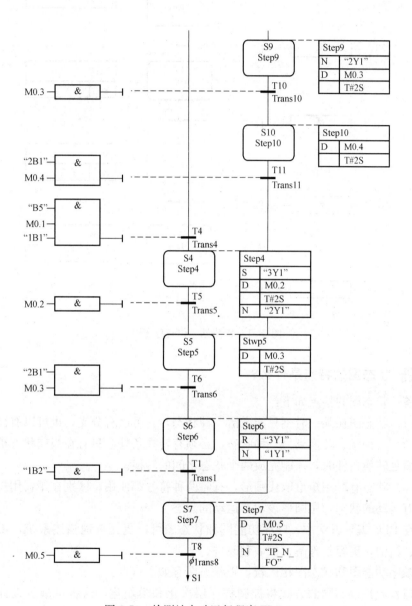

图 3-70　检测站自动运行程序 FB2（二）

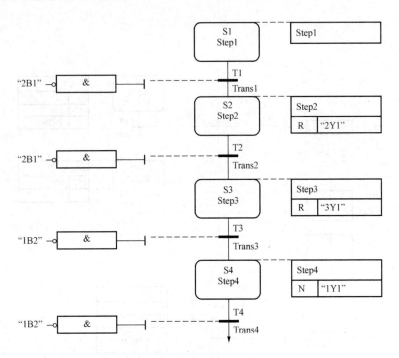

图 3-71 检测站复位程序 FB1

问 45 状态图的特点是什么？

答：状态图的特点如下：

（1）状态图在某一时刻只能激活一种状态，它可以有分支，也可以有循环。

（2）一种状态转换到另一种状态，必须有转换条件。只有在当前状态被激活同时满足转换条件时，才能完成两个状态之间的转换。

（3）状态有时用矩形取代圆形，有时两种符号都使用，区别在于：用矩形表示没有运动的状态，用圆形表示有运动的状态。

在 PLC 编程方法中，顺序功能图和状态图可以更完善地描述系统，说明更清晰、简洁，更容易理解、扩展和改进。

顺序功能图和状态图相比较，则状态图有如下特点：

（1）允许以不同的方式将控制程序层次化和模块化，这将可减少设计的复杂性。

（2）允许分支和循环，这一点在顺序功能图中实现会比较复杂。

（3）因为建立了相关元件及任务的状态模型，所以更加容易理解。

（4）允许包含错误监控。

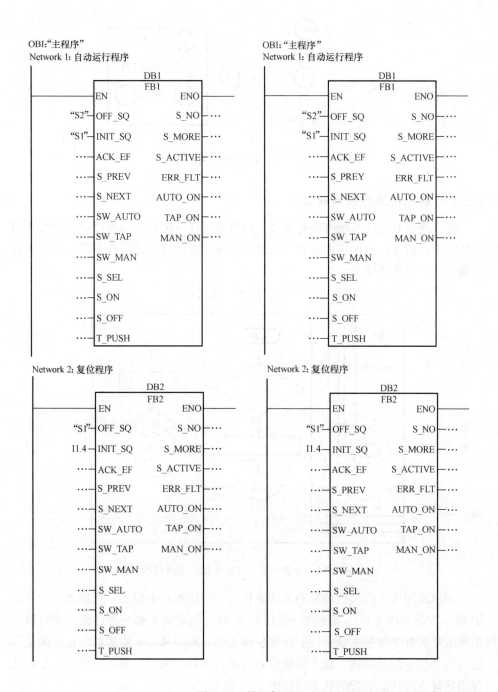

图 3-72 主程序 OB1

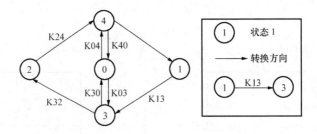

图 3-73　状态图注解图

问 46　基础状态图如何建立？

答： 建立基础状态图有两种方式。可以通过任务描述（功能图或流程图）建立状态图，还可以根据物理装置特点建立功能元素的真实模型状态图（每个执行机构都可以看做功能元素）。

如图 3-74 所示为功能元素（气缸装置）及流程图。

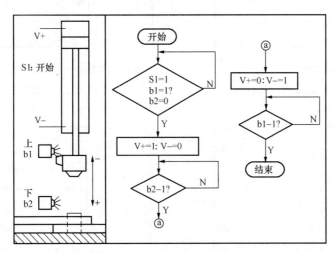

图 3-74　功能元素（气缸装置）及流程图

用原理图描述的气缸装置的工作流程为：当活塞在上位置，且碰到行程开关 b1 时，则活塞向下移；当碰到行程开关 b2 时，活塞向上移。通过流程图可以看出气缸装置有 3 种基本状态：上位置、向上移、向下移。3 种基本状态在满足一定转换条件下构成回环，加上初始位置（进入回环的入口）共 4 个状态。根据任务描述建立的气缸装置的状态图如图 3-75 所示。

根据物理装置的特点分析可知，气缸装置有 4 种基本状态：上位置、下位置、向上移和向下移，加上初始位置共 5 个状态。根据物理装置特点建立的气缸装置的状态图如图 3-76 所示。

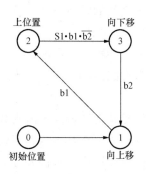

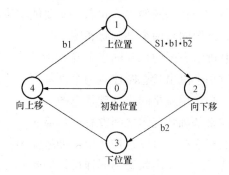

图 3-75　根据任务描述建立的
　　　　　气缸装置的状态图

图 3-76　根据物理装置特点建立的气缸
　　　　　装置的状态图

物理建模的优点是：当对功能元素进行真实行为的建模时，很容易对控制任务进行修改和扩展。

问 47　流出状态图如何建立？

答：液压钻孔装置如图 3-77 所示。按照图中所示，将两个气缸装置构成一套钻孔单元，使用其中一个气缸装置夹紧工件，另一个气缸装置进给钻孔。现在的问题是如何建立系统状态图以及如何利用状态图完成控制任务。

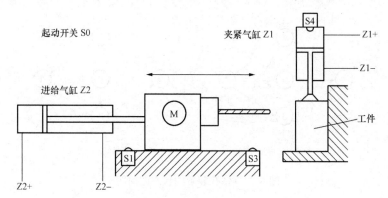

图 3-77　液压钻孔装置

液压钻孔系统包括两个气缸装置，而在之前已经建立了气缸装置的模型，这样，系统包含两个基础状态图，且每个状态图表示一个气缸装置。因为这两个基本状态图是独立的，所以需要协调（同步）两者以达到期望的钻孔功能，流出状态图就起到这个作用。它可以通过用带点画线的箭头从一个状态图的某一状态转换到另一个状态图的另一状态。只要能够决定状态图之间的转换条件，就可以用流出状态图同步两个基础状态图。

基础状态图的相互同步主要利用了状态图可以分支的特点。借助这一特点可以通过一个流出状态图建立两个（甚至多个）基础状态图的相互连接。流出状态图的主要作用就是同步基础状态图。

如果基础状态图之间没有同步箭头，可以利用流出状态图将同步箭头和基础状态图相连接。可以这样比拟：如果流出状态图是树根，那么基础状态图就是树干。通过一个流出状态图同样可以同步几个流出状态图，这样可以扩展分支，使其枝繁叶茂。

通过上述方法，可以扩展分支，同时可以将控制结构模块化，这样可以减少任务的复杂性。

在上述的液压钻孔装置中，可以通过一个流出状态图同步两个基础状态图。钻孔装置的状态图简图如图 3-78 所示。

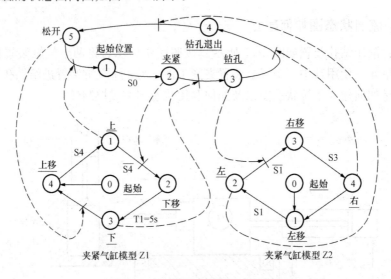

图 3-78　钻孔装置的状态图简图

分析：从图 3-78 中可以看出，为完成系统钻孔任务，流出状态图包括 5 个状态：起始位置、夹紧、钻孔、钻孔退出和松开。在流出状态图的起始位置，夹紧气缸在上位（此时进给气缸在左边），虚线箭头从夹紧气缸基础状态图指向流出状态图，表示夹紧气缸的位置。在启动开关（S0）闭合时，流出状态图到夹紧状态，此时夹紧活塞下移，可以看到虚线箭头从流出状态图指向夹紧基础状态图，满足夹紧活塞从上位向下降的条件。夹活塞至下位时，延时 5s，确保夹紧后，满足从夹紧到钻孔的条件，流出状态图处于钻孔状态，此时电动机开始工作，对工件钻孔。同样有虚线箭头从进给气缸模型指向流出状态图。以此类推，这样流出状态图到基础状态图，夹紧状态图和进给状态实现了同步。与此同时，夹紧气缸和进给气缸这两个基础状态图之间没有联系，并独立工作。

问 48 如何建立系统状态图？

答：在分析问题时，运用了流出状态图和基础状态图，那么在编程时，如何方便地利用状态图呢？我们知道在顺序功能图中有转换条件、步以及动作 3 个要素，同样在状态图中，也需要完善这些要素。在上述的钻孔装置中，由于流出状态图包含了夹紧气缸模型和进给气缸模型的动作，所以在进行系统设计时，只需要进行流出状态图的完善即可（将夹紧气缸和进给气缸的动作包含在其中）。完善后（包括转换条件、对应动作）的钻孔装置的状态图如图 3-79 所示。其中，状态图中的动作用 S 表示置位，R 表示复位，Start Tn 表示启动定时器 Tn。

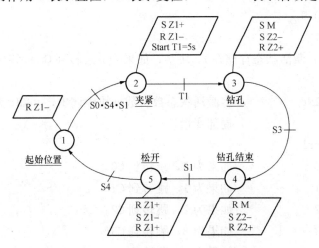

图 3-79　完善后的钻孔装置状态图

分析：由图 3-78 中可以看出，流出状态图中添加了转换条件，同时还添加了每个状态所执行的动作。例如，状态 1（起始位置）表示电动机是停止状态（R M），夹紧气缸在上位（R Z1+），进给气缸在左边（R Z2+）；状态 2（夹紧）表示夹紧气缸在下位（S Z1＋，R Z1－），为保证夹紧，进行了延时，其余状态以此类推。注意：在状态 3 中，为了钻孔，电动机带动钻头转动（S M），

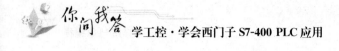

在钻孔结束后的状态 4 中电动机停止（R M）。

状态图同样适合错误监控，可以通过出错状态和转换延伸系统控制图，或者扩展另一个状态图来执行监控。

问 49　如何实现状态图的程序？

答：状态图的实现最好在功能块 FB 中进行。因为功能块带背景数据块，它可以存储状态图中的激活状态数，当然也可以用一个全局存储器字作为存储激活的状态数。为了防止因偶然因素而覆盖状态数，选择背景数据块则更为保险，这就是使用功能块 FB 实现状态图的原因。

由于状态图适合于异步非顺序过程的描述，其中可能有许多分支和跳转，所以用 STL 编程更为适合。

利用 STL 建立钻孔装置状态图的程序如下：

DB4：钻孔装置 STL 程序

Network1：循环执行部分

```
    L   S5T＃5S      //为夹紧工件，定时器 T1 延时 5s
    A   MI0.0
    SD  T1
```

Network2：激活状态存储在 DB 块莖，如果为 n 跳转到 Cn 标签处（为转换状态使用）

```
    L   ＃ZNr      //将激活状态数从数据块中调出，＃ZNr 为定义的静态
                         局部变量

    JL  Err1
    JU  C0        //如果为 0，跳转到 C0
    JU  C1        //如果为 1，跳转到 C1
    JU  C2        //如果为 2，跳转到 C2
    JU  C3        //如果为 3，跳转到 C3
    JU  C4        //如果为 4，跳转到 C4
    JU  C5        //如果为 5，跳转到 C5
    Err1：BEU      //超出范围，则停止
```

Network3：转换部分

```
    C0：JU    S1
        BEU
    C1：A      "S0"
```

```
        A      "S4"
        A      "S1"
        JC     S2     //从状态 1 转换到状态 2
        BEU
C2：A      T1
        JC     S3     //从状态 2 转换到状态 3
        BEU
C3：A      "S3"
        JC     S4     //从状态 3 转换到状态 4
        BEU
C4：A      "S1"
        JC     S5     //从状态 4 转换到状态 5
        BEU
C5：A      "S4"
        JC     S1     //从状态 5 转换到状态 1
```

Network4：存储新状态，并跳转到新状态标签 Bn（执行动作）

```
S1：L      1
        JU     CS
S2：L      2
        JU     CS
S3：L      3
        JU     CS
S4：L      4
        JU     CS
S5：L      5
        JU     CS
        BEU
CS：T      ♯ZNr   //存储状态数
        JL     Fauz
        JU     B0     //如果为 0，则跳转到 B0
        JU     B1     //如果为 1，则跳转到 B1
        JU     B2     //如果为 2，则跳转到 B2
        JU     B3     //如果为 3，则跳转到 B3
```

```
    JU      B4      //如果为 4，则跳转到 B4
    JU      B5      //如果为 5，则跳转到 B5
    Fauz：BEU       //超出范围，则停止
```

Network5：状态对应的动作

```
    B0：BEU
    B1：SET
        R               "Z1 −"//夹紧活塞在上位，则停止夹紧气缸的运动
        R               M10.0
        BEU
    B2：SET
        S               "Z1 +"//夹紧气缸夹紧工作
        R               "Z1 −"
        S               M10.0//启动定时器 T1
        BEU
    B3：SET
        S               "Z2 +"//工件进给
        S               "M"//启动电动机钻孔
        R               "Z2 −"
    B4：SET
        R               "M"//停止电动机
        S               "Z2 −"//进给气缸退后
        R               "Z2 +"
    B5：SET
        R               "Z2 −"//当进给活塞在左边，则停止进给气缸的运动
        R               "Z1 +"//夹紧气缸松开
        S               "Z1 −"
        BEU
```

　　程序结构分析：程序有 5 个段落，Network1 是处理循环执行的程序；Network2 的作用是从数据块中调出激活状态数，并跳转到相应的状态位置（这里涉及多分支跳转指令）；Network3 为转换部分，其作用是根据状态图的转换条件确定状态之间的转换；Network4 的作用是存储状态数，存储的状态数是为了停止后状态的恢复；Network5 是状态所对应的动作。程序的 5 个段落形成状态图的结构。其中，Network3 和 Network5 是程序的核心，表示状态的转换及执行

的动作。当用户选择好状态图的状态（如 5 个状态）时，不必对程序结构进行大的修改，只需复制 FB 块中的 Network2 和 Network4 到另一个功能块 FB 中，并做适当的扩充，同时根据不同的条件和执行的动作填充 Network3 和 Network5 即可。

说明：当 PLC 启动时，开始执行初始状态 0。在 Network2 中跳转到 3 的标号 C0 处，标号为 C0 的段落包含状态 0 的转换启动初始状态。在本例中，无需做任何事，只需无条件跳转到 Network4 的标号 S1 处，S 表示状态 1。在 Network4 中将新状态 1 存储到 DB 块的参数 ♯ZNr 中，因此可以在 Network5 中执行状态 1 的动作，停止电动机，夹紧气缸向上，进给气缸向左。在下一次 PLC 循环中，Network3 只需检查这些转换，使其从激活的状态 1 转换到其他状态。如果没有状态是激活的，则功能块 FB 不执行；如果一个状态激活且转换条件满足，则跳转到 Network4 中，在 Network4 中新的状态数被存储。有了新的状态，可以在 Network5 中执行新状态的动作。

值得注意的是，在状态图功能块 FB 的执行过程中，可能得不到 PLC 的监控信息。因为在许多 PLC 的循环状态情况下，当没有任何状态发生变化，或者所有状态转换条件导致没有新的实际状态激活时，FB 将结束过程。在 Network3 中也只有标号数在 C0～C5 的信息可以监控。

这似乎是一个缺点，因为难以发现合适的位置来监控信息。但实际上这是一个优点。我们知道，实际状态存储在 DB 块的参数 ♯ZNr 中，因此知道程序中监控信息的位置。当实际激活状态不能转换到另一个状态时，我们可以关注这个信息，了解为什么相关转换条件不能满足，同样可以看出是哪个信号导致程序执行出错。

在其他情况下，有时也会发生转换条件一直满足状态、始终不变的情况，这可能是因为几个状态之间的快速转换。出现此问题可能是这一个转换条件在几个状态转换条件中都包含。

问 50 状态图如何应用？

例 3-9 对前述的果汁浓缩系统，试通过状态图编写 STL 程序。

（1）建立系统状态图。通过系统分析可知，系统需要有 5 个输出元件（功能元素），分别为阀门 V1、V2、电动机 M、加热器 H 和指示灯 L。这些元件需要位信号控制，因此控制的复杂性不高，相应的基础状态图不需要以原始的物理建模方式来建立。

首先，将功能元素分组，形成几个功能单元。例如，为果汁罐定义的基础状态图包括 V1、V2、M、N0、N1、S 和 L。另一个状态图代表加热器 H 和温度检测 ST。这样可以根据元素的结构并考虑系统的分支和改进，对系统进行分析。

其次，需要决定果汁罐基础状态图的状态，这一点在控制中十分重要。其中，必须考虑的主要状态为"开始位置"、"灌入果汁"、"半满"、"灌满"、"排空"5 个状态。"开始位置"状态指果汁罐是空的状态，并且两个阀门都是关的，指示灯 L 是亮的，同时电动机 M 没有运行。"灌入果汁"状态指阀门 V1 打开，指示灯 L 灭。"半满"状态指果汁高度超过 N0，此时要启动电动机 M。第四个状态为"灌满"，当果汁高度达到 N1 时，必须采取行动，关闭阀门 V1。"排空"状态指果汁高度经加热后低于 N0，浓缩完成。此时必须关闭电动机 M，打开阀门 V2，并启动定时器 T1，延时 30s 后，将果汁排空。

另一个加热器的基础状态图中加热器 H 需要"停止"、"使能"和"激活"状态。在"使能"状态下，加热器满足温度条件，则"激活"。

然后，必须定义一个流出状态图来同步两个基础状态图，但是发现这个流出状态图的功能在果汁罐的基础状态图中已经描述，所以只需将果汁罐的基础状态图延伸来同步加热基础状态图。在果汁灌入高度达到 N0 时，使能加热器，此后当温度变化时，加热器 H 不断地处于激活和使能状态。当加热到一定程度，果汁高度低于 N0 时，停止加热器，果汁浓缩状态图的初步结构如图 3-80 所示。在这个简单例子中，相互同步比建立另一个新的流出状态图更容易。

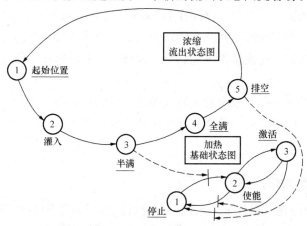

图 3-80　果汁浓缩状态图的初步结构

最后，还必须对转换和动作进行进一步的延伸，完善后的果汁浓缩状态图如图 3-81 所示。

（2）STL 的实现程序。STL 的实现程序如下：

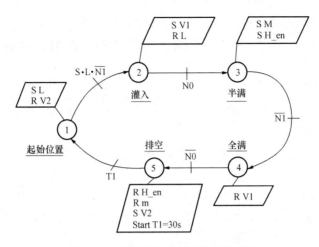

图 3-81　完善后的果汁浓缩的状态图

FB3：果汁浓缩系统的语句表程序

Network1：循环执行部分

    L　　S5T＃30S　　　//为了排空果汁，延时 30s

    A　　MI0.0

    SD　T1

    A "ST"　　　　　　//在温度范围内加热器加为，浓缩果汁

    A "Hen"

    = "H"

Network2：激活状存储在 DB 块中，如果为 n 跳转到 Cn 标签处（为转换状态使用）

    L　　＃ZNr　　　　　//从数据块中调出激活状态数

    JL　Err1

    JU　C0　　　　　　//如果为 0，跳转到 C0

    JU　C1　　　　　　//如果为 1，跳转到 C1

    JU　C2　　　　　　//如果为 2，跳转到 C2

    JU　C3　　　　　　//如果为 3，跳转到 C3

    JU　C4　　　　　　//如果为 4，跳转到 C4

    JU　C5　　　　　　//如果为 5，跳转到 C5

    Err1：BEU　　　　//如果数字超出范围，则停止

Network3：转换部分

    C0：JU　　　　　　S1　//C0 直接转换到 S1

```
                    BEU
        C1：A        "S"    //在满足转换条件下，C1 转换到 S2
            A        "L"
            AN       "N1"
            JC       S2
            BEU
        C2：A        "N0"   //在满足转换条件下，C2 转换到 S3
            JC       S3
            BEU
        C3：AN       "N1"   //在满足转换条件下，C3 转换到 S4
            JC       S4
            BEU
        C4：AN       "N0"   //在满足转换条件下，C4 转换到 S4
            JC       S5
            BEU
        C5：A        T1//在满足转换条件下，C5 转换到 S1
            JC       S1
            BEU
```

Network4：存储新状态，并跳转到新状态标签 Bn（为执行动作使用）

```
        S1：L        1
            JU       CS
        S2：L        2
            JU       CS
        S3：L        3
            JU       CS
        S4：L        4
            JU       CS
        S5：L        5
            JU       CS
            BEU
        CS：T        3ZNr//将当前状态数存入数据块中
            JL       Faux
            JU       B0//如果为 0，则跳转到 B0
```

```
        JU              B1//如果为 1，则跳转到 B1
        JU              B2//如果为 2，则跳转到 B2
        JU              B3//如果为 3，则跳转到 B3
        JU              B4//如果为 4，则跳转到 B4
        JU              B5//如果为 5，则跳转到 B5
  Faux：BEU
Network5：动作
  B0：BEU
  B1：SET
        S               "L"//点亮指示灯
        R               M10.0
        R               "V2"
        BEU
  B2：SET
        S               "V1"//打开灌入阀 V1，灌入果汁
        R               "L"//熄灭指示灯
        BEU
  B3：SET
        S               "M"//启动搅拌电动机
        S               "Hen"//使能加热器
        BEU
  B4：SET
        R               "V1"//关闭阀 V1（当果汁高度达到 N1）
        BEU
  B5：SET
        S               M10.0//延时排空果汁
        R               "M"//关闭电动机
        R               "Hen"//关闭加热器使能
        S               "V2"//打开排空阀 V2
        BEU
```

果汁浓缩系统和钻孔装置的流程图比较相似，状态从状态 1 循环执行到状态
5，程序段有多个分支，具有顺序控制的特点，但并没有体现状态图的异步非顺
序功能。下面将以保险箱开启的例子说明状态图的这个特点。

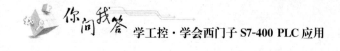

例 3-10 电子安全保险箱开启系统如图 3-82 所示。

保险箱装置的开启控制要求如下:

(1) 通过按钮 I0.2 的上升沿,键入 3 个数字,且通过 MW200 存储在 MW40、MW42 和 MW44 中。

(2) 当按下"打开"按钮 I0.3 时,3 个数字与存储在 MW20、MW22 和 MW24 中的代码数字相比较。

(3) 如果代码数字和输入数字相同,门开启,否则延时 10min。

(4) 当按下"关闭"按钮 I0.4 时,关闭保险箱门,同时启动新一轮的运行。

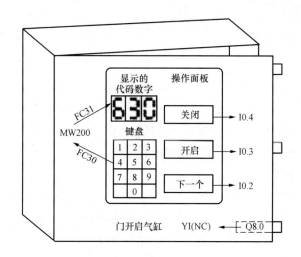

图 3-82　电子安全保险箱开启系统示意图

控制任务:

(1) 运用经验法,以 STL 程序实现系统要求。

(2) 建立状态图模型,并用 STL 实现。

(3) 比较经验法和状态图法。

首先建立保险箱系统的变量表,见表 3-12。

表 3-12　　　　　　　　　　　　保险箱系统的变量表

PLC 地址	变量名
I0.2	输入下一个数字的按钮
I0.3	开启保险箱按钮
I0.4	关闭保险箱按钮

206

PLC 地址	变量名
Q8.0	打开保险箱
MW40	输入数字 1
MW42	输入数字 2
MW44	输入数字 3
MW20	保险密码 1
MW22	保险密码 2
MW24	保险密码 3

（1）运用经验法，以 STL 实现系统，现在不建立任何中间模型，直接利用 STL 来执行控制任务。

程序如下：

FC31：开保险柜，要打开保险柜必须在键盘上输入 3 个数字，它们分别存储在 MW40、MW42 和 MW44 中，正确的代码存储在 MW20、MW22 和 MW24 中

Network1：当输入为错误数字时，阻止开门 10min

```
L    S5T♯10M
A    M10.0
SE   T1
R    M10.0//设置时器 T1，定时时间为 10min
L    T1
A    T1
BEU
```

Network2：为下一个输入数字按钮产生边缘检测标志 M0.2

```
A    I0.2
FP   M0.1
=    M0.2//产生这缘检测标志 M0.2
```

Network3：I0.4 初始化开关机构，开、关闭保险柜

```
A    I0.4
S    M1.0//初始化，设定第一个数字允许输入标志 M1.0
R    M2.0
R    M3.0
R    M4.0
```

```
    R          Q8.0//关闭保险箱
```

Network4：存储输入的数字

```
    A          I0.3
    A          M1.0
    JC         ST01
    A          M0.2
    A          M1.0
    JC         ST01
    A          M0.2
    A          M2.0
    JC         ST02
    A          M0.2
    A          M3.0
    JC         ST03
```

Network5：密码正确，打开保险柜

```
    A          I0.3
    A          M4.0//在密码正确（M4.0＝1）的条件下，开启保险箱
    JC         OPEN
    AN         I0.3
    BEC
```

Network6：密码不正确，阻止开门 10min

```
  BLCK：SET
    S          M10.0//密码不正确，启动定时器延时 10min
    S          M1.0
    R          M2.0
    R          M3.0
    R          M4.0
    BEU
```

Network7：存储输入数字到相应的存储器中

```
  ST01：L      MW200
    T          MW40//输入的第一个数字存储到 MW40 中
    SET
    R          M1.0
```

S   M2.0//设置第二个数字允许输入标志 M2.0

 BEU

ST02：L MW200

 T   MW42//输入的第二个数字存储到 MW42 中

 SET

 R   M2.0

 S   M3.0//设置第三个数字允许输入标志 M2.0

 BEU

ST03：L MW200

 T   MW44//输入的第三个数字存储到 MW44 中

 SET

 R   M3.0

 S   M4.0

 BEU

Network8：比较，如果数字不正确，则跳转到 BLCK，正确则开启

 OPEN：L MW20

  L   MW40

  <>1

  JC   BLCK//输入数字 1 不正确

  L   MW22

  L   MW42

  <>1

  JC   BLCK//输入数字 2 不正确

  L   MW24

  L   MW44

  <>1

  JC   BLCK//输入数字 3 不正确

  SET

  S   Q8.0//数字正确，则打开保险箱

  BE

（2）建立系统的状态图，根据状态图利用 STL 实现。首先分析只有一个保险密码的情况，一个密码的保险箱系统的状态图如图 3-83 所示。

说明：图 3-83 中系统有 4 个状态：状态 1 "关闭"、状态 2 "取数 1"、状态 3

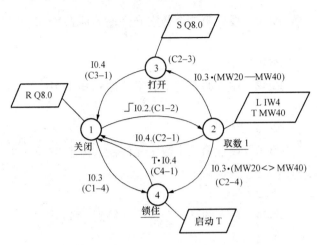

图 3-83　一个密码的保险箱系统的状态图

"打开"和状态 4 "锁住"。当"取数 1"值与设置值相同时，状态从"取数 1"转换到"打开"C2-3；当取数值与设定值不相同时，状态从"取数 1"转换到"锁住"（C2-4）；当关闭按下 I0.4 按钮时，状态从"取数 1"转换到"关闭"状态（C2-1）。在输入错误时，"锁住"状态延时 10min 后，状态转换到"关闭"保险箱（C4-1）；在没有任何数字输入时，按下打开按钮 I0.3，则状态从"关闭"转换到"锁住"状态（C1-4）；按下关闭按钮 I0.4，则从"打开"转换到"关闭"状态（C3-1）；同样按下取数按钮 I0.2，则从"关闭"转换到"取数 1"状态（C1-2）。

　　图中状态之间的转换交叉进行，充分体现了非顺序的特点。在此基础上，分析系统的 STL 程序的结构比较有意义。

STL 程序结构如下。

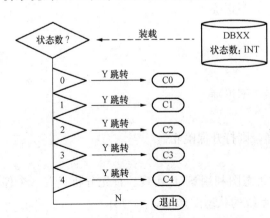

图 3-84　数据块中调出激活状态的流程图

如图 3-84 所示为数据块中调出激活状态的流程图（若程序刚开启，则状态值为 0，若系统出现故障，则为故障时存储的状态值）。从图 3-84 中可以看出，程序首先从数据块中装载状态数，根据状态值跳转到 C0～C4。这部分相当于初始化状态。

如图 3-85 所示为根据条件进行转换的流程图。例如，图 3-85

中状态 C1 有两个转换方向，即状态 2（C1-2）和状态 4（C1-4），当满足相应转换条件时，分别跳到 S2 和 S4。这部分相当于根据条件设置转换。

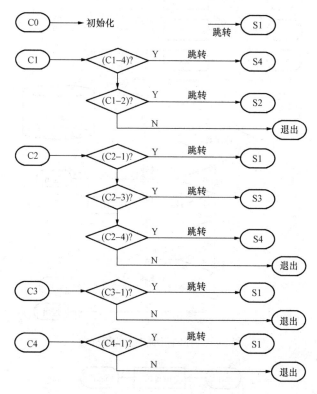

图 3-85 转换的流程图

如图 3-86 所示为故障时存储当前状态并跳转到执行动作状态的流程图。图中，S1 装载数字 1（STL：L1），并存储于 DB 数据表中，同时跳转到动作状态 B1 处。其余以此类推。注意：存储当前状态的目的主要是当系统由于故障等原因停止运行时，能够重新从程序断点处的状态开始工作。

如图 3-87 所示为状态执行动作的流程图。图中，B1 表示的动作为关闭保险箱，其余与之相似。

如果状态超出正确的范围，则有相应的处理方式，具体表现在程序中的出错处理。

从 STL 程序的流程图分析框架中可以看出，已经比较清楚地了解了状态图的转换及相应的动作实现过程，在此基础上编程将相对简单。

STL 实现程序如下：

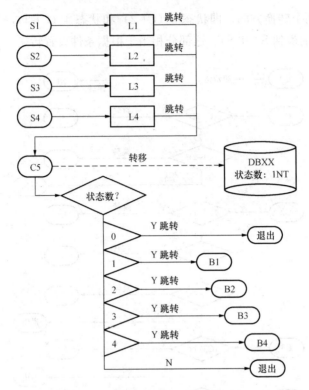

图 3-86　存储当前状态的流程图

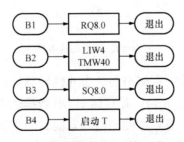

图 3-87　状态执行动作的流程图

Network1：循环执行部分

L	S5T#10M	//设置定时器 T1，定时时间 10min
A	M10.0	
SD	T1	
R	M10.0	
L	T1	

```
        A    I0.2            //建立边缘检测标志 M0.2
        FP   M0.1
        =    M0.2
```

Network2：从 DB 块中装载激活状态数，如果为 n 跳转到 Cn 标签处（为转换状态使用）

```
        L    ＃ZNr            //从数据中调出激活状态数
        JL   ERR1
        JU   C0
        JU   C1
        JU   C2
        JU   C3
        JU   C4
Err1：BEU
```

Network3：状态转换部分

```
    C0：  JU            S1
          BEU
    C1：  A             I0.3
          JC            S4    //（C1-4）（表示状态从 1 转换到状态 4）
          A             M0.2  //（C1-2）
          JC            S2
          BEU
    C2：  L             MW20  //（C2-3）
          L             MW40
          = = 1
          =             M0.3
          A             M0.3
          A             I0.3
          JC            S3
          AN            M0.3  //（C2-4）
          A             I0.3
          JC            S4
          A             I0.4  //（C2-1）
          JC            S1
```

```
              BEU
    C3：  A              I0.4   // （C3-1）
          JC             S1
              BEU
    C4：  AN             T5     // （C4-1）
          A              I0.4
          JC             S1
              BEU
```

Network4：存储新状态，并跳转到新状态标签 Bn（为执行动作使用）

```
    S1：  L              1
          JU             CS
    S2：  L              2
    JU  CS
    S3：  L              3
          JU             CS
    S4：  L              4
          JU             CS
              BEU
    CS：  T              ♯ZNr   //将当前状态数存储于数据块中
          JL             Faux
          JU             B0
          JU             B1
          JU             B2
          JU             B3
          JU             B4
  Faux：BEU
```

Network5：动作

```
    B0：  BEU
    B1：  SET
          R     Q8.0                //关闭保险箱
              BEU
    B2：  L              IW4     //取数
          T              MW40
```

```
         BEU
B3： SET
     S                Q8.0    //打开保险箱
         BEU
B4： SET
     S                M10.0   //启动定时器
         BEU
```

利用上述的分析，可以了解各状态之间的转换情况，这样对于分极的 3 个保险密码的情况十分有益。如图 3-88 所示为有 3 个密码的保险箱系统状态图。

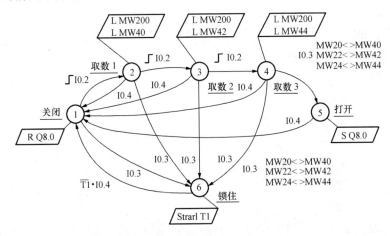

图 3-88　有 3 个密码的保险箱系统状态图

按照状态图编写的 STL 实现程序如下：

FB31：保险箱开启程序

Network1：循环执行部分

```
     L    S5T♯10M             //延时 10min
     A    M        I0.0
     SE   T        I
     R    M        I0.0
     L    T        I
     A    I0.2                //建立边缘检测 M0.2
     FP   M0.1
     =    M0.2
```

Network2：激活状态存储在 DB 块中，如果为 n 跳转到 Cn 检签处（为转换状

态使用）

```
        L      ♯ZNr              //从数据块中调出激活状态数
        JL     Err1
    JU     C0
    JU     C1
    JU     C2
    JU     C3
    JU     C4
    JU     C5
    JU     C6
Err1：BEU
```

Network3：转换部分

```
    C0：  JU       S1
          BEU
    C1：  A        I0.3
          JC       S6        //C1-6
          A        M0.2      //C1-2
          JC       S2
          BEU
    C2：  A        I0.4
          JC       S1        //C2-1
          A        M0.2      //C2-3
          JC       S3
          A        I0.3
          JC       S6        //C2-6
          BEU
    C3：  A        I0.4
          JC       A1        //C3-1
          A        M0.2      //C3-4
          JC       S4
          A        I0.3
          JC       S6        //C3-6
          BEU
```

```
C4：  A       I0. 4
      JC      S1        //C4-1
      L       MW20      //C4-5
      L       MW40
      = = 1
      =       M0. 3
      L       MW22
      L       MW42
      = = 1
      =       M0. 4
      L       MW24
      L       MW44
      = = 1
      =       M0. 5
      A       M0. 5
      A       M0. 4
      A       M0. 3
      A       I0. 3
      JC      S5
      L       MW20      //C4-6
      L       MW40
      <>1
      =       M1. 3
      L       MW22
      L       MW42
      <>1
      =       M1. 5
      O       M1. 5
      O       M1. 4
      O       M1. 3
      A       I0. 3
      JC      S6
      BEU
```

```
C5：  A      I0.4
      JC     S1        //C5-1
      BEU
C6：  A      I0.4
      AN     T1
      JC     S1        //C6-1
      BEU
```

Network4：存储新状态，并跳转到新状态标签 Bn（为指行动作使用）

```
S1：  L      1
      JU     CS
S2：  L      2
      JU     CS
S3：  L      3
      JU     CS
S4：  L      4
      JU     CS
S5：  L      5
      JU     CS
S6：  L      6
      JU     CS
      BEU
CS：  T      ＃ZNr    //将当前状态数存入数据块中
      JL     Faux
      JU     B0
      JU     B1
      JU     B2
      JU     B3
      JU     B4
      JU     B5
      JU     B6
Faux：BEU
```

Network5：动作

```
B0：BEU
```

B1：SET

  R   Q8.0 //关闭保险箱

  R   M I0.0//关闭定时器

  L   0   //消除存储器

  T   MW 0

  BEU

B2：L   MW200 //取数 1

  T   MW40

  BEU

B3：L   MW200 //取数 2

  T   MW42

  BEU

B4：L   MW200 //取数 3

  T   MW44

  BEU

B5：SET

  S   Q8.0 //打开保险箱

  BEU

B6：SET

  S   M10.0 //启动定时器

  BEU

（3）经验法和状态图法的比较。经验法从初始口语描述出发，编程具有一定的盲目性。由于编程思路难以交流，所以在合作上具有一定的难度。由于口语描述的不准确性，所以增加了编程和调试的困难。

而状态图法是独立于技术执行过程和控制系统的建模行为。对于没有任何逻辑控制过程经验的人来说具有直观、易懂的特点。可以满足工程的需要，同时便于合作者之间的交流。总结其特点如下：

1）比口语描述更准确。

2）利用图形法更容易理解。

3）建立于任何技术实现。

4）易于项目组成员的交流和彼此的理解。

5）易于文档整理。

本例如果用顺序功能图实现，由于程序存在多个分支，所以顺序功能图的绘

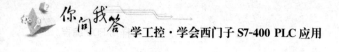

制和实现程序比较复杂。顺序功能图和状态图这两种方法各有其适合的范围，如果放弃恰当的方法，转而用不恰当的方法去分析问题，无异于舍近求远。

总之，状态图可以形成一个解决方式，能够直接转化成 PLC 程序，因此允许在编程时进行阶段性的休整。执行这些模型不需要创造力和艺术表现，只不过是从一种形式到另一种形式的规则转换而已（可以被 PLC 执行），顺序功能图的分析与程序实现也是如此。编程时的一些模式决定编程的重复性和严格性。

4

学习组织块的功能和应用

问1 什么是组织块？它有什么作用？

答： 组织块 OB 是操作系统与用户程序，由操作系统调用。组织块由变量声明表和用户编写的控制程序组成。组织块中除 OB1 可以用来实现 PLC 扫描循环控制以外，还可以完成 PLC 的启动、中断程序的执行和错误处理等功能，各种类型的组织块如图 4-1 所示。

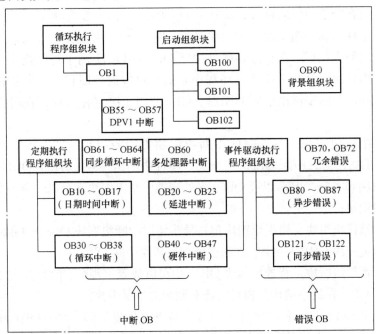

图 4-1 各种类型的组织块

问2 组织块可以分为几类？

答： 从图 4-1 中可以看出组织块分为以下几类。

（1）循环执行的组织块。需要连续执行的程序存在组织块 OB1 里。OB1 中的用户程序执行完毕后，将开始一个新的循环——刷新映像区，然后从 OB1 的

第一条语句重新开始执行。循环扫描时间和系统响应时间就是由这些操作来决定的。系统响应时间包括 CPU 操作系统总的执行时间和执行所有用户程序的时间。系统响应时间就是当输入信号变化后到输出动作的时间，等于两个扫描周期。

（2）启动组块。启动组织块用于系统初始化，CPU 上电或操作模式更改时，在循环程序执行之前，要根据启动的方式执行启动程序 OB100～OB102 中的一个。可以在启动组织块中进行编程通信的初始化设置。

（3）定期执行的组织块。定期执行的组织块包括日期时间中断组织块 OB10～OB17 和循环中断组织块 OB30～OB38，可以根据设定的日期时间或时间间隔执行中断程序。通过循环中断，组织块可以每隔一段预定的时间（如 100ms）执行一次，如可以在这些块中调用温度采样控制程序等。通过日期时间中断，一个组织块可以在特定的时间执行，如每天 17：00 保存温度数据等。

（4）事件驱动的组织块。延时中断 OB20～OB23 用于在过程事件出现后延时一定的时间再执行中断程序；硬件中断 OB40～OB47 用于需要快速响应的过程事件，事件出现时马上中止循环程序，执行对应的中断程序。异步错误中断 OB80～OB87 和同步错误中断 OB121、OB122 用于决定在出现错误时系统如何响应。

（5）中断组织块。日期时间中断组织块 OB10～OB17、循环中断组织块 OB30～OB38、延时中断 OB20～OB23、硬件中断组织块 OB40～OB47、DVP1 中断组织块 OB55～OB57 以及 OB60 多处理器中断组织块又可以划分为具备中断功能的组织块。

（6）错误组织块。错误组织块包括异步错误中断组织块 OB80～OB87、同步错误中断组织块 OB121～OB122 和多处理器错误中断 OB60。

（7）背景组织块。背景数据块 OB90 中可以放置一些对实时性要求不高的程序，以便 CPU 在最小循环扫描时间还有剩余的情况下执行。

每一个 OB 在执行程序的过程中可以被更高优先级的事件（OB）中断（在指令边界处）。优先级的范围为 0～28，其中，0 优先级最低，28 优先级最高。具有同等优先级的 OB 不能相互中断，而是按照发生的先后顺序执行。

问3 中断有什么作用？如何实现？

答：中断处理用来实现对特殊内部事件或外部事件的快速响应。如果没有中断，CPU 循环执行组织块 OB1。因为除背景组织块 OB90 外，OB1 的中断优先级最低，CPU 检测到中断源的中断请求时，操作系统在执行完当前程序的当前指令（即断点处）后，立即响应中断。CPU暂停正在执行的程序，调用中断源对应的中断程序。在S7-400 PLC中，中断用组织块来处理。执行完中断程序后，返回到被中断的程序的断点处理继续执行原来的程序。

如果在执行中断程序（组织块）时，又检测到一个中断请求，CPU将两个中断源的中断优先级进行比较。如果优先级相同，按照产生中断请求的先后次序进行处理。如果后者的优先级比正在执行的OB的优先级高，将中止当前正在处理的OB，改为调用较高优先级的OB。这种处理方式称为中断程序的嵌套调用。

当系统检测到一个OB块中断时，则中断块的累加器和寄存器上的当前信息将作为一个中断堆栈（1堆栈）被存储起来。如果新的OB块调用FB和FC，则每一个块的处理数据将被存储在块栈（B堆栈）中。当新的OB块执行结束后，操作系数将把1堆栈中的信息重新装载并在中断发生处继续执行被中断的块。如果CPU转换到停止状态（可能是由于程序中的错误），用户可以使用模块信息选项来检查1堆栈和B堆栈，将有助于确定模式转换的原因。

中断程序不是由程序块调用的，而是在中断事件发生时由操作系统调用的。因为不能预知系统何时调用中断程序，中断程序不能改写其他程序中可能正在使用的存储器，应在中断程序中尽可能地使用局域变量。

只有设置了中断的参数，并且在相应的组织块中有用户程序存在，中断才能被执行。如果不满足上述条件，操作系统将会在诊断缓冲区中产生一个错误信息，并执行异步错误处理。

编写中断程序时，应使中断程序尽量短小，以减少中断程序的执行时间，减少对其他处理的延迟，否则可能引起主程序控制设备操作异常。设计中断程序时应遵循"越短越好"的原则。

问4 **中断的优先级如何排列?**

答： PLC的中断源可能来自I/O模块的硬件中断，或CPU模块内部的软件中断，如日期时间中断、延时中断、循环中断和编程错误引起的中断等。中断的优先级也就是组织块的优先级，较高优先级的组织块可以中断较低优先级的组织块的处理过程。如果同时产生的中断请求不止一个，最先执行优先级最高的OB，然后按照优先级由高到低的顺序执行其他OB。

下面是优先级由低到高顺序的中断：背景循环、主程序扫描循环、日期时间中断、时间延时中断、循环中断、硬件中断、多处理器中断、I/O冗余错误、异步故障（OB80~OB87）、启动和CPU冗余，背景循环的优先级最低。如表4-1所示为组织块的优先级，数字越大表示优先级越高。

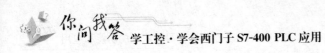

表 4-1 各种组织块的默认优先级

中断类型	组织块	默认优先级
主程序扫描	OB1	1
日期时间中断	OB10～OB17	2
延时中断	OB20	3
	OB21	4
	OB22	5
	OB23	6
循环中断	OB30	7
	OB31	8
	OB32	9
	OB33	10
	OB34	11
	OB35	12
	OB36	13
	OB37	14
	OB38	15
硬件中断	OB40	16
	OB41	17
	OB42	18
	OB43	19
	OB44	20
	OB45	21
	OB46	22
	OB47	23
DPV1 中断	OB55	2
	OB56	2
	OB57	2
多处理器中断	OB60	25
同步循环中断	OB61～OB64	25
冗余错误	OB70 I/O 冗余错误	25
	OB72 CPU 冗余错误	28
异步错误	OB80～OB87	25[①]

中断类型	组织块	默认优先级
背景循环	OB90	29②
启动	OB100～OB102	27
同步错误	OB121 OB122	导致此错误的OB优先

① 如果异步错误存在于启动程序中则为28；

② 优先级29对应于优先级－29，是优先级最低的。

　　同一个优先级可以分配给几个 OB，具有相同的优先级的 OB 按启动它们的事件出现的先后顺序进行处理。被同步错误启动的故障 OB 的优先级与错误出现时正在执行的 OB 的优先级相同。

　　生成逻辑块 OB、FB 和 FC 时，同时生成临时局域变量数据，CPU 的局域数据区按优先级划分。可以用 STEP7 在优先级参数块中改变 S7-400 每个优先级的局域数据区的大小。

　　每个组织块的局域数据区都有 20 个字节数据的启动信息，它们是只在该块被执行时使用的临时变量（TEMP），这些信息在 OB 启动时由操作系统提供，包括启动事件、启动日期与时间事件、错误及诊断事件。将优先级赋值为 0，或分配小于 20 个字节的数据给某一个优先级，可以取消相应的中断 OB。

问5 **事件驱动的程序处理过程是怎样进行的？**

　　答：循环程序处理可以被某事件中断。如果一个事件出现，当前正在执行的块在语句边界被中断，并且另一个被分配给特定事件的组织块被调用。一旦该组织块执行结束，循环程序将从中断点处继续执行，事件驱动程序处理示意图如图 4-2 所示。

　　事件驱动的程序处理方式意味着部分用户程序可以不必循环处理，只是在需要的时候才进行处理。用户程序可以分割为子程序，分布在不同的组

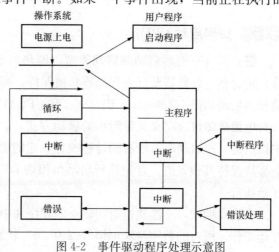

图 4-2　事件驱动程序处理示意图

织块中，如果用户程序是对一个重要信号的响应，这个信号出现的次数相对较少（例如，用于测量罐中液位的一个限位传感器报警达到了最上限），当这个信号出现时，要处理的子程序就可以放在一个事件驱动处理的 OB 中。

问 6 **如何操作对中断的控制？**

答：日期时间中断和延时中断有专用的允许处理中断（或称激活、使能中断）和禁止中断的系统功能（SFC）。

SFC39DIS-INT 用来禁止中断和异步错误处理，用户可以禁止所有的中断，有选择地禁止某些优先级范围的中断，或者只禁止指定的某个中断。SFC 40EN-INT 用来激活（使能）新的中断和异步错误处理，可以全部允许或有选择的允许。如果用户希望忽略中断，更有效的方法不是禁止中断，而是下载一个只有块结束指令 BEU 的空的 OB 到 CPU。

SFC41DIS-AIRT 用来延迟处理比当前优先级高的中断和异步错误，直到用 SFC42 允许处理中断或当前的 OB 执行完毕。SFC42EN-AIRT 用来允许立即处理被 SFC41 暂时禁止的中断和异步错误，SFC42 和 SFC41 要配对使用。

问 7 **CPU 启动有几种类型？**

答：用于启动时的组织块包括 OB100、OB101、OB102。S7 CPU 在处理用户程序前，先要执行一个启动程序，即操作系统要调用的启动组织块。CPU 启动有 3 种类型，即软启动、热启动和冷启动，软启动方式下调用 OB100，热启动方式下调用 OB101，冷启动方式下调用 OB102。

问 8 **如何启动 CPU？**

答：S7-400 有再启动的启动类型，即热启动，在启动时所有数据（过程映像、定时器、计数器及标志存储器）被保持，程序从断点处恢复执行。完全再启动和再启动如图 4-3 所示。CPU318-2 和 CPU417-4 还具有冷启动型的启动方式。针对电源故障可以定义这种附加的启动方式，它是通过硬件组态时的 CPU 参数来设置的。冷启动时，所有的过程映像、定时器、计数器及标志存储器被清除，数据块保持其预置值。首先执行启动组织块 OB102，然后从 OB1 的第一条指令开始执行。

在启动期间，不能执行时间驱动的程序和中断驱动的程序，运行时间计数器开始工作，所有的数字量输出信号都为"0"状态，如图 4-4 所示。

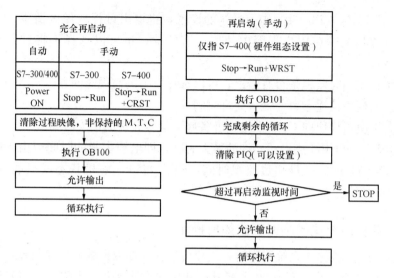

图 4-3 完全再启动和再启动

问 9 启动组织块如何操作？

答：发生下列事件时，CPU 执行启动功能：PLC 电源上电；CPU 的模式选择开关从 STOP 位置拨到 RUN 或 RUN-P 位置；接收到通过通信功能发送来的启动请求；多 CPU 方式同步之后和 H 系统连接好（只适用于备用 CPU）。

启动用户程序之前，先执行启动 OB。在软启动、热启动或冷启动时，操作系统分别调用 OB100、OB101 或 OB102，S7-400H 不能热启动。

用户可以通过在启动组织块 OB100～OB102 中编写程序，来设置 CPU 的初始化操作，如开始运行的初始值、I/O 模块的初始值、通信的初始化设置等。

启动程序没有长度和时间的限制，因为循环

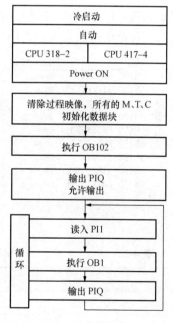

图 4-4 冷启动方式

时间监视还没有被激活，在启动程序中不能执行时间中断程序和硬件的程序。

在硬件组态编辑器设置 CPU 模块属性的对话框中，选择"启动"选项卡，可以设置启动的各种参数。

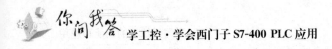

启动 S7-400 CPU 时，作为默认的设置，将输出过程映像区清零。如果希望在启动之后继续在用户程序中使用原有的值，也可以选择不将过程映像区清零。

为了在启动时监视是否有错误，可以选择以下的监视时间：

(1) 向模块传递参数的最大允许时间。

(2) 上电后模块向 CPU 发送"准备好"信号允许的最大时间。

(3) S7-400 CPU 热启动允许的最大时间，即电源中断的时间或由 STOP 转换为 RUN 的时间。一旦超过监视时间，CPU 将进入停机状态或只能软启动。如果监控时间设置为 0，则表示不监控。

问 10 启动组织块的临时变量如何操作？

答：当 OB 被操作系统调用时，用户可以在局部数据堆栈中获得规范化的启动信息。启动信息的长度为 20 个字节，可在 OB 开始执行后访问。STEP7 软件为启动信息提供了一个标准的变量声明表，因此可利用声明表中的符号名来访问启动信息，以 OB100 为例，如图 4-5 所示。表 4-2 所示为标准声明表中各变量的含义。标准的声明表可以由用户进行改变和补充。

Name	Data Type	Address	Comment
OB100_EN_CLASS	Byte	0.0	16#13,Event class1,Entering event state,
OB100_STUPRT	Byte	1.0	16#81/82/83/84 Method of startup
OB100_PRIORITY	Byte	2.0	Priority of OB Execution
OB100_OB_NUMBY	Byte	3.0	100 (organisation block 100,OB100)
OB100_RESERVED_1	Byte	4.0	Reserved for system
OB100_RESERVED_2	Byte	5.0	Reserved for system
OB100_STOP	Word	6.0	Event that caused CPU to stop (16#4xxx)
OB100_STRT_INFO	DWord	8.0	Iformation on how system started
OB100_DATE_TIME	DDate_A...	12.0	Date and time OB100 started

图 4-5　OB100 启动信息的声明表

表 4-2　　　　　　　　　标准声明表中各变量的含义

变　　量	类　型	描　　述
OB100_EV_CLASS	Byte	事件类型及标识符
OB100_STARTUP	Byte	启动方式
OB100_PR1ORITY	Byte	OB 优先级
OB100_OB_NUMBR	Byte	OB 号
OB100_RESERVED_1	Byte	系统保留

变　量	类　型	描　述
OB100 _ RESERVED _ 2	Byte	系统保留
OB100 _ STOP	Word	导致 CPU 停止的事件
OB100 _ STRT _ INFO	DWord	系统启动信息
OB100 _ DATE _ TIME	Date _ And _ Time	OB100 启动的日期和时间

问 11　定期执行组织块包括哪些内容？

答：定期执行组织块包括日期时间中断组织块 OB10～OB17 和循环中断组织块 OB30～OB38，可以根据设定的日期时间或时间间隔执行中断程序。

问 12　日期时间中断组织块的概念是什么？

答：日期时间中断也称为时刻中断，各 CPU 可以使用的日期时间中断组织块（OB10～OB17）的个数与 CPU 的型号有关。

日期时间中断组织块可以在某一特定的日期和时间执行一次，也可以从设定的日期时间开始，周期性地重复执行，如每分钟、每小时、每天、每月、月末甚至每年执行一次。可以用系统功能 SFC28～SFC31 设置、取消、激活或查询时期时间中断。

只有设置了中断的参数，并且在相应的组织块中有用户程序存在，日期时间中断才能被执行。如果不满足上述条件，操作系统将会在诊断缓冲区中产生一个错误信息，并执行异步错误处理。如果设置从 1 月 31 日开始每月执行一次OB10，只在有 31 天的那些月才能启动它。

日期时间中断在 PLC 软启动或热启动时被激活，而且只能在 PLC 启动过程结束之后才能执行。软启动后必须重新设置日期时间中断。

问 13　如何设置和启动时期时间中断？

答：为了启动日期时间中断，用户首先必须设置日期时间中断的参数，然后再激活它。有以下 3 种途径启动日期时间中断。

（1）在用户程序中用 SFC28 "SET-TINT" 和 SFC-30 "ACT-TINT" 设置和激活日期时间中断。

（2）在 STEP7 中打开硬件组态编辑器，双击 CPU 模块，打开 CPU 属性对话框，单击"时刻中断"（Time-Of-Day Interrupts）选项卡，设置启动时间日期中断的日期和时间，勾选"激活"（Active）复选框，在"执行"（Execution）列表框中选择执行方式。将硬件组态数据下载到 CPU 后，就可以实现日期时间中断的自动启动。

（3）采用方法（2）设置日期时间中断的参数，但是不勾选"激活"复选框，而是在用户程序中用 SFC30"ACT-TINT"激活日期时间中断。

问 14 如何查询日期时间中断？

答：查询设置的日期时间中断以及这些中断发生的时间，可以调用 SFC31 "QRY-TINT"，或查询系统状态表中的"中断状态"表。

SFC31 输出的状态字节 STATUS 见表 4-3。

表 4-3 SFC31 输出的状态字节 STATUS

位	取 值	意 义
0	0	日期时间中断已被激活
1	0	允许新的日期时间中断
2	0	日期时间中断未被激活或者时间已过去
3	0	—
4	0	没有装载时间日期中断组织块
5	0	日期中断组织块的执行没有被激活的测试功能禁止
6	0	以基准时间为日期时间中断的基准
7	1	以本地时间为日期时间中断的基准

问 15 如何禁止与激活日期时间中断？

答：用户可以使用 SFC29"CAN-TINT"取消（禁止）日期时间中断，用 SFC28"SET-TINT"重新设置那些被禁止的日期时间中断，用 SFC30"ACT-TINT"重新激活日期时间中断。

在调用 SFC28 时，设置参数"OB10-PERIOS-EXE"为十六进制数 W♯16 ♯0000、W♯16♯0201、W♯16♯0401、W♯16♯1001、W♯16♯1201、W♯16 ♯1401、W♯16♯1801 和 W♯16♯2001，分别表示每分钟、每小时、每天、每周、每月、每年和月末执行一次。

例 4-1 在 I0.0 的上升沿时启动日期时间中断 OB10，在 I0.1 为 1 时禁止时期时间中断，从 2004 年 7 月 1 日 8 点开机，每分钟中断一次，每次中断 MW2 被加 1。

从 STEP7 中生成项目，对日期时间中断的操作放在 FC2 中，在 OB1 中调用 FC12。FC12 有一个 DT 型临时局域变量"OUT-TIME-DATE"。程序代码如图 4-6 所示。

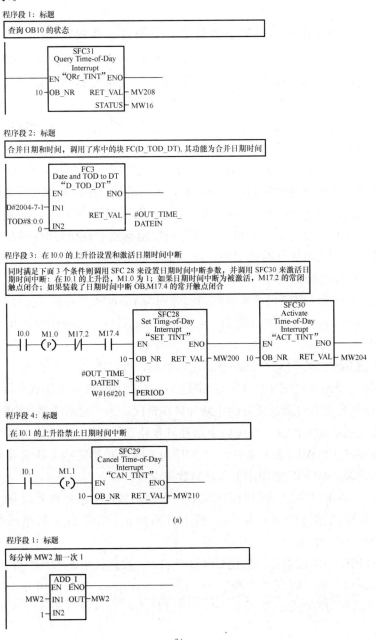

图 4-6　例 4-1 日期时间中断程序

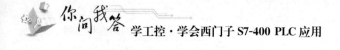

IEC 功能 D-TOD-TD（FC3）在程序编辑器左边的指令目录与程序库窗口的文件夹"\ 库 \ Standard Library \ IEC Function Blocks"中。

问 16 循环中断组织块的概念是什么？它有什么作用？

答：循环中断也称为周期性中断。循环中断组织块用于按一定时间间隔循环执行中断程序。例如，周期性地定时执行闭环控制系统的 PID 运算程序，间隔时间从 STOP 切换到 RUN 模式时开始计算。

用户定义时间间隔时，必须确保在两次循环中断之间的时间间隔中有足够的时间处理循环中断程序。

各 CPU 可以使用的循环中断 OB（OB30～OB38）的个数与 CPU 的型号有关。如果两个组织块的时间间隔成整倍数，不同的循环中断组织块可能同时请求中断，造成处理循环中断服务程序的时间超过指定的循环时间。为了避免出现这样的错误，用户可以定义一个相位偏移。相位偏移用于在循环时间间隔到达时，延时一定的时间后再执行循环中断。相位偏移 m 的单位为 ms，应有 $0 \leqslant m < n$，式中，n 为循环的时间间隔。

假设 OB38 和 OB37 的中断时间间隔分别为 10ms 和 20ms，它们的相位偏移分别为 0ms 和 3ms。OB38 分别在 $t = 10ms$、20ms、…、60ms 时产生中断，而 OB37 分别在 $t = 23ms$、43ms、63ms 时产生中断。

如果没有专门的 SFC 激活和禁止循环中断，可以用 SFC40 和 SFC39 来激活和禁止它们。SFC40 "EN-INT" 是用于激活新的中断和异步错误的系统功能，其参数 MODE 为 0 时激活所有的中断和异步错误，为 1 时激活部分中断和错误，为 2 时激活指定的 OB 编号对应的中断和异步错误。SFC39 "DIS-INT" 是禁止新的中断和异步错误的系统功能，MODE 为 2 时禁止指定的 OB 编号对应的中断和异步错误，MODE 必须用十六进制数来设置。

例 4-2 在 I0.0 的上升沿时启动 OB35 对应的循环中断，在 I0.1 的上升沿禁止 OB35 对应的循环中断，在 I0.1 的上升沿禁止 OB35 对应的循环中断，在 OB35 中使 MW2 加 1。

在 STEP7 中生成项目，选用 CPU315-2DP，在硬件组态工具中打开 CPU 属性的组态窗口，从"周期性中断"（Cyclic Interrupts）选项卡可知，只能使用 OB35，其循环周期的默认值为 100ms，将其修改为 1000ms，将组态数据下载到 CPU 中。

程序代码如图 4-7 所示。

程序段 1: 在 I0.0 的上升沿激活循环中断

I0.0 的上升沿激活 OB35 对应的循环中断

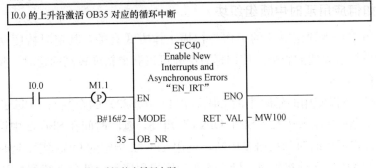

程序段 2: 在 I0.1 的上升沿禁止循环中断

I0.0 的上升沿禁止 OB35 对应的循环中断

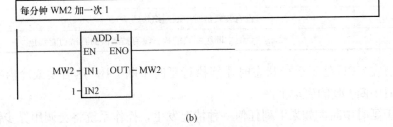

(a)

程序段 1: 标题

每分钟 WM2 加一次 1

(b)

图 4-7　例 4-2 循环中断程序

（a）OB1 程序；（b）OR35 程序

问 17　事件驱动组织块包括几种?

答：事件驱动组织块包括延时中断组织块、硬件组织块和错误组织块。延时中断组织块用于在过程事件出现后延时一定的时间再执行中断程序；硬件中断组织块用于需要快速响应的过程事件，事件出现时马上中止循环程序，执行对应的中断程序。

如何应用延时中断组织块？

答： PLC 中普通定时器的工作与扫描工作方式有关，其定时精度受到不断变化的循环扫描周期的影响。使用延时中断可以获得精度较高的延时，延时中断以 ms 为单位定时。

各 CPU 可以使用的延时中断 OB（OB20～OB23）的个数与 CPU 的型号有关。延时中断 OB 用 SFC32 "SRT-DINT" 启动，延时时间在 SFC32 中设置，启动后经过设定的延时时间后触发中断，调用 SFC32 指定的 OB。需要延时执行的操作放在 OB 中，必须将延时中断 OB 作为用户程序的一部分下载到 CPU。

如果延时中断已被启动，延时时间还没有到达，可以用 SFC33 "CAN-DINT" 取消延时中断的执行。SFC34 "QRY-DINT" 用来查询延时中断的状态，表 4-4 给出了 SFC34 输出的状态字节 STATUS。

表 4-4   SFC34 输出的状态字节 STATUS

位	取 值	意 义
0	0	延时中断被允许
1	0	未拒绝新的延时中断
2	0	延时中断未被激活或已完成
3	0	——
4	0	没有装载延时中断组织块
5	0	延时中断组织块的执行没有被激活的测试功能禁止

只有在 CPU 处于运行状态时才能执行延时中断 OB，热启动或冷启动都会清除延时中断 OB 的启动事件。

对于延时中断，如果下列任何一种情况发生，操作系统将会调用异步错误处理 OB：

（1）OB 已经被 SFC32 启动，但是没有下载到 CPU。

（2）延时中断 OB 正在执行延时，又有一个延时中断 OB 被启动。

例 4-3 在主程序 OB1 中实现下列功能：

（1）在 I0.0 的上升沿用 SFC32 启动延时中断 OB20，10s 后 OB20 被调用，在 OB20 中将 Q4.0 置位，并立即输出。

（2）在延时过程中如果 I0.1 由 0 变为 1，在 OB1 中用 SFC33 取消延时中断，OB20 不会再被调用。

（3）I0.2 由 0 变为 1 时 Q4.0 被复位。

示例程序如图 4-8 所示。

程序段 1：I0.0 的上升沿时启动延时中断

I0.0 的上升沿调用 SFC32 启动延时中断 OB20，延时时间为 10s，参数"SIGN"
保存延时中断是否启动的标志

程序段 2：查询延时中断

调用 SFC34 查询延时中断 OB20 的状态

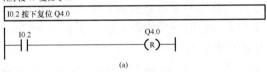

程序段 3：I0.1 的上升沿时取消延时中断

I0.1 的上升沿，且延时中断激活或未完成（状态字第 2 位为 0）时调用 SFC33
禁止 OB20 延时中断

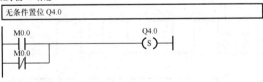

程序段 4：复位 Q4.0

I0.2 按下复位 Q4.0

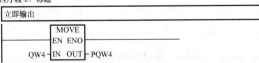

(a)

程序段 1：标题

无条件置位 Q4.0

```
 M0.0                            Q4.0
──┤ ├──────┬────────────────────( S )──┤
 M0.0      │
──┤ ├──────┘
```

程序段 2：标题

立即输出

```
        ┌─────────┐
        │  MOVE   │
      ──┤EN   ENO ├────────────
 QW4 ───┤IN   OUT ├── PQW4
        └─────────┘
```

(b)

图 4-8　例 4-3 程序

(a) OB1 程序；(b) OB20 程序

235

问 19 硬件中断组织块的功能是什么？

答：硬件中断组织块（OB40～OB47）用于快速响应 SM（即 I/O 模块）、CP 和 FM 的信号变化。具有中断能力的 SM 将中断信号传送到 CPU 时，或者当 FM 产生一个中断信号时，将触发硬件中断。

各 CPU 可以使用的硬件中断 OB（OB40～OB47）的个数与 CPU 的型号有关。

用户可以用 STEP7 的硬件组态功能来决定 SM 的哪一个通道在什么条件下产生硬件中断，将执行哪个硬件中断 OB，OB40 被默认用于执行所有的硬件中断。对于 CP 和 FM，可以在对话框中设置相应的参数来启动 OB。

只有用户程序中有相应的组织块，才能执行硬件中断，否则操作系统会向诊断缓冲区中输入错误信息，并执行异步错误处理组织块 OB80。

硬件中断被模块触发后，操作系统将自动识别是哪一个槽的模块和模块中的哪一个通道产生的硬件中断，硬件中断 OB 执行完后，将发送通道确认信号。

问 20 如何识别和处理新的中断？

答：如果在处理硬件中断的同时，又出现了其他硬件的事件，新的中断按以下方法识别和处理。

（1）如果正在处理某一中断事件的同时，又出现了同一模块同一通道产生的完全相同的中断事件，新的中断事件将丢失，即不处理它。在图 4-9 中，数字量模块输入信号的第 1 个上升沿时触发中断，由于正在用 OB40 处理中断，第 2 个和第 3 个上升沿产生的中断信号丢失。

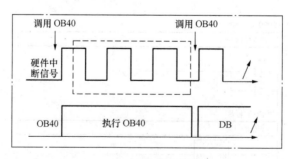

图 4-9　硬件中断信号的处理

（2）如果正在处理某一中断信号的同时，同一模块中其他通道产生了中断事件，新的中断不会被立即触发，但也不会丢失。在当前已激活的硬件中断执行完后，再处理被暂存的中断。

（3）如果硬件中断被触发，并且它的 OB 被其他模块中的硬件中断激活，新的请求将被记录，空闲后再执行该中断。

用 SFC39～SFC42 可以禁止、延迟和再次激活硬件中断。

问 21 **DPV1 中断包括几种方式？**

答：DPV1 从站可以触发中断，可以使用 S7CPU 操作系统提供的不同的 OB 来处理、提取和插入中断，见表 4-5。

表 4-5　　　　　　　　　　　　　DPV1 中断组织块

DPV1 中断	OB	解　释
状态中断	OB55	一个模块操作状态的转换，如从运行到停止可以触发一个状态中断
更新中断	OB56	当某个槽重新组态后可能触发一个更新中断，本地或者远程访问参数后可能出现这个结果
生产厂家指定的中断	OB57	由 DPV1 生产厂家指定的中断

问 22 **多处理器中断适用于什么情况？**

答：多处理器意味着一个 S7-400 PLC 上同时有超过 1 个、最多 4 个 CPU 在运行。运行的 CPU 自动同步更改其运行模式，即这些 CPU 同时启动、同时停止。每个 CPU 中的用户程序互相独立运行，即控制任务可以并行。

以下情况下可以使用多处理器：

（1）当用户程序太大而一个 CPU 或存储器无法满足要求时。

（2）如果用户程序中的某些部分要求必须快速处理，则可将其放到另一个 CPU 中。

（3）如果一个系统可以清晰地分为几个部分，而且每部分可以各自独立控制，那么可以采用多个处理器。

可以调用 SFC35 "MP-ALM" 使多处理器模式下所有的 CPU 响应某些中断事件，调用 SFC35 触发一个多处理器中断而导致所有 CPU 调用 OB60。

当调用 SFC35 时，事件的信息以工作标识符的形式传递到所有的 CPU，工作标识符可区分 16 个不同的事件。对于多处理器中断，发送者用户程序以及其他 CPU 上的用户程序都要检查是否识别此工作标识符并动作。可以在用户程序的任何位置调用 SFC35，因为只在运行模式下调用，所以多处理器中断在停止模式下被禁止。多处理器中断只有在当前的多处理器中断被确认后下一次多处理器中断时才能被触发。

问23 错误处理的类型是什么？

答： S7-400 有很强的 PLC 内部的功能性错误或编程错误（或称故障）的检测和处理能力。CPU 检测到某种故障后，操作系统就会调用对应的组织块，可以在组织块中编程，对发生的错误采取相应的措施。对于大多数错误，如果没有编写相应的组织块处理程序，出现错误时 CPU 将进入停止状态。

S7 系统程序可以检测出下列错误：不正确的 CPU 功能、系统程序执行中的错误、用户程序中的错误和 I/O 中的错误。根据错误类型的不同，CPU 将采取不同的措施，如进入停止状态或调用一个错误处理 OB。

当 CPU 检测到错误时，会调用适当的组织块进行处理，见表 4-6，如果没有相应的错误 OB，CPU 将进入停止状态。用户可以在错误处理 OB 中编写处理这种错误的程序，以减小或消除错误的影响。

表 4-6 错误处理组织块

OB 号	错误类型
OB70	I/O 冗余错误（仅 H 系列 CPU）
OB72	CPU 冗余错误（仅 H 系列 CPU）
OB73	通信冗余错误（仅 H 系列 CPU）
OB80	时间错误
OB81	电源故障
OB82	诊断中断
OB83	插入、取出模块中断
OB84	CPU 硬件故障
OB85	优先级错误
OB86	机架故障或者分别式 I/O 站故障
OB87	通信错误
OB121	编程错误
OB122	I/O 访问错误

为避免发生某种错误时 CPU 进入停机状态，可以在 CPU 中建立一个对应的空的组织块。

操作系统检测到一个异步错误时，将启动相应的 OB。异步错误 OB 具有最高等级的优先级，如果当前正在执行的 OB 的优先级低于 26；异步错误 OB 的优先级为 26；如果当前正在执行的 OB 的优先级为 27（启动组织块），则异步错误 OB 的优先级为 28；其他 OB 不能中断它们。如果同时有多个相同优先级的异步错误 OB 出现，则将按出现的顺序处理它们。

可以利用 OB 中的变量声明表提供的信息来区别错误的类型，OB 的局域数据中的变量 OB8x-FLT-ID 和 OB12x-SW-FLT 包含有错误代码。

问 24 错误有几种分类？

答：被 S7 CPU 检测到并且用户可以通过组织块对其进行处理的错误分为两种基本类型：异步错误和同步错误。

异步错误是与 PLC 的硬件或操作系统密切相关的错误，与程序执行无关，不能跟踪到程序中的某个具体位置（如模块的诊断中断）。异步错误的后果一般比较严重。异步错误对应的组织块为 OB70～OB73 和 OB80～OB87，有最高的优先级。

同步错误是与程序执行有关的错误，可以跟踪到某一具体指令的位置，由同步错误所触发的错误处理组织块将作为程序的一部分来执行。OB121 和 OB122 用于处理同步错误，它们的优先级与出现错误时被中断的块的优先级相同，即同步错误 OB 中的程序可以访问块被中断时累加器和状态寄存器中的内容。对错误进行适当处理后，可以将处理结果返回被中断的块。

问 25 如何应用电源故障处理组织块（OB81）？

答：电源故障包括备用电池失效或未安装，S7-400 的 CPU 机架或扩展机架上的 DC 24V 电源故障。电源故障出现和消失时操作系统都要调用（OB81）。OB81 的局域变量 OB81-FLT-ID 是 OB81 的错误代码，用于指出属于哪一种故障，OB81-EV-CLASS 用于判断故障是刚出现还是刚消失。与其他类型的错误不同，当相应的错误 OB 不存在时，CPU 仍处于运行状态，此时 CPU 模块上的红色错误指示灯点亮。

问 26 如何应用时间错误处理组织块（OB80）？

答：循环监控时间的默认值为 150ms，时间错误包括实际循环时间超过设置的循环时间、因为向前修改时间而跳过日期时间中断、处理优先级时延迟太多等。如果时间错误在一个循环周期中发生两次，则 CPU 进入停机状态。

问 27 如何应用诊断中断处理组织块（OB82）？

答：如果模块有诊断功能并且激活了它的诊断中断，当它检测到错误时，以及错误消失时，操作系统都会调用 OB82。当一个诊断中断被触发时，有问题的模块自动在诊断中断 OB 的启动信息和诊断缓冲区存入 4 个字节的诊断数据和模块的起始地址。在编写 OB82 的程序时，要从 OB82 的启动信息中获得与出现的错误有关的更确切的诊断信息。例如，是哪一个通道出错，出现的是哪种错误。使用 SFC51 "RDSYSST" 可以读出模块的诊断数据，用 SFC52 "WRUSMSG" 可以将这些信息存入诊断缓冲区。也可以发送一个用户定义的诊断报文到监控设备。

OB82 在下列情况下被调用：有诊断功能的模块的断线故障、模拟量输入模块的电源故障、输入信号超过模拟量模块的测量范围等。

问 28 如何应用插入/拔出模块中断组织块（OB83）？

答：S7-400 可以在 RUN、STOP 或 STARTUP 模式下带电拔出和插入模块，但是不包括 CPU 模块、PS、IM 和带适配器的 S5 模块，上述操作将会产生插入/拔出模块中断。当模块插入时，操作系统检查所插入的模块类型是否正确。该功能允许在运行状态下插入或移除模块，即热插拔技术。

问 29 如何应用 CPU 硬件故障处理组织块（OB84）？

答：在 S7-400 中，当 CPU 检测到 MPI 网络的接口故障、通信总线的接口故障或分布式 I/O 网卡的接口故障时，操作系统调用 OB84。故障消除时也会调用该 OB。

问 30 如何应用优先级错误处理组织块（OB85）？

答：以下情况将会触发优先级错误中断：
（1）产生了一个中断事件，但是对应的 OB 块没有下载到 CPU。
（2）访问一个系统功能块的背景数据块时出错。
（3）刷新过程映像表时 I/O 访问出错，模块不存在或有故障。

问 31 如何应用机架故障组织块（OB86）？

答：扩展机架故障（不包括 CPU318）、DP 主站系统故障或分布式 I/O 的故障都会触发机架故障中断，故障产生和故障消失时，操作系统都将调用 OB86。

问32 如何应用通信错误组织块（OB87）？

答： 在使用通信功能块或全局数据（GD）通信进行数据交换时，如果出现通信错误，操作系统将调用 OB87。对于 S7-400，还包括其他错误，如不能发出同步信息等。

问33 同步错误的概念是什么？如何应用？

答： 同步错误是与执行用户程序有关的错误，程序中如果有不正确的地址区、错误的编号或错误的地址，都会出现同步错误，操作系统将调用同步错误 OB。同步错误可分为编程错误和访问错误，编程错误指在程序中调用一个 CPU 中并不存在的块，访问错误指访问的一个模块有故障或访问不存在的模块。OB121 用于处理编程错误，OB122 用于处理模块访问错误。

同步错误 OB 的优先级与检测到出错误的块的优先级一致。因此，OB121 和 OB122 可以访问中断发生时累加器和其他寄存器中的内容，用户程序可以用它们来处理错误。例如，出现对某个模拟量输入模块的访问错误时，可以在 OB122 中用 SFC44 定义一个替代值。

同步错误可以用 SFC36 "MASK-FLT" 来屏蔽，以使某些同步错误不触发同步错误 OB 的调用，但是 CPU 在错误寄存器中会记录发生的被屏蔽的错误。用错误过滤器中的一位来表示某种同步错误是否被屏蔽。错误过滤器分为程序错误过滤器和访问错误过滤器，分别占一个双字。

表 4-7 中的变量 PRGFLT-SET-MASK 和 ACCFLT-SET-MASK 分别用来设置程序错误过滤器和访问错误过滤器，某位为 1 表示该位对应的错误被屏蔽。屏蔽后的错误过滤器可以用变量 PRGFLT-MASKED 和 ACCFLT-MASKED 读出。错误信息返回值 RET-VAL 为 0 时表示没有错误被屏蔽，为 1 时表示至少有一个错误被屏蔽。

表 4-7   SFC36 "MASK-FLT" 的局域变量表

参　　数	声明	数据类型	存储区	描　　述
PRGFLT-SET-MASK	Input	DWORD	I、Q、M、D、L、常数	要屏蔽的程序错误
ACCFLT-SET-MASK	Input	DWORD	I、Q、M、D、L、常数	要屏蔽的程序错误
RET-VAL	Output	INT	I、Q、M、D、L	错误信息返回值
PRGFLT-MASKED	Output	DWORD	I、Q、M、D、L	被屏蔽的程序错误
ACCFLT-MASKED	Output	DWORD	I、Q、M、D、L	被屏蔽的程序错误

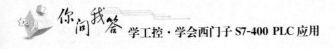

调用 SFC37 "MDSK-FLT" 并且在当前优先级被执行完后，将解除屏蔽的错误，并且消除当前优先级的事件状态寄存器中相应的位。

可以用 SFC38 "READ-ERR" 读出已经发生的被屏蔽的错误。

问 34 编程错误组织块（**OB**121）的错误代码含义是什么？

答： 出现编程错误时，CPU 的操作系统将调用 OB121。局域变量 OB121-SW-FLT 给出了错误代码，见表 4-8。

表 4-8   **OB121 中的错误代码**

B#16#21	BCD 转换错误 有关寄存器的标识符，如累加器 1 的标识符为 0
B#16#21 B#16#23 B#16#28 B#16#29 OB121FLT _ REG OB121 _ RESERVED _ 1	读操作时的区域长度错误 写操作时的区域长度错误 用指针读字节、字和双字时位地址不为 0 不正确的字节地址，可以从 OB121 _ RESERVED _ 1 读出数据区和访问类型 第 4～7 位为访问类型，第 0～3 位分别表示访问位、字节、字和双字 第 0～3 位为存储器区，第 0～7 位分别表示 I/O 区、过程映像输入表、过程映像输出表、位存储器、共享 DB、背景 DB、自己的局域数据和调用者的局域数据
B#16#21 B#16#27 OB121 _ FLT _ REG	读操作时的范围错误 写操作时的范围错误 低字节有非法区域的标识符（B#16#86 为自己的数据区）
B#16#26 B#16#27 OB121 _ FLT _ REG	定时器编号错误 计数器编号错误 非法的编号
B#16#30 B#16#31 B#16#32 OB121 _ FLT _ REG	对有写保护的全局 DB 的写操作 对有写保护的背景 DB 的写操作 访问共性 DB 时的 DB 编号错误 访问背景 DB 时的 DB 编号错误 非法的 DB 编号

续表

B♯16♯34	调用 FC 时的 FC 编号错误
B♯16♯35	调用 FB 时的 FB 编号错误
B♯16♯3A	访问未下载的 DB，DB 编号在允许范围
B♯16♯3C	访问未下载的 FC，FC 编号在允许范围
B♯16♯3D	访问未下载的 SFC，SFC 编号在允许范围
B♯16♯3E	访问未下载的 FB，FB 编号在允许范围
B♯16♯3F	访问未下载的 SFB，SFB 编号在允许范围
OB121＿FLT＿REG	非法的编号

问 35 **I/O 访问错误组织块（OB122）的功能是什么？**

答：STEP7 指令访问有故障的模块。例如，直接访问 I/O 错误（模块损坏或找不到），或者访问了一个 CPU 不能识别的 I/O 地址，此时 CPU 的操作系统将会调用 OB122。

OB122 的局域变量提供了错误代码、S7-400 出错的块的类型、出现错误的存储器地址、存储区与访问类型等信息。错误代码 B♯16♯44 和 B♯16♯45 表示错误相当严重。例如，可能是因为访问的模块不存在，导致多次访问出错，这时应采取停机措施。

对于某些同步错误，可以调用系统功能 SFC44，为输入模块提供一个替代值来代替错误值，以使程序能继续执行。

例 4-4 建立一个项目，在 OB1 中编写一段错误的指令如图 4-10 所示（访问错误的 I/O 地址）。

可以使用仿真软件模拟运行程序，CPU 上的红色 SF 灯亮，绿色的 RUN 灯熄灭，橙色的 STOP 灯亮，PLC 切换到停止状态。

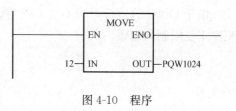

图 4-10　程序

在 SIMATIC 管理器中通过菜单命令"PLC"—"Diagnostics/Settings"—"Module Information"，打开"模块信息"对话框，选择"诊断缓冲区"选项卡，可以看到红色的错误标志，关于诊断缓冲区的详细内容将在后面进行介绍。

返回 SIMATIC 管理器，生成 OB1221（可以是一个空的模块），下载后重新运行，可以看到用 I0.0 调用 FC2 时不会停机，但是 SF 灯会亮。

问 36 冗余错误处理组织块的功能是什么?

答：当 PROFIBUS DP 出现冗余丢失时，如 DP 主站总线故障或 DP 从站接口模块故障等，H 系统 CPU 的操作系统调用 OB70。

可以使用 OB70 来获得 OB70 的启动信息，从而知道触发 I/O 冗余丢失的事件，利用 SFC51 来获得系统状态。

当出现 I/O 冗余错误而 OB70 没有编写程序时，CPU 不会停机。如果 OB70 下载了而 H 系统没有运行在冗余状态，则所有 CPU 都处理 OB70，H 系统保持冗余模式。

如果 H 系统 CPU 冗余丢失，或者出现比较错误等事件，则调用 OB72。通过 OB72 可以知道 CPU 冗余丢失的原因，使用 SFC51 获得系统状态。

当出现 CPU 冗余错误而 OB70 没有编写程序时，CPU 不会停机。

问 37 背景 OB 的功能是什么?

答：CPU 可以保证设置的最小扫描循环时间，如果它比实际的扫描循环时间长，在循环程序结束后 CPU 处于空闲的时间内可以执行背景组织块（OB90）。如果没有对 OB90 编程，CPU 要等到定义的最小扫描循环时间到达时，再开始下一次循环的操作。可以将对运行时间要求不高的操作放在 OB90 中去执行，以避免出现等待时间。

背景 OB 的优先级为 29（最低），不能通过参数设置进行修改。OB90 可以被所有其他的系统功能和任务中断。

由于 OB90 的运行时间不受 CPU 操作系统的监视，故可以在 OB90 中编写长度不受限制的程序。

PLC 控制系统的应用设计

问 1 **PLC 控制系统的总体设计顺序是什么？**

答：PLC 控制系统的总体设计是进行 PLC 应用设计至关重要的第一步，首先应当根据被控对象的要求，确定 PLC 控制系统的类型与 PLC 机型，然后根据控制要求编写用户程序，最后应当进行联机调试。

问 2 **PLC 控制系统的类型有几种？**

答：PLC 控制系统有 4 种类型，即单机控制系统、集中控制系统、远程 I/O 控制系统和分布式控制系统。

问 3 **单机控制系统的特点是什么？**

答：单机控制系统是由一台 PLC 控制一台设备或一条简易生产线，如图 5-1 所示。单机控制系统构成简单，所需要的 I/O 点数较少，存储容量小，选择 PLC 的型号时，无论目录是否有通信联网的要求，都应当选择有通信功能的 PLC，以适应将来系统功能扩充的要求。

问 4 **集中控制系统的特点是什么？**

答：集中控制系统由一台 PLC 控制多台设备或几条简易生产线，如图 5-2 所示。这种控制系统的特点是多个被控对象的位置比较接近，且相互之间的动作有一定的联系，由于多个被控对象通过同一台 PLC 控制，因此各个被控对象之间的数据、状态的变化不需要另设专门的通信线路。

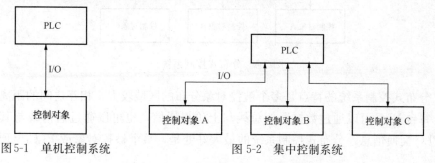

图 5-1　单机控制系统　　　　图 5-2　集中控制系统

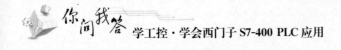

集中控制系统的最大缺点是如果某个被控对象的控制程序需要改变或 PLC 出现故障,整个系统都要停止工作。对于大型的集中控制系统,可以采用冗余系统来克服这个缺点,此时要求 PLC 的 I/O 点数和存储器容量有较大的余量。

问 5 远程 I/O 控制系统的特点是什么?

答:远程 I/O 控制系统就是 I/O 模块不是与 PLC 放在一起,而是远距离地放在被控对象附近,远程 I/O 通道与 PLC 之间通过同轴电缆连接传递信息,同轴电缆长度的大小要根据系统的需要选用。远程 I/O 控制系统的构成如图 5-3 所示。其中,使用 3 个远程 I/O 通道(A、B、D)和一个本地 I/O 通道(C)。

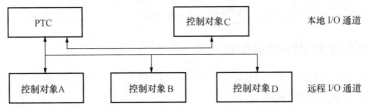

图 5-3　远程 I/O 控制系统

问 6 分布式控制系统的特点是什么?

答:分布式控制系统有多个被控对象,每个被控对象由一台具有通信功能的 PLC 控制,如图 5-4 所示。

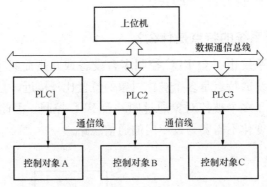

图 5-4　分布式控制系统

分布式控制系统的特点是多个被控对象分布的区域较大,相互之间的距离较远,每台 PLC 可以通过数据通信总线与上位机通信,也可以通过通信线与其他的 PLC 交换信息。分布式控制系统的最大好处是,某个被控对象或 PLC 出现故障时，不会影响其他的 PLC。

PLC 控制系统的发展是非常快的，在单机控制系统、集中控制系统、分布式控制系统之后，目前又提出了 PLC 的 EIC 综合化控制系统，即将电气（Electric）控制、仪表（Instrumentation）控制和计算机（Computer）控制集成于一体，形成先进的 EIC 控制系统，基于这种控制思想，在进行 PLC 控制系统的总体设计时，要考虑到如何同这种先进性相适应，并有利于系统功能的进一步扩展。

问7　PLC 控制系统设计的基本原则是什么？

答： PLC 控制系统的设计总体原则是：根据控制任务，在最大限度地满足生产机械或生产工艺对电气控制要求的前提下，运行稳定，安全可靠，经济实用，操作简单，维护方便。

任何一个电气控制系统所要完成的控制任务，都是为满足被控对象（生产控制设备、自动化生产线、生产工艺过程等）提出的各项性能指标，提高劳动生产率，保证产品质量，减轻劳动强度和危害程度，提升自动化水平。因此，在设计 PLC 控制系统时，应遵循如下基本原则：

（1）最大限度地满足被控对象提出的各项性能指标。为明确控制任务和控制系统应有的功能，设计人员在进行设计前，就应深入现场进行调查研究，搜集资料，与机械部分的工艺人员和实际操作人员密切配合，共同拟定电气控制方案，以便协同解决在设计过程中遇到的各种问题。

（2）确保控制系统的安全可靠。电气控制系统的可靠性就是生命线，不能安全可靠工作的电气控制系统，是不能长期投入生产运行的。尤其是在以提高产品数量和质量，保证生产安全为目标的应用场合，必须将可靠性放在首位。

（3）力求控制系统简单。在能满足控制要求和保证可靠工作的前提下，不失先进性，应力求控制系统结构简单。只有结构简单的控制系统才具有经济性、实用性的特点，才能做到使用方便和维护容易。

（4）留有适当的裕量。考虑到生产规模的扩大、生产工艺的改进、控制任务的增加以及维护方便的需要，要充分利用 PLC 易于扩充的特点，在选择 PLC 的容量（包括存储器的容量、机架插槽数、I/O 点的数量等）时，应留有适当的裕量。

问8　PLC 控制系统的设计步骤是什么？

答： PLC 控制系统的设计步骤如图 5-5 所示。下面就几个主要步骤进行进一步的说明。

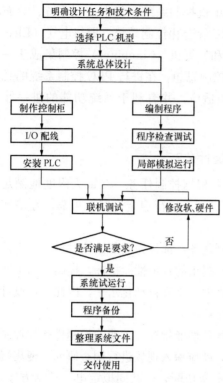

明确设计任务和技术条件

选择 PLC 机型

系统总体设计

制作控制柜   编制程序

I/O 配线   程序检查调试

安装 PLC   局部模拟运行

联机调试   修改软、硬件

是否满足要求？   否

是

系统试运行

程序备份

整理系统文件

交付使用

图 5-5   PLC 控制系统的设计步骤

（1）明确设计任务和技术条件。在进行系统设计之前，设计人员首先应该对被控对象进行深入的调查和分析，并熟悉工艺流程及设备性能。根据生产中提出来的问题，确定系统所要完成的任务。与此同时，拟定出设计任务书，明确各项设计要求、约束条件及控制方式。设计任务书是整个系统设计的依据。

（2）选择 PLC 机型。目前，国内外 PLC 生产厂家生产的 PLC 品种已达数百个，其性能各有优点，价格也不尽相同。在设计 PLC 控制系统时，要选择最适宜的 PLC 机型，一般应考虑下列因素：

1）系统的控制目标。设计 PLC 控制系统时，首要的控制目标是：确保控制系统安全可靠的稳定运行，提高生产效率，保证产品质量等，如果要求以极高的可靠性为控制目标，则需要构成 PLC 冗余控制系统，这时要从能够完成冗余控制的 PLC 型号中进行选择。

2）PLC 的硬件配置。根据系统的控制目标和控制类型，征求生产厂家的意见，再根据被控对象的工艺要求及 I/O 点数分配考虑具体配置问题。

（3）系统硬件设计。PLC 控制系统的硬件设计是指对 PLC 外部设备的设计。在硬件设计中，要进行输入设备的选择（操作按钮、开关及保护装置的输入信号等）、执行元件的选择（如接触器的线圈、电磁阀的线圈、指示灯等），以及控制台、柜的设计和选择和操作面板的设计。

通过用户 I/O 设备的分析、分类和整理，进行相应的 I/O 地址分配。在 I/O 设备表中，应包含 I/O 地址、设备代号、设备名称及控制功能，应尽量将相同类型的型号、相同电压等级的信号地址安排在一起，以便于施工和布线，并依次绘制出 I/O 接线图。对于较大的控制系统，为便于设计，可依据工艺流程，将所需要的定时器、计数器及内部辅助继电器、变量寄存器也进行相应的地址分配。

（4）系统软件设计。对于电气设计人员来说，控制系统软件的设计就是用梯形图编写控制程序，可采用经验设计或逻辑设计，对于控制规模比较大的系统，可根据工艺流程图，将整个流程分解为若干步，确定每步的转换条件，配合分支、循环、跳转及某些特殊功能，以便很容易地转换为梯形图设计。对于传统的继电-接触器控制线路的改造，可根据原系统的控制线路图，将某些桥式电路按照梯形图的编程规则进行改造后，直接转换为梯形图。这种方法设计周期短，修改、调试程序简单方便，软件设计可以与现场施工同步进行，以缩短设计周期。

（5）系统的局部模拟运行。上述步骤完成后，便有了一个 PLC 控制系统的雏形，接着便进行模拟调试。在确保硬件工作正常的条件下，再进行软件调试。在调试控制程序时，应本着从上到下、先内后外、先局部后整体的原则，逐句逐段地反复调试。

（6）联机调试。这是较关键性的一步。应对系统性能进行评价后再做出改进。反复修改，反复调试，直到满足要求为止。为了判断系统各部件工作的情况，可以编制一些短小而针对性强的临时调试程序（待调试结束后再删除）。在系统联机调试中，要注意使用灵活的技巧，以加快系统调试过程，缩短开发周期。

问9　减少 PLC 的 I/O 点数的方法有几种？

答：为了提高 PLC 系统的可靠性，并减少 PLC 控制系统的造价，在设计 PLC 控制系统或对老设备进行改造时，往往会遇到输入点数不够或输出点数不够而需要扩展的问题，当然，可以通过增加 I/O 扩展单元或 I/O 模板来解决，但会造成一定的经济负担，若不需要增加很多的点，可以对输入信号或输出信号进行一定的处理，节省一些 PLC 的 I/O 点数，使问题得到解决，下面介绍几种常用的减少 PLC 的 I/O 点数的方法。

（1）减少 PLC 输入点数的方法。

1）分时分组输入。自动程序和手动程序不会同时执行，自动和手动这两种工作方式使用的输入量可以分成两组输入，如图 5-6 所示。I1.0 用来输入自动/手动命令信号，供自动程序和手动程序切换使用。

图 5-6 中的二极管用来切断寄生电路，假设图中没有二极管，系统处于自动状态，S1、S2、S3 闭合，S4 断开，这时电流从 L+ 端子流出，经 S3、S1、S2 形成的寄生回路流入 I0.1 端子，使输入端 I0.1 错误地变为 ON。各开关串联了二极管，切断了寄生回路，避免了错误输入的产生。

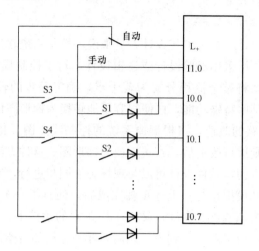

图 5-6　分时分组输入

2）输入触点的合并。如果某些外部输入信号总是以某种"与或非"组合的整体形式出现在梯形图中，可以将它们对应的触点在 PLC 外部串联、并联后作为一个整体输入到 PLC，这只占 PLC 的一个输入点。

例如，某负载可有多个启动和停止信号，可以将 3 个启动信号并联，将 3 个停止信号串联，分别送给 PLC 的两个输入点，如图 5-7 所示。与每一个启动信号和停止信号占用一个输入点的方法相比，不仅节约了输入点，还简化了梯形图电路。

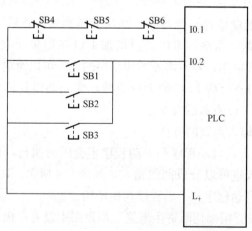

图 5-7　输入触点合并

3）将信号设置在 PLC 之外。系统的某些输入信号，如通过手动操作按钮复位的电动机热继电器 FR 的常闭触点提供的信号，可以设置在 PLC 外部的硬件电路中，如图 5-8 所示。需要注意的是，某些手动按钮需要串联一些安全联锁触点，若外部硬件联锁电路过于复杂，则应考虑仍将有关信号送入 PLC，用梯形图实现过于复杂的联锁。

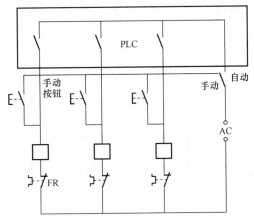

图 5-8　信号设置在 PLC 之外

（2）减少 PLC 输出点数的方法。在 PLC 输出功率允许的条件下，通/断状态完全相同的多个负载并联后，可以共用一个输出点，通过外部的或 PLC 控制转换开关的切换，一个输出点可以控制两个或多个不同工作的负载，与外部元器件的触点配合，可以用一个输出点控制两个或多个有不同要求的负载。用一个输出点控制指示灯常亮或闪烁，可以显示两种不同的信息。

在需要用指示灯显示 PLC 驱动的负载（如接触器线圈）状态时，可以将指示灯与负载并联，并联时指示灯与负载的额定电压应相同，总电流不应超过允许的值，可以选用电流小、工作可靠的 LED（发光二极管）指示灯。可以用接触器的辅助触点来实现 PLC 外部的硬件联锁。

系统中某些相对独立或比较简单的部分，可以直接用继电-接触器控制电路来实现控制，这样减少了所需的 PLC 输入点和输出点。

如果直接用数字量输出点来控制多位 LED 七段显示器，所需的输出点是很多的，在图 5-9 所示的电路中，具有锁存、译码、驱动功能的芯片 CD4513 驱动共阴极 LED，两只 CD4513 的数据输入端 A~D 共用 PLC 的 4 个输出端，其中，A 为最低位，D 为最高位，LE 为高电平时，显示的数不受数据输入信号的影响。显然，N 个显示器占用的输出点数降到了 4+N。

如果使用继电器输出模块，应在与 CD4513 相连的 PLC 各输出端与"地"

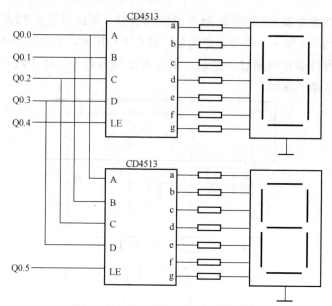

图 5-9　PLC 数字显示电路

之间分别接一个几千欧姆的电阻，以避免在输出继电器输出触点断开时 CD45413 的输入端悬空，输出继电器的状态变化时，其触点可能抖动，因此应先送数据输出信号，待信号稳定后，再用 LE 信号的上升沿将数据锁存进 CD4513。

如果需要显示和输入的数据较多，可以使用 TD200 文本显示器或其他操作面板。

问 10　供电系统设计指的是什么？

答：供电系统设计是指 PLC 的 CPU 电源、I/O 模板工作电源及控制系统完整的供电系统设计。

问 11　系统供电电源应如何设计？

答：系统供电电源设计包括供电系统的一般性保护措施、PLC 电源模板的选择和典型供电电源系统的设计。在 PLC 供电系统中一般可采取隔离变压器、UPS 电源、双路供电等措施。

（1）使用隔离变压器的供电系统。图 5-10 所示为使用隔离变压器的供电系统，PLC 和 I/O 系统分别由各自的隔离变压器供电，并与主电路电源分开。这样当某一部分电源出现故障，不会影响其他部分，当输入、输出供电中断时 PLC 仍能继续供电，提高了供电的可靠性。

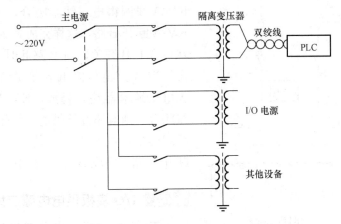

图 5-10 使用隔离变压器的供电系统

（2）UPS 供电系统。不间断电源 UPS 是电子计算机的有效保护配置，当输入交流电失电时，UPS 能自动切换到输出状态继续向控制器供电，图 5-11 所示为 UPS 的供电系统。根据 UPS 的容量，在交流电被切断后仍可继续向 PLC 供电 10～30min。因此对于非长时间停电的系统，其效果非常显著。

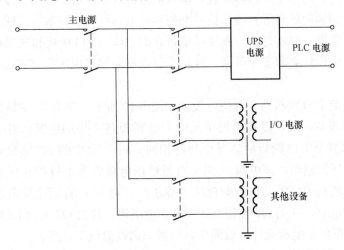

图 5-11 UPS 供电系统

（3）双路供电系统。为了提高供电系统的可靠性，交流供电最好采用双路，其电源应分别来自两个不同的变电站。当一路供电出现故障时，能自动切换到另

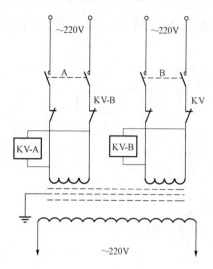

图 5-12 双路供电系统

一路供电。双路供电系统如图 5-12 所示。KV 为欠电压继电器,若先合 A 开关,KV-A 线圈得电,铁心吸合,其常闭触点 KV-A 断开 B 路,这样完成 A 路供电控制,然后合上 B 开关,而 B 路此时处于备用状态。当 A 路电压降低到整定值时,KV-A 欠电压继电器铁心释放,KV-A 的常闭触点闭合,则 B 路开始供电,与此同时 KV-B 线圈得电,铁心吸合,其常闭触点 KV-B 断开 A 路,完成 A 路到 B 路的切换。

问 12 **I/O 模板供电电源应如何设计?**

答:I/O 模板供电电源设计是指系统中传感器、执行机构、各种负载与 I/O 模板之间的供电电源设计,在实际应用中,普遍使用的 I/O 模板基本上是采用 24V 直流供电电源和 220V 交流供电电源,这里主要介绍这两种供电情况下数字量 I/O 模板的供电设计。

(1) 24V 直流 I/O 模板的供电设计。PLC 控制系统中,24V 直流 I/O 模板使用最为广泛。对于工业过程来说,输入信号来自各种接近开关、按钮、拨码开关、接触器的辅助触点等;输出信号则控制继电器线圈、接触器线圈、电磁阀线圈、伺服阀线圈、显示灯等。要使系统可靠的工作,I/O 模板和现场传感器、负载之间的供电设计必须安全可靠,这是控制系统能够实现所要完成的控制任务的基础。

24V 直流 I/O 模板的一般供电设计如图 5-13 所示。图 5-13 中给出了主机电源中 I/O 模板各一块,以及扩展单元中 I/O 模板各一块的情况。对于包括多个单元在内的多个 I/O 模板的情况也与此相同。图 5-13 中的 220V 交流电源可以来自交流稳压器输出,该电源经 24V 直流稳压电源后为 I/O 模板供电,为防止检测开关和负载的频繁动作影响稳压电源工作,在 24V 直流稳压电源输出端并联一个电解电容,开关 Q1 控制 DO 模板供电电源;开关 Q2 控制 DI 模板供电电源,I/O 模板供电电源设计比较简单,一般只需注意以下几点。

1) I/O 模板供电电源是指与工业控制过程现场直接相连的 PLC 系统 I/O 模板的工作电源。它主要是依据现场传感器和执行机构(负载)实际情况而定,它的工作情况并不影响 PLC 的 CPU 工作。

2) 24V 直流稳压电源的容量选择主要是根据输入模板的输入信号为"1"

时的输入电流和输出模板的输出信号为"1"时负载的工作电流而定。在计算时应考虑所有 I/O 点同时为"1"的情况，并留有一定裕量。

3）开关 Q1 和开关 Q2 分别控制输出模板和输入模板供电电源。在系统启动时，应首先启动 PLC 的 CPU，然的再合上输入开关 Q2 和输出开关 Q1。当现场输入设备或执行机构发生故障时，可立即关闭开关 Q1 和开关 Q2。

（2）220V 交流 I/O 模板的供电设计。

对于实际工业过程，除了 24V 直流 I/O 模板外，还广泛地使用着 220V 交流 I/O 模板，所以有必要介绍一下 220V 交流 I/O 模板的供电设计。

在 24V 直流 I/O 模板供电设计的基础上，只要去掉 24V 直流稳压电源，并将图 5-13 中的直流 24V I/O 模板换为交流 220V I/O 模板，就实现了 220V 交流 I/O 模板的供电设计，如图 5-14 所示。

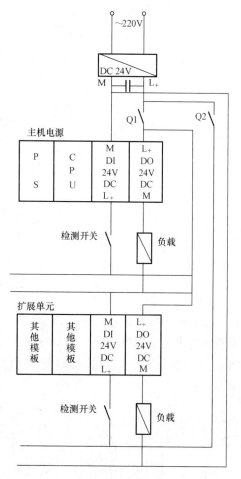

图 5-13　24V 直流 I/O 模板的一般供电设计

图 5-14 给出了在一个主机单元中，I/O 模板各一块的情况，交流 220V 电源可直接取自整个供电系统的交流稳压器的输出端，对于包括扩展单元的多块 I/O 模板与此完全相同。需要注意的是，在设计交流稳压器时要增加相应的容量。

问 13　接地设计主要通过什么方法？

答：接地是抑制干扰、使系统可靠工作的主要方法，它的基本目的有两个：消除各电路电流经公共地线阻抗所产生的噪声电压和避免磁场与电位差的影响，使其不形成地环路，防止造成噪声耦合，PLC 一般应与其他设备分别采用各自独立的接地装置，如图 5-15（a）所示。若有其他因素影响而无法做到，也可以采用公共接地方式，可与其他设备共用一个接地装置，如图 5-15（b）所示。但

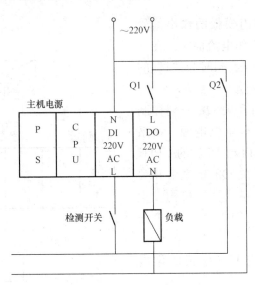

图 5-14　220V 交流 I/O 模板的供电设计

是，禁止使用串联接地的方式，如图 5-15（c）所示，或者把接地端子接到一个建筑物的大型金属框架上，因为这种接地方式会在各设备间产生电位差，会对 PLC 产生不利影响。PLC 接地导线的截面面积应大于 $2mm^2$，接地电阻应小于 100Ω。

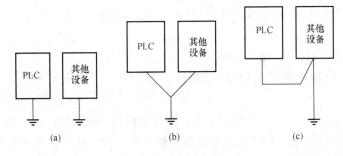

图 5-15　PLC 接地
（a）独立接地；（b）公共接地；（c）串联接地

问 14　PLC 的 I/O 电路的设计应注意哪些问题？

答：设计 I/O 电路通常还要考虑以下问题：

（1）一般情况下，I/O 元器件可以直接与 PLC 的 I/O 端子相连，但是，当配线距离较长或接近强干扰源或大负荷频繁通断的外部信号，最好加中间继电器再次隔离。

（2）输入电路一般由 PLC 内部提供电源，输出电路需根据负载额定电压和额定电流外接电源。输出电路需注意每个输出点可能输出的额定电流及公共端子的总电流的大小。

（3）对于双向晶闸管及晶体管输出型的 PLC，若输出点接感性负载，为保证输出点的安全，防止干扰，需并接过电压吸收回路。对交流负载应并接浪涌吸收回路，如阻容电路（电阻取 $51\sim120\Omega$，电容取 $0.1\sim0.47F$，电容的额定电压应大于电源峰值电压）或压敏电阻，如图 5-16 所示。对直流负载需并联续流二极管，续流二极管可以选 1A 的管子，其额定电压应大于电源电压的 3 倍，如图 5-17 所示。

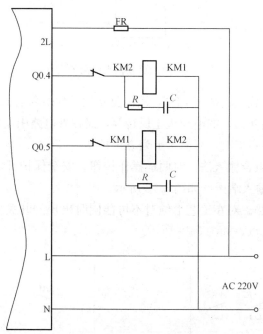

图 5-16 交流负载输出电路的设计

（4）当接近开关，光电开关这一类两线式传感器的漏电流较大时，可能会出现故障的输入信号。通常在输入端并联旁路电阻，以减小输入电阻。旁路电阻的阻值 R 可由下式确定

$$I\frac{RU_e I_e}{R+U_e I_e}\leqslant U_L$$

式中：I 为传感器漏电流；U_e、I_e 分别为 PLC 的额定输入电压和额定输入电流；U_L 为 PLC 输入电压低电平的上限值。

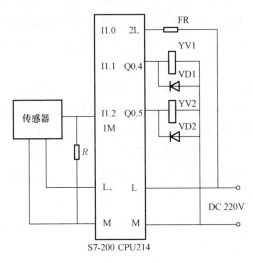

图 5-17　直流负载输出电路的设计

（5）为防止负载短路损坏 PLC，输出公共端需加熔断器保护。

（6）对重要的互锁，如电动机正反转等，需在外电路中用硬件再互锁。

（7）当输入点不够时，可参考下列方法扩展：

1）硬件逻辑组合输入法。对两地操作按钮、安全保护开关等可先进行串并联后再接入 PLC 输入端子，如图 5-18 所示。

2）译码输入法。对在工艺上绝对不可能同时出现的开关信息，用二极管译码的方法扩展输入点，如图 5-19 所示。

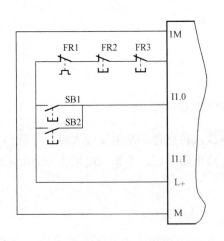

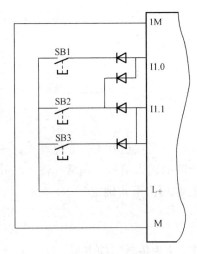

图 5-18　硬件逻辑组合输入法　　　　图 5-19　译码输入法

3）分组输入法。对在工艺中不同工作方式使用的输入点，可通过外电路分组的方法达到扩展输入点的目的，如图 5-20 所示。

4）二极管矩阵输入法。当 PLC 的输出点富裕且输入点不够用时，可通过对输出点的扫描，实现二极管矩阵输入，从而大大扩展输入点数，如图 5-21 所示。

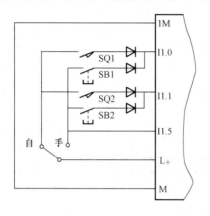 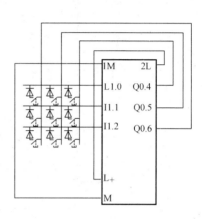

图 5-20　分组输入法　　　　　　图 5-21　二极管矩阵输入法

5）输入按钮直接控制法。将输入按钮直接连接在需要控制的输出设备上，以减少对输入点数的使用，如图 5-22 所示。

（8）对输出点不够时，可参考下列方法扩展。

1）输出分组控制法。对不同时工作的负载，可通过分组控制的方法减少输出点的使用，如图 5-23 所示。

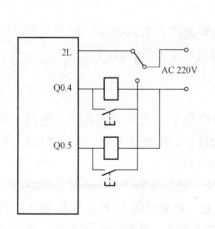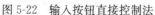 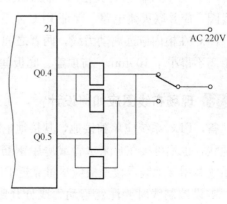

图 5-22　输入按钮直接控制法　　　　图 5-23　输出分组控制法

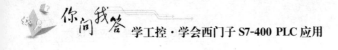
2）输出继电器接点译码法。通过输出继电器接点译码可扩展输出点，如图 5-24 所示。

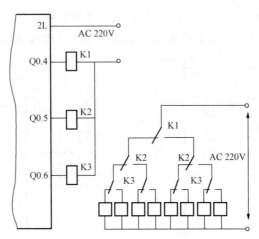

图 5-24　输出继电器接点译码法

问 15　电气柜结构应如何设计？

答： PLC 的主机和扩展单元可以和电源断路器、控制变压器、主控继电器以及保护电器一起安装在电气柜内，电气柜既要防水、防粉尘、防腐蚀，又要注意散热，若 PLC 的环境温度大于 550℃，要用风扇强制冷却。

与 PLC 装在同一开关柜内，但不是由 PLC 控制的电感性元器件，如接触器的线圈，应并联灭弧电路，保证 PLC 不受干扰。

PLC 在柜内应远离动力线，两者之间的距离应大于 200mm，PLC 与柜壁间的距离不得小于 100mm，与顶盖、底板间距离要在 150mm 以上。

问 16　现场布线图应如何设计？

答： PLC 系统应单独接地，其接地电阻应小于 100Ω，不可与动力电网共用接地线，也不可接在自来水管或房屋钢筋构件上，但允许多个 PLC 主机或与弱电系统共用接地线，接地极应尽量靠近 PLC 主机。

敷设控制线时要注意与动力线分开敷设（最好保持 200mm 以上的距离），分不开时要加屏蔽措施，屏蔽要有良好接地，控制线要远离有较强电气过渡现象发生的设备（如晶闸管整流装置、电焊机等）。交流线与直流线、输入线与输出线最好分开走线。开关量、模拟量 I/O 线最好分开敷设，后者最好用屏蔽线。

问 17 冗余设计分为几种？

答： 冗余设计的目的是在 PLC 已可靠工作的基础上，再进一步提高其可靠性，减少出故障的概率，减少故障后修复的时间。

（1）冷备份冗余系统。在冗余控制系统中，整个 PLC 控制系统（或系统中最重要的部件，如 CPU 模块）有一套或多套作为备份。

冷备份冗余系统是指备份的模板没有安装在设备上，只是放在备份库待用，如图 5-25 所示。如何选择冷备份的数量，需要谨慎考虑。

（2）热备份冗余系统。热备份冗余系统是指冗余的模板在线工作，只是不参与控制，如图 5-26 所示。一旦参与控制的模板出现故障，它可自动接替工作，系统可不受停机损失。

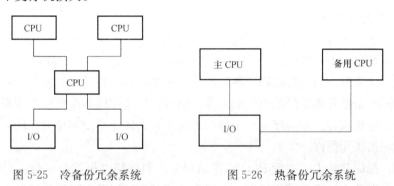

图 5-25　冷备份冗余系统　　　　图 5-26　热备份冗余系统

问 18 软件抗干扰方法是什么？

答： 软件滤波也是被经常采用的方法，该方法可以很好地抑制对模拟信号的瞬时干扰。在控制系统中，最常用的是均值滤波法，用 N 次采样值的平均值来代替当前值，每新打样一次就与最近的 $N-1$ 次的历史采样值相加，然后除以 N，将结果作为当前采样值。软件滤波的算法很多，根据控制要求来决定具体的算法。另外，在软件上还可以进行其他处理，如看门狗定时设置。

问 19 工作环境处理主要包括几个方面？

答： 环境条件对 PLC 的控制系统可靠性影响很大，必须针对具体应用场合采取相应的改善环境措施。环境条件主要包括温度、湿度、振动和冲击以及空气质量等。

（1）温度。高温容易使半导体元器件性能恶化，使电容元器件等漏电流增大，模拟回路的漂移较大、精度降低，结果造成 PLC 故障率增大，寿命降低，温度过低，模拟回路的精度也会降低，回路的安全系数变小，甚至引起控制系统的动作不正常，特别是温度急剧变化时，影响更大。

解决高温问题，一是在盘、柜内设置风扇或冷风机；二是把系统置于有空调的控制室内；三是安装控制器时上下要留有适当的通风距离，I/O 模块配线时要使用导线槽，以免妨碍通风。电阻器或电磁接触器等发热体应远离控制器，并把控制器安装在发热体的下面。解决低温问题则相反，一是在盘、柜内设置加热器；二是停运时不切断控制器和 I/O 模块的电源。

（2）湿度。在湿度大的环境中，水分容易通过金属表面的缺陷浸入内部，引起内部元器件的恶化，印制电路板可能由于高压或高浪涌电压而引起短路。在极干燥的环境下，绝缘物体上会产生静电，特别是集成电路，由于输入阻抗高，因此可能因静电感应而损坏。

控制器不运行时，温度、湿度的急骤变化可能引起结露，使绝缘电阻大大降低，特别是交流 I/O 模块，绝缘的恶化可能产生预料不到的事故，对湿度过大的环境，要采取适当的措施降低环境湿度：一是把盘、柜设计成密封型，并加入吸湿剂；二是把外部干燥的空气引入盘、柜内；三是在印制电路板上涂覆一层保护层，如松香水等。在湿度低、干燥的环境下，人体应尽量不接触模块，以防感应静电而损坏元器件。

（3）振动和冲击。一般 PLC 的振动和冲击频率超过极限时，会引起电磁阀或断路器误动作、机械结构松动、电气部件疲劳损坏以及连接器的接触不良等后果。在有振动和冲击时，主要措施是要查明振动源，采取相应的防振措施，如采用防震橡皮、对振动源隔离等。

（4）空气质量。PLC 系统周围空气中不能混有尘埃、导电性粉末、腐蚀性气体、油雾和盐分等。尘埃可引起接触部分的接触不良，或堵住过滤器的网眼；导电性粉末可引起误动作、绝缘性能变差和短路等；油雾可能会引起接触不良和腐蚀塑料；腐蚀性气体和盐分会腐蚀印制电路板、接线头及开关触点，造成继电器或开关类的可动部件接触不良。

对不清洁环境中的空气可采取以下措施：一是盘、柜采用密封型结构；二是盘、柜内充入正压清洁空气，使外界不清洁空气不能进入盘、柜内部。

问 20 抑制电路的功能是什么？

答：安装带抑制电路的感应负载以便在控制输出常开时限制电压上升。抑制电路保护输出不因高感应电流而过早发生故障。此外，抑制电路在切换感应负载时限制产生的电气噪声。

抑制电路的效果取决于应用情况，并且必须为特定用途进行检验，始终确保抑制电路中使用的所有组件都达到应用中使用的等级。

问 21 用于 DC 负载的抑制电路如何工作？

答：图 5-27 所示为 DC 负载的抑制电路。在大部分应用中，在感应负载上并联一个二极管（A）即可，如果在应用中需要更快的断开时间，那么建议串联稳压二极管（B），确保正确调整稳压二极管的大小，以适合输出电路中的电流量。

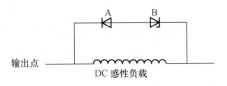

<table>
<tr><td>

图 5-27　DC 负载的抑制电路

A—IN4001 二极管或类似元器件；B—晶体管输出选 8.2V 齐纳二极管；继电器输出选 36V 齐纳二极管

</td><td>

图 5-28　AC 负载的抑制电路

</td></tr>
</table>

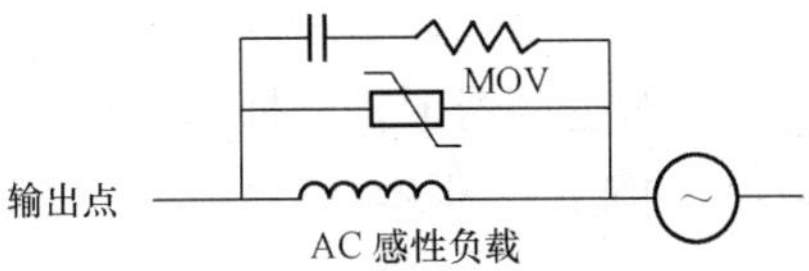

问 22 用于 AC 负载的抑制电路如何工作？

答：图 5-28 所示为 AC 负载的抑制电路，使用继电器或 AC 输出来转换 AC 115V/230V 负载时，布置电阻器/电容器网络，与 AC 负载并联。也可以使用金属氧化物变阻器（MOV）来限制峰值电压，确保 MOV 的工作电压至少高出额定线路电压 20%。

问 23 抗干扰措施包括哪些？

答：PLC 系统可能会受到电网的干扰、接地系统的电磁干扰及变频器的干扰，针对这些情况，应采取以下防干扰措施。

（1）电源的合理处理，抑制电网的干扰。对于电源引入的电网干扰可以安装一台带屏蔽层的变比为 1:1 的隔离变压器，以减少设备与地之间的干扰，还可以在电源输入端串接 LC 滤波电路。

（2）正确选择接地点，完善接地系统。PLC 控制系统的地线包括系统地、屏蔽地、交流地和保护地等。接地系统对 PLC 系统的干扰主要是各个接地点电位分布不均，不同接地点间存在地电位差，引起地环路电流，影响系统正常工作。例如，电缆屏蔽层必须一点接地，如果电缆屏蔽层两端 A、B 都接地，就存在地电位差，有电流流过屏蔽层，当发生异常状态如雷击时，地线电流将更大。

此外，屏蔽层、接地线和大地有可能构成闭合环路，在变化磁场的作用下，屏蔽层内又会出现感应电流，通过屏蔽层与芯线之间的耦合，干扰信号回路。若系统地与其他接地处理混乱，所产生的地环流就有可能在地线上产生不等电位分布，影响 PLC 内逻辑电路和模拟电路的正常工作。PLC 工作的逻辑电压干扰容限较低，逻辑地电位的分布干扰容易影响 PLC 的逻辑运算和数据存储，造成数据混乱，模拟地电位的分布将导致测量精度下降，引起对信号测控的严重失真和误动作。

（3）对变频器干扰的抑制。对变频器干扰的抑制一般有下面几种方式。

1）加隔离变压器。主要是针对来自电源的传导干扰，可以将绝大部分的传导干扰阻隔在隔离变压器之前。

2）使用滤波器。滤波器具有较强的抗干扰能力，还具有防止将设备本身的干扰传导给电源的功能，有些还兼有尖峰电压吸收功能。

3）使用交流电抗器。在变频器到电动机之间增加交流电抗器主要是减少变频器输出在能量传输过程中线路产生的电磁辐射，避免影响其他设备正常工作。

问 24 水塔水位控制系统的设计要求是什么？

答：水塔水位控制装置如图 5-29 所示。

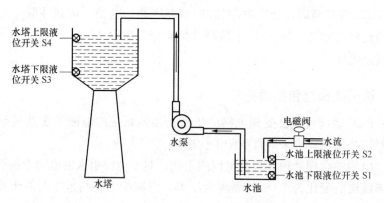

图 5-29 水塔水位控制装置

当水池液位低于下限位时，下限液位开关 S1 为 ON，电磁阀打开，开始往水池里注水，在 4s 以后，若水池液位没有超过水池下限液位，则系统发出报警；若系统正常，此时水池下限液位开关 S1 为 OFF，表示液位高于下限液位。当水池液面高于上限液位，则 S2 为 ON，电磁阀关闭。

当水塔水位低于水塔下限液位时，水塔下限液位开关 S3 为 ON，水泵开始工作，向水塔供水，当 S3 为 OFF 时，表示水塔液位高于水塔下限液位。当水塔液面高于水塔上限液位时，则水塔上限液位开关 S4 为 OFF，水泵停止。

当水塔液位低于下限液位，同时水池液位也低于下限液位时，水泵不能启动。

问 25 **水塔水位控制系统主电路是怎样的？**

答：水塔水位控制系统主电路如图 5-30 所示。

问 26 **水塔水位控制系统 I/O 接口如何分配？**

答：表 5-1 中列出了水塔水位控制系统 PLC 的 I/O 接口分配。

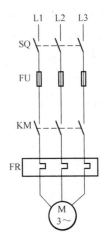

图 5-30 水塔水位控制系统主电路

表 5-1 水塔水位控制系统 PLC 的 I/O 接口分配

输入信号	输入变量名	输出信号	输出变量名
I0.0	启动开关	Q4.0	水阀 M1
I0.1	停止开关	Q4.1	水阀 M2
I0.2	水池下限位	Q4.2	水池下限指示灯 A1
I0.3	水池上限位	Q4.3	水池水位报警指示灯 A2
I0.4	水塔下限位	Q4.4	水池上限指示灯 A3
I0.5	水塔上限位	Q4.5	水塔下限指示灯 A4
		Q4.6	水塔水位报警指示灯 A5
		Q4.7	水塔上限指示灯 A6

问 27 **水塔水位控制系统的 I/O 设备包括哪些？**

答：这是一个单体控制小系统，没有特殊的控制要求，它有 6 个开关量，开关量输出触点数有 8 个，输入、输出触点数共有 14 个，只需选用一般中小型控

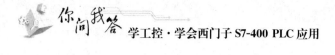

制器即可。据此，可以对 I/O 点进行地址分配。

问 28 水塔水位控制系统 PLC 软件设计如何进行？

答：（1）程序流程。根据设计要求，水塔水位控制系统的 PLC 控制流程如图 5-31 所示。

这种分时操作的过程称为 CPU 对程序的扫描。扫描从 0000 号存储地址所存放的第一条用户程序开始，在无中断或跳转控制的情况下，按存储地址号递增顺序逐条扫描用户程序，也就是顺序逐条执行用户程序，直到程序结束。每扫描完一次程序就构成一个扫描周期，然后再从头开始扫描，并周而复始。

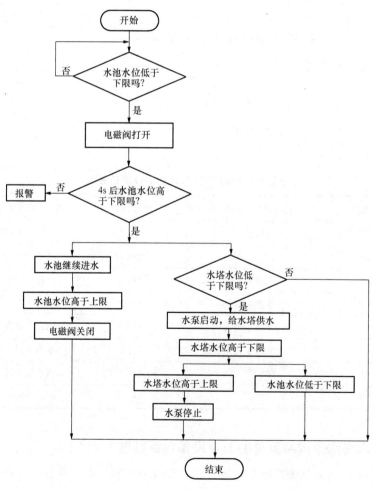

图 5-31 水塔水位控制系统 PLC 控制流程

（2）工作过程。设水塔、水池初始状态都为空，4个液位指示灯全灭，当执行程序时，扫描到水池液位低于水池下限液位时，水阀打开，开始往水池里进水；如果进水超过4s，而水池液位没有超过水池下限位，说明系统出现故障，

系统就会自动报警，水池报警灯A1亮，若4s之后水池液位按预定的超过水池下限位，说明系统在正常地工作，水池下限位的指示灯A1亮，此时，水池的液位已经超过了下限位，系统检测到此信号时，由于水塔液位低于水塔下限位，水泵开始工作，向水塔供水；如果进水超过4s，而水塔液位没有超过水下限位，说明系统出现故障，系统就会自动报警，水塔报警灯A5亮。当水池的液位超过水池上限液位时，水池上限指示灯A3亮，水阀就关闭；但是水塔现在还没有装满，可此时水塔液位已经超过水塔下限液位，则水塔下限指示灯A4亮；水泵继续工作，在水池抽水向水塔供水，水塔抽满时，水塔液位超过水塔上限，水塔上限指示灯A6亮，但刚才给水塔供水的时候，水泵已经把水池的水抽走了，此时水池液位已经低于水池上限，水池上限指示灯A3灭。此次给水塔供水完成。

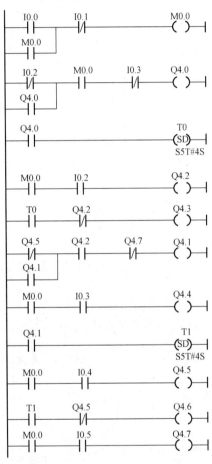

图5-32 水塔水位控制系统梯形图

（3）水塔水位控制系统梯形图。根据水塔水位控制要求，控制系统梯形图如图5-32所示。

1）启停程序。启停程序梯形图如图5-33所示。

2）水阀控制程序。水阀控制程序梯形图如图5-34所示。

3）水池下限液位指示程序。水池下限液位指示程序梯形图如图5-35所示。

4）水池水位报警程序。水池水位报警程序梯形图如图5-36所示。

5）水池水位上限指示程序。水池水位上限指示程序梯形图如图5-37所示。

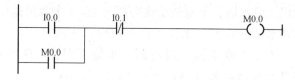

图 5-33　启停程序梯形图

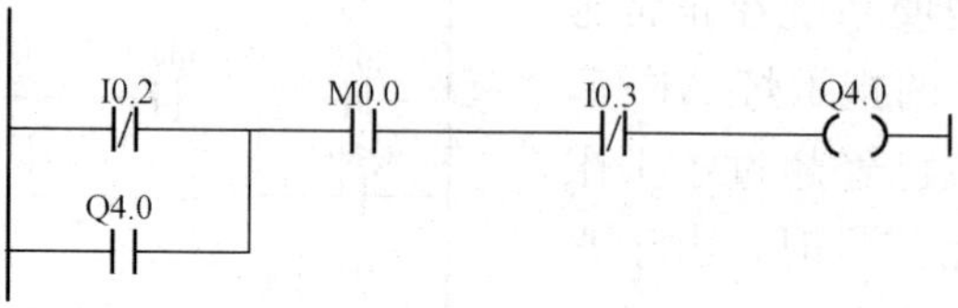

图 5-34　水阀控制程序梯形图

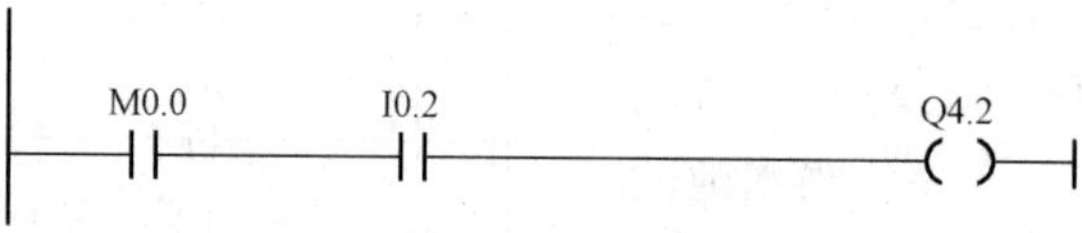

图 5-35　水池下限液位指示程序梯形图

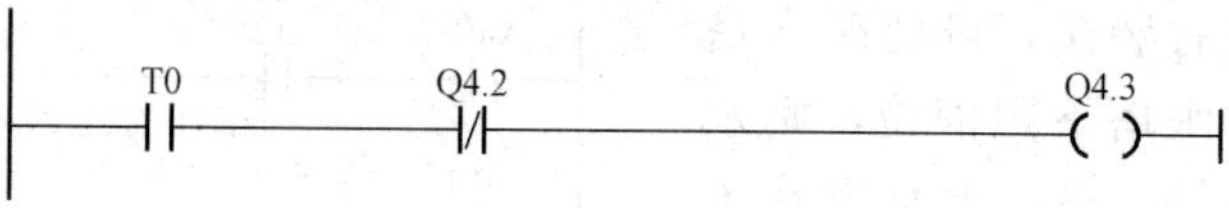

图 5-36　水池水位报警程序梯形图

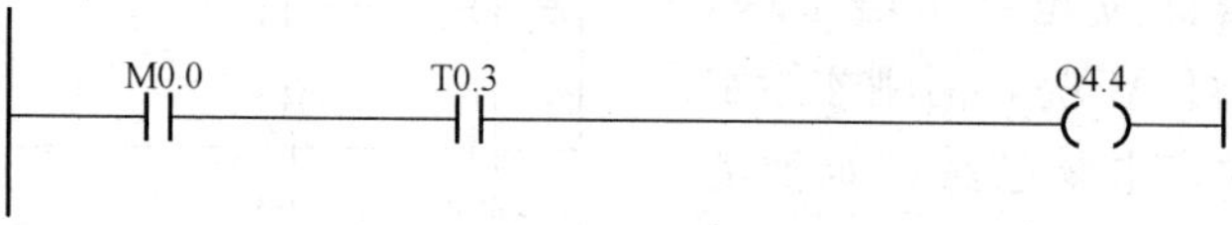

图 5-37　水池水位上限指示程序梯形图

6）水泵启停控制程序。水泵启停控制程序梯形图如图 5-38 所示。

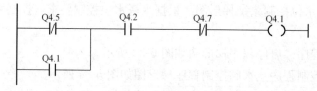

图 5-38　水泵启停控制程序梯形图

7）水塔水位下限指示程序。水塔水位下限指示程序梯形图如图 5-39 所示。

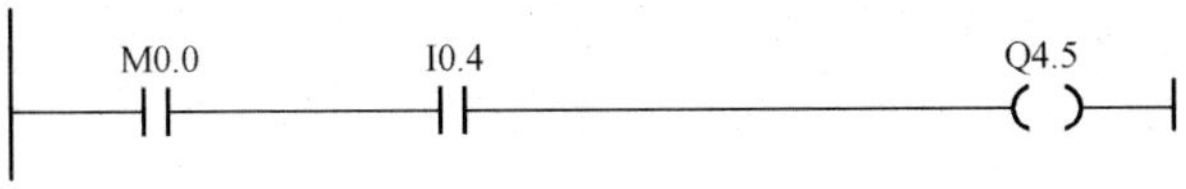

图 5-39   水塔水位下限指示程序梯形图

8）水塔水位报警程序。水塔水位上限指示程序梯形图如图 5-40 所示。

图 5-40   水塔水位报警程序梯形图

9）水塔水位上限指示程序。水塔水位上限指示程序梯形图如图 5-41 所示。

图 5-41   水塔水位上限指示程序梯形图

S7-400 PLC 工业通信网络的组态与编程

问 1 什么是计算机并行通信？

答：并行数据通信一般以字节为单位传输数据，除了 8 根数据线、1 根公共线，还需要通信双方联络用的控制线。并行通信的传输速度快，但是传输线的根数多，抗干扰能力较差，一般用于近距离数据传输。

问 2 什么是计算机串行通信？

答：串行通信是以二进制的位（bit）为单位的数据传输方式，每次只传送一位，最少只需要两根线（双绞线）就可以连接多台设备，组成控制网络。串行通信需要的信号线少，适用于距离较远的场合，计算机和 PLC 都有通用的串行通信接口，如 HS-232C 或 RS-485 接口。工业控制中广泛地采用串行通信方式，某些串行通信网络可以达到很高的通信速率，如现在已有通信速率高达 10Gb/s 的以太网。

问 3 什么是计算机异步通信？

答：在串行通信中，接收方和发送方应使用相同的传输速率，接收方和发送方的额定传输速率虽然相同，它们之间总是有一些微小的差别，如果不采取措施，在连续传送大量的信息时，将会因积累误差造成发送和接收的数据错位，使接收方收到错误的信息。为了解决这一问题，需要使发送过程和接收过程同步。按同步方式的不同，串行通信可以分为异步通信和同步通信。

问 4 异步通信的字符信息格式如何表示？

答：异步通信采用字符同步方式，其字符信息格式如图 6-1 所示。发送的字符由一个起始位、7 个或 8 个数据位、1 个奇偶校验位（可以没有）和停止位（1 位或 2 位）组成。通信双方需要对采用的信息格式和数据的传输速率做相同的约定。接收方检测到停止位和起始位之间的下降沿后，将它作为接收的起始点，在每一位的中点接收信息。由于一个字符信息格式包含的位数不多，即使发送方和接收方的收发频率略有不同，也不会因为两台设备之间的时钟周期的积累误差而导致信息的发送和接收错位。异步通信的缺点是传送附加的非有效信息较多，传输效率较低，但是随着通信速率的提高，可以满足控制系统通信的要求，PLC 一般采用异步通信。

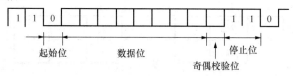

图 6-1　异步通信的字符信息格式

　　奇偶校验用来检测接收的数据是否出错。如果指定的是奇校验，发送方发送的每一个字符的数据位和偶校验位中"1"的个数为奇数，接收方对接收到的每一个字符的奇偶性进行校验，可以检验出传送过程中的错误。例如，某字符中包含以下 8 个数据位：

$$1\ 0\ 1\ 0\ 0\ 0\ 1\ 1$$

其中，"1"的个数是 4 个。如果选择了偶校验，奇偶校验位将是 0，使"1"的个数仍然是 4 个；如果选择了奇校验，奇偶校验位将是 1，使"1"的个数是 5 个。如果选择不进行奇偶校验，传输时没有校验位，不进行奇偶校验检测。

问 5　什么是计算机的同步通信？

　　答：同步通信以字节为单位，一个字节由 8 位二进制数组成。每次传送 1～2 个同步字符，若干个数据字节和校验字符。同步字符起联络作用，用来通知接收方开始接收数据。在同步通信中，发送方和接收方应保持完全的同步，这意味着发送方和接收方应使用同一个时钟脉冲。发送方在发送数据时，对要发送的数据进行编码。例如，采用曼彻斯特编码，形成编码数据后再发送出去。编码数据中包含有时钟信息，接收方经过解码，得到与发送方同步的接收时钟信号。

问 6　什么是单工与双工通信？

　　答：单工通信方式只能沿着单一方向传输数据，双工通信方式的信息可以沿两个方向传送，每个站既可以发送数据，也可以接收数据。双工方式又分为全双工方式和半双工方式。

　　全双工方式数据的发送和接收分别用两组不同的数据线传送，通信的双方都能在同一时刻接收和发送信息，如图 6-2 所示。

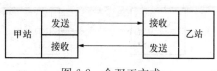

图 6-2　全双工方式

半双工方式用同一组线接收和发送数据，通信的双方在同一时刻只能发送数据或只能接收数据（见图 6-3）。因为需要进行通信方向的切换，所以会产生切换的时间延迟。

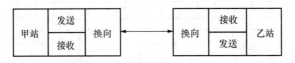

图 6-3 半双工方式

问 7 **什么是传输速率?**

答：在串行通信中，传输速率（又称波特率）的单位为波特，即每秒传送的二进制位数，其符号为 bit/s，有的文献中使用 bps 表示波特，常用的传输速率为 300～38 400bit/s，从 300 开始成倍数增加。不同的串行通信网络的传输速率差别极大，有的只有数百 bit/s，高速串行通信网络的传输速率可达 1Gbit/s 或更高。

问 8 **RS-232C 接口标准的特点是什么?**

答：RS-232C 是美国 EIC 在 1969 年公布的通信协议，至今仍在计算机控制设备中广泛使用。

RS-232C 一般使用 9 针和 25 针 DB 型连接器，工业控制中 9 针连接器用得较多。

当通信距离较近时，通信双方可以直接连接，最简单的情况在通信中不需要控制联络信号，只需要三根线（发送线、接收线和信号地线，见图 6-4）便可以实现全双工异步串行通信。RS-232C 采用负逻辑，用 −15～−5V 表示逻辑"1"状态，用 ＋5～＋15V 表示逻辑"0"状态，最大通信距离为 15m，最高传输速率为 20kbit/s，只能进行一对一的通信。

RS-232C 使用单端驱动、单端接收电路（见图 6-5），这是一种共地的传输方式，容易受到公共地线上的电位差和外部引入的干扰信号的影响。

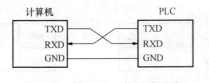

图 6-4 RS-232C 的信号线连接

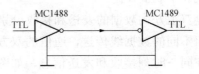

图 6-5 单端驱动、单端连收

问 9 **RS-422A 接口的特点是什么?**

答：RS-422A 采用平衡驱动、差分接收电路（见图 6-6），利用这两根导线间的电压差传输信号。两根导线称为 A（TxD/RxD－）和 B（TxD/RxD＋）。当 B 的电压比 A 高时，认为传输的是数字"1"；当 B 的电压比 A 低时，认为传输的是数字"0"。能够有效工作的差动电压范围非常宽，可以从零点几伏到接近 10V。

平衡驱动器相当于两个单端驱动器，其输入信号相同，两个输出信号互为反相信号，图 6-6 中的小圆圈表示反相。两根导线相对于通信对象信号地的电压差称为共模电压，外部输入的干扰信号是以共模方式出现的。两根传输线上的共模

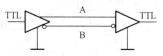

图 6-6　平衡驱动、差分接收

干扰信号相同，因为接收器是差分输入，两根线上的共模信号互相抵消，只要接收器有足够的抗共模干扰能力，就能从干扰信号中识别出驱动器输出的有用信号，从而克服外部干扰的影响。

与 RS-232C 相比，RS-422A 的传输速率和传输距离有了很大的提高。在最大传输速度（10Mbit/s）时，允许的最大通信距离为 12m。传输速率为 100kbit/s 时，最大通信距离为 1200m，一台驱动器可以连接 10 台接收器。

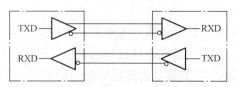

图 6-7　RS-422A 通信接线

RS-422A 是全双工，用 4 根导线传送数据（见图 6-7），两对平衡差分信号线分别用于发送和接收信号。

问 10 **RS-485 接口的特点是什么?**

答：RS-485 是 RS-422A 的变形，RS-485 为半双工，只有一对平衡差分信号线，不能同时发送和接收信号。使用 RS-485 通信接口和双绞线可以组成串行通信网络（见图 6-8），构成分布式系统，总线上最多可以有 32 个站。

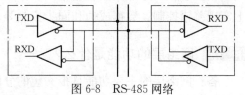

图 6-8　RS-485 网络

问 11 **开放系统互连模型的结构包括哪些内容?**

答：如果没有一套通用的计算机网络通信标准，要实现不同厂家生产的智能设备之间的通信，将会付出昂贵的代价。

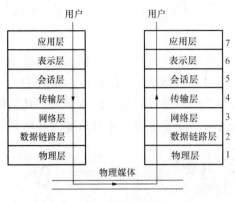

图 6-9　开放系统互连模型

国际标准化组织 ISO 提出了开放系统互连模型 OSI，作为通信网络国际标准化的参考模型，它详细描述了通信功能的 7 个层次，如图 6-9 所示。

7 层模型分为两类，一类是面向用户的第 5～7 层，另一类是面向网络的第 1～4 层。前者给用户提供适当的方式去访问网络系统，后者描述数据怎样从一个地方传输到另一个地方。

发送方传送给接收方的数据，实际上是经过发送方各层从上到下传递到物理层，通过物理媒体（媒体又称为介质）传输到接收方后，再经过从下到上各层的传递，最后到达接收方的应用程序。发送方的每一层协议都要在数据报文前增加报文头（或称头部），报文头包含完成数据传输所需的控制信息，并进行相应的协议操作，然后删除本层的报文头，最后得到发送方发送的数据。

问 12　物理层的功能是什么？

答：物理层下面是物理媒体，如双绞线、同轴电缆和光纤等。物理层为用户提供建立、保持和断开物理连接的功能，定义了传输媒体接口的机械、电气的功能和规程的特性。RS-232C、RS-422A/RS-485 等就是物理层标准的例子。

问 13　数据链路层的功能是什么？

答：数据链路层的数据以帧（Frame）为单位传送的，每帧包含一定数量的数据和必要的控制信息，如同步信息、地址信息和流量的控制信息。通过校验、确认和要求重发等方法实现差错控制。数据链路层负责在两个相邻节点间的链路上实现差错控制、数据成帧和同步控制等。

问 14　网络层的功能是什么？

答：网络层的主要功能是报文包的分段、报文包阻塞的处理和通信子网中路径的选择。

问 15　传输层的功能是什么？

答：传输层的信息传送单位是报文（Message），它的主要功能是流量控制、差错控制、连接支持，传输层向上一层提供一个可靠的端到端（End-to-End）的数据传送服务。

问 16 会话层的功能是什么？

答：会话层的功能是支持通信管理和实现最终用户应用进程之间的同步，按正确的顺序收发数据，进行各种对话。

问 17 表示层的功能是什么？

答：表示层用于应用层信息内容的形式变换，如数据加密/解密、信息压缩/解压和数据兼容，把应用层提供的信息变成能够共同理解的形式。

问 18 应用层的功能是什么？

答：应用层作为 OSI 的最高层，为用户的应用服务提供信息交换，为应用接口提供操作标准。采用了 7 层协议中的第 1、2、7 层。

问 19 **IEEE 802 通信标准的结构是什么？**

答：IEEE（电气和电子工程师协会）的 802 委员会于 1982 年颁布了一系列计算机局域网分层通信协议标准草案，总称为 IEEE 802 标准，它把 OSI 参考模型的底部两层分解为逻辑链路控制层（LLC）、媒体访问控制层（MAC）和物理传输层。前两层对应于 OSI 参考模型中的数据选择层，数据链路层是一条链路（Link）两端的两台设备进行通信里所共同遵守的规则和约定。

MAC 的主要功能是控制对传输媒体的访问，实现帧的寻址和识别，并检测传输媒体的异常情况。LLC 用于在节点间对帧的发送、接收信号进行控制，同时检验传输中的差错。

MAC 对应于 3 种已经建立的标准，即带冲突检测的载波侦听多路访问（CSMA/CD）协议、令牌总线（Token Bus）和令牌环（Token Ring）。

问 20 **CSMA/CD 的功能是什么？**

答：CSMA/CD 通信协议的基础是 Xerox 等公司研制的以太网（Ethernet），早期的 IEEE 802.3 标准规定的波特率为 10Mbit/s，后来发布了 100Mbit/s 的快速以太网 IEEE 802.3ae、1000Mbit/s 的千兆以太网 IEEE 802.3z 以及 10 000Mbit/s 的 IEEEE 802au。

CSMA/CD 各站共享一条广播式的传输总线，每个站都是平等的，采用竞争方式发送信息到传输线上，也就是说，任何一个站都可以随时广播报文，并为其他各站接收。当某个站识别到报文上的接收站名与本站的站名相同时，便将报文接收下来。由于没有专门的控制站，两个或多个站可能因为同时发送信息而发生冲突，造成报文作废，因此必须采取措施来防止冲突。

发送站在发送报文之前，先监听一下总线是否空闲，如果空闲，则发送报文到总线上，称为"先听后讲"。但是这样做仍然有发生冲突的可能，因为从组织报文到在总线上传输需要一段时间，在这一段时间中，另一个站通过监听也可能会认为总线空闲，并发送报文到总线上，这样就会因为两个站同时发送而发生冲突。

为了防止冲突，在发送报文开始的一段时间，仍然监听总线，采用边发送边接收的办法，把接收到的信息和自己发送的信息相比较，若相同则继续发送，称为"边听边讲"；若不同则说明发生冲突，立即停止发送报文，并发送一段简短的冲突标志（阻塞码序列），来通知总线上的其他站点。为了避免产生冲突的站同时重发它们的帧，采用专门的算法来计算重发的延迟时间。通常把这种"先听后讲"和"边听边讲"相结合的方法称为 CSMA/CD，其控制策略是竞争发送、广播式传送、载体监听、冲突检测、冲突后退和再试发送。

CSMA/CD 允许各站平等竞争，实时性好，合适于工业控制计算机网络。

以太网首先在个人计算机网络系统，如在办公自动化系统和管理信息系统（MIS）中得到了极为广泛的应用，以太网的硬件（如网卡和集线器）非常便宜。

在以太网发展的初期，通信速率较低，如果网络中的设备较多，信息交换比较频繁，可能会经常出现竞争和冲突，影响信息传输的实时性。随着以太网传输速率的提高（100~1000Mbit/s）和采用了相应的措施，这一问题已经解决，现在以太网在工业控制中得到了广泛的应用，大型工业控制系统最上层的网络几乎全部采用以太网。使用以太网很容易实现管理网络和控制网络的一体化。

问 21　令牌总线的功能是什么？

答：IEEE 802 标准的工厂媒体访问的技术是令牌总线，其编号为 802.4。它吸收了通用汽车公司支持的制造自动化协议（Manufacturing Automation Protocol，MAP）系统的内容。

在令牌总线中，媒体访问控制是通过传递一种称为令牌的控制帧来实现的。按照逻辑顺序，令牌从一个装置传递到另一个装置，传递到最后一个装置后，再传递给第一个装置，如此周而复始，形成一个逻辑环。令牌有"空"、"忙"两个状态，令牌网开始运行时，由指定的站产生一个空令牌沿逻辑环传送。任何一个要发送信息的站都要等到令牌传给自己，判断空令牌时才能发送信息。发送站首先把令牌置成"忙"，并写入要传递的信息、发送站名和接收站名，然后将载有信息的令牌送入环网传输。令牌沿环网循环一周后返回发送站时，如果信息已被接收站复制，发送站将令牌置为"空"，送上环网继续传送，以供其他站使用。

如果在传送过程中令牌丢失，由监控站向网内注入一个新的令牌。

令牌传递式总线能在很重的负荷下提供实时同步操作，传递效率高，适于频繁、较短的数据传送，因此它最适合于需要进行实时通信的工业控制网络系统。

问 22　令牌环的功能是什么？

答：令牌环媒体访问方案是 IBM 公司开发的，它在 IEEE 802 标准中的编号为 802.5，有些类似于令牌总线。在令牌环上，最多只能有一个令牌绕环运动，不允许两个站同时发送数据。令牌环从本质上看是一种集中控制式的环，环上必须有一个中心控制站负责网的工作状态的检测和管理。

问 23　主从通信方式的概念是什么？

答：主从通信方式是一种 PLC 常用的通信方式，但是并不属于任何通信标准。主从通信网络中只有一个主站，其他的站都是从站。在主从通信中，主站是主动的，主站首先向某个从站发出请求帧（轮询报文），该从站接收到后才能向主站返回响应帧。通常主站按事先配置好的轮询表的排列顺序对从站进行周期性的查询，并分配总线的使用权。每个从站在轮询表中至少要出现一次，对实时性要求较高的从站可以在轮询表中出现几次，还可以使用中断方式来处理紧急事件。

问 24　现场总线的基本概念是什么？

答：IEC 对现场总线（Fieldbus）的定义是："安装在制造和过程区域的现场装置与控制室内的自动控制装置之间的数字式、串行、多点通信的数据总线称为现场总线。"它是当前工业自动化的热点之一。现场总线以开放的、独立的、全数字化的双向多变量通信取代 4~20mA 现场模拟量信号。现场总线 I/O 集检测、数据处理、通信为一体，可以代替变送、调节器、记录仪等模拟仪表，它不需要框架、机柜，可以直接安装在现场导轨槽上。现场总线 I/O 的接线极为简单，只需一根电缆，从主机开始，沿数据链从一个现场总线 I/O 连接到下一个现场总线 I/O。使用现场总线后，可以节约配线、安装、调试和维护等方面的费用，现场总线 I/O 与 PLC 可以组成高性价比的 DCS。

使用现场总线后，操作人员可以在中央控制室实现远程监控，对现场设备进行参数调整，还可以通过现场备用的自诊断功能预测故障和寻找故障点。

问 25 **IEC 61158 的现场总线有几种类型？**

答：由于历史的原因，现在有多种现场总线标准并存，IEC 的现场总线国际标准（IEC 61158）是迄今为止制定时间最长、意见分歧最大的国际标准之一。它的制定时间超过 12 年，先后经过 9 次投票，在 1999 年底获得通过。经过多方的争执和妥协，最后容纳了 8 种互不兼容的协议，这 8 种协议在 IEC 61158 中分别为 8 种现场总线类型，2000 年又补充了两种总线类型。其中，类型 3（PRO-FIBUS）和类型 10（PROFINET）由西门子公司支持。

近几年来，为了满足实时性应用的需要，各大公司和标准组织纷纷提出了各种提升工业以太网实时性的解决方案，从而产生了实时以太网（Real Time Eth-ernet，RTE）。2007 年 7 月出版的 IEC 61158 第 4 版采纳了经过市场考验的 20种现场总线（见表 6-1）。

表 6-1　　　　　　　　　IEC61158 第 4 版的现场总线类型

类型	技术名称	类型	技术名称
类型 1	TS61158 现场总线	类型 11	TC net 实时以太网
类型 2	CIP 现场总线	类型 12	Ether CAT 实时以太网
类型 3	PROFIBUS 现场总线	类型 13	Ethernet Powerlink
类型 4	P. Net 现场总线	类型 14	EPA 实时以太网
类型 5	FF HSE 高速以太网	类型 15	Modbus RTPS 实时以太网
类型 6	SwiftNet（已被撤销）	类型 16	SERCOS Ⅲ 现场总线
类型 7	World FIP 现场总线	类型 17	VNET/IP 实时以太网
类型 8	Interbus 现场总线	类型 18	CC-Link 现场总线
类型 9	FF HI 现场总线	类型 19	SERCOS Ⅲ 实时以太网
类型 10	FROFINET 实时以太网	类型 20	HART 现场总线

其中，类型 1 是原 IEC 61158 第 1 版技术规范的内容，类型 2 CIP（Com-mon Industry Protocol，通用工业协议）包括 DeviceNet、ControlNet 和实时以太网 Ethernet /IP。类型 6 SwiftNet 因为市场上的应用很不理想，已被撤销。

EPA（Ethernet for Plant Automation，用于工厂自动化的以太网）是我国拥有自主知识产权的实时以太网通信标准，已被列入现场总线国际标准 IEC 61158 第 4 版的类型 14。

问 26 **IEC62026 的接口标准包括几种？**

答：IEC 62026 是供压开关设备与控制设备使用的控制器电气接口标准，于 2000 年 6 月通过。它包括：

（1）IEC 62026-1：一般要求。

（2）IEC 62026-2：执行器-传感器接口（Actuator Sensor Interface，AS-i，西门子公司支持）。

（3）IEC 62026-3：设备网络（Device Network，DN，美国 Rockwell 公司支持）。

（4）IEC 62026-4：Lonworks（Local Operating Networks）总线的通信协议 LonTalk，已撤销。

（5）IEC 62026-5：智能分布式系统（Smart Distributed System，SDS，美国 Honeywell 公司支持）。

（6）IEC 62026-6：串行多路控制总线（Serial Multiplexed Control Bus，SMCB，美国 Honeywell 公司支持）。

问 27 **SIMATIC 网络结构采用几级网络结构？**

答：工厂自动化网络系统一般采用三级网络结构。

问 28 **现场设备层的功能是什么？**

答：现场设备层的主要功能是连接现场设备，如分布式 I/O、传感器、驱动器、执行机构和开关设备等，完成现场设备控制及设备间的联锁控制。主站（PLC、PC 或其他控制器）负责总线通信管理以及与从站的通信。总线上所有的设备生产工艺的程序存储在主站中，并由主站执行。

西门子的 SIMATIC NET 网络系统（见图 6-10）的现场层主要使用 PROFIBUS，并将执行器和传感器单独分为一层，主要使用 AS-i 网络。

图 6-10 SIMATIC NET 网络系统

问 29 **车间监控层的功能是什么？**

答：车间监控层又称为单元层，用来完成车间主生产设备之间的连接，实现车间级设备的监控。车间级监控包括生产设备状态的在线监控、设备故障报警及维护等，通常还具有诸如生产统计、生产调度等车间级生产管理功能。车间级监控通常要设立车间监控室，有操作人员工作站及打印设备。车间级监控网络可采用 PROFIBUS-FMS 或工业以太网，现在已基本上被工业以太网取代。这一级对数据传输速度要求不高，但是能传送大量的信息。

问 30　工厂管理员的功能是什么？

答：车间操作人员工作站可以通过交换机与车间办公管理网连接，将车间生产数据传送到车间管理层。车间管理网作为工厂主网的一个子网，通过交换机、网桥或路由器等连接到厂区骨干网，将车间数据集成到工厂管理员，工厂管理员通常采用符合 IEC 802.3 标准的以太网。

S7-400 有很强的通信功能，CPU 模块都集成有 MPI 通信接口，有的 CPU 模块还集成有 PROFIBUS-DP、PROFINET 和 PtP 通信接口，此外还可以使用 PROFIBUS-DP、工业以太网、AS-i 和 PtP CP 模块。通过 PROFINET、PROFIBUS-DP 或 AS-i 现场总线，CPU 与分布式 I/O 模块之间可以周期性地自动交换数据（过程映像数据交换）。在自动化系统之间，PLC 与计算机和 HMI（人机界面）站之间，均可以交换数据。数据通信可以周期性的自动进行，或者基于事件驱动。

图 6-11 所示为西门子的工业自动化通信网络的示意图。PROFINET 是基于工业以太网的现场总线，可高速传送大量的数据。PROFIBUS 用于少量和中等数量数据的高速传送。MPI（多点接口）是 SIMATIC 产品使用的内部通信协议，用于 PLC 之间、PLC 与 HMI 和 PG/PC（编程器/计算机）之间的通信，可建立传送少量数据的低成本网络。PtP 通信用于特殊协议的串行通信。AS-i 为底层的低成本网络。通用总线系统 KONNEX（KNX）目前在欧洲常用于楼宇自动控制。

图 6-11 中的 IWLAN 是工业无线局域网的缩写，西门子对应的产品为 SCALANCEW。

各个网络之间用连接器或有路由器功能的 PLC 连接。

问 31　什么是 PG/OP 通信服务？

答：PG/OP（编程器/操作面板）通信服务是集成的通信功能，用于 SIMATIC PLC 与 SIMOTION（西门子运动控制系统）、编程软件（如 STEP7）、HMI 设备之间的通信，下载、上传硬件组态和用户程序，在线监视 S7 站，以进行测试和诊断。工业以太网、PROFIBUS 和 MPI 均支持 PG/OP 通信服务。

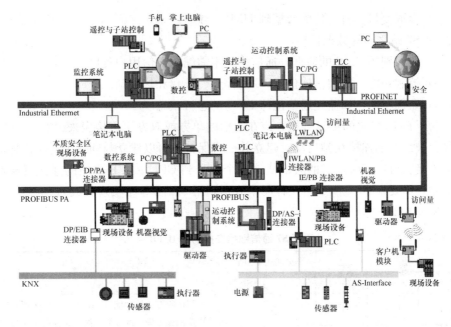

图 6-11　西门子的工业自动化通信网络

由于 S7 通信功能内置在 SIMATIC PLC 的操作系统中，可以用 HMI 设备、PG/PC 访问 PLC 内的数据，不用在通信伙伴（S7 站）的用户程序中编程。也可以用 SFB 和 SFC 来产生用于 HMI 设备的报警信息。

PG/OP 通信服务支持 S7 PLC 与各种 HMI 设备或编程设备（包括编程用的个人计算机）通信的协议。HMI 设备包括操作人员面板（OP）、触摸面板（TP）、多功能面板（MP）和文本显示器（TD）。

问 32　S7 通信服务的功能是什么？

答：所有 S7 和 C7 PLC 都集成了 S7 通信服务，通过这些服务使用户程序可以读取或写入通信伙伴的数据。S7 通信服务为 S7 系列 PLC 之间、S7 系列 PLC 与 HMI 和 PG/PC 之间提供通信服务。

（1）S7 通信是专为 SIMATIC S7/C7 优化设计的，提供简明、强有力的通信服务。

（2）S7-400 使用系统功能块（SFB）实现 S7 通信。

（3）S7 通信可以用于 PROFINET、工业以太网、PROFIBUS 和 MPI。

（4）S7 系统的所有设备都能处理下列 S7 功能：

1）编程、测试、调试和诊断 S7-400 PLC 的全部 STEP7 在线功能。

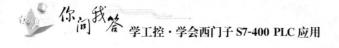

2）存取变量、自动传输数据到 HMI 系统。

3）S7 站之间的数据传输。

4）读写别的 S7 站的数据，通信伙伴不需编写通信用户程序。

5）控制功能，如通信伙伴 CPU 的停止、预热和热启动。

6）监视功能，如监视通信伙伴 CPU 的运行状态。

为了在 PLC 之间传输数据，应在通信的单方或双方用连接表来组态一个 S7 连接，被组态的连接在站启动时建立并一直保持。可以建立与同一个通信伙伴的多个连接。可以随时访问的通信伙伴的个数受到 CPU 或 CP 可用的连接资源数的限制。需要在 S7-400 的用户程序中分别调用 SFB/FB 来实现集成的 S7 通信功能（见表 6-2）。

表 6-2 用于 S7 通信数据交换的 SFB/FB

| 编 号 | | 助记符 | 可输入字节数 | | 描 述 |
S7-400	S7-300		S7-400	S7-300	
SFB8	FB8	USEND	140B	160B	与接收方通信功能（URCV）执行序列无次快速的无需确认的数据交换，如传送操作与维护消息，对方接收到的数据可能被新的数据覆盖
SFB9	FB9	URCV			
SFB12	FB12	RSEND	64KB	32KB	将数据块安全地传输到通信伙伴，直到通信伙伴的接收功能（BRCV）接收完数据，数据传输才结束
SFB13	FB13	BRCV			
SFB14	FB14	CET	400B	160B	程序控制读取远方 CPU 的变量，通信伙伴不需要编写通信程序
SFB15	FB15	PUT			程序控制与变量到远方 CPU，通信伙伴不需要编写通信程序
SFB16	—	PRINT			发送数据和指令格式到远方打印机，仅用于 S7-400

此外，S7-400 可以用 SFB19～SFB21 改变远程设备的运行状态，用 SFB22 和 SFB23 查询远程设备运行状态。S7-400 和 S7-300 分别用 SFC62 和 FC62 查询连接的状态。

问 33 什么是 MPI 网络的组态？如何应用？

答：MPI 是多点接口（Multi Point Interface）的缩写，MPI 的物理层是 RS-485，最大传输速率为 12Mbit/s，默认的传输速率为 187.5kbit/s。两个相邻

节点间的最大传送距离为 50m，加中继电器后为 1000m，使用光纤和星形连接时最长为 23.8km。

S7-300 CPU 集成的第 1 个通信接口是 MPI，S7-400CPU 集成的第 1 个通信接口可以设置为 MPI 或 DP。PLC 通过 MPI 能同时连接运行 STEP7 的 PG/PC、HMI 及其他 SIMATIC S7、M7 和 C7。该通信接口还有全局数据（GD）通信、S7 基本通信和 S7 通信服务功能。

计算机应插一块 MPI 卡，或使用 PG/MPI、USB/MPI 适配器连接计算机和 S7 CPU。位于网络终端的站，应将其连接器上的终端电阻开关合上，以接入终端电阻。

下面用一个例子来介绍对 MPI 网络组态的方法。在 STEP7 中生成一个名为 MPI-GD 的项目。首先在 SIMATIC 管理器中生成 3 个站，对它们的硬件组态，它们的 CPU 分别为 CPU413-1、CPU313C 和 CPU312C。单击 SIMATIC 管理器的工具条上的按钮，打开网络组态工具 NetPro，出现了一条自动生成的标有 MPI（1）的网络和没有网络相连的 3 个站的图标，图 6-12 所示为已经连接好的 MPI 网络。

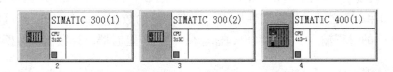

图 6-12　已连接好的 MPI 网络

双击某个站的 CPU 方框中的小红方块，打开 MPI 属性对话框（见图 6-13），选中"参数"选项卡的"子网"列表框中的"MPI（1）"，该行的背景变为深蓝色，单击"确定"按钮，CPU 被连接到 MPI（1）子网上。选中"不连网"后单击"确定"按钮，将断开 CPU 与 MPI（1）子网的连接。单击"确定"按钮返回 NetPro，可以看到该 CPU 是否连接到 MPI 网络。

也可以将图 6-12 的 CPU 方框中的小红方块"拖放"到 MPI 网络上，该站便被连接到网络上了，这是一种相当方便的实现连接的方法。还可以用"拖放"的方法断开连接。

应为每个 MPI 节点设置 MPI 地址（0～126），编程设备、HMI 和 CPU 的默认地址分别为 0、1、2。可以在"参数"选项卡（见图 6-13）中设置 MPI 站地址，一般可以使用系统指定的地址，各站的 MPI 地址应互不重叠。

单击图 6-13 中的"新建"按钮，可以生成一条新的子网。单击"删除"按

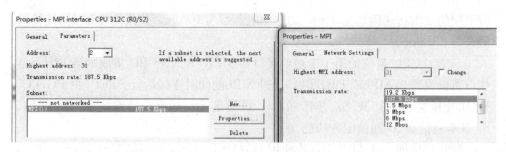

图 6-13　MPI 属性组态

钮，可以删除选中的"子网"列表框中的子网。

　　单击"属性"按钮，在打开的对话框中，可以设置选中的子网的属性。例如在"常规"选项卡中修改子网的名称和编号，在"网络设置"选项卡中设置子网的传输速率。勾选"改变"复选框，可以设置最高站地址，一般采用系统默认的设置。

问 34　全局数据通信的功能是什么？

　　答：通过全局数据（Global Data，GD）通信，同一个 MPI 子网中最多 15 台 S7-400 和 C7 之间可以周期性地相互交换少量的数据。每个 CPU 都可以访问其他 CPU 的过程输入、过程输出、标志位（M）、定时器、计数器和数据块中的数据。

　　全局数据通信使用 CPU 的 MPI，不需要添加通信硬件，对 CPU 也没有特殊的要求，因此这是一种经济而有效的通信方式，但是只能传送少量的数据。

　　全局数据通信采用广播方式来传输数据，数据的接收没有确认信息。全局数据通信不能保证通信数据的完整性和准确性。

　　只需要在 STEP7 的网络组态工具 NetPro 中用全局数据表对全局数据通信组态，设置各 CPU 之间需要交换的数据存放的地址区和通信的速率等参数，运行时 CPU 的操作系统就可以实现周期性的全局数据交换，不需要用户对全局数据通信编程。

问 35　全局数据结构由哪几部分组成？

　　答：（1）全局数据环。参与收发全局数据包的 CPU 组成了全局数据环（GD Circle）。CPU 可以向同一个环中的其他 CPU 发送数据或接收数据。在一个 MPI 网络中，最多可以建立 16 个全局数据环。每个全局数据环最多允许 15 个 CPU 参与全局数据交换。

（2）全局数据包。同一个全局数据环中具有相同的发送者和接收者的全局数据组成一个全局数据包（GD Packet）。全局数据包和全局数据包中的数据均有编号。例如，全局数据 1.2.3 是 1 号全局数据环的 2 号全局数据包中的 3 号数据，每个全局数据占全局数据表中的一行。

（3）CPU 的全局数据功能。S7-300 CPU 可以发送和接收的全局数据包的个数（4 个或 8 个)与 CPU 的型号有关，每个全局数据包最多包含 22 个字节数据。

S7-400 CPU 可以发送和接收的全局数据包的外数与 CPU 的型号有关，可以发送 8 个或 16 个全局数据包。接收 16 个或 32 个全局数据包，S7-400 之间每个全局数据包最多包含 54 个字节数据。S7-400 CPU 具有对全局数据交换的控制功能，支持事件驱动的数据传送方式。

问 36 如何生成和填写全局数据表？

答： 右击 NetPro 中的 MPI 网络线，在弹出的快捷菜单中选择"定义全局数据"命令。在出现的全局数据表对话框（见图 6-14）中对全局数据通信进行组态。

双击"GD ID"（全局数据标识符）所在单元右边的灰色单元，在出现的"选择 CPU"对话框中，双击 CPU413-1 的图标，CPU413-1 便出现在全局数据表最上面一行指定的方格中（见图 6-14），同时自动退出"选择 CPU"对话框。用同样的方法将另外两个 CPU 放置在最上面一行。

在 CPU 下面一行生成 1 号全局数据环 1 号全局数据中的 1 号数据，将CPU413-1 的 IW0 发送到 CPU313C 的 QW0。

	全局数据(GD) ID	SIMATIC 400(1)\CPU 413-1	SIMATIC 300(1)\CPU 313C	SIMATIC 300(2)\CPU 312C
1	GD 1.1.1	>IW0	QW0	
2	GD 1.2.1	QW0	>IW0	
3	GD 2.1.1	>MB10:8	MB0:8	MB20:8
4	GD 3.1.1	MB20:10		>DB2.DBB0:10
5	GD 3.1.2	MB30:10		>QW0:5
6	GD			

图 6-14 全局数据表

首先右击 CPU413-1 下面的单元（方格），在弹出的快捷菜单中选择"发送器"命令，该方格变为深色，同时在单元的左端出现符号">"，表示在该行中CPU413-1 为发送站，在该处输入要发送的全局数据的地址 IW0，且只能输入绝对地址，不能输入符号地址，包含定时器和计数器地址的单元只能作为发送方。

在每一行中应定义一个并且只能有一个 CPU 作为数据的发送方。同一行中各个单元接收或发送的字节数应相同。

选中 CPU313C 下面的单元，直接输入 QW0，该单元的背景为白色，表示在该行中 CPU313C 是接收站。

变量的复制因子用来定义连续的数据区的长度。例如，MB20：10 表示从 MB20 开始的 10 字节，S7-300 的数据包最大为 22 个字节；MB0：22 表示从 MB0 开始的 22 个字节；MW0：11 表示从 MW0 开始的 11 个字节。如果数据包由若干个连续的数据区组成，一个连续的数据区占用的空间为数据区内的字节数加上两个头部说明字节。一个单独的双字占 6 个字节，一个单独的字占 4 个字节，一个单独的字节占 3 个字节，一个单独的位也占 3 个字节。值得注意的是，第一个连续数据区的两个头部说明字节不包括在 22 个字节之内。例如，DB2、DBB0：10 和 QW0：5 一共占用 22 个字节。

在图 6-14 的第 1 行和第 2 行中，CPU413-1 和 CPU313C 组成 1 号全局数据环，两个 CPU 分别向对方发送全局数据包，同时接收对方的全局数据包，相当于全双工 PtP 通信方式。

图 6-14 中第 3 行是 CPU413-1 向 CPU313C 和 CPU312C 发送全局数据包，相当于 1：N 的广播通信方式。

图 6-14 中的第 4 行和第 5 行都是 CPU312C 向 CPU413-1 发送数据，它们是 3 号全局数据环 1 号全局数据包中的两个全局数据。

发送方 CPU 自动周期性地将指定地址中的数据发送到接收方指定的地址区中。例如图 6-14 中的第 5 行意味着 CPU 312C 定时地将 QW0～QW4 中的数据发送到 CPU413-1 的 MB30～MB39。CPU413-1 对它自己的 MB30～MB39 的访问，就好像在访问 CPU312C 的 QW0～QW4 一样。

完成全局数据的输入后，应单击工具条中的按钮，对它进行第一次编译，将各单元中的变量组合为全局数据包，同时生成全局数据环，图 6-14 中的"GD ID"列中的全局数据标识符是在编译时自动生成的。

问 37 如何设置扫描速率和状态双字的地址？

答：扫描速率用来定义 CPU 刷新全局数据的时间间隔。在第一次编译后，执行"查看"→"扫描速率"命令，每个数据包将增加标有"SR"的行（见图 6-15），用来设置该数据包的扫描速率（1～255），扫描速率的单位是 CPU 的循环扫描周期，S7-300 默认的扫描速率为 8，S7-400 的为 22，用户可以修改默认的扫描速率。如果选择 S7-400 的扫描速率为 0，则表示是事件驱动的全局数据数据传输。扫描速率如果过快，可能造成通信中断。

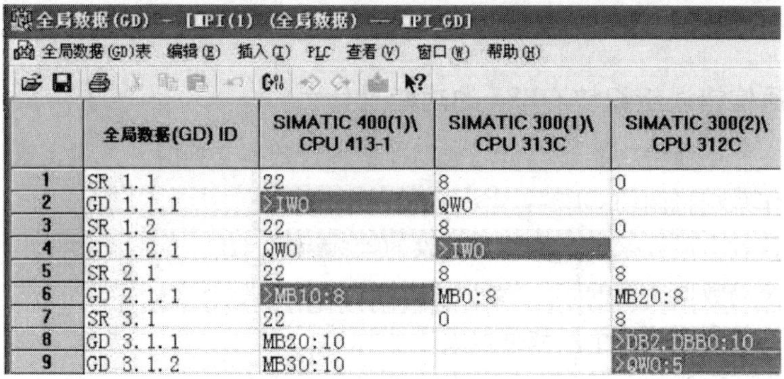

	全局数据(GD) ID	SIMATIC 400(1)\ CPU 413-1	SIMATIC 300(1)\ CPU 313C	SIMATIC 300(2)\ CPU 312C
1	SR 1.1	22	8	0
2	GD 1.1.1	>IW0	QW0	
3	SR 1.2	22	8	0
4	GD 1.2.1	QW0	>IW0	
5	SR 2.1	22	8	8
6	GD 2.1.1	>MB10:8	MB0:8	MB20:8
7	SR 3.1	22	0	8
8	GD 3.1.1	MB20:10		>DB2.DBB0:10
9	GD 3.1.2	MB30:10		>QW0:5

图 6-15　设置扫描速率与状态双字

可以用全局数据传输的状态双字来检查数据是否被正确的传送，第一次编译后执行“查看”→“GD 状态命令”，在出现的 GDS 行中可以给每个数据包指定一个用于状态双字的地址。最上面一行的全局状态双字 GST 是各 GDS 行中的状态双字相“或”的结果。状态双字中使用的各位的意义可查阅相关的手册，被置位的位将保存其状态不变，直到它被用户程序复位。

状态双字使用户程序能及时了解通信的有效性和实时性，增强了系统的故障诊断能力。

设置好扫描速率和状态双字的地址后，应对全局数据表进行第二次编译，使扫描速率和状态双字地址包含在组态数据中。

问 38　如何下载与运行？

答： 第二次编译完成后，需要将组态好的信息下载到各 CPU。比较方便的是使用计算机上安装的网卡（如 CP5611 或 CP5613），通过 MPI 网络下载和监控通信过程。

首先分别单独下载各 CPU 的 MPI 地址。然后用 MPI 电缆连接编程用的计算机和 3 台 PLC 的 MPI，令各台 PLC 均处于停止状态。单击按钮，可以在下载对话框中选择下载到所有 CPU，或只下载到选中的 CPU。

下载完成后将各 CPU 切换到运行状态，各 CPU 之间将开始自动地交换全局数据。由图 6-14 可知，CPU413-1 和 CPU313C 的 IW0 分别控制对方的 QW0，运行时改变某台 PLC 输入点的状态，观察对方对应的输出点是否随之而变。

在运行时间同时打开各个站的变量表，调节它们的大小后，可以在屏幕上同时显示各变量表中的动态数据。用变量表改变发送站发送的变量的值，观察接收

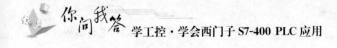

站对应的地址区中的变量的值是否随之而变。也可以在 OB35 中编写简单的程序，使发送的数据不断地发生动态变化，观察数据传输的动态效果。

问 39　通信错误组织块 OB87 的功能是什么？

答：在使用通信功能块或全局数据通信进行数据交换时，如果出现下列通信错误，操作系统将调用 OB87：

（1）接收全局数据时，检测到错误的帧标识符（ID）。

（2）全局数据通信的状态信息数据块不存在或太短。

（3）接收到非法的全局数据包编号。

如果没有生成和下载 OB87，CPU 将切换到停止状态。

问 40　如何应用事件驱动的全局数据通信？

答：使用 SFC60 "GD-SEND" 和 SFC61 "GD-RCV"，S7-400 之间可以用事件驱动的方式发送和接收全局数据包，实现全局通信。在全局数据表中，必须对要传送的全局数据包组态，并将全局数据列的扫描速率设置为 0。

为了保证全局数据交换的连续性，在调用 SFC60 之间应调用 SFC39 "DIS-IRT" 或 SFC41 "DIS-AIRT" 来禁止或延迟更高级的中断和异步错误。SFC60 执行完后调用 SFC40 "EN-IRT" 或 SFC42 "EN-AIRT"，允许处理高优先级的中断和异步错误。下面是用 SFC60 发送数据包 GD3.1 的程序。

程序段 1：延迟处理高中断优先级的中断和异步错误。

```
CALL "DIS-AIRT"          //调用 SFC41，延迟处理高中断优先级的
                          中断和异步错误
RET-VAL：= MW100         //返回的错误信息
```

程序段 2：发送全局数据包 GD3.1

```
A    I    0.0
FP   M    1.0
JNB   -001              //不是 I0.0 的上升沿则跳转
CALL "GD0SND"           //调用 SFC60
CIRCLE-ID：= B#16#3     //GD 环编号，允许值为 1～16
BLOCK-ID：= B#16#1      //GD 包编号，允许值为 1～4
RETOVAL：= MW102        //返回的错误信息
 -001：NOP0
```

程序段 3：允许处理高中断优先级的中断和异步错误。

```
CALL "EN-AIRT"          //调用 SFC42，允许处理高中断优先级的
                        中断和异步错误
RET-VAL：= MW104        //返回的错误信息
```

CIRCLE-ID 和 BLOCK-ID 分别是要发送的全局数据包的全局数据环和全局数据包的编号，允许的取值范围可以查阅 CPU 的技术数据。上述编号是用 STEP7 组态全局数据表时设置的。

RET-VAL 是返回的错误信息，错误信息代码可以查阅有关的手册。

问 41 如何实现 S7 基本通信？

答：S7 基本通信服务通过调用 SFC 和不需组态的 S7 连接进行数据交换，只能用于同一个 MPI 子网内的通信，最多可以发送 76B 的数据。S7 基本通信的 SFC 集成在操作系统中。

不用在组态时为 S7 基本通信建立连接，在用户程序调用 SFC65～SFC68 时连接被自动建立。可以在调用 SFC 时通过设置参数来决定完成数据传输后该连接是继续保持或终止。在同一时刻，最多可与通信软件伙伴建立一个这样的连接。可以先后访问的通信伙伴的数量不受可用连接资源的限制。每次块调用只能传输一个变量（一个地址区）。

初始化了数据传输的 CPU 进入停止状态时，所有已建立的连接被停止。

I-GET（SFC72）与 I-PUT（SFC73）用于 CPU 与同一个 S7 站的其他有通信功能的模块之间交换数据。SFC 名称前面的"1"表示内部。

X-SEND（SFC65）、ARCV（SFC66）、X-GET（SFC67）与 X-PUT（SFC68）用于 CPU 和同一个 MPI 子网络中的其他有通信功能的模块之间交换数据。SFC 名称前面的"X"表示外部。

所有的 S7-400 CPU 都可以执行这些 SFC，以进行 S7 基本通信。S7-400 CPU 还可以用 X-GET 和 X-PUT 访问 S7-200 CPU 中的数据。S7-200 在 S7 基本通信中只能用做服务器，因此不用缩写 S7-200 的通信程序。

问 42 客户机与服务器的功能是什么？

答：通信分为单向通信和双向通信。双向通信的双方都需要调用通信块，一方调用发送块来发送数据，另一方调用接收块来接收数据。单向通信只需要在通信的一方编写通信程序，通信的双方分别称为客户机（Client）和服务器（Server）。在通信过程中，客户机是主动的，需要编写通信程序；服务器是被动的，不需要缩写通信程序，通信功能由它的操作系统执行。客户机调用用于通信的

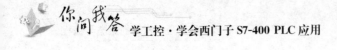

SFC 来读、写服务器的数据区。

问 43　需要双方编程的 S7 基本通信如何操作？

答：在 STEP7 中创建一个项目，生成两个站，CPU 均为 CPU315-2DP（见图 6-16），将它们连接在 MPI 网络中，它们的 MPI 站地址分别为 2 和 3。要求将它们的 DB1 中的 76B 的数据发送到对方的 DB2。

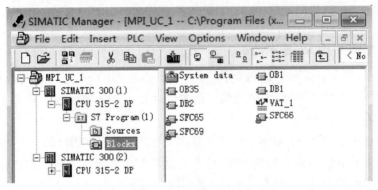

图 6-16　SIMATIC 管理器

通信的双方都需要调用通信块，一方调用发送块来发送数据，另一方调用接收块来接收数据。这种通信方式适用于 S7-400 之间的通信。

如果在 OB1 中调用 SFC65 "X-SEND"，发送的频率太快，将加重 CPU 的负荷，因此在循环中断组织块 OB35 中调用 SFC65，每隔一定的时间间隔（默认值为 100ms）调用一次 SFC65。下面是 2 号站的 OB35 中的程序。

程序段 1：准备要发送的数据。

```
L    DB1.DBW    0
+    1
T    DB1.DBW    0     //每 100ms 将 DB1.DBW 加 1
L    IW         0
T    DB1.DBW    74    //用本站的 IW0 控制对方的 QW4
```

程序段 2：通过 MPI 发送数据。

```
CALL "X-SEND"              //SFC65
REQ：= M1.0                //发送请求，该参数为 1 时发送
CONT：= TRUE               //发送完成后保持连接
DEST-ID：= W#16#3          //接收方的 MPI 地址
REQ-ID：= DW#16#1          //数据包标识符
```

SD：＝P♯DB1.DBX0.0BYTE76//要发送的数据地址区指针，每次发

送76B

RET-VAL：＝MW10　　　　//通信状态字，返回的故障信息

BUSY：＝M1.1　　　　　//为1时正在发送，为0时发送完成

输入参数REQ(请求激活)是电平触发的控制参数，REQ为1时触发任务。

数据包标识符REQ-ID用来识别发送的数据。它被发送端CPU的操作系统传送到通信伙伴CPU的SFC66"X-RCV"中。

下列情况需要在接收端使用参数REQ-ID：

(1) 如果需要发送的数据超过76B，可以将数据分为若干个数据包来发送，即多次调用SFC65"X-SEND"。每次调用的接收方的MPI地址DEST-ID相同，但是数据包标识符REQ-ID不同。

(2) 不同的CPU调用SFC65"X-SEND"发送数据到同一个通信对象。在接收方调用SFC66"X-RCV"时，根据接收到的数据包的标识符REQ-ID，将接收到的数据保存到不同的存储区。

输入参数CONT（Continue，继续）的值如果为1（TRUE），表示任务完成后继续保持与通信伙伴的连接。如果在两个站之间周期性交换数据，可以令CONT＝1。CONT＝1时建立的连接可以用SFC69"X-ABORT"来终止。

如果在第一次调用时选择CONT＝0，连接在数据传输完成后被终止。与一个新的通信伙伴交换数据时又可以使用该连接。这种方式可确保只是在实际使用时才占用连接资源。

下面是2号站的OB1中接收数据的程序。

程序段1：从MPI接收数据。

CALL "X-RCV"　　　　　　//SFC66

EN-DT：＝M0.0　　　　　　//接收使能位

RET-VAL：＝MW2　　　　　//接收状态字，返回错误代码

REQ-ID：＝MD4　　　　　//接收到的数据包的标识符

NDA：＝M0.1　　　　　　//为1时表示有新的数据包

RD：＝P♯DB2.DBX0.0BYTE76　　//存放接收数据的地址指针

L　DB2.DBW 74

T　QW 4　　　　　　　　//用对方的IW0控制本站的QW4

程序段4：断开连接。

CALL "X-ABORT"　　　　//SFC69

REQ：＝M0.2　　　　　　//全能信号

DEST-ID：= W♯16♯3   //对方的 MPI 地址

RET-VAL：= MW8   //返回的错误信息

BUSY：= M0.3   //为 1 表示操作未完成

3 号站的程序与 2 号站的相同，只是将 SFC 中的 DEST-ID 由 W♯16♯3 改为 W♯16♯2。在运行时用变量表监视发送和接收的第 1 个字 DBW0 和最后一个字 DBW74（见图 6-17）。为了观察数据传输的动态效果，将发送站的 IW0 送到 DB1.DBW74 将接收到的最后一个字 DB2.DB74 传送到 QW4，相当于用发送站的 IW0 控制接收站的 QW4。在运行时改变 IW0 的状态，观察对方的 QW4 是否随之而变。

	Address		Symbol	Display format	Status value	Modify value
1	DB1.DBW	0		HEX		
2	DB1.DBW	74		HEX		
3	DB2.DBW	0		HEX		
4	DB2.DBW	74		HEX		
5	M	1.0		BOOL		
6	M	0.0		BOOL		
7	M	0.2		BOOL		true

图 6-17　变量表

在每 100ms 执行一次的 OB35 中，将发送的第 1 个字 DB1.DBW0 加 1。在运行时间时打开和观察两个站中的变量表，观察发送的第 1 个字 DB1.DBW0 和对方接收到的第 1 个字 DB2.DBW0 是否基本上同步变化。由于数据传输的延时，双方对应的数据不可能完全同步。

在变量表中，通过修改 M1.0、M0.0 和 M0.2 的值，来控制数据的发送、接收和断开连接。因为 SFC65 的参数 CONT 为 1（TRUE），发送完成后保持连接，可以周期性地传输数据。即使 M1.0 变为 0 状态，连接仍然保持。可以通过置位 M0.2 来使能 SFC69，断开已建立的连接。断开连接后，可以看到，在接收的数据中，DB2.DBW0 停止变化。

SFC69 "X-ABORT" 用来断开一个由 SFC "X-SEND"、"X-GET" 或 "X-PUT" 建立的连接。如果上述 SFC 的工作已经完成（BUSY＝0），调用 SFC69 "X-ABORT" 后，通信双方的连接资源被释放。

问 44 **如何应用只需一个站编程的 S7 基本通信？**

答：除了上述的使用 SFC65 "X-SEND" 和 SFC66 "X-RCV" 的双边通信之外，还可以实现单边通信。编写程序一方的 CPU 是客户机，另一方是服务器，不需要编写程序。客户机是通信的主动方，服务器是被动方。

在 S7 基本通信中，S7-300 或 S7-400 都可以用做客户机或服务器，S7-200 只能用做服务器。

在 STEP7 中创建一个项目，生成两个站，它们的 CPU 均为 CPU413-2DP。将它们连接到 MPI 网络上，它们的 MPI 站地址分别为 2 和 3。

下面是两个站的 OB1 中的程序。

```
L    DB2.DBW    74

T    QW   4              //用对方的 IW0 控制本站的 QW4
```

在单边通信中，客户机调用 SFC68 "X-PUT" 来写服务器中的系统地址区，调用 SFC67 "X-GET" 来读取服务器中的数据。在读取服务器数据时，客户机首先要发送读取命令给客户机。为了减少发送读、写命令的次数，应在循环中断组织块 OB35 中调用 SFC68 "X-PUT" 和 SFC67 "X-GET"。下面是客户机的 OB35 中的程序。

程序段 1：准备要发送的数据。

```
L    DBL.DBW 0

+    1

T    DBL.DBW   0              //每 100ms 将 DBL.DBW 加 1

L    IW   0

T    DBL.DBW   74             //用本站的 IW0 控制对方的 QW0
```

程序段 2：用 SFC68 写对方的数据区

```
CALL "X-PUT"                  //SFC68

REQ：= M0.0                   //写数据使能信号

CONT：= TRUE                  //发送完成后保持连续

DEST-ID：= W♯16♯3            //对方的 MPI 地址

VAR-ADDR：= P♯DB2.DBX0.0BYTE76  //对方的数据区，即写目的地址

SD：= P♯DB1DBX0.0BYTE76       //本站的发送数据区

RET-VAL：= MW2                //通信状态字，返回的故障信息

BUSY：= M0.1                  //为 1 时写数据未完成
```

程序段 3：用 SFC67 读对方的数据区。

```
CALL "X-GET"                  //SFC67

REQ：= M0.2                   //读数据使能信号

CONT：= TRUE                  //读数据完成后保持连续

DEST-ID：= W♯16♯3            //对方的 MPI 站地址
```

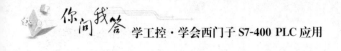

```
VAR-ADDR：= P♯DB1.DBX0.0BYTE 76    //要读取的对方数据区的地址
RET-VAL：= MW4                     //通信状态字，返回的故障信息
BUSY：= M0.3                       //为 1 时读数据未完成
RD：= P♯DB2.DBX0.0BYTE76           //读取的数据在本站中的存储地址
L   DB2.DBW 74
T   QW  0                          //用对方的 IW0 控制本站的 QW0
```

如果 3 号站用 SFC67 "X-GET" 和 SFC68 "X-PUT" 读写 2 号站的系统数据区，可以使用与上面基本相同的程序，只是需要将 SFC 中的 DEST-ID（对方的 MPI 地址）改为 W♯16♯2。SFC69 "X-ABORT" 可以中断上述程序中建立的连接。

问 45　如何实现 MPI 网络的 S7 通信？

答：S7-400 广泛使用 S7 通信，它主要用于 S7-400 CPU 之间的主—主通信、CPU 与 FM 之间、CPU 与西门子的 HMI TP/OP 和组态软件 WinCC 之间的通信。S7 通信可以用于 PROFINET、工业以太网、PROFIBUS 或 MPI 网络。

使用 S7 通信功能需要组态 PLC 之间的连接。下载组态后 S7 连接被永久建立，在 CPU 进入停止状态时连接被保持。在下载新组态之前，一直可以使用这些已组态的连接。

连接是指执行通信的两个通信伙伴之间的逻辑分配，而不是指两个站之间物理媒体（如电缆）的连接。同时可用的连接的个数受到 CPU 或 CP 可用的连接资源数的限制。

在 CPU 集成的第 1 个通信接口组成的 MPI 网络的 S7 通信中，通过调用 SFB/FB GET 和 PUT，S7-400CPU 可以作为服务器，也可以作为客户机，对 S7-300CPU 或别的 S7-400CPU 的数据进行读/写操作。S7-400 还可以调用 SFB/FB USEND/URCV、BSEBD/BRCV 发送和接收数据，在 S7-400 之间进行双向通信（见表 6-2）。

S7-300CPU 的 MPI 只能作为 S7 通信的服务器，不能作为通信的客户机，即不能主动发送和接收数据。CPU 集成的第 2 个通信口是 DP 通信口，没有 S7 基本通信和 S7 通信功能。

S7-400 的 S7 通信使用 STEP7 程序编辑器左边窗口的文件夹 "\ 库 \ Standard Libraries \ System Function Blocks" 中的 SFB 和 SFC。S7-300 的 S7 通信使用 "\ 库 \ SIMATIC-NET-CP \ CP-300" 文件夹中的 FB 和 FC。

可传输的用户数据最大长度取决于块的类型和通信双方的硬件种类（S7-300、S7-400 或 M7）。使用 BSEND/BRCV，最多能传输 64KB 的数据块。S7-

300 每次调用 S7 通信块只能传输 1 个变量（即 1 个连续的地址区），S7-400 最多
能传输 4 个变量。

单向 S7 通信如何实现？

答：在下面的单向 S7 通信程序中，S7-300 和 S7-400 分别作为服务器和客户
机，通过集成的 DP 接口和 SFB PUT/GET 进行 PROFIBUS-S7 通信。

（1）S7 连接的组态。在 STEP7 中创建设一个项目，生成两个站，CPU 模
块分别为 CPU413-2DP 和 CPU 315-2DP，单击 SIMATIC 管理器中的按钮，打
开网络组态工具 NetPro，将两个站连接在 MPI 网络上，设置它们的 MPI 站地址
分别为 2 和 3。

选中 2 号站的 CPU413-2DP 所在的小方框，在 NetPro 下面的窗口出现连接
表（见图 6-18）。双击连接表中的第 1 行，在出现的"插入新连接"对话框中
（见图 6-19），系统默认的通信伙伴为同一项目中的 CPU315-2DP，在"连接"区
的"类型"下拉列表框中，默认的连接类型为 S7 连接。单击"确定"按钮确认
默认值后，出现"属性-S7 连接"对话框（见图 6-19）。在调用通信 SFB 时，将
会用到"块参数"区内的"本地 ID"（本站的标识符）。

S7-300 和 S7-400 之间只能建立单边的连接，S7-400 可以用 SFB PUT/GET
主动读、写 S7-300 的存储区，S7-300 不能访问 S7-400 的存储区。

在"本地连接端点"区，可以看到"单向"复选框被自动勾选，不能更改。
单击"地址详细信息"按钮，可以查看地址的详细信息。

选中图 6-18 中 3 号站的 CPU 所在的小方框，因为是单边连接，连接表中没

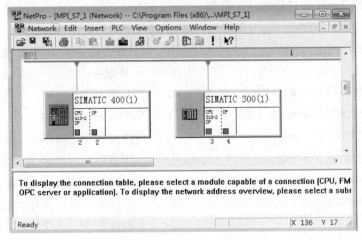

图 6-18 网络与连接的组态

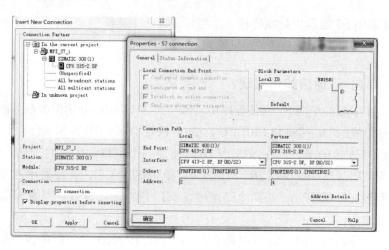

图 6-19　建立新的连接

有连接信息。

（2）单向 S7 通信的编程。S7-400 的 SFB PUT/GET 最多可以读、写 4 组数据。下面是 S7-400 每 100ms 循环执行一次的组织块 OB35 中的程序。

程序段 1：DBL.DBW 加 1。

```
L    DBL.DBW      0
+    I
T    DBL.DBW      0              //每 100ms 将 DBL.DBW0 加 1
```

下面是 S7-400 的 OB1 中的程序。

程序段 1：读取通信伙伴的数据。

```
CALL  "GET"        DB14          //SFC14
REQ   ：= M0.0                    //通信请求，上升沿时激活数据
                                    传输
ID    ：= W#16#1                  //S7 连接号
NIDR  ：= M0.1                    //操作成功完成为 1
ERROR ：= M0.2                    //错误标志，出错时为 1
STATUS：= MW2                     //状态字，为 0 时表示没有警告和
                                    错误
ADDR-1：= P#DBL.DBX0.0BYTE20      //要读取的通信伙伴的数据区地址
                                    指针 1
ADDR-2：= P#DBL.DBX30.0BYTE20     //要读取的通信伙伴的数据区地址
```

指针 2

ADDR-3：= P♯1.0BYTE2　　　//要读取的通信伙伴的数据区地址
指针 3

ADDR-4：P♯M20.0BYTE20　　//要读取的通信伙伴的数据区地址
指针 4

RD-1　：= P♯DB2.DBX0.0BYTE20　//本站存放读取数据的数据区地址
指针 1

RD2　：= P♯DB2.DBX0.0BYTE20　//本站存放读取数据的数据区地址
指针 2

RD-3　：= P♯Q0.0BYTE2　　　//本站存放读取数据的数据区地址
指针 3

RD-4　：= P♯M20.0BYTE20　　//本站存放读取数据的数据区地址
指针 4

程序段 3：向通信伙伴的数据区写入数据。

CALL.PUT，DB15　　　　　　//SFC15

REQ　　：= M10.0　　　　　//通信请求，上升沿时激活数据交
换

ID　　：= W♯16♯1　　　　//S7 连接号

DONE：= M10.1　　　　　　//任务被正确执行时为 1

ERROR：= M10.2　　　　　//错误标志，出错时为 1

STATUS：= MW12　　　　　//状态字，从 0 时表示没有警告和
错误

ADDR-1：= P♯DB2DBX0.0BYTE20　//要写入的通信伙伴的数据区地址
指针 1

ADDR-2：= P♯DB2DBX0.0BYTE20　//要写入的通信伙伴的数据区地址
指针 2

ADDR-3：= P♯Q4.0BYTE2　　　//要写入的通信伙伴的数据区地址
指针 3

ADDR-4：= P♯M40.0BYTE20　　//要写入的通信伙伴的数据区地址
指针 4

SD-1　：= P♯DB2.DBX0.0BYTE20　//本站 CPU 数据发送区地址指针 1

SD-2　：= P♯DB2.DBX0.0BYTE20　//本站 CPU 数据发送区地址指针 2

SD-3　：= P♯I0.0BYTE2　　　//本站 CPU 数据发送区地址指针 3

SD-4　　：＝ P♯M40.0 BYTE20　　　　　//本站 CPU 数据发送区地址指针 4

在调用 SFB PUT 和 GET 时，允许只使用 4 个变量中的部分变量。通过 CPU413-2DP 读、写 CPU315-2DP 中的数据，实现了用两个站的 IW0 分别控制对方的 QW0 或 QW4。

在程序 MPI-S7 中，两台 CPU 的 OB1 都没有编程。在 CPU315-2DP 每 100ms 执行一次的 OB35 中，将 DB1.DBW0 加 1。

在通信双方的 OB100 中，将存放接收数据的部分地址清零，给存放待发送数据的部分地址置初始值，并在变量表中监视这些地址，观察通信的实现情况。

(3) 通信的监控。将程序和系统数据分别下载到两台 CPU 中，用电缆连接两台 CPU 和计算机的 MPI，同时打开两个站的变量表，在屏幕上同时显示两个变量表中的动态数据。在运行时观察是否能用一个站的输入 IW0 控制另一个站的输出 QW0 或 QW4，发送方的 DB1.DBW0 和接收方的 DB2.DBW0 的值是否基本上同步变化。图 6-20 和图 6-21 所示为在运行时复制的状态表，只监视了各

		Address		Display format	Status value	Modify value
1		DB2.DBW	0	HEX	W#16#0575	
2		DB2.DBW	18	HEX	W#16#1819	
3		DB2.DBW	30	HEX	W#16#3031	
4		DB2.DBW	48	HEX	W#16#4849	
5		MW	20	HEX	W#16#2021	
6		MW	38	HEX	W#16#3839	
7		M	0.0	BOOL	true	true
8		M	10.0	BOOL	true	true
9		DB1.DBW	0	HEX	W#16#057F	
10		DB1.DBW	18	HEX	W#16#1819	
11		DB1.DBW	30	HEX	W#16#3031	
12		DB1.DBW	48	HEX	W#16#4849	
13		MW	40	HEX	W#16#0041	
14		MW	58	HEX	W#16#5859	
15		IW	0	HEX	W#16#1832	
16		QW	0	HEX	W#16#64E4	
17						

图 6-20　CPU413-2DP 的变量表

地址区的第一个变量和最后一个变量。用变量表改变 M0.0 和 M10.0 的状态,产生通信块的通信请求信号。

问 47 如何实现双向 S7 通信?

答:双向 S7 通信的组态方法与单向 S7 通信基本相同。将两个 S7-400 站连接到 MPI 网络上后,在 HW Config 中选中一个站的 CPU,双击连接表中的第 1 行,在出现的"插入新连接"对话框中建立 S7 连接。选中另一个站的 CPU,可以看到连接表中的第 1 行自动生成的连接数据,两个站的连接表中的 ID 相同。

在编程时调用 SFB BSEND/BRCV 可以将数据安全地传输到通信伙伴。SFB USEND/URCV 可以进行快速、不可靠的数据传送。例如,可以用于事件消息和报警消息的传送。在一个站的 OB35 调用发送功能块,在另一个站的 OB1 调用接收功能块。

	Address		Status value
1	DB2.DBW	0	W#16#056A
2	DB2.DBW	18	W#16#1819
3	DB2.DBW	30	W#16#3031
4	DB2.DBW	48	W#16#4849
5	MW	40	W#16#0041
6	MW	58	W#16#5859
7	DB1.DBW	0	W#16#058A
8	DB1.DBW	18	W#16#1819
9	DB2.DBW	30	W#16#3031
10	DB1.DBW	48	W#16#4849
11	MW	20	W#16#2021
12	MW	38	W#16#3839
13	IW	0	W#16#64E4
14	QW	4	W#16#1832
15			

图 6-21 CPU315-2DP 的变量表

问 48 什么是 PROFIBUS 标准?

答:PROFIBUS 是目前国际上通用的现场总线标准之一,它以其独特的技术特点、严格的认证规范、开放的标准、众多厂商的支持,已被纳入现场总线的国际标准 IEC 61158。PROFIBUS 于 2006 年 10 月成为我国首个现场总线国家标准(GB/T 20540—2006)。

到 2007 年年底,全球安装的 PROFIBUS 节点总数超过 1800 万个。

问 49 PROFIBUS 的物理层包括哪些内容?

答:ISO/OSI 参考模型的物理层是第 1 层,PROFIBUS 可以使用多种通信媒体(电、光、红外、导轨以及混合方式)。传输速率为 9.6kb/s~12Mb/s,在一个有 32 个站点的系统中,假设 PROFIBUS-DP 对所有站点传送 512 点输入和 512 点输出,在 12Mb/s 时只需 1ms。每个 DP 从站的输入数据的输出数据最大为 244B。使用屏蔽双绞线电缆时最长通信距离为 9.6km,使用光缆时最长

90km，最多可以接 127 个从站。

PROFIBUS 可以使用灵活的拓扑结构，支持总线型、树形、环形结构以及冗余的通信模型。支持基于总线的驱动技术和符合 IEC 61508 的总线安全通信技术。下面介绍用于 DP 和 FMS 的 RS-485 传输、光纤传输，以及用于 PA 的 IEC 1158—2 传输。

问 50 **DP/FMS 的 RS-485 传输的特点分别是什么？**

答： PROFIBUS-DP 和 PROFIBUS-FMS 使用相同的传输技术和统一的总线存取协议，可以在同一根电缆上同时运行。

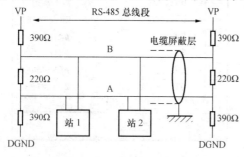

图 6-22 DP/FMS 总线段的结构

DP/FMS 符合 EIA RS-485 标准（也称为 H2），采用价格便宜的屏蔽双绞线电缆，电磁兼容性（EMC）条件较好时也可以使用不带屏蔽的双绞线电缆。一个总线段的两端各有一套有源的总线终端电阻。

图 6-22 中，A、B 线之间的 220Ω 终端电阻，根据传输线理论，终端电阻可以吸收网络上的反射波，有效地增强信号强度。两端的终端电阻并联后的值应基本上等于传输线相对于通信频率的特性阻抗。在总线上没有站发送数据时（即总线处于空闲状态），390Ω 的上位电阻和下位电阻用于确保 A、B 线之间有一个确定的空闲电位。

传输速率为 9.6kb/s～12Mb/s，所选的传输速率用于总线段上的所有设备。

PROFIBUS 的站地址空间为 0～127，其中，127 为广播用的地址，0～126 为单站地址，所以最多能连接 127 个站点，一个总线段最多 32 个站，超过了必需分段，段与段之间用中继器连接。中继器没有站地址，但是被计算在每段的最大站数中。

每个网段的电缆最大长度与传输速率有关（见表 6-3）。

表 6-3　　　　　　　　　传输速率与总线长度的关系

传输速率/（kb/s）	9.6～187.5	500	1500	3000～12 000
总线长度/m	1000	400	200	100

如果使用屏蔽编织线和屏蔽箔，应在两端与保护接地连接。

RS-485 采用半双工、异步的传输方式，PROFIBUS 的 1 个字符帧由 8 个数据位、1 个起始位、1 个停止位和 1 个奇偶校验位组成。

问 51　**D 形总线连接器的引脚如何分配？**

答：PROFIBUS 标准推荐总线站与总线的相互连接使用 9 针 D 形连接器。D 形连接器的插座与总线站相连接，D 形连接器的插头与总线电缆相连接。连接器的接线见表 6-4。

表 6-4　　　　　　　　　　　　D 形连接器的引脚分配

针脚号	信号名称	说　明
1	SHIELD	屏蔽或功能地
2	M24	24V 辅助电源输出的地
3	RXD/TXD. P	接收/发送数据的正端，B 线
4	CNTR. P	方向控制信号正端
5	DCND	数据基准电位（地）
6	VP	供电电压正端
7	P24	24V 辅助电源输出正端
8	RXD/TXD. N	接收/发送数据的负端，A 线
9	CNTR. N	方向控制信号负端

在传输期间，A、B 线上的波形相反。信号为 1 时 B 线为高电平，A 线为低电平。各报文间的空闲（Idle）状态对应于二进制"1"信号。

问 52　**总线终端器的功能是什么？**

答：在数据线 A 和 B 的两端均应加接总线终端器。总线终端器的下位电阻与数据基准电位 DGND 相连，上拉电阻与供电正电压 VP 相连，如图 6-22 所示。几乎所有标准的 PROFIBUS 总线连接器都集成了总线终端器，可以用连接器上的开关接上或断开总线电阻。每个网段两端的站必须接入终端电阻，中间的站不能接入终端电阻。

传输速率大于 1500kb/s 时，由于连接的站的电容性负载引起导线反射，因此必须使用附加的轴向电感的总线连接插头。

问 53　**DP/FMS 的光纤电缆传输的特点是什么？**

答：PROFIBUS 可以通过光纤中光的传输来传送数据。单芯玻璃光纤的最

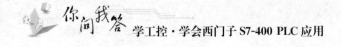

大连接距离为 15km，价格低廉的塑料光纤为 80m。光纤电缆对电磁干扰不敏感，并能确保站之间的电气隔离。近年来，由于光纤的连接技术已大大简化，这种传输技术已经广泛地应用于现场设备的数据通信。许多生产厂家提供专用总线插头来转换 RS-485 信号和光纤导体信号。可以使用冗余的双光纤环。

问 54　PROFIBUS-PA 的 IEC1158-2 传输的特点是什么？

答：PROFIBUS-PA 采用符合 IEC 1158—2 标准的传输技术，即曼彻斯特码编码与总线供电传输技术。这种技术确保本质安全，并通过总线直接现场设备供电，能满足石油化学工业的要求。用曼彻斯特编码传输数据时，从 0（－9mA）到 1（＋9mA）的上升沿发送二进制数"0"，从 1 到 0 的下降沿发送二进制数"1"。传输速率为 31.25kbit/s，传输媒体为屏蔽或非屏蔽的双绞线，允许使用总线型、树形和星形网络。

总线段的两端用一个无源的 RC 总线终端来终止（见图 6-23），在一个 PA 总线段上最多可以连接 32 个站，站的总线最多为 126 个，最多可以扩展 4 台中继器。

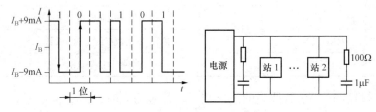

图 6-23　PROFIBUS PA 数据传输

为了增加系统的可靠性，可以用冗余的总线段作为总线段的备份。DP/PA 耦合器用于 PA 总线段与 DP 总线段的连接，如图 6-24 所示。

问 55　PROFIBUS 的通信服务的应用范围包括哪些？

答：PROFIBUS 是一种不依赖生产厂家的、开放式的现场总线，各种各样的自动化设备均可以通过相同的接口交换信息。PROFIBUS 可用于分布式 I/O 设备、传动装置、PLC 和基于个人计算机的自动化系统。

问 56　PROFIBUS-DP 的概念是什么？如何连接？

答：DP 是 Decentralized Periphery（分布式外部设备）的缩写。PROFI-BUS-DP（简称 DP）主要用于制造业自动化系统中单元级和现场级通信，非常

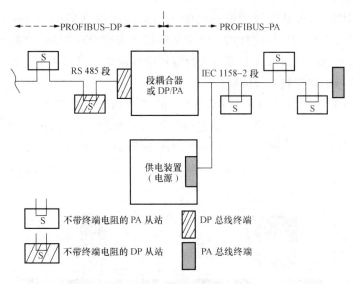

图 6-24 PROFIBUS-DP

适合 PLC 与现场级分布式 I/O 设备之间的通信，如图 6-24 所示。DP 是 PROFI-BUS 中应用最广泛的通信方式。

PROFIBUS-DP 用于连接下列设备：PLC、PC 和 HMI 设备；分布式现场设备，如 SIMATIC ET200 和变频器等设备。PROFIBUS-DP 的响应速度快，所以很适合在制造行业使用。

作为 PLC 硬件组态的一部分，分布式 I/O（如 ET200）用 STEP7 来组态。通过供货方提供的 GSD 文件，可以用 STEP7 将其他生产厂家生产的从站设备组态到网络中，STEP7 的用户程序访问分布式 I/O 就像访问 PLC 的 CR 中的 I/O 模块一样。

主站之间的通信为令牌方式，主站与从站之间使用主从方式以及这种两种方式的组合。

部分 S7-400 CPU 配备有集成的 DP 接口，S7-200/300/400 也可以通过 CP 连接到 PROFIBUS-DP。

问 57 **PROFIBUS-PA** 的概念是什么？如何连接？

答：PA 是 Process Automation（过程自动化）的缩写。PROFIBUS-PA 用于 PLC 与过程自动化的现场传感器和执行器的低速数据传输，特别适用于过程工业。PROFIBUS-PA 功能集成在启动执行器、电磁阀和测量变送器等现场设备中，传输速率为 31.25kbit/s，可以采用总线型或树形结构，如图 6-25 所示。

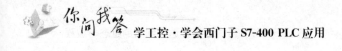

PROFIBUS-PA 基于曼彻斯特码编码与总线供电（Manchester Coding and Bus Powering，MBP）传输技术，由于传输技术采用 IEC 1158—2 标准，确保了本质安全和通过屏蔽双绞线电缆进行数据传输和供电，可以用于防爆区域的传感器和执行器与中央控制系统的通信。

PROFIBUS-PA 采用 PROFIBUS-DP 的基本功能来传送测量值和状态，并用扩展的 PROFIBUS-DP 功能来确定现场设备的参数和进行设备操作。PROFIBUS-PA 行规保证了不同生产厂家生产的现场设备的互换性和互操作性。

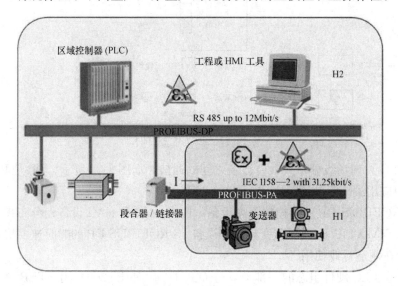

图 6-25　PROFIBUS-PA

使用 DP/PA 连接器可以将 PROFIBUS-PA 设备很方便地集成到 PROFIBUS-DP 网络中。

与 PROFIBUS-DP 设备一样，PROFIBUS-PA 设备也用生产厂家的 GSD 文件来描述。

问 58　PROFIBUS-FMS 的概念是什么？有何功能？

答：FMS 是 Field Message Specification（现场总线报文规范）的缩写，用于系统级和车间级的不同供应商的自动化系统之间传输数据，处理单元级（PLC 和个人计算机）的多主站数据通信，为解决复杂的通信任务提供了很大的灵活性。

现在 PROFIBUS-FMS 已经基本上被以太网通信所取代，实际中很少使用。

问 59 **PROFIdrive 的功能是什么?**

答: PROFIdrive 用于将驱动设备(从简单的变频器到高级的动态伺服控制器)集成到自动控制系统中。PROFIdrive 定义了 6 个应用类别,还定义了访问驱动器参数和与生产厂家有关的配置文件的参数的机制。

问 60 **PROFIsafe 的功能是什么?**

答: PROFIsafe 用于 PROFIBUS 和 PROFINET 面向安全设备的故障安全通信,可以用 PROFIsafe 很简单地实现安全的分布式解决方案。不需要对故障安全 I/O 进行额外的布线,在同一条物理总线上传输标准数据和故障安全数据。

PROFIsafe 是一种软件解决方案,在 CPU 的操作系统中以附加的 PROFIsafe 层的形式实现故障安全通信。PROFIsafe 考虑了数据的延迟、丢失、不正确的时序、地址和数据的损坏,采用了很多措施保证故障安全数据传输的完整性。

问 61 **PROFIBUS FDL 的概念是什么? 有何功能?**

答: FDL 是 Fieldbus Data Link(现场总线数据链路)的缩写,用于与使用 SDA(带确认的数据发送)功能发送和接收数据的通信伙伴(如 S5 系列 PLC 或个人计算机)的通信。

FDL 服务由 PROFIBUS 协议的第 2 层提供,允许发送和接收最多 240B 的数据块。只有 CP 才能提供 FDL 服务。S7-400 使用通信功能块 AG-SEND 和 AG-REC 来实现 FDL 服务。

问 62 **PROFIBUS 在冗余控制系统中如何应用?**

答: 可以将 PROFIBUS 用在冗余结构中。例如,通过两个 IM,将 ET200 I/O 设备连接到冗余自动化系统的两个 PROFIBUS 子网。PROFIBUS PA 线路可以通过一个冗余 DP/PA 连接器和两个 IM 进行耦合,也可以通过"Y"形连接器在冗余 PROFIBUS 中操作非冗余设备。

问 63 **PROFIBUS 的数据链路层的结构是什么?**

答: PROFIBUS 协议结构如图 6-26 所示。第 2 层称为 FDL。

PROFIBUS 采用混合的总线访问控制机制(见图 6-27)。它包括主站之间的令牌传递方式和主站之间的主-从方式。令牌实际上是一条特殊的报文,它在所有的主站上循环一周的时间是事先规定的。主站之间的构成令牌逻辑环，令牌传递仅在各主站之间进行。

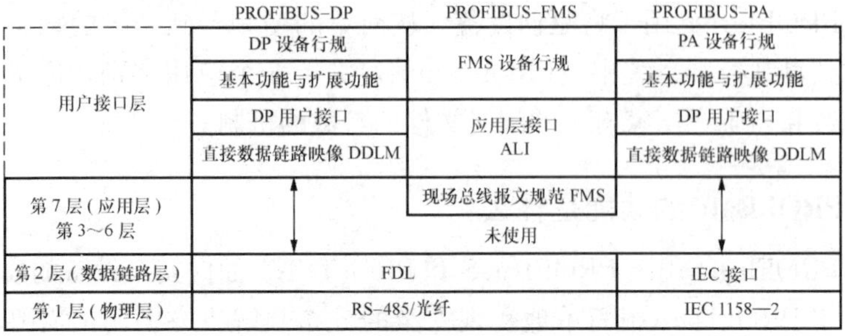

PROFIBUS–DP
PROFIBUS–FMS
PROFIBUS–PA
用户接口层
DP 设备行规
基本功能与扩展功能
DP 用户接口
直接数据链路映像 DDLM
FMS 设备行规
应用层接口
ALI
现场总线报文规范 FMS
PA 设备行规
基本功能与扩展功能
DP 用户接口
直接数据链路映像 DDLM
第 7 层（应用层）
第 3～6 层
未使用
第 2 层（数据链路层）
FDL
IEC 接口
第 1 层（物理层）
RS–485/光纤
IEC 1158—2

图 6-26　PROFIBUS 协议结构

主设备间的逻辑令牌环
主动站、主设备
PLC
PLC
PROFIBUS
从站、从设备
3 个主站、7 个从站构成的 PROFIBUS 系统

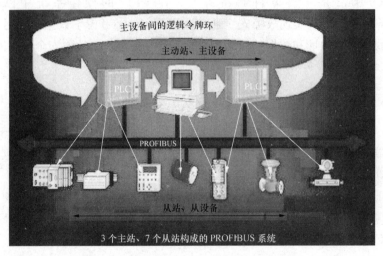

图 6-27　PROFIBUS 现场总线的总线访问方式

当某主站得到令牌报文后，该主站可以在一定时间内执行主站工作。在这段时间内，它可以依照主-从通信关系表与它所有的从站通信，也可以依照主-主通信关系表与所有的主站通信。令牌传递程序保证每个主站在一个确切规定的时间内能够得到总线访问权（即令牌）。

DP 的用户接口规定了设备的应用功能、DP 系统和设备的行为特性。直接数据链路映像程序 DDLM 提供对第 2 层的访问。

在总线初始化和启动阶段，MAC 通过辨认主站来建立令牌环，首先自动地判定总线上所有主站的地址，并将它们的节点地址记录在主站表中。在总线运行期间，从令牌环中去掉有故障的主站，将新上电的主站加入到令牌环中。

PROFIBUS 媒体访问控制还可以监视传输媒体和收发器是否有故障，检查站点地址是否出错（如地址重复），以及令牌是否丢失或有多个令牌。

DP 主站与 DP 从站之间的通信基于主-从原理，DP 主站按轮询表依次访问 DP 从站，主站与从站之间周期性地交换用户数据。DP 主站与 DP 从站之间的一个报文循环由 DP 主站发出的请求帧（轮询报文）和由 DP 从站返回的应答或响应帧组成。

问 64 PROFIBUS-DP 的功能是什么？

答：在 PROFIBUS 现场总线中，PROFIBUS-DP 的应用最广。DP 协议主要用于 PLC 与分布式 I/O 和现场设备的高速数据通信。DP 的功能经过扩展，一共有 3 个版本：DP-V0、DP-V1 和 DP-D2。有的用户手册将 DP-V1 简写为 DPV1。

问 65 基本功能的功能是什么？

答：基本功能（DP-V0）支持单主站或多主站系统，总线上最多有 126 个站。可以采用 PtP 用户数据通信、广播方式和循环主-从用户数据通信。

DP-V0 可以实现中央控制器（PLC-PC）与分布式现场设备之间的快速循环数据交换，主站发出请求报文，从站收到后返回响应报文。每个从站最多可以传送 224B 的输入或输出。

经过扩展的 PROFIBUS-DP 诊断，能对站级、模块级、通道级这 3 级故障进行诊断和快速定位，诊断信息在总线上传输并由主站采集。

DP 主站用监控定时器监视与从站的通信，对每个从站都设置有独立的监控定时器，在规定的监视时间间隔内，如果没有执行用户数据传送，将会使监控定时器超时，通知用户程序进行处理。DP 从站用监控定时器检测与主站的数据传输，如果在设置的时间内没有完成数据通信，从站自动地将输出切换到故障安全状态。

通过网络可以动态激活或关闭 DP 从站，对 DP 主站（DPMI）进行配置。

问 66 同步与锁定的功能是什么？

答：一组从站接收到主站的同步命令后，从站进入同步模式，这些从站的输出保持在当前状态。

锁定（FREEZE）命令使指定的从站组进入锁定模式，即将各从站的输入数据锁定在当前状态，直到主站发送下一个锁定命令才可以刷新。

问 67 DP-V1 的扩展功能是什么？

答：除了 DP-V0 的功能外，DP-V1 具有主站与从站之间的非循环数据交换功能，可以用它来实现参数设置、诊断和报警处理等功能。DP 从站通过诊断报文将突发事件（报警信息）传送给主站，主站收到后发送确认报文给从站。

问 68 DP-V2 的扩展功能包括哪些？

答：（1）从站之间的直接数据交换（DP）通信使从站可以直接读入别的从站的数据。

（2）同步功能可以实现主站与从站中的时钟同步。此功能可以实现高精度定位处理，其时钟误差小于 $1\mu s$。通过全局控制广播报文，使所有有关的设备循环与总线主循环同步。

（3）实时时间（Real Time）。主站将时间标记（Time Starmp）发送给所有的从站，将从站时钟同步到系统时间，误差小于 1ms。可以实现高精度的事件跟踪和实现事件顺序记录。

（4）HART 规范将现场总线 HART 的客户-主机-服务器模型映射到 PRO-FIBUS。

（5）上传与下载功能用少量的命令装载任意现场设备中任意大小的数据区。例如，不需要人工装载就可以更新程序或更换设备。

（6）功能请求服务用于对 DP 从站的程序控制（启动、停止、重新启动）和功能调用。

（7）冗余的从站有两个 PROFIBUS 接口，一个是主接口，一个是备用接口。

在正常情况下，通信发送给被组态的主要从站和备用从站。在主要从站出现故障时，备用从站接管它的功能，冗余从站设备可以在一条 PROFIBUS 总线或两条冗余的 PROFIBUS 总线上运行。

问 69 PROFIBUS-DP 设备的结构包括什么？

答：PROFIBUS 网络的硬件由主站、从站、网络部件和网络组态与诊断工具组成。网络部件包括通信媒体（电缆）、总线连接器、中继器、耦合器，以及用于连接串行通信、以太网、AS-i、EIB 等网络系统的网络转接器。

问 70 PROFIBUS-DP 设备可以分为几种类型的站？

答：PROFIBUS-DP 设备可以分为 3 种不同类型的站。

<u>问 71</u> **DP 主站与 DP 从站的功能是什么？**

答： （1）1 类 DP 主站。1 类 DP 主站（DPM1）是系统的中央控制器，DPM1 在预定的周期内与 DP 从站循环地交换信息，并对总线通信进行控制和管理。DPM1 可以发送参数给 DP 从站，读取从站的诊断信息，用全局控制命令将它的运行状态告知给各从站。此外，还可以将控制命令发送给个别从站或从站组，以实现输出数据和输入数据的同步。下列设备可以作为 1 类 DP 主站：

1）集成了 DP 接口的 PLC，如 CPU315-2DP、CPU313C-2DP 等。

2）CPU 和支持 DP 主站功能的 CP。

3）插有 PROFIBUS 网卡的个人计算机，如 WinAC 控制器。用软件功能选择个人计算机作为 1 类主站或是作为编程监控的 2 类主站，可以使用 CP551、CP5611 和 CP5613 等网卡。

4）连接工业以太网和 PROFIBUS-DP 的 IE/PB 链路模块。

5）ET 200S/ET200X 的主站模块。

（2）2 类 DP 主站。2 类 DP 主站是系统的中央控制器，DPM1 预定的周期内与 DP 从站循环地交换信息，并对总线通信进行控制和管理。DPM1 可以发送参数给 DP 从站，读取从站的诊断信息，用全局控制命令将它的运行状态告知给各从站。此外，还可以将控制命令发送给个别从站或从站组，以实现输出数据和输入数据的同步。

（3）DP 从站。DP 从站是进行输入信息采集和输出信息发送的外部设备，只与它的 DP 主站交换用户数据，可以向该主站报告本地诊断中断和过程中断。

可以将 1 类、2 类 DP 主站或 DP 从站组合在一个设备中，形成一个 DP 组合设备。

（4）具有 PROFIBUS-DP 接口的其他现场设备。西门子公司的 SINUMERIK 数控系统、SITRANS 现场仪表、MicrkMaster 变频器、SIMOREGDC-MASTER 直流传动装置都有 PROFIBUS-DP 接口或可选的 DP 接口卡，可以作为 DP 从站。

其他公司支持 DP 接口的 I/O、传感器、执行器或其他智能设备，也可以接入 PROFIBUS-DP 网络。

<u>问 72</u> **PROFIBUS CP 的功能是什么？**

答： PROFIBUS CP 不但可以扩展 CPU 的通信接口，功能也比集成的 DP 接口强得多。例如，可以提供 S7 通信、S 兼容通信（FDL）和 PG/OP 通信、SYNC（同步）、FREEZE（锁定）等功能。CP 的组态数据存放在 CPU 中，

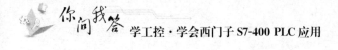

CPU 启动后自动地将组态参数传送到 CP 模块。

S7-200 的 DP 模块为 EM277，S7-300 使用 CP342-5 和 CP343-5，CP342-5 FO 是带光纤接口的 PROFIBUS-DP 主站或从站模块。

S7-400 使用 CP443-5 和 IM467，CP443-5 分为基本型和扩展型，提供 PROFIBUS-FMS 通信服务，实现时钟的同步，在 H 系统中实现冗余的 S7 通信或 DP 主站通信，通过 S7 路由器在网络间进行通信。

用于 PG/PC 的 CP 将计算机/编程器连接到 PROFIBUS 网络中，支持标准 S7 通信、S5 兼容通信、PG/OP 通信和 PROFIBUS-FMS，OPC 服务器由通信软件供货。

CP5611 是 PCI 卡，CP5613 是带微处理器的 PCI 卡，仅支持 DP 主站。

CP5614 有两个 PROFIBUS 接口，可以作为 DP 主站或 DP 从站。

CP5613 FO/CP5614 FO 有光纤接口，用于将 PC/PG 连接到光纤 PROFIBUS 网络。

CP5511 和 CP5512 用于将带 PCMCIA 插槽的笔记本电脑连接到 PROFINUS 和 S7 的 MPI，有一个 PROFIBUS 主站和从站。

问 73　GSD 文件的功能是什么？

答： 常规站说明（General Station Description，GSD）文件是可读的 ASCII 码文本文件，包括通用的和与设备有关的技术规范。为了将不同生产厂家生产的 PROFIBUS 产品集成在一起，生产厂家必须以 GSD 文件的方式提供这些产品的功能参数，如 I/O 点数、诊断信息、传输速率、时间监视等。

GSD 文件可以在生产厂家的网站下载。例如，在西门子公司中文网站的下载中心，可以下载《西门子自化产品 GSD 文件大全》。

如果在硬件组态工具 HW Config 右边的硬件目录窗口中没有需要组态的 DP 从站，应安装生产厂家提供的 GSD 文件。

在 HW Config 中，执行"选项"→"安装新 GSD 文件"命令，在出现的对话框中单击"浏览"按钮，打开 GSD 文件所在的文件夹，安装 GSD 文件。安装成功后，在硬件目录窗口的"PROFIBUS-DP"文件夹中，可以找到刚安装了 GSD 文件的 DP 从站，并将它用于组态。STEP7 将 GSD 文件存储在"…Sieens/Step7/S7 DATA/GSD"文件夹中。

问 74　PROFIBUS-DP 网络的组态如何实现？

答： 在下面的例子中，DP 网络中的主站是带 DP 接口的 CPU416-2DP，DP

从站是 ET200B-16DI/16DO 和 ET200M。

（1）生成一个 STEP7 项目。打开 SIMATIC 管理器，用新建项目向导建立一个新的项目，CPU 为 CPU416-2DP，项目名称为"PB-MS-I"。

在 SIMATIC 管理器中选中生成的"SIMATIC400"站对象，双击屏幕右边的"硬件"图标，打开 HW Config，在 CPU416-2DP 的机架中添加 PS、一块 16 点数字量输入模块和一块 16 点数字量输出模块，它们分别占用输入、输出区的 0 号和 1 号字节。图 6-28 所示为硬件组态完成后的 PROFIBUS 网络。

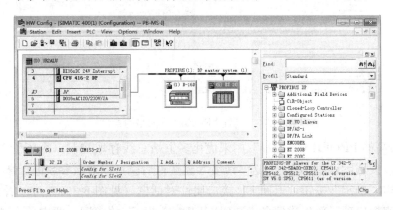

图 6-28 PROFIBUS 网络的组态

（2）生成 PROFIBUS 子网络。双击机架中 CPU 内"DP"所在的行，在出现的 DP 属性对话框的"工作模式"选项卡中，可以看到默认的工作模式为"DP"主站。单击"常规"选项卡中的"属性"按钮（见图 6-29），在出现的"属性－PROFIBUS 接口 DP"对话框中，可以设置 CPU 在 DP 网络中的站地址，默认的站地址为 2。

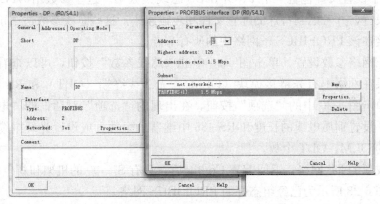

图 6-29 PROFIBUS 接口的参数设置

单击"新建"按钮，在出现的"属性 PROFIBUS"对话框的"网络设置"选项卡中（见图 6-30），用列表框设置 POFIBUS 子网络的参数，系统推荐的默认的参数如下：传输速率为 1.5Mbit/s，配置文件（Profile）为 DP，一般采用默认的参数，传输速率和总线配置文件将用于整个 PROFIBUS 子网络。

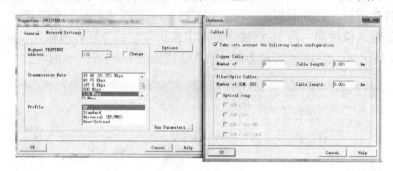

图 6-30   设置 PROFIBUS 网络的参数

"最高的 PROFIBUS 地址"用来优化多主站总线存取控制（令牌管理），单主站可以使用默认值 126。勾选"改变"复选框后就可以对该参数进行修改。

单击"确定"按钮，返回 DP 接口属性对话框（见图 6-29）。可以看到"子网"列表框出现了新生成的名为"PROFIBUS（1）"的子网。两次单击"确定"按钮，返回 HW Config，可以看到新生成的 PROFIBUS（1）网络线（见图 6-28）。

单击图 6-29 中的"删除"按钮，可以删除选中的列表框中的子网络。单击"属性"按钮，将打开 PROFIBUS 属性设置对话框。

（3）配置文件。配置文件为不同的 PROFIBUS 应用提供基准（即默认的设置），每个设置文件包含一个 PROFIBUS 总线参数集。这些参数由 STEP7 程序计算和设置，并考虑到特殊的配置文件和传输速率。这些总线参数适用于整个总线的连接在该 PROFIBUS 子网络中的所有节点。

（4）网络参数设置。单击图 6-30 中的"总线参数"按钮，可以查看总线参数。如果在网络上有光链接模块（OLM）、光总线终端（OBT）和 RS-R485 中继器，单击图 6-30 中的"选项"按钮，在出现的"选项"对话框的"电缆"选项卡中，设置铜质电缆的长度和 RS-485 中继器的个数，或设置光纤电缆的长度和所用的 OLM、OBT 个数。

生成新的 DP 网络，返回 HW Config 后，只有 S7-400 的机架和新生成的 DP 网络。图 6-28 所示为已经组态好的 PROFIBUS 网络。

如果同时打开了 HW Config 和 NetPro，因为它们的功能有重叠，组态好网络后可能不能编译，关闭二者之一才能进行编译。

问 75　PROFIBUS-DP 从站可以分为几类？

答：（1）非智能 DP 从站。非智能 DP 没有程序存储和程序执行功能，通信适配器用来接收主站的指令，根据主站的指令驱动 I/O，并将 I/O 输入及故障诊断等信息反馈给主站。ET200 有 PROFIBUS-DP 或 PROFINET 接口，可以用 DP 网络或 PROFINET 的从站。

1）紧凑型 DP 从站具有不可更改的固定的输入区域和输出区域。例如，ET200B 是一种小巧、紧凑的 DP 从站。

2）模块式 DP 从站 ET200M 使用 S7-300 全系列模块，最多可以扩展 8 个模块，它需要 1 块 ET200M IM153 来实现与主站的通信。此外还需要一块 PS。

S7-400 的 I/O 模块平均每点的价格比 S7-300 的贵得多，大型控制系统常用 S7-400 的 CPU 和 ET200M 来组成系统，这样可以使用功能强大的 S7-400 的 CPU 和价格便宜的 S7-300 的模块，使系统具有相对高的性能价格比。这是使用得相当普遍的一种硬件方案。

（2）智能从站（I 从站）。某些型号的 CPU 可以作为智能（Intelligent）DP 从站，简称"I 从站"。智能从站内部的 I/O 地址独立于主站和其他从站。主站和智能从站之间通过专门用于通信的过程映像 I/O 区来交换数据，在组态时定义这些 I/O 过程映像区。

问 76　DP 网络中 I/O 地址分配的原则是什么？

答：在 PROFIBUS 网络系统中，主站和非智能从站的 I/O 自动统一编址，下面是模块地址分配的原则。

（1）I/O 分为 4 类，即数字量输入、数字量输出、模拟量输入和模拟量输出。按组态的先后次序，同类 I/O 模块的字节地址依次排列。模块地址与模块所在的机架号和槽号无关。

（2）数字量 I/O 从 0 号字节开始，每块模块占用 4B 的地址。模拟量 I/O 从 512 号字节开始，每个 AI/AO 点占 2B 的地址。

（3）HW Config 自动统一分配 DP 主站和它的非智能从站的 I/O 的起始字节地址，用户也可以修改它，不过一般使用自动分配的地址。

问 77　组态 DP 从站 ET200B 如何连接？

答：首先组态第一个从站 ET200B。打开图 6-28 屏幕右边硬件目录窗口的文件夹"PROFIBUS DP/ET200B",按住鼠标左键将"B-16DI/16DO DP"拖到硬件组态窗口的 PROFIBUS 网络线上,这样就把该 DP 从站连接到 DP 主站系统了。在自动出现的"属性-PROFIBUS 接口"对话框中,设置该 DP 从站的站地址为 4,单击"确定"按钮,返回 HW Config。选中该从站,在下面的窗口中,可以看到自动分配给它的输入、输出地址均为 4 号和 5 号字节。

选中 ET200B 后,双击下面窗口数字量输入或数字量输出所在的行,在打开的 DP 从站属性对话框中,可以修改它的输入或输出地址。

问 78　组态模块式 DP 从站 ET200M 如何连接?

答:ET200M 是模块式远程 I/O,将硬件目录文件夹"PROFIBUS-DP/ET200M"中的 IM153-2 拖放到 PROFIBUS 网络线上,就生成了 ET200M 从站。在出现的"属性-PROFIBUS 接口 IM153-2"对话框中,设置它的站地址为 5。用 IM153-2 模块上的 DIP 开关设置的站地址应与 STEP7 组态的站地址相同。

选中图 6-28 左上部窗口中的该从站,在屏幕左下部的窗口显示它的机架中的模块,其中,4～11 行最多可以插入 8 块 S7-300 系列的模块。打开硬件目录中的"IM153-2"子文件夹,它里面的各子文件夹列出了可用的 S7-300 模块,其组态方法与普通的 S7-300 的相同。将模拟量模块"SM334A14/AO2"拖放到下面窗口的 4 号槽(见图 6-28),AI/AO 的起始字节地址为512。将数字量模块"SM323 DI16/DO16"拖放到 5 号槽,DI/DO 的字节地址为 8 和 9。

问 79　生成 DP 智能从站如何操作?

答:可以将自动化任务划分为用多台 PLC 控制的若干个子任务,这些子任务分别用几台 CPU 独立和有效地进行处理,这些 CPU 在 DP 网络中作为 DP 主站的智能从站。

DP 主站不是直接访问智能从站的物理 I/O 区,而是通过从站组态时指定的通信双方的 I/O 区来交换数据。

主站与从站之间的数据交换是由 PLC 的操作系统周期性自动完成的,不需要用户编程,但是用户必须对主站和智能从站之间的通信连接和数据交换区组态。这种通信方式称为主/从(Master/Slave)通信方式,简称为 MS 方式。

在 STEP7 中创建一个项目,CPU 为 CPU413-2DP。右击 SIMATIC 管理器屏蔽左边最上面的项目对象,在弹出的快捷菜单中选择"插入新对象"→ "SI-

MATIC300 站点"命令，插入新的站。选中新站后，双击"硬件"图标，对该站的硬件组态，首先生成该站的机架，将 CPU315-2DP 模块插入 2 号槽，PS 插入 1 号槽，SM 插入 4～8 号槽。

将 CPU 放到机架上时，将会自打开 DP 接口属性对话框的"参数"选项卡。设置 PROFIBUS 站地址为 4，不连接到 PROFIBUS（1）子网络。单击"确定"按钮返回 HW Config。双击 CPU 中 DP 所在的行，打开 DP 属性对话框。在"工作模块"选项卡将该站设置为 DP 从站，单击"确定"按钮确认，在"HW Config"中保存对 S7-300 站的组态。因为此时还没有将从站连接到 DP 网络上，还不能成功地编译 S7-300 的硬件组态信息。

不是所有的 CPU 都能作为 DP 从站，具体情况可以查阅有关的手册或产品样本。在 HW Config 的硬件目录窗口下面，可以看到对选中的硬件的简要介绍。

问 80 **将智能 DP 从站连接到 DP 主站系统如何操作？**

答： 选中 SIMATIC 管理器中的 S7-400 站，双击右边窗口的"硬件"图标，打开 HW Config，组态 S7-400 站的硬件（见图 6-31），生成一个 DP 子网络。

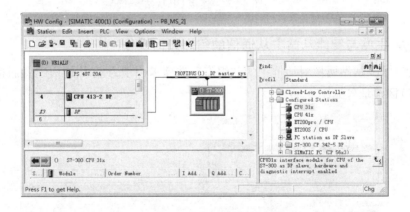

图 6-31 将智能从站连接到 DP 网络上

打开右边的硬件目录窗口中的"PROFIBUS DP/Configured Stations"（已组态的站）文件夹，将其中的"CPU31x"拖放到屏幕左上方的 PROFIBUS 网络线上，"DP 从站属性"对话框的"连接"选项卡（见图 6-32）被自动打开，选择中列表框中的"CPU315-2DP"，单击"连接"按钮，该站被连接到 DP 网络中。连接好后"断开连接"按钮上的字符由灰色变为黑色，单击该按钮，可将从站从网络上断开。

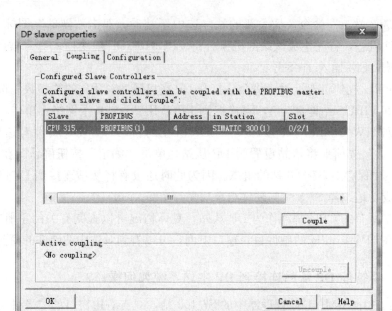

图 6-32　连接 DP 从站

问 81 主站与智能从站主从通信的组态如何操作？

答：DP 从站属性对话框中的"组态"选项卡用于为主-从通信配置通信双方的 I/O 区地址（见图 6-33）。

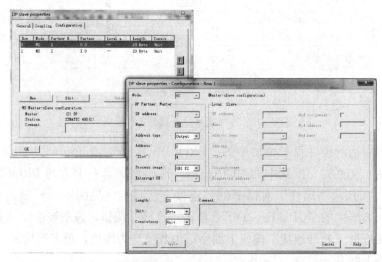

图 6-33　DP 主-从通信的组态

　　单击图 6-33 中的"新建"按钮，出现"DP 从站属性-组态-行 1"对话框，单击"编辑"按钮，可以编辑选中的行，单击"删除"按钮，可以删除选中的行。

　　可以用"组态"对话框上部的"模式"列表框选择"MS"或"DX"（直接数字交换）模式。每次可以设置智能从站与主站一个方向的通信使用的 I/O 地址区。设置好后单击"确定"按钮，返回 DP 从站属性对话框的"组态"选项卡。

　　图 6-33 中组态的通信双方使用的 I/O 区起始字节地址均为 100（IB100 和 QB100），并不一定要求将它们的地址设置得相同。它们不能与实际硬件占用的过程映像 I/O 区（包括的 I/O 地址区和非智能从站的 I/O 地址区）重叠。

问 82　智能从站与主站通信的编程如何操作？

　　答：在主站和从站中分别生成数据块 DB1 和 DB2，用数组定义数据块的大小。

　　在 DP 从站属性对话框的"组态"选项卡中设置的 I/O 地址区，实际上是通信用的缓冲区，双方的用户程序将需要发送的数据传送到组态时设置的本站输出区，将设置的本站输入区中接收到的数据传送到需要的站内的地址。

　　图 6-34 给出了程序中主站与从站之间的数据传送关系。

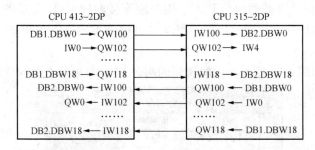

图 6-34　变量的传送关系

　　下面是 CPU413-2DP 的 OB1 中的程序，CPU315-2DP 的用户程序与 CPU413-2DP 的基本相同。

　　程序段 1：要发送的部分数据传送到发送用的输出区。

```
OPN    DB    1

L      DBW   0

T      QW    100      //动态变化的 DB1.DBW0 传送到发送缓冲区首字

L      IW    0

T      QW    102      //用本站的 IW0 控制对方的 QW4

L      DBW   18
```

```
    T    QW      118        //DBL.DBW18 传送到发送缓冲区最后一个字
```
程序段 2：将输入区中接收到的数据传送到需要的地址。
```
    OPN  DB      2
    L    IW      100        //接收到的通信伙伴的 DB1.DBW0
    T    DBW     0          //送本地的 DB2.DBW0
    L    IW      102
    T    QW      10         //用对方的 IW0 控制本站的 QW0
    L    IW      118        //接收到的通信伙伴的 DB1.DBW18
    T    DBW     18         //送本地的 DB2.DBW18
```
下面是 CPU413-2DP 的 OB35 中的程序，每 100ms 将 DB1.DBW0 加 1。
```
    L    DB1.DBW0
    +    1
    T    DB1.DBW0
```

问 83 通信过程的监控如何操作？

答：用电缆连接两块 CPU 集成的 MPI 和计算机上的 CP5613 的 MPI，将用户程序和组态信息下载到两台 PLC。用电缆连接两块 CPU 集成的 DP 接口，将 CPU 切换到运行状态。同时打开 CPU413-2DP 和 CPU315-2DP 的变量表，将它们的窗口缩小。

图 6-35 和图 6-36 所示为同时看到的两台 PLC 与通信有关的变量，由于两台

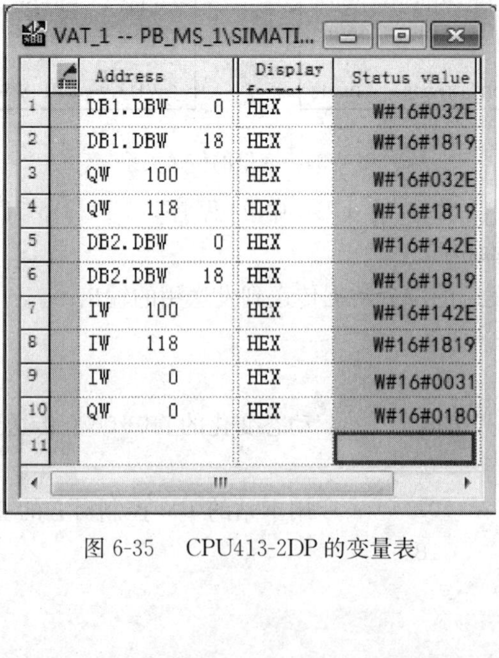

	Address		Display format	Status value
1	DB1.DBW	0	HEX	W#16#032E
2	DB1.DBW	18	HEX	W#16#1819
3	QW	100	HEX	W#16#032E
4	QW	118	HEX	W#16#1819
5	DB2.DBW	0	HEX	W#16#142E
6	DB2.DBW	18	HEX	W#16#1819
7	IW	100	HEX	W#16#142E
8	IW	118	HEX	W#16#1819
9	IW	0	HEX	W#16#0031
10	QW	0	HEX	W#16#0180
11				

图 6-35　CPU413-2DP 的变量表

CPU 的 DB1. DBW0 分别送到对方的 DB2. DBW0，可以看到它们基本上呈同步变化。在变量表中修改 DB1 的数据，可以看到通信伙伴的 DB2 中对应的数据也随之变化。

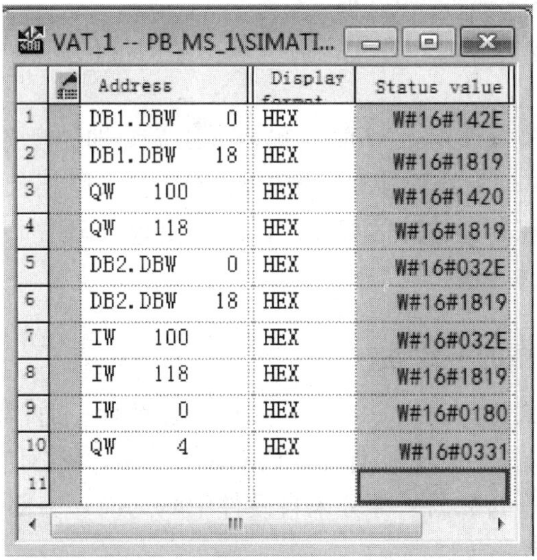

		Address		Display format	Status value
1		DB1.DBW	0	HEX	W#16#142E
2		DB1.DBW	18	HEX	W#16#1819
3		QW	100	HEX	W#16#1420
4		QW	118	HEX	W#16#1819
5		DB2.DBW	0	HEX	W#16#032E
6		DB2.DBW	18	HEX	W#16#1819
7		IW	100	HEX	W#16#032E
8		IW	118	HEX	W#16#1819
9		IW	0	HEX	W#16#0180
10		QW	4	HEX	W#16#0331
11					

图 6-36 CPU315-2DP 的变量表

问 84 与 DP 从站有关的中断的处理有几种？

答：（1）诊断中断（OB82）。具有诊断功能的分布式 I/O 模块通过产生诊断中断来报告事件，如部分节点故障、SM 导线断开、线路短路、模拟量模块的电源故障等。当 DP 主站的 CPU 从运行状态切换到停止状态时，智能从站将调用组织块 OB82（诊断中断）。产生诊断中断时，CPU 的操作系统将调用处理诊断中断的组织块 OB82。

（2）优先级错误中断（OB85）。在以下情况下将会触发优先级错误中断：

1）产生了一个中断事件，但是对应的 OB 块没有下载到 CPU。

2）访问一个系统功能块的背景数据块时出错。

3）刷新过程映像表时 I/O 访问出错，模块不存在或有故障。

出现故障的 DP 从站的 I/O 值装入 S7CPU 的过程映像表时，就可能发生上述情况。

（3）机架故障中断（OB86）。如果 DP 从站由于掉电、总线导线断开或某些其他原因引起故障，CPU 的操作系统将调用组织块 OB86（机架故障）。故障出现和消失时都将调用 OB86。

（4）I/O 访问错误中断（OB122）。CPU 访问有故障的 I/O 模块、不存在的或有故障的 DP 从站的 I/O 数据，或者访问了一个 CPU 不能识别的 I/O 地址，此时 CPU 的操作系统都将调用 OB122。

在 DP 从站出现故障时，如果没有下载上述对应的组织块，CPU 将切换到停止状态。

生成和下载 OB82、OB85、OB86 和 OB122 后，即使没有在模块中编写任何程序，在 DP 从站出现上述故障时，CPU 也不会进入停止状态。当然最好在中断程序中编写记录和处理故障的程序，以便在出现故障时，迅速查明故障的原因，及时采取相应的措施。

问 85 什么是数据的一致性？

答：数据的一致性（Consistency）又称为连续性。通信块被执行、通信数据被传送的过程如果被一个更高优先级的 OB 块中断，将会使传送的数据不一致（不连续），即被传输的数据一部分来自硬件中断之前，一部分来自硬件中断之后，所以这些数据是不连续的。

在通信中，有的从站用来实现复杂的控制功能，如模拟量闭环控制或电气传动等。从站与主站之间需要同步传送比字节、字和双字更大的数据区，这样的数据称为一致性数据。可以用系统功能 SFC14 "DPRD-DAT" 和 SFC15 "DPWR-DAT" 来访问要求具有一致性的数据。

问 86 如何实现数据的一致性？

答：在 STEP7 中生成一个项目，CPU413-2DP 是 S7DP 主站，CPU315-2DP 是智能 DP 从站。主站和从站的组态与前面的项目 PB-MS-2 基本相同，数据长度为 20B。其区别在于组态参数 "一致性" 为 "全部"，因此，需要在用户程序中调用 SFC15 "DPWR-DAT"，将数据 "打包" 后发送；调用 SFC14 "DPRD-DAT"，将接收到的数据 "解包"。可以传送的数据长度与 CPU 的型号有关，SFC 的参数中的地址区和长度应与组态的参数一致。SFC15 "DPWR-DAT" 用于将 RECORD 指定的连续数据传送到 DP 从站，如果从站是模块式结构，每次调用 SFC14 或 SFC15 只能访问一个模块。

在主站和从站中分别生成数据块 DB1 和 DB2，用数组定义数据块的大小。

DP 主站用 SFC15 发送的输出数据被智能从站用 SFC14 读出，并作为其输入数据保存。反之也适用于智能从站发送给主站的数据的处理。

DP主站和智能从站OB1中的用户程序基本上相同，下面是主站OB1中的程序。

程序段1：解开IB100-IB119中的数据包，并将数据存放在DB2的前20B中。

```
CALL "DPRD-DAT"                    //SFC14
LADDR：=W#16#64                    //接收通信数据的输入过程映像区地
                                     址 IB100
RETOVAL：=MW2                      //错误代码
RECORD：=P#DB2.DBX0.0BYTE20        //存放读取的用户数据的目的数据区
L DB2.DBW2
T QW 0                             //用对方的IW0控制本站的QW0
```

程序段2：将DB1的前20个字节的数据打包，通过QB100～QB119发送出去。

```
L   IW   0
T   DBL  DBW  2                     //用本站的IW0控制对方的QW4
CALL "DPWR-DAT"                     //SFC15
LADDR：=W#16#64                    //输出映像区的起始地址 QB100
RECORD：=P#DB1.DBX0.0BYTE20        //存放要发送的用户数据的源数据区
RET VAL：=MW4                      //错误代码
```

为了动态地观察通信数据的变化，在双方的OB35中将DBL.DBW0加1。图6-37给出了通信双方的信号关系图。

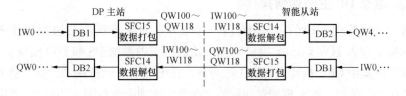

图6-37　DP主站与智能从站的通信

问87　直接数据交换的概念是什么？应用的范围包括哪些？

答：直接数据交换（Direct Data Exchange）简称为DX，又称为交叉通信，主要用于智能从站（I从站）接收DP从站的数据和多主站系统的从站发送数据到其他主站。在选型时应注意某些CPU没有此功能。

DX的几种应用场合如下：

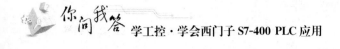

（1）单主站系统中 DP 从站发送数据到智能从站。

（2）同一个物理 DP 子网的多主站系统中，从站发送数据到其他主站。

（3）从站发送数据到其他主站系统的智能从站。

问 88　**如何实现直接数据交换组态？**

答：在 STEP7 中创建一个名为"PB-DX"的项目，选择 CPU 为 CPU414-2DP。DP 主站系统有 3 个 CPU（见图 6-38），DP 主站 CPU414-2 的符号名为"DP 主站"，站地址为 2；DP 从站 CPU315-2DP 的符号名为"发送从站"，站地址为 3；DP 从站 CPU316-2DP 的符号名为"接收从站"，站地址为 4。

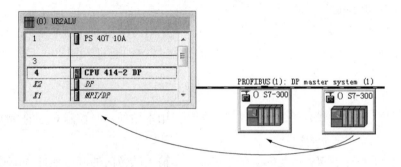

图 6-38　HW Config 中的 DP 网络

通信要求如下：4 号站发送连续的 4 个字到 DP 主站，3 号站发送连续的 8 个字到 DP 主站；4 号站用 DX 功能接收这些数据中的第 3～6 个字。

问 89　**组态 DP 主站如何操作？**

答：选中管理器中的"SIMATIC400（1）"对象，双击右边窗口中的"硬件"图标，进入 HW Config 窗口，在该站的机架中添加 PS 和 I/O 模块。

双击机架中 CPU 模块内有 DP 的行，在出现的对话框的"常规"选项卡中单击"属性"按钮，在出现的对话框的"参数"选项卡（见图 6-29）中，默认的站地址为 2。单击"新建"按钮，在出现的对话框的"网络设置"选项卡（见图 6-30）中，采用默认的网络参数，传输速率为 1.5Mbit/s，总线配置文件为 DP，多次单击"确认"按钮，返回硬件组态窗口，在 CPU414-2DP 的机架右侧出现 PROFI-BUS-DP（1）主站系统的网络线（见图 6-38），此时图中还没有两个从站。

问 90　**组态智能从站如何操作？**

答：在 SIMATIC 管理器中，将主站的站名改为"DP 主站"。右击屏幕左侧窗口最上面的"PB-DX"项目对象,在弹出的快捷菜单中选择"插入新对象"→"SIMATIC300 站点"命令,插入新的 S7-400 站。选中该从站后,双击右边的"硬件"图标,对该站的硬件组态,生成该站的机架后,将 CPU315-2DP 插入 2 号槽,PS 插入 1 号槽。CPU 的订货号为 6ES315-2AG10-0AB0。需注意,某些订货号的 CPU315-2DP 没有 DX 功能。

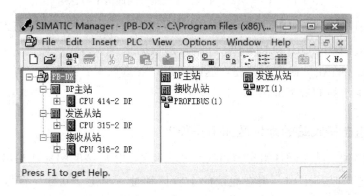

图 6-39 DX 的 SIMATIC 管理器

将 CPU 放到机架上时,在自动出现的对话框的"参数"选项卡中,将 DP 站地址设为 3,选择不联网,回到硬件组态窗口后,双击标有 DP 的行,在打开的对话框的"工作模式"选项卡中,将该站设置为 DP 从站,不联网,符号名为"发送从站"。保存组态结果后关闭 HW Config。

用同样的方法生成另一个 DP 从站,CPU 的型号为 CPU316-2DP,设置该站的站地址为 4,不联网,工作模式为 DP 从站,符号名为"接收从站"。

问 91 将智能从站连接到 DP 网络上如何操作?

答: 返回 S7-400 主站的硬件组态屏幕,打开右边的硬件目录窗口中的"PROFIBUS-DP/Configured Stations"(已组态的站)文件夹,将图标"CPU31x"拖放到左边窗口中的 PROFIBUS 网络线上,自动出现"DP 从站属性"对话框,在"连接"选项卡选中列表框中的 CPU315-2DP,站地址为 3。单击"连接"按钮,该站被连接到 DP 网络上。

用同样的方法将从站 CPU316-2DP 连接到 DP 网络上,站地址为 4。

问 92 组态发送站的地址区如何操作?

答: 在主站的硬件组态窗口中,双击 3 号站的图标(见图 6-40),在出现的对话框的"组态"选项卡中,为 3 号 DP 从站配置主从通信的 I/O 区地址。单击

"新建"按钮，在出现的对话框中设置 DP 从站 I/O 区的地址。

Row	Mode	Partner D..	Partner	Local a...	Length	Consis...
1	MS	2	I 200	0 100	8 Byte	Unit
2	MS	2	0 180	I 180	10 Byte	Unit

图 6-40　CPU315-2DP（3 号从站）的通信 I/O 区组态

由图 6-40 可知，DP 主站通过 IW200～IW214 接收 CPU315-2DP 的数据，同时通过 QB180～QB189 向 CPU-2DP 发送数据。

设置好后单击"确定"按钮，返回"组态"选项卡，再单击"确定"按钮，最后返回主站的 HW Config 窗口。

问 93　组态接收站的地址区如何操作？

答：回到主站的硬件组态窗口后。双击 4 号 DP 从站的图标，在出现的对话框的"组态"选项卡中，组态通信的 I/O 区地址。单击"新建"按钮，出现设置 DP 从站 I/O 区地址的对话框（见图 6-41）。用最上面的"模式"选择框选中 DX 模式。设置图 6-42 中第一行的参数，使 4 号从站通过 DX 接收 CPU315-2DP 发送到主站的数据中的第 3～6 个字。值得注意的是，在 DX 通信组态中，通信伙伴被自动指定为发送数据的 3 号站，但是通信伙伴的地址区必须在主站（2 号站）接收 3 号站发送的数据的过程输入区 IW200～IW214 中，相当于 3 号从站向主站发送数据时，4 号从站"偷听"其中的部分数据（见图 6-38）。

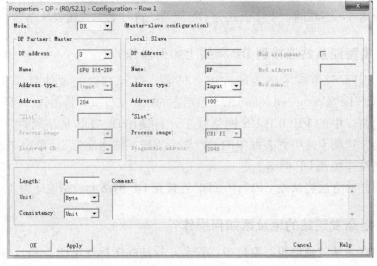

图 6-41　CPU316-2DP 直接数据交换的参数设置

按照图 6-42 中第二行的要求，设置 4 号从站与主站之间的 MS 通信的参数。设置好后单击"确认"按钮，返回主站的 HW Config 窗口。

Row	Mode	Partner D...	Partner ...	Local a...	Length	Consis...
1	DX	3	I 204	I 100	4 Byte	Unit
2	MS	2	I 220	O 140	10 Byte	Unit

图 6-42　　CPU316-2DP（4 号从站）的通信 I/O 区组态

设置完全部参数后，单击工具条上的按钮（编译与保存），在保存组态信息的同时对硬件组态进行编译。如果组态存在问题，会显示错误和警告信息。改正错误后，才能成功的编译，组态信息保存在系统数据块中。编译成功后可以在 HW Config 或 SIMATIC 管理器中下载组态信息。

问94　**工业以太网的特点是什么?**

答： SIMATIC NET 的顶层为工业以太网（见图 6-11），它是基于国际标准 IEEE 802.3 的开放式、多供应商、高性能的区域和单元网络。工业以太网已经广泛地应用于控制网络的最高层，并且有向控制网络的中间层和底层（现场层）发展的趋势。工业以太网有下列特点。

（1）适用于现场环境。工业以太网可以在严酷的工业现场环境下使用，用标准导轨安装，抗干扰、抗辐射性能力强。

（2）可以实现管理控制网络一体化。可以通过工业以太网将自动化系统连接到办公网络、企业内部互联网（intranet）、外部互联网（extranet）以及国际互联网（internet）。工业以太网提供的 IT（Information Technology，信息技术）服务允许用户在办公室访问生产数据，实现管理-控制网络的一体化。以太网在局域网（LAN）领域中的市场占有率高达 80%，通过广域网（如 ISDN 或 Internet）可以实现全球性的远程通信。符合 IEEE 802.3u 标准的 100Mbit/s 的高速以太网的传输速率较高，占用总线的时间较短。

（3）交换技术与全双工模式。在交换式局域网中，用交换模块将一个网络分成若干个网段，可以实现在不同的网段中的并行通信。本地数据通信在本网段进行，只有指定的数据包可以超出本地网段的范围。利用交换技术易于扩展网络的规模。

PROFIBET 使用 PtP 连接的交换式以太网，其中每个设备直接与一个其他设备相连。使用具有全双工功能的交换机，在两个节点之间可以同时发送和接收数据，全双工快速以太网的数据传输速率增加到 200Mbit/s。如果采用交换技术

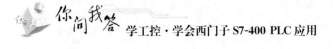

和全双工模式，可以避免发生冲突。

（4）自适应与自协商功能。网络节点可以自动识别信号传输速率（10Mbit/s 或 100Mbit/s）。自协商是高速以太网的配置协议，可以自动确定站点之间的数据传输速率和工作方式，如全双工或半双工。

（5）冗余网络与故障诊断。冗余系统中重要的自动化组件具有备件，通过使用双倍的组件，如 CPU、网络和 CP 等实现冗余。如果出现子系统故障或网络断线，交换模块会将通信切换到冗余的备用系统或备用网络，以保证系统的正常运行。

工业以太网出现故障后，可以迅速发现故障，并实现故障的定位和诊断，为故障的快速排除提供了保障。网络发生故障时（如断线或交换机故障），网络的重构时间小于 0.3s。

使用 SNMP-OPC 服务器，用户可以通过 OPC 客户机软件，对支持 SNMP 协议的网络设备进行远程管理。SNMP-OPC Server 可以读取网络设备参数，修改网络设备的状态。

问 95　如何构成工业以太网？

答： 西门子的工业以太网的传输速率为 10Mbit/s/100Mbit/s，最多有 1024 个网络节点，网络的最大范围为 150km。

典型的工业以太网由以下 4 类网络器件组成。

（1）网络组件：包括 FC 快速连接插座、SCALANCEX 交换机、电气交换模块（ESM）、光纤交换模块（OSM）和光纤电气转换模块（MC TP11）、中继器、PN/PD 连接器。无线网络的接入点和 IWLAN/PB 连接器用于将工业以太网无线耦合到 DP 网络。

（2）通信媒体：可以采用普通双绞线、工业屏蔽双绞线、光纤和无线通信。

（3）SIMATIC PLC 的工业以太网通信处理器：CP343-1 和 CP443-1 分别用于 S7-300 和 S7-400，全双工，通信速率为 10Mbit/s 或 100Mbit/s；CP343-1IT 和 CP443-1IT 可以实现 IT 通信，如作为 Web 服务器和发送 E-mail。

（4）PG/PC 的工业以太网 CP：用于将 PG/PC 连接到工业以太网。CP1612 和 CP1613 是 PCI 以太网卡，CP1512 是 PCMCIA 以太网卡，CP1515 是无线以太网卡。

问 96　S5 兼容的通信服务包括几种？有何特点？

答：（1）TCP/IP 服务。TCP/IP 的中文翻译为传输控制协议/网际协议，

TCP/IP 是互联网的基础协议，它规范了网络上所有通信设备的数据交换格式和传送方式。

TCP/IP 服务用于 S7-400 与 PC 或非西门子系统的通信。可以将最多 8KB 的连续数据块从一个以太网节点传送到另一个以太网节点。数据的接收由通信伙伴确认。

TCP 能为应用程序提供可靠的通信连接，使一台计算机发出的字节流无差错地发往网络上的其他计算机，对可靠性要求高的数据通信系统应使用 TCP 传输数据。

需要在 STEP7 中为通信组态静态连接。在站点启动时，将立即建立连接。

（2）ISO 传输服务。ISO 传输对应于 ISO 参考模型的第 4 层（传输层），用于与支持 ISO 传输发送和接收数据的通信伙伴（如 SIMATIC S5 或 PC）进行通信。ISO 传输服务仅适用于工业以太网，必须使用 SIMATIC NET CP 卡。

（3）ISO-ON-TCP 服务。ICO-ON-TCP 主要用于可靠的网际数据传输，符合 TCP/IP 标准，并根据 ISO 参考模型的第 4 层，扩展了 RFC1006 协议。可改变长度的数据传输是通过 RFC1006 实现的。RFC1006 将 TX 4 层的服务映射到 TCP。

由于自动重发和附加的块校验机制（CRC 校验），传输可靠性极高。通信伙伴将确认数据的接收。通过以太网和 ISO-ON-TCP 连接，SIMATIC S7 PLC 可以与支持 ISO-ON-TCP 连接的 S7/S5PLC、PC/PG 和非西门子系统通信，最多可发送 8KB 数据。

（4）UDP 服务。UDP 是 User Datagram Protocol（用户数据报协议）的简称，UDP 服务可以用于工业以太网和 TCP/IP 网络（电话网或互联网），与支持 UDP 通信的 PC 或非西门子系统的通信伙伴通信。UDP 服务也需要建立连接。

UDP 提供无需确认的简单的跨网络数据传输通信服务（数据报服务），用于不需要保证数据块被正确传输的场合。UDP 属于 OSI 模型的第 4 层，必需的可靠性措施由应用层提供，可以将最大 2KB 的连续数据块从一个以太网节点传送到另一个以太网节点。UDP 适用于一次只传送少量数据，对可靠性要求不高的应用环境。

由于没有传输应答和超时监控，UDP 比 TCP 更适合于对传输时间要求较高的应用。

问 97　**IT 通信服务包括几种？有何特点？**

答：SIMATIC 通信网络通过工业以太网将 IT 功能集成到控制系统中。

SIMATIC 设备支持下述 IT 服务：

（1）FTP 通信服务。FTP（File Transfer Protocol，文件传输协议）通信用于不同操作系统的计算机之间程序控制的数据交换。IT-CP/Adv-CP（CP443-1Advanced 和 CP343-1Advanced）的 FTP 服务功能提供一种交换文件的高效方式。IT-CP/Adv-CP 既可以作为 FTP 服务器，也可以作为 FTP 客户机。

（2）通过 SMTP 发送电子邮件。IT-CP/Adv-CP 可以作为电子邮件客户机，通过 SMTP（简单邮件传输协议）服务发送电子邮件，但是不能接收电子邮件。

（3）SNMP 服务。SNMP（简单网络管理协议）是以太网的一种开放的标准化网络管理协议。网络管理设备可以在工业环境中对网络进行规划、控制和监视，可以确保网络的正常运行。

用户可以用有 IT 功能的 CP 提供的 HTML（超文本标记语言）页面，通过 HTTP（超文本传输协议）和 Web 浏览器，查询重要的系统数据。

问 98 什么是 OPC 通信服务？

答：OLE 是 Object Linking and Embedding（对象链接与嵌入）的缩写，是微软公司为 Windows 操作系统、应用程序之间的数据交换开发的技术。OPC（OLE for Process Control，用于过程控制的 OLE）是嵌入式过程控制标准，是用于服务器/客户机链接的开放的接口标准和技术规范。

不同的生产厂家的硬件存在不同的标准和协议，OPC 作为一种工业标准，提供了工业环境中信息交换的统一标准软件接口，这样数据用户不用为不同生产厂家的数据源开发驱动程序或服务程序。

OPC 是一种开放式系统接口标准，用于在自动化和 PLC 应用、现场设备和基于个人计算机的应用程序（如 HMI 或办公室应用程序）之间，进行简单的标准化数据交换（见图 6-43）。通过 OPC 可以在个人计算机上监控、调用和处理 PLC 的数据和事件。

服务器与客户机的关系有些像从站与主站的关系。服务器在通信过程中是被动的，它总是等待客户机发起数据访问。OPC 将数据源提供的数据以标准方式传输到客户机

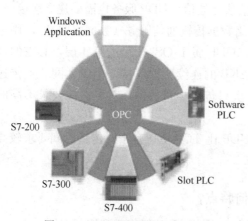

图 6-43　SIMATIC 的 OPC 连接

应用程序。

OPC 允许 Windows 应用程序访问过程数据，从而能够轻松地连接不同生产厂家生产的设备和应用程序。OPC 提供了开放的、与生产厂家无关的接口，容易使用的客户机/服务器组态，在控制设备（如 PLC）、现场设备和基于个人计算机的应用程序（如 HMI 或办公应用程序）之间提供标准化的数据交换。

OPC 服务器为连接 OPC 客户机应用程序提供接口。客户机应用程序执行对数据源（如 PLC 中的存储器）的访问。多个不同的 OPC 客户机可以同时访问同一个 OPC 服务器，所以同一个数据源可以用于多个 OPC 兼容的应用程序。

OPC 通信服务。SIMATIC NET OPC 服务器支持 PROFINET IO、PROFI-NET CBA、PROFIBUS-DP、S7 通信、开放的 IE/S5 兼容的通信和 SNMP。

使用 SNMP OPC 服务器进行诊断。SNMP OPC 服务器软件为所有 SNMP 设备提供了诊断和参数分配功能，所有的信息均可以集成到 OPC 兼容的系统（如 WinCC HMI 系统）中。

问 99 什么是 PROFINET？有何特点？

答：PROFINET 是基于工业以太网的开放的现场总线标准（IEC 61158 中的类型 10），如图 6-44 所示。使用 PROFINET，可以将分布式 I/O 设备直接连接到工业以太网。PROFINET 可以用于对实时性要求很高的自动化解决方案，如运动控制。

PROFINET 通过工业以太网，可以实现从公司管理层到现场层的直接、透明的访问，PROFINET 融合了自动化世界和 IT 世界。

可以很容易地从现有的 PROFIBUS 方案过渡到 PROFINET 解决方案，很好地整合已有的系统。通过代理服务器（Proxy），PROFINET 可以透明地集成现有的 PROFIBUS 设备，保护对现有系统的投资，实现现场总线系统的无缝集成。

采用 PROFINET IO 可以使现场设备直接连接到以太网，并与 PLC 进行高速数据交换。PROFIBUS 各种丰富的设备诊断功能同样也适用于 PROFINET。

使用故障安全通信的标准行规 PROFlsafe，PROFINET 用一个网络可以同时满足标准应用和故障安全方面的应用。

PROFINET 支持驱动器配置行规 PROFldrive，后者为电气驱动装置定义了设备特性和访问驱动器数据的方法，用来实现 PROFINET 上的多驱动器的运动控制通信。

PROFINET 已经在诸如汽车工业、食品、饮料以及烟草工业和物流工业等

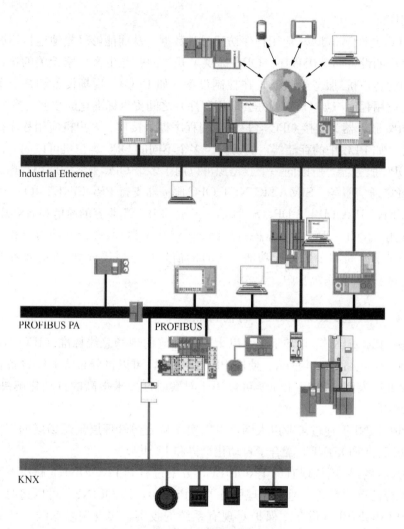

图 6-44　基于工业以太网的 PROFINET

各种行业领域得到了广泛的应用。对 PROFINET 的配置与组态，使用的是控制工程师非常熟悉的 STEP7 和用于组态运动控制的 SIMOTION Scout。

问 100　PROFINET 在实时控制中如何应用？

　　答：PROFINET 使用以太网和 TCP/UDP/IP 作为通信基础，TCP/UDP/IP 是 IT 领域通信协议事实上的标准。TCP/UDP/IP 提供了以太网设备通过本地和分布式网络的透明通道中进行数据交换的基础。对快速性没有严格要求的数据使用 TCP/IP，响应时间在 100ms 数量级，可以满足工厂控制级的应用。

PROFINET 的实时时间通信功能适用于对信号传输时间有严格要求的场合，如用于传输器和执行器的数据传输。通过 PROFINET，分布式现场设备可以直接连接到工业以太网，与 PLC 等设备通信。其响应时间与 PROFIBUS-DP 等现场总线相同或更短，典型的更新循环时间为 1～10ms，完全能够满足现场级的要求。PROFINET 的实时性要以用标准组件实现。

PROFINET 的同步实时时间（Isochronous Real-Time，IRT）功能用于高性能的同步运动控制，有的文献将同步实时翻译为等时实时。IRT 提供了等时执行周期，以确保信息始终以相等的时间间隔进行传输。IRT 的响应时间为 0.25～1ms，抖动小于 1μs。IRT 通信需要特殊的交换机（如 SCALANCE X-200IRT）的支持。等时同步数据传输的实现基于硬件。

PROFINET 的通信循环分成两个部分，即时间确定性部分和开放性部分，循环的实时报文在时间确定性通道中传输，而 TCP/IP 报文则在开放性通道中传输。

PROFINET 能同时用一条工业以太网电缆满足 3 个自动化领域的需求，包括 IT 集成化领域、实时时间自动化领域和 IRT 运动控制领域，它们不会相互影响。

使用铜质电缆最多有 126 个节点，网络最长 5km。使用光纤超过 1000 个节点，网络最长 150km。无线电网络最多 8 个节点，每个网段最长 1km。

问 101　**PROFINET IO 现场设备包括哪些?**

答：以下 SIMATIC 产品用于 PROFINET 分布式设备。

（1）IM151-3PN：ET200S 的 PROFINET IM。

（2）CPU317-2DP/PN 或 CPU315-2DP/PN：用于处理过程信号和直接将现场设备连接到工业以太网。

（3）IE/PB LINK PN IO：将现有的 PROFIBUS 设备透明地连接到 PROFI-NET 的代理设备。

（4）IWLAN/PB LINK PN IO：通过无线的方式将 PROFIBUS 设备透明地连接到 PROFINET 的代理设备。

（5）CP343-1 和 CP443-1Advanced：用于将 S7-300 和 S7-400 连接到 PROFINET。CP443-1Advanced 带有集成的 Web 服务器和集成的交换机。

（6）CP1616：用于将个人计算机连接到 PROFINET，是带有集成的四端交换机的通信处理器。支持同步实时模式，可用于运动控制领域对时间要求严格的同步闭环控制。

（7）SOFT PN IO：作为 IO PLC，在编程器或个人计算机上运行的通信软件。

问 102 PROFINET IO 的功能是什么？

答： PROFINET IO 具有标准的接口，可以将分布式现场 I/O 设备直接连接到工业以太网。

PROFINET IO 具有 PROFIBUS 提供的设备模型相同，使用相同的工程系统（如 STEP7）对它们组态的特点，它们的属性都用 GSD 文件描述。组态时将现场 I/O 设备分配给一个 I/O 控制器（PLC）。可以使用有代理功能的 PROFI-NET 设备（如 IE/PB 连接器），将现有的 PROFIBUS 系统无缝地集成到 PROFINET 中（见图 6-44），以保护现有系统的投资，代理功能使 PROFIBUS 设备不但要与其主站通信，还要与 PROFINET 上的所有节点通信。

问 103 PROFINET CBA 服务的功能是什么？

答： CBA 是基于组件的自动化（Component Based Automation）的简称。CBA 将自动控制系统组织为独立的子网络或组件（见图 6-45）。由机械组件、电气/电子组件和应用软件组成智能模块，该模块可以预先测试，交付工厂后可以立即使用。组件包括所有的硬件组态数据、模块参数和有关的用户程序。CBA

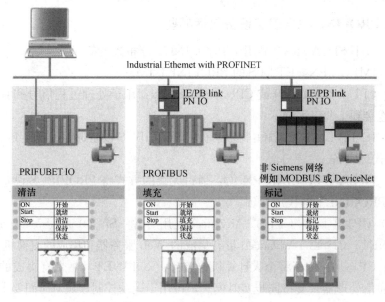

图 6-45　PROFIINET CBA

可以实现全厂范围项目的完全模块化。

可以用 PROFINET IO 将现场设备集成在 PROFINET CBA 组件中。通过在 PROFIBUS 上使用代理设备，还可以用 CBA 使所有现有的子网与 PLC 或现场设备（如 PROFIBUS-DP 设备）互连，形成更大的自动化系统。

模块在 STEP7 中创建，它们具有与其他模块交换数据的接口。SIMATIC iMap 用图形化方式配置模块之间通过 PROFINET 和 PROFIBUS 的数据交换，只需用线将希望的组件接口连接起来即可，这样可以组态出完整的系统。iMap 还可以为系统组态进行简单的诊断。开放的工程接口允许用不同的生产厂家提供的 PROFINET 组件实现图形组态。

PFOFINET IO 和 PROFINET CBA 提供了自动控制系统需要的实时通信。使用 PROFIsafe 行规，可以提供 PROFINET IO 的故障安全设备通信。PROFIdrive 提供 PROFINET 上的多驱动的运动控制通信。

问 104 以太网的地址包括几种？各有什么特点？

答：（1）MAC 地址。在 OSI（开放系统互连）7 层网络协议参考模型中，第 2 层（数据链路层）由 MAC（Media Access Control，媒体访问控制）子层和 LLC（逻辑链路控制）子层组成。

MAC 地址也称为物理地址、硬件地址或链路地址。MAC 地址是识别 LAN（局域网）节点的标识，即以太网接口设备的物理地址。它通常由设备生产厂家烧入 EEPOM 或闪存芯片，在传输数据时，用 MAC 地址标识发送和接收数据的主机的地址。在网络底层的物理传输过程中，是通过 MAC 地址来识别主机的。MAC 地址是 48 位二进制数，通常分成 6 段（6B），一般用十六进制数表示，如 00-05-BA-CE-07-0C。其中，前 6 位十六进制数是网络硬件生产厂家的编号，它由 IEEE 分配，后 6 位十六进制数代表该生产厂家的某个网络产品（如网卡）的系列号。形象地说，MAC 地址就像我们的身份证号码，具有全球唯一性。S7-400 如果使用 ISO 协议，必须输入模块的 MAC 地址。

（2）IP 地址。为了使信息能在以太网上准确快捷地传送到目的地，连接到以太网上的每台计算机必须拥有一个唯一的地址。为每台计算机指定的地址称为 IP 地址。

IP 地址由 32 位二进制数组成，是 Internet（网际）协议地址，每个 Internet 包必须有 IP 地址，每个 Internet 服务提供商（ISP）必须向有关组织申请一组 IP 地址，一般是动态分配给其用户，用户也可以根据接入方式向 ISP 申请一个 IP 地址。

IP 地址通常用十进制数表示，用"."号分隔，如 192.168.0.117。

同一个 IP 地址可以使用具有不同 MAC 地址的网卡。更换网卡后可以使用的原来的地址。

（3）子网掩码。子网掩码（Subnet Mask）是一个 32 位地址，用于将网络分为一些小的子网。

IP 地址由子网地址和子网内节点的地址组成，子网掩码用于将这两个地址分开。由子网掩码确定的两个 IP 地址段分别用于寻址子网 IP 和节点 IP。

以子网掩码 255.255.255.0 为例，其高 24 位二进制数为 1，表示 IP 地址中的网络标识（类似于长途电话的地区号）为 24 位；低 8 位二进制数为 0，表示子网内节点的标识（类似于长途电话的电话号）为 8 位。IP 地址和子网掩码进行"与"逻辑运算，可以得到子网地址。IP 地址与上述的子网掩码取反后的 0.0.0.255 进行"与"逻辑运算，可得节点地址。

问 105 如何应用基于以太网的 S5 兼容通信？

答：基于以太网的 S5 兼容通信包括 ISO、ISO-ON-TCP、TCP 和 UDP 通信。它们的组态和编程的方法基本相同。下面以 S7-300 之间通过 CP343-1 IT 和 CP343-1 建立的 TCP 连接为例，介绍 S5 兼容通信的组态和编程的方法。

本例中组态的是 TCP 连接。在 SIMATIC 管理器中生成一个名为"IE-S5-1"的项目，CPU 为 CPU315-2DP。在 HW Config 中，将 CP343-1 IT 插入机架。在自动出现的"属性-Ethernet 接口"对话框的"参数"选项卡中，设置 CP 的 IP 地址，子网掩码和 MAC 地址，可以使用默认的 IP 地址和子网掩码。

单击"新建"按钮，生成一条名为"Ethernet（1）"的以太网，将 CP 连接到网络上。单击"确认"按钮，返回 CP 属性对话框，设置 CP 的 MPI 地址为 4。

在 SIMATIC 管理器中生成另一个 300 站点，在 HW Config 中，将 CPU315-2DP 插入机架，设置它的 DP 和 MPI 地址均为 3。将 CP343-1 插入机架，设置它的 IP 地址、子网掩码（可使用默认值）和 MAC 地址，将它连接到前面生成的以太网上，设置 CP 的 MPI 地址为 5。

组态好两个 S7-300 站后，打开 NetPro 窗口，看到连接到以太网上的两个站如图 6-46 所示。选中某个站的 CPU 所在的小方框，在下面的窗口出现连接表，双击连接表第一行的空白处，建立一个新连接。

在出现的"插入新连接"对话框中，将"连接伙伴"设为与本站通信的 CPU315-2DP，连接类型设为"TCP 连接"，连接属性如图 6-47 所示。

在编程时，在第一台 CPU315-2DP 的 OB1 中调用 FC6 "AG-RECV"来接

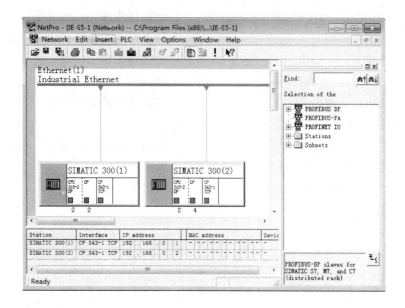

图 6-46　工业以太网组态

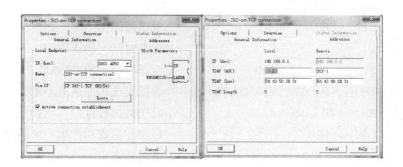

图 6-47　TCP 连接属性对话框

收数据，在第二台 CPU315-2DP 的 OB35 中调用 FC5 "AC-SEND" 来发送数据。
FC5 和 FC6 在文件夹 "库/SIMATIC-NET-CP/CP300" 中。下面是第一台
CPU315-2DP 的 OB1 中的接收程序。

　　程序段 1：接收程序。

```
CALL "AG-RECV"              //FC6
ID：= 1/                    //组态时指定的连接 ID
LADDR：= W♯16♯100           //组态时指定的 CP 地址（见图 6-47
                             中的 LADDR）
```

```
RECV：＝P♯DB2.DBX0.0BYTE40        //数据接收缓冲区地址指针
NDR：＝M0.1                       //每次接收新数据产生一个脉冲
ERROR：＝M0.2                     //错误标志位
STATUS：＝MW2                     //错误状态字
LEN：＝MW4                        //实际接收的数据长度
L   D2.DBW   38
T   QW   4                       //用对方的 IW0 控制本站的 QW4
```

下面是第二台 CPU315-2DP 的 OB35 中的程序。

程序段 1：DB1.DBW0 加 1。

```
L   DB1.DBW   0
+   1
T   DB1.DBW   0
```

程序段 2：发送程序

```
L   IW   0
T   DB1.DBW   38                 //用本站的 IW0 控制对方的 QW4
CALL "AG-SEND"                   //FC5
ACT：＝TRUE                       //发送使能位
ID：＝1                           //组态时指定的连接 ID
LADDR：＝W♯16♯100                 //组态时指定的 CP 地址
REND：＝P♯DB1.DBX0.0BYTE          //数据发送缓冲区地址指针
LEN：＝40                         //发送数据长度
DONE：＝M10.2                     //每次发送成功产生一个脉冲
ERROR：＝M10.3                    //错误标志位
STATUS：＝MW12                    //错误状态字
```

IP 地址必须在同一个网段内。如果用以太网下载和监控 PLC，个人计算机与 CPU 的 IP 地址也应在同一个网段内。

问 106　什么是 AS-i？它有什么功能？

答：AS-i 是 Actuator Sensor Interface（执行器传感器接口）的缩写，它是用于现场自动化设备（即传感器和执行器）的双向数据通信网络，位于工厂自动化网络的最底层，是自动化技术中一种最简单、成本最低的解决方案。AS-i 已被列入 IEC 62026 和国家标准。AS-i 非常适合连接需要传送开关量信号的传感器和执行器，也可以传送模拟量数据。

问 107 **AS-i** 的数据传输方式是怎样的？

答：AS-i 是单主站主从式网络，每个网段只能有一个主站（见图 6-48）。AS-i CP 作为主站控制现场的通信过程。主站是网络通信的中心，负责网络的初始化，以及设置从站的地址和参数等。

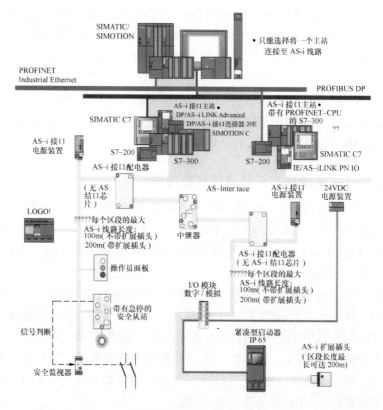

图 6-48　AS-i 网络

AS-i 总线采用轮循的方式传送数据。AS-i 主站严格按照精确的间隔轮流询问每一个从站，询问后等待从站的响应。主站循环读取输入数据并写入输出数据，控制程序访问分布式设备的方式与访问集中式 I/O 设备的方式相同，可以非循环地交换参数和诊断数据。

AS-i 通过自动重复发送数据和采用附加校验的方法，来提高数据的完整性和准确性。

在 STEP7 或 STEP7-Micro/WIN 中通过对 AS-i 网络的 CP 组态，执行对 AS-i 子网的组态。

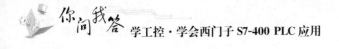

AS-i 使用电流调制的传输技术，以确保通信的高可靠性。主站如果检测到传输错误或从站的故障，将会发送报文给 PLC，提醒用户进行处理。

问 108 AS-i 的网络结构有几种？

答：AS-i 网络允许使用总线型、树形和星形拓扑。AS-i 网络由铜质电缆、中继器、AS-i 从电装置、AS-i 从站等组成。AS-i 从站可以是集成有 AS-i 接口的传感器/执行器或 AS-i 模块。AS-i 所有分支电路的最大总长度为 100m，有中继器时最大为 500m。支持总线供电，即两根电缆同时作信号线和电源线。最多可以连接 31 个从站，每一个标准 AS-i 从站可以接收 4 位数据或发送 4 位数据，对 31 个标准从站的典型轮询时间为 5ms。在扩展的寻址模式中，两个从站分别作为 A 从站和 B 从站，使用相同的地址，这样使可寻址的从站的最大个数增加到 62 个。每个从站最多 4 点输入和 3 点输出。

问 109 AS-i 主站模块与从站模块包括哪些？

答：CP243-2 是 S7-200 的 AS-i 主站模块，CP343-2 是用于 S7-300 和 ET200M 的 AS-i 主站模块，AS-i 主站 CP142-2 用于 ET200X 分布式 I/O 系统。DP/AS-i 网关（Gateway）用来连接 PROFIBUS-DP 和 AS-i 网络。CP2413 是用于个人计算机的标准 AS-i 主站。

AS-i 从站模块最多可以连接 4 个传感器和 4 个执行器。IP65/67 防护等级的模块可以直接安装在环境恶劣的工业现场，西门子 PLC 是一种低成本的微型 PLC，可以作为 AS-i 网络中的智能型从站使用。紧凑型 AS-i 模块是一种具有较高保护等级的 AS-i 模块，包括数字量、模拟量、气动和 DC 24V 电动机启动模块。此外，西门子还有 AS-i 气动模块、电动机启动器和 ECOFAST（能源与通信现场安装系统）、接近开关等 AS-i 产品。

问 110 KNX/EIB 由几部分组成？有何特点？

答：KNX 是一种多主站网络，用于家庭和楼宇控制系统的标准化网络通信。它由以下几部分组成：

（1）EIB（European Installation Bus，欧洲安装总线）。

（2）EHS（European Home Systems，欧洲家庭系统）。

（3）BatiBUS 技术。

可以用工程工具软件（ETS）对节点进行编程和组态。KNX/EIB 系统由以下组件组成：

（1）传感器生成命令并将这些命令打包成报文。

（2）执行器执行收到的报文。

（3）KNX/EIB 网络最多有 14000 个节点，线路的最大总长度为 1km。

在 KNX/EIB 中，数据以串行方式传输，传输速率为 9.6kbit/s。KNX/EIB 支持的传输媒体有双绞线（铜缆）、无线电、红外、光纤导线、Internet 和 ISDN 等。

KNX/EIB 通过类似于以太网（CSMA/CD）的报文执行数据交换，即各个总线节点可以相互独立地发送报文。如果发生冲突，各个报文将重新发送，发送节点将收到确认接收的报文。

通过 DP/EIB 连接器，可将 KNX/EIB 网络作为子网连接到 PROFIBUS-DP，也可以通过相应的接口将 KNX/EIB 连接到其他系统。例如，通过公共电话网络和 ISDN（综合业务数字网）实现远程数据交换，KNX/EIB 与互联网之间的连接使得即使不在家里也可以检测重要数据，如室内温度，必要时还可以调节温度值。

问 111　PtP 通信的通信接口有什么功能？

答：PtP 通信用于 S7-400 和带有串行通信接口的设备（如计算机、打印机、条形码阅读器、机器人控制系统、扫描仪等）之间传输数据。

CPU313C-2PtP 和 CPU314C-2PtP 有一个集成的串行通信接口 RS-422/485，可以建立起经济而方便的 PtP 连接。其他 CPU 的 PtP 通信需要使用 CP340、CP341、CP440 和 CP441 CP 模块。可选的通信接口有 RS-232C、RS-422A/RS-485 和 20mA（TTY），后者很少使用。

问 112　PtP 通信的通信协议的功能是什么？

答：PtP 通信主要用来与带串行通信接口的非西门子设备通信。S7-400 的 PtP 串行通信要使用的通信协议主要有 ASCII driver、3964（R）和 RK512。它们在 ISO7 层参考模型中的位置如图 6-49 所示。国内很少有人使用这些协议。

Modbus 是一种基于串口的通信协议，在工控产品中得到了广泛的使用。通过安装相应的软件和插在 CP 模块上的硬件加密狗，CP341 和

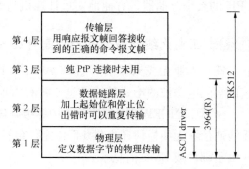

图 6-49　PtP 协议在 ISO 参考模型中的位置

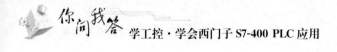

CP441 可以使用下面的协议：Modbus RTU 主站协议、Modbus RTU 从站协议和 Data Highway 协议。

问 113 通信软件 PRODAVE 的功能是什么？

答：PLC 具有非常高的可靠性，一般用于执行现场的控制任务，但是它的人机接口功能较差。PLC 与个人计算机通过通信连接起来，用个人计算机作为上位计算机，实现系统的监控、人机接口和与上一级网络（如工业以太网）的通信等功能，可以使二者的优势互补，组成一个功能强、可靠性高、成本低的控制系统。因此在工业控制系统中，个人计算机与 PLC 之间的通信是最常见的和最重要的通信之一。

如果需要实现上位计算机和 PLC 之间的通信，最简便的方法是在计算机上使用组态软件，如西门子的 WinCC 和国产的组态软件。组态软件与现场设备（如 PLC）之间的通信程序是组态软件的生产厂家开发的，用户只需要设置一些通信参数，就可以实现上位计算机与现场设备之间的通信，通信的双方都不需要编程。但是每个系统都需要购买组态软件，费用较高。

PRODAVE 是用于个人计算机与 S7 系列 PLC 之间的数据链接通信的工具箱，可以用于 S7-200、S7-400、M7 和 C7 等西门子 PLC。通过下列硬件，可以方便地在 PLC 与个人计算机之间建立数据链接：

（1）用于个人计算机的 MPI CP，通信速率可达 12Mbit/s。

（2）用于 S7-400 的 PC/MPI 和 USB/MPI 适配器。

（3）用于 S7-200 的 PC/PPI 和 USB/PPI 编程电缆。

用 PRODAVE 来实现上位计算机与 S7 系列 PLC 的通信是很方便的。PRODAVE 的动态链接库（DLL）提供了大量的基于 Windows 操作系统的 DLL 函数，可以在 VB 或 VC 等编程环境中调用这些函数来建立或断开通信连接，读写 CPU 的系统存储器，方便地实现计算机与 S7-400 的 PtP 通信。

问 114 工业无线局域网的特点是什么？

答：工业无线局域网产品 SCALANCE W 基于 IEEE 802.11 标准。无线通信以空间电磁波的形式传输信息，将有力地补充有线解决方案。

SCALANCEW 具有 IP65 防护等级，PROFINET IO 支持工业无线局域网的无线通信。无线模块还提供 IT 功能，包括使用 SNMP 基于 Web 进行管理、发送电子邮件或 SMS 消息。

问 115 网络结构的特点是什么？

答：在 WLAN 中，接入点（Access Point，见图 6-50）的作用类似于交换机。一方面，每个接入点都与其单元中的所有常规节点（即所谓的客户机）进行通信，不管它们是固定的还是移动的。另一方面，接入点还保持相互之间的连接，无论通过电缆还是通过另一个独立的无线网络，因此可以超越无线单元限制进行通信。

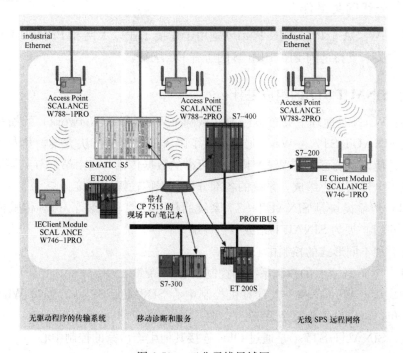

图 6-50　工业无线局域网

W780 模块是各个无线单元的网络交换机，以及工业以太网和 WLAN 网络之间的传输媒体的接入点。符合 IEEE 802.11 标准的 WLAN 也称为无线以太网。

问 116 冗余模式的特点是什么？

答：将数据通过两个单独的射频无线网卡和两个不同的通道进行传输，便可以实现冗余。

在冗余模式，必须使用接入点处理两个无线接口，以两种频率发送数据。接入点相互之间不但以主频率进行通信，而且在另一组无线的第二个通道上进行通

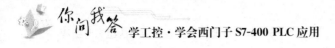

信，在受到干扰时可以通过其他通道进行连接。

问 117 访问方法是什么？

答：WLAN 使用 CSMA/CA 方法。无线 LAN 不是以物理方法侦听通道的，而是使用将此通道保留一定时间的通信协议。节点开始发送数据之前，将查看媒体是否空闲。

问 118 无线网关是什么？

答：IWLSAN/PB LINK PN IO 是用于连接工业以太网和 PROFIBUS 网络的无线网关，支持访问 PROFIBUS 的所有 DP 从站。

问 119 SINAUT ST7 的组成是什么？

答：WAN 是地理上分布很广的广域网（Wide Area Network）的缩写。西门子的 SINAUT ST7 为 WAN 通信提供了强大而灵活的解决方案，其专用的硬件和软件使该系统可以在 WAN 内实现可靠的数据传输。它由站、节点终端以及一个或多个控制中心组成，系统的各部分用数据传输媒体连接。

TIM 传输模块是 SINAUT ST7 系统的核心硬件，安装了 TIM 传输模块的 S7-400 可以扩展为 SINAUT 站或节点终端。

有 3 种不同形式的控制中心：

（1）基于 S7-400 的控制系统的控制中心。

（2）基于 WinCC 和个人计算机控制中心 SINAUT ST7cc，通过 WinCC 冗余软件包，可以设置为冗余系统。

（3）SINAUT ST7sc 是通过 OPC 连接其他生产厂家的控制中心。

问 120 SINAUT ST7 可以使用的 WAN 有哪些？

答：下列 WAN 可以用于 ST7 的数据传输：专线网络（铜质电缆、光纤电缆、专用的或租用的专线）、专用无线网络、模拟电话网和数字 ISDN 电话网、移动无线网络 GSM。

在站和控制中心之间或各个站之间可以通过以太网进行 SINAUT 通信。例如，使用针对以太网进行优化的特殊无线设备 SCALANCE W 进行通信。通过光纤导线和具有光纤端口的 SCALANCE X 交换机，最长通信距离可达 26km。还可以通过 ADSL 或 GPRS 的公共网络和互联网进行通信。

问 121 SINAUT ST7 的功能是什么？

答： SINAUT ST7 软件提供在 CPU 与 CPU 之间或 CPU 与 ST7cc 控制中心之间以事件驱动方式进行数据传输。

可以通过一台 DCF77 无线时钟或 GPS 时钟接收装置给整个网络上的 CPU 及 ST7cc 控制中心提供统一的日期和时间。SINAUT ST7 提供了通过 WAN 进行远程编程和远程诊断的功能。CPU 可以发送事件驱动的报警短消息到工作人员的移动电话，同时，工作人员也可以发送短消息到 CPU 来确认报警事件。

S7-400 PLC 工程应用实例

问1 冗余系统的应用范围有哪些?

答: 目前冶炼高炉普遍采用高压炼铁等措施提高冶炼效率,这对高炉炉顶压力的调节提出了更高的要求。利用高炉煤气余压能量回收发电装置(TRT)不但可以利用余压发电,而且起到稳定高炉顶压、减少环境污染和降低噪声的作用。由于煤气经过透平机发电后其化学成分不会改变,因此仍然可以供煤气用户使用,TRT 可回收高炉总消耗能量的 1/3 以上,是目前国内外公认的最先进的冶金节能环保装置。由于 TRT 结构复杂,涉及动力油站、润滑油站、透平机、大型阀门组、发电机和相关的发电设备及其他附属设备,故 TRT 的控制对象复杂、相关联对象多、要求可靠性高、控制难度大。

TRT 全名为高炉煤气余压能量回收透平发电装置(Blast Furnace Top Gas Pressure Recovery Turbine Unit),它的作用是回收高炉出口煤气中所蕴涵的压力能和热能,在 TRT 未投运前,高炉煤气是经减压阀组减压后,送到煤气主管上,再经过进一步净化后送至煤气用户。TRT 投入运行后,高炉煤气的一部分或全部经过透平膨胀做功,推动发电机发电,回收煤气中的压力能,发电量可以达到整个高炉系统用电量的 30% 左右,通过透平后的煤气,进入低压管网,与原煤气系统的减压阀组并联,工艺流程如图 7-1 所示。

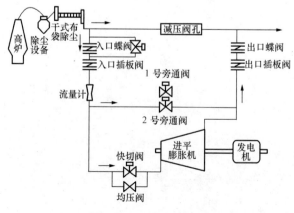

图 7-1　TRT 工艺流程

问2 透平机的控制系统是如何组成的？有何特点？

答： TRT 机组自控系统的设计原则为在确保高炉正常生产的前提下，尽量多发电，在任何情况下，确保机组的安全和转速不超过允许范围，实现自动启动、自动调速、自动调功率、自动调高炉顶压、自动停机等功能。选用西门子的 S7-400H 型 PLC 和工业控制计算机（IPC）构成控制系统，完成机组所必需的过程控制、逻辑控制、过程监视、故障报警等显示功能。工业控制计算机作为操作站具有工程师编程功能及操作功能，并配有打印机实现报警打印、报表打印、画面复制功能；在保证高炉正常生产、顶压波动不超限的前提下，整个控制系统自动完成 TRT 装置的启动、升速、并网、升功率、顶压调节、正常停机、紧急停机、点动运行、正常运行等操作及控制，系统配置如图 7-2 所示，控制系统具有以下特点。

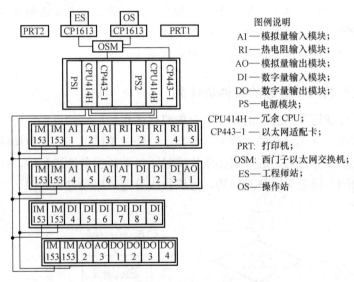

图例说明
AI—模拟量输入模块；
RI—热电阻输入模块；
AO—模拟量输出模块；
DI—数字量输入模块；
DO—数字量输出模块；
PS—电源模块；
CPU414H—冗余 CPU；
CP443-1—以太网适配卡；
PRT: 打印机；
OSM: 西门子以太网交换机；
ES—工程师站；
OS—操作站

图 7-2　系统配置

（1）工业以太网冗余。每个工业控制计算机内插两块 CP1613 工业以太网卡，通过 OSM（工业以太网交换机）分别连在两个冗余的 CP443-1 以太网通信模块上，组成 2 个独立的以太网，互为冗余备份，当其中一个网络出现故障时，能很快切换到另一个以太网继续通信。

（2）操作站冗余。2 台工控机同时运行，当其中一个操作站出现故障时，另一个操作站可以继续使用，数据不会丢失，操作不会因此而中断。

（3）CPU 冗余。主控制站有 2 个 CPU，正常状态下，两个 CPU 同时运行，其中，一个 CPU 为主 CPU，另一个为热备，通过同步光缆连接起来。两者进行数据比较后由主 CPU 负责发送数据，当主 CPU 出现故障时，另一个 CPU 会在下一周期开始继续执行控制程序，切换时不会造成停顿和数据的丢失。

（4）PROFIBUS-DP 网络冗余。每个 ER 上都有 2 个 IM153 远程 I/O 连接模块，分别挂在 2 个 CPU 所支配的 PROFIBUS-DP 里，IM153 出现故障能自动切换到另一个 IM153，此时 CPU 不切换，每个 IM153 上都有拨码开关，可以选择通信地址，不允许冲突。

（5）供电冗余。所有需要 24V 供电的设备电源由 2 个 CSLTOP PS 和一个电源冗余模块提供，当一个 STTOP PS 出现故障时，另外一个会继续为系统提供工作电源。

问 3 **TRT 设备的运行分为几个过程？**

答： 一套 TRT 设备的运行一般分为启动升速、并网后升功率、顶压自动调节、停机 4 个过程，其中，第一个过程最为关键，升速主要完成的任务有如何启动升速、控制升速、跨越临界点、控制速度的稳定等，升速的快慢、升速是否成功和最终转速的稳定性直接影响到高炉的顶压。

问 4 **透平机启动升速的条件是什么？**

答： 要保证透平机安全的升速，首先要保证现场所有的设备完好，包括阀和泵的可靠动作、外部设备的正确测量和显示。经过单体试车，无负荷联动试车和带负载联动试车完成后，确保启动条件满足，启动联锁条件满足后，向高炉发出申请，高炉回答同意后，解除闭锁，可以投入升速，启动过程如图 7-3 所示。

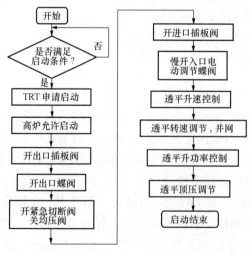

图 7-3　启动过程

问5 透平机启动升速的方法有几种？

答： TRT 启动升速分为通过启动调速阀升速和通过静叶升速，升速过程分手动和自动两种方式，两种方式可以相互切换，切换过程要求无扰动。

（1）启动调速阀升速。启动初期，静叶打开到预先设定的角度，依次打开出口插板阀、出口碟阀、紧急切断阀、入口插板阀，然后打开入口电动调节阀。此时，入口电动机处于关闭状态，使煤气进入透平管道。这时，启动调速阀使之以一定的速率打开，透平的转速也越来越高，当转速达到 1000r/min 时投入 PID 自动调节，最后稳定在设定值 3000r/min 左右，并网后才打开入口碟阀，进行后续操作。

（2）静叶升速。启动初期静叶关闭，依次打开出口插板阀、出口碟阀、紧急切断阀、入口插板阀，最后打开入口电动碟阀，此时可以不使用启动调速网，使它处于关闭状态，即使静叶关到最小角度也存在一定的缝隙，这时透平机将以一个比较低的、较稳定的转速（约 500r/min）开始冲转，当转速低于 1000r/min 时，静叶对转速的控制不明显，所以静叶开度以固定的值递增，随着静叶的角度越开越大，透平转速将越来越快，当接近 1000r/min 时，投入 PID 自动调节，最终转速将稳定在设定值 3000r/min。

（3）手/自动切换。两种方式下可以实现手动、自动的无扰动切换。自动升速：投入自动升速后，转速将随预先设定的曲线升高，当达到临界点时，快速升高转速，以冲过临界点，达到 2500r/min 以后，升速速度逐渐降低，直至 3000r/min 时停止升速。手动升速：脱开自动升速，通过手动调节静叶开度，或者直接输入预期的转速值，静叶调节使转速达到预期值，升速达到 3000r/min 后，稳定转速，准备进行并网。

问6 透平机升速过程中临界点跨越如何控制？

答： 升速过程中，需要特别注意的是跨越临界过程，一段中小型高炉 TRT 由于采用钢性联轴器，应考虑跨越临界转速的控制，某一个轴转速达到临界转速时发生共振，然后带动其他联轴设备的振动。如果透平机和电动机的临界转速相差不大，一次跨越就可以实现，在控制程序里，需要对跨越临界时的 PID 参数进行整定，首先计算跨越临界的起点、终点和速率，在起点和终点范围内采用高速率升速，相应的 PID 增益参数也应该加大，以保证静叶的快速干预；其次在跨越临界之前，管道煤气应保持一定流量储备，以保证在跨越临界时有足够的煤气驱动透平升速。

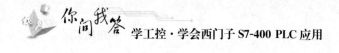

跨越临界过程结束后，透平升速较快，PID 自动调节静叶关闭一定角度，使升速速率降低，接近 3000r/min 时，升速速率应该降低，以保证不超速，同时发出准备并网信号，投入自动并网装置。

问7 如何测量透平机的转速？

答：为了保证透平机转速的准确测量，现场配量了 3 套转速测量系统，其中，两个转速处理器，一个转速监视仪，3 路转速信号经过比较后，取其中的最大值作为转速的实际测量值。在程序中调用预先编写好的 FC12 模块实现转速最大值选取，具体程序如下：

```
L#A                        L#temp
T#temp1                    T#temp5
NOP 0                       -002：NOP  0
L3B                        L#temp5
T#temp2                    L#temp3
NOP 0                      >=R
L#C                         =#b2
T#temp3                    A#b2
NOP 0（分别将变量 A，B，C 赋给中间变量 temp1，temp2，temp3）
                           JNB-003
L#temp1                    L#temp5
L#temp2                    T#temp4
>=R                         -003：NOP 0
 =#b1                      AN#b2
A#b1                       JNB-004
JNB-001                    L#temp3
L#TEMP1                    T#temp4
```

T#temp5（temp1 和 temp2 比较，较大的赋给 temp5）004：NOP（temp5 和 temp4 比较，较大的赋给 temp4）

```
-001：NOP 0                L#temp4
AN#b1                      T#OUT（将 temp4 输出）
JNB-002                    NOP 0
```

问 8 透平机转速控制的相关程序是什么？

答： 本系统采用静叶升速，根据转速的不同控制静叶角度。转速不同时静叶角度递增的速率也不一样，达到 2900r/min 后投入 PID 自动调节，手动/自动可以实现无扰动切换。当自动切换到手动时，将测量值赋给设定值；而当手动切换到自动时，将输出值赋给手动给定值。由于 PLC 程序是按周期扫描的，每 20ms 扫描一次，假设递增为 1，每分钟的增加量为 1/27648×3000，增速过快，所以在编程时将递增的部分放在 OB2，OB32 设置为定时扫描方式，扫描时间为 1s，转速控制程序在 FC13 中，PID 调节程序如下：

```
CALL. FB41. FB2                    PV. IN：= "PROCESS DATA"，Rate-PV
AN "MB1. 1"                        MAN：= "PROCESS DATA"，Rate-MAN
 = L. 4. 1                         GATN：= ATE-PID. GAIN
BLD 103                            T1：= RATE-PID. T1
CALL "CONT-CRATE-PID               TD：= RATE-PID. TD
NAN-ON = I4. 1                     LMN-PER：= MW200
CYCLE：= T#20MS                    NOP 0
SP-INT = " PROCESS DATA"，Rate-SP
```

无扰动切换子程序如下：

```
AN M1. 1                           T "PROCESS DATA"，Rate-SP
ANM81. 1                           NOP 0
L "PROCESS DATA"，Rate-PV          LMW200
T "PROCESS DATA"，Rate-SP          T TP-IY-KD
```

 −002：NOP 0（自动切到手动时，将测量值赋给设定值）NOP 0（手动切到自动时，将输出值赋给手动给定值）

  L "MW200"

问 9 如何操作及测量透平机转速控制？

答： 操作过程中，打开入口电动调节阀时，透平开始冲转，当电动调节阀全开且静叶全关时，透平达到一定的转速（约 500r/min）。此时默认状态下系统升速状态为手动，可以手动升速也可以选择自动升速。

（1）手动升速。手动升速是通过调节静叶控制转速，手动操作静叶开度。开关静叶有慢开/关和快开/关两种开关，慢开/关按钮每次增减 0.1%，快开/关按钮每次增加 1%。在任何中间状态下，可以将升速方式切换到自动状态。

（2）自动升速。当入口调节碟阀全开后，透平以一定转速冲转，此时可以将升速方式切换为自动。自动升速开始时为暂停状态，如果开始升速则将按照预先设定好的升速曲线升速，在升速过程中可以暂停，当达到透平额定转速（3000r/min）时进行并网操作。

（3）测试曲线。图 7-4 所示为本系统转速设定曲线和实际测试曲线。可以看出，在整个控制范围内转速最大控制偏差在 20r/min 以内，在额定转速附近转速控制精度很高，控制效果良好，能满足工艺要求。

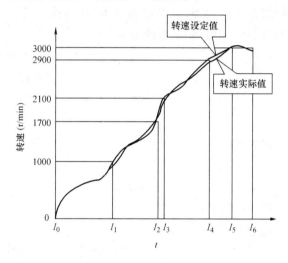

图 7-4　转速测试曲线

问 10　JX 天然气化工有限责任公司的项目概况是怎样的？

答：JX 天然气化工有限责任公司位于我国西部沿海城市，是我国第一个以海底天然气为原料的大型化肥生产企业。从国家环境保护、可持续发展战略考虑，必须尽快推出符合可持续发展的绿色替代能源，目前，甲醇燃料是绿色替代能源的合适选择。JX 天然气化工有限责任公司引进、吸收国内的成熟技术，利用公司自身的经济技术能力，新建年产 6 万 t 的精甲醇生产装置。该装置年处理海底天然气 2 亿平方米，具有工艺流程简单、生产成本低、设备投资较少等特点，产品市场竞争力较强，具有较好的社会及经济效益。

问 11　S7-400 PLC 在甲醇项目中的控制系统如何应用？

答：系统配置采用 PLC 加 WinCC 方式，PLC 选用指令执行速度较快的 S7-400 系列 CPU412，辅以 Profibus CP443-5。I/O 模块选用 S7-400 系列具有中断能力、能够及时快速响应过程事件的模块，上位计算机采用西门子人机接口软件 WinCC。工业通信网络选用 Profibus，不仅向 WinCC 提供过程数据，还可实现与 DCS 主控系统进行通信。操作站同时兼有工程师站的功能。操作站配有声卡、音箱，在 PLC 发现异常情况时，可向操作人员发出声音警报信号。

生产工艺流程如图 7-5 所示。

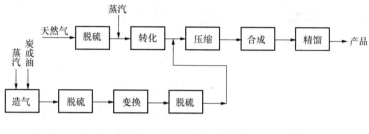

图 7-5 甲醇生产工艺流程

问 12 **控制系统的功能包括哪些？**

答：系统的主要功能包括如下 4 个方面

（1）联锁保护逻辑。①甲醇转化汽包停车逻辑；②循环泵停车逻辑；③甲醇燃料气停车逻辑；④引风机停车逻辑；⑤炉膛压力停车逻辑；⑥主停车逻辑；⑦允许启动逻辑；⑧卸荷器逻辑；⑨甲醇合成汽包逻辑；⑩联合压缩机润滑油系统逻辑；⑪压缩机轴振动联锁逻辑；⑫压缩机轴位移联锁逻辑；⑬甲醇合成塔停车保压逻辑；⑭压缩机停车处理逻辑；⑮压缩机允许启停逻辑；⑯辅助油泵逻辑；⑰油加热器逻辑；⑱锅炉给水泵逻辑；⑲循环泵逻辑；⑳甲醇冷凝液输送泵逻辑；㉑甲醇预塔回流泵逻辑；㉒甲醇主塔回流泵逻辑；㉓甲醇泵类逻辑。

（2）逻辑状态指示功能。在 WinCC 操作面板上直观地指示各逻辑状态，指导启、停车。

（3）报警记录及触发事故音响功能。

（4）前 3 个首发报警锁定记录功能。

问 13 **如何实现首发报警？**

答：在工业现场一旦有事故发生，为了分析事故发生的原因，必须提取事故发生时的数据。该甲醇生产装置对安全可靠性要求较高，逻辑联锁功能较多，各设备间联锁关系复杂、相互关联。根据 JX 天然气化工有限责任公司多年的生产

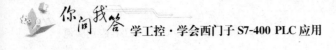

实践经验，引起生产装置事故停车的主要原因来自：装置正常运行后的前 3 条报警信息。因此，记录并锁定前 3 个首发报警为本项目的重点。

在 STEP7 中，编写 FC20 功能块，记录锁定前 3 个首发报警信息。在 OB1 中，给每条报警赋予一个序列号，反复调用 FC20。FC20 的梯形图逻辑如图 7-6 所示。

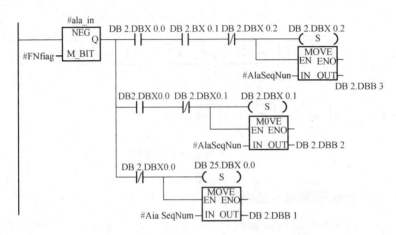

图 7-6　甲醇生产控制系统 FC20 的梯形图逻辑

地址位 DB2. DBX0.0、DB2. DBX0.1、DB2. DBX0.2 分别记录首发第一报警、首发第二报警、首发第三报警是否发生（1 表示报警发生，0 表示无报警发生）。数据字节 DB2. DBB1、DB2. DBB2、DB2. DBB3 分别存储对应首发报警的序列号。在 OB1 中，对 FC20 的调用程序如下：

```
CALL        FC20              //I0.0
Ala-in ：=        I0.0
AlaSeqNum：= B＃16＃1        //报警序列号
FNflag ：=        MI60.0        //记录上跳沿标志
CALL FC0              //I0.1
ala-in ：=        I0.1
AlaSeqNum：= B＃16＃2
FNflag ：=        M160.1
CALL        FC20              //I0.2
ala-in ：=        I0.2
AlaSeqNum：= B＃16＃3
FNflag：=        MI60.2
```

```
CALL        FC20           //I0.3
ala-in ：=      I0.3
AlaSeqNum：=B♯16♯4
FNflag：=      MI60.3
CALL        FC20           //I0.4
ala-in ：=      I0.4
AlaSeqNum：=B♯16♯5
FNflag：=      MI60.4
CALL        FC20           //I0.5
```

WinCC 中对首发报警的显示界面如图 7-7 所示。红色表示对应信号有报警发生，绿色表示对应信号正常。

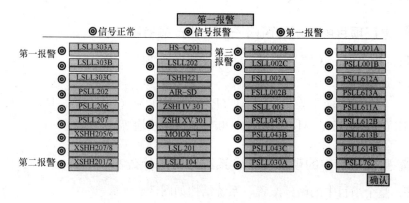

图 7-7　WinCC 中对首发报警的显示界面

问 14　**S7-400 冗余系统在某电厂中的应用项目概况是什么?**

答：（1）工程简介。某自备电厂一期 200MW、二期 300MW 机组，采用火电蒸汽轮机组发电，除尘系统采用空压机气力输灰自动控制系统。

（2）项目的大致情况。控制系统采用西门子 S7-400 系列中的 CPU414-4H 冗余系统，上位计算机使用 WinCC 实时操作和监控系统，同时使用西门子工业光纤交换机 OSM TP62 实现了工业以太网通信。CPU414-4H 采用 H960 同步子模块构建了硬件冗余系统，使用 CP443-1 工业以太网模块通信，WinCC 上位计算机使用 CP1613 通过交换机实现与冗余 PLC 的通信。现场控制系统采用冗余的 Profibus 网络 IM153-2 从站，实现了数据的采集和控制。

问 15 **S7-400 冗余系统在某电厂中的项目的简要工艺是什么?**

答: 该系统包括 1 号与 2 号硫化炉输灰系统,3 号与 4 号燃煤炉输灰系统、各输灰系统的灰斗气化系统、空压机系统、灰库切换阀控制和灰库气化系统、捞渣碎渣除渣设备的远程监控。空压机系统为输灰系统的气动设备控制、灰库除尘器和除渣系统脱水仓排渣门提供气源。在输灰前必须保证空压机系统的连续正常运行。1 号与 2 号硫化炉、3 号与 4 号燃煤炉各由 4 个除尘电场组成,每个除尘电场可以实现自动、联动控制,各电场的循环时间、进灰时间、输灰时间可以单独设定,灰库切换阀可以根据进灰的料位高低手动、自动切换。当各电场阀位和密封圈出现故障、空压机出现压力低等故障时,系统会自动报警或停机,并且数据库会自动记录。

问 16 **电厂项目中使用的西门子自动化产品有哪些?**

答: (1) CPU:CPU414-H、H960 同步冗余模块。

(2) 通信卡:CP443-1、CP1613。

(3) 工业以太网交换机:OSM TP62、ET200M(包含 PS、IM、DI、DO、AI HART、AIRTD、AI、TC、AO 和其他通信模块等)。

问 17 **整体项目中的硬件配置、系统结构是什么?**

答: 整个项目中的硬件配置,系统结构如图 7-8 所示。

问 18 **S7-400 冗余系统在某电厂中应用的软件平台是什么?**

答: 计算机采用 Windows 2000 操作系统,控制系统采用西门子 STEP7 软件平台(用于控制系统组态和编程)以及 WinCC(上位计算机监控组态软件)开发。通过将 STEP7 软件编好的程序下载固化到控制器中,操作人员只需在监控计算机上通过画面信息和执行操作来保证输灰系统的正常运行。本系统采用双监控 WinCC 系统,一主一备,当一台监控计算机出问题时,可以直接使用另一台备用计算机进行监控和操作。同时,一台计算机工作,另一台计算机可以实时不中断修改 PLC 程序并且下载。

问 19 **S7-400 冗余系统在某电厂中采用的结构化编程是什么?**

答: 该系统的 PLC 控制程序采用结构化编程,如图 7-9 所示。

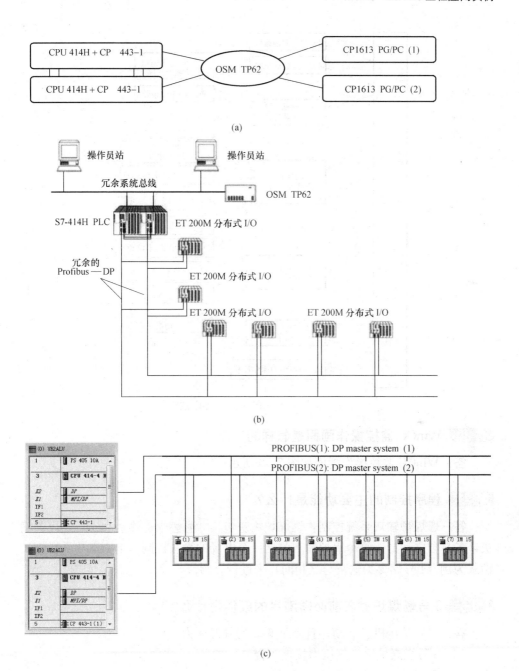

图 7-8 硬件配置及系统结构图

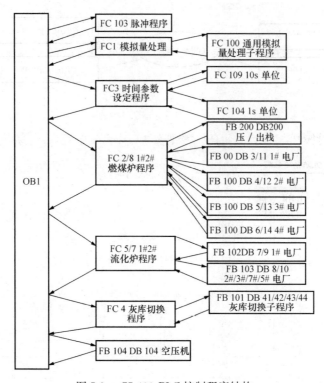

图 7-9　S7-400 PLC 控制程序结构

问 20　WinCC 监控操作画面是怎样的?

答: WinCC 监控操作画面如图 7-10 所示。

问 21　程序控制的主要功能是什么?

答: 燃煤炉输灰系统控制:燃煤炉输灰包括 3 号燃煤炉输灰和 4 号燃煤炉输灰,各自独立运行。每个锅炉输灰包括 4 个电场的输灰控制。下面以 3 号燃煤炉输灰为例(4 号燃煤炉输灰与之相同)来进行介绍。

问 22　3 号燃煤炉输灰前必须满足的条件是什么?

答: (1) 空压机已启动,且满足 6kg 的气源压力。

(2) 3 号燃煤炉输送气压力接点闭合。

(3) 燃煤炉灰斗气化系统正常运行。

(4) 各电场就地柜上的控制方式设定为远程控制模式。

(5) 各电场进料阀和出料阀的开关正确,且能及时反馈正确的开限位和关限

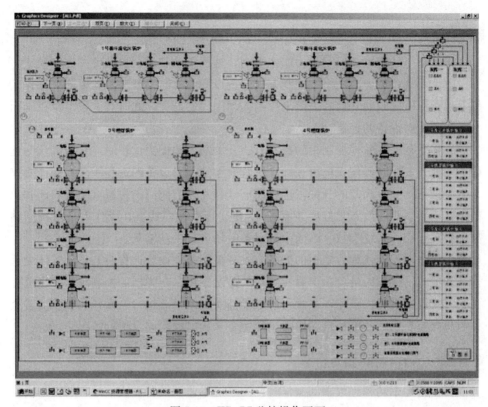

图 7-10 WinCC 监控操作画面

位信号。

（6）进料密封阀和出料密封阀的开关正确，且能及时反馈正确的对应密封压力信号。

（7）各发送器的料位计能正确判断是否有料（有灰）。

（8）自动输灰工作参数设定正确（在"系统参数"画面内设定，$T_2 < T_3$）。

（9）输灰管道切换阀指示的下料灰库的料位未到高位。

问 23 各电场输灰时必须满足的条件是什么？

答：（1）同一时间只允许有一个电场在输灰，不允许两个以上的电场同时输灰。

（2）某个电场在输灰前其余电场的出料阀必须关闭到位，出料密封圈必须加压且出料密封压力到位。

（3）各电场无报警指示，若有，则必须将其复位（单击控制按钮，在弹出的控制画面中按下发送器报警复位按钮）并排除故障。

问 24 各电场有几种输灰控制模式？特点是什么？

答： 各电场的输灰控制分为就地手动、远程手动和远程自动 3 种控制模式。

就地手动：就地控制柜的控制方式开关设为就地时为就地手动模式。操作人员手动操作电磁阀的开启和关闭来控制气动阀门的开关，此时在上位计算机画面上无法进行对设备的控制。

远程手动：当就地控制柜的控制方式开关从就地设为远程时，系统默认为远程手动模式。此时操作人员可在计算机画面上实现对设备的远程手动控制，操作人员可根据画面上阀门的开关限位反馈信号判断当前阀门的位置（除进料阀和出料阀外，其余阀门没有限位反馈信号）。在远程手动模式下，操作人员可按照输灰流程图（在［系统参数］画面中）对各电场进行手动输灰。

远程自动：当就地控制柜的控制方式开关从就地设为远程时，系统默认为远程手动模式。操作人员可单击对应电场的控制按钮，在弹出的控制画面中将远程控制方式设定为远程自动，系统将该电场输灰投入自动运行。操作人员可通过查看输灰画面右面的各电场自动输灰工作状态来获取输灰的自执行情况。

问 25 如何进行故障复位？

答： 就地手动和远程手动操作时，因系统不监视设备反馈信号，所以不会发出报警。在自动输灰时，系统将严格监视设备的反馈信息，如果自动输灰时发生故障，系统将中止该电场输灰，所有阀门保持报警前的状态，此时操作人员可根据画面最上面的报警提示框里的内容和画面报警信息（故障设备图标闪烁）做出故障判断，单击对应电场的控制按钮，在弹出的控制画面中按下发送器报警复位按钮，此时系统将自动将控制模式转为远程手动，操作人员可以控制画面中的手动控制故障设备，确认排除故障后再次恢复远程自动模式。

问 26 控制模式的优先选择需满足什么条件？

答： 输灰时如满足问 23 中的条件（1）和（2），操作人员可优先选择远程自动模式。若远程自动模式不能正常进行，可选择远程手动模式；若远程手动模式无法正常操作，选择就地手动模式。

问 27 单个电场输灰控制流程是什么？

答：［系统参数］画面中的控制流程如图 7-11 所示。

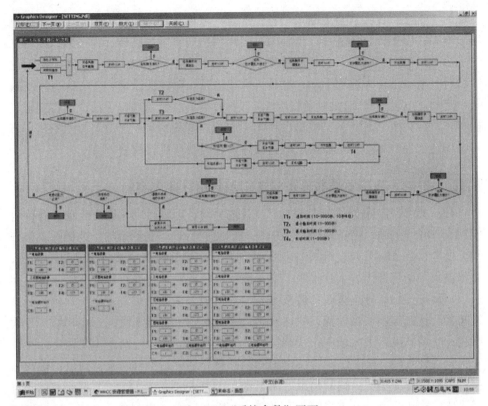

图 7-11 "系统参数"画面

| 问 28 | 输灰自动控制的执行规则是什么？

答：各电场的自动输灰控制采用任务优先级控制。当某电场从远程手动模式切入远程自动模式时，该电场将启动进料延时，当料位信号到或进料时间到，电场发送器将自动关闭进料阀、平衡阀，并将进料密封阀加压；密封压力到后该电场将进入系统输灰任务列表（排在最后），当系统输灰任务列表中排在前面的所有电场输灰完毕后，它才启动输灰。自动输灰结束后开始进料，同时进料定时器重新开始定时。

对系统输灰任务列表来说，所有电场的输灰遵循先进先输灰的原则。在发生以下情况时，该电场将从任务列表中自动删除：该电场输灰完成；该电场在输灰过程中发生故障；该电场未轮到输灰，但操作人员将其切换成远程手动或就地手动模式。

| 问 29 | 燃煤炉自动输灰工作状态指示各说明什么？

答：在燃煤炉输灰画面右侧可看到 3 号燃煤炉自动输灰工作状态指示，可能

出现的工作状态有：当前无输灰任务；准备一电场输灰，正在关闭二、三、四电场出料阀；启动一电场输灰；出料阀关闭出错！所有电场已转远程手动；准备二电场输灰，正在关闭一、三、四电场出料阀；启动二电场输灰；出料阀关闭出错！所有电场已转为远程手动；准备三电场输灰，正在关闭一、二、四电场出料阀；启动三电场输灰；出料阀关闭出错！所有电场已转为远程手动；准备四电场输灰，正在关闭一、二、三电场出料阀；启动四电场输灰；出料阀关闭出错！所有电场已远程手动；输送器接点压力故障，检查空压机系统。

问 30　各电场飞灰发送器输灰状态指示包括哪些内容？

答： 能出现的输灰状态指示如下：就地手动；远程手动；远程自动；等待料位到或时间间隔到；准备输灰；关进料阀、关平衡阀；准备输灰；进料阀1未开到位报警；准备输灰；进料阀2未开到位报警；准备输灰：进料阀密封圈加压；准备输灰；密封圈压力未到报警；准备输灰；等待输灰允许；输灰开始；出料阀泄压；输灰开始；开出料阀；输灰开始；出料阀未开到位报警；输灰开始；开进气阀、开补气阀；正在输灰；吹堵开始；并进气阀；关补气阀；正在吹堵；开吹堵阀；吹堵结束；关吹堵阀；吹堵结束；开进气阀、开补气阀。输灰结束：关进气阀、关补气阀；输灰结束；关出料阀；办事灰结束；出料阀未关到位；输灰结束；出料密封圈加压；输灰结束；出料密封压力未到报警；输灰结束；进料密封圈泄压；输灰结束；开进料阀、开平衡阀；输灰结束；进料阀1未开到位报警；输灰结束；进料阀2未开到位报警；堵灰报警；吹堵次数超过两次。

在自动输灰时出现的倒计时为输灰间隔定时器倒计时。

问 31　灰库及除渣监控系统包括哪些部分？功能是什么？

答： 灰库及除渣监控系统包括灰库料位监视、4个输灰切换阀和1个切换密闭阀的监控、两个布袋除尘器的启停控制、灰库气化系统及除渣系统（包括燃煤炉的4个捞渣/碎渣机、两个冲渣水泵、1个渣浆提升泵、3个排泥泵，两个高效浓缩机，硫化炉的4个链斗输送机和6个滚筒冷渣机）。

（1）灰库切换阀的控制：当操作人员选择［去灰库一］时，控制系统先将密封阀泄压，等待密闭阀压力信号消失后，切换阀关闭，切换阀关限位到后再将密闭阀加压；当操作人员选择［去灰库二］时，控制系统先将密闭阀泄压，等待密闭阀压力信号消失后，切换阀打开，切换阀的开关限位到后再将密闭阀加压；系统在等待切换阀的开关限位和密闭阀压力信号超过5s后将产生相应的报警信息。

（2）布袋除尘器的控制：每个灰库有一个布袋除尘器，当系统检测到某一灰库有灰进入时会自动启动该灰库的布袋除尘器,输灰结束后会自动关闭布袋除尘器。操作人员也可手动启动布袋除尘器,但在灰库进灰时是不允许关闭的。

提示:自动输灰进行前,系统会自动判断当前的输灰管道进灰的灰库料位是否已到高位,若已到高位,输灰程序会自动切换灰库。操作人员也可以在输灰前远程手动切换灰库,但在自动输灰正在进行时不允许切换灰库。

注意:灰库画面中的某些除渣设备远程控制目前无法进行,画面上的一些除渣设备的控制按钮已经设定动作,切不可随意单击。如果需要远程控制,现场必须有人监视,并能和主控室随时联系。

问 32　系统参数中各项的含义是什么?

答:［系统参数］画面提供了自动输灰所需的一些时间参数,其中,T_1 表示进料时间（10～9990s）;T_2 表示最小输灰时间（0～999s）;T_3 表示最大输灰时间（0～999s）;T_4 表示吹堵时间（0～999s）。

目前只有 2 号硫化炉输灰参数和 3 号燃煤炉输灰参数可以设定。

注意:参数设定需在各炉输灰停止时进行,在输灰运行中不可更改参数。注意 T_2 应小于 T_3。T_1 允许输入的最大时间为 9990s。

问 33　报警记录中各项的含义是什么?

答:［报警记录］画面记录系统所有的历史报警,最大可储存 1000 条历史报警,第 1001 条将覆盖第 1 条报警记录。

每条报警信息包括日期、时间、类型、来源、状态、内容、提示和操作员。类型包括故障、警告和提示。

故障:设备发生故障,需要人为干预并排除。

警告:设备当前接近临界状态,操作人员需要特别注意。

提示:显示一些涉及系统控制的重要操作信息。

来源:指示该消息来自何处。

状态:分到达、离开和确认。

到达:该信息发生,若为故障,指示该故障产生。

离开:该信息消失,若为故障,指示该故障消失。

确认:操作人员通过报警确认按钮确认该条记录。

系统确认:该消息或故障产生后又自动消失。

操作员:指示当前操作人员（登录者）名称。

问 34 S7-400 冗余系统在某电厂中应用的注意事项是什么？

答：本控制系统设计先进，但仍需很好的维护，工作中需注意以下几点：

（1）保持控制室的清洁并维持正常的室内温、湿度。

（2）控制器为电子精密仪器，不要随意触摸，维护计算机液晶显示器的清洁。

（3）监控计算机内不应当储存一些与系统无关的外来文件或游戏，以防病毒进入系统，必要时安装正版杀毒软件并及时更新病毒库。

（4）不要随意更改控制柜内的接线，若确实需要，需联系设备生产厂家并严格按图样执行。

（5）系统正常运行时，任何一个从站的电源不能切断，否则 PLC 将会报警并停止运行。如果任何一个从站发生意外掉电情况，造成 PLC 停机无法正常运行，必须首先恢复从站电源，PLC 会自动投入正常运行；如果 PLC 还是红灯报警，复位 PLC 便可消除故障。

（6）所有阀的到位开关信号要定时检查，发现信号不到位，可能是到位开关出现故障，要立即清理。

问 35 S7-400 冗余系统在某电厂中应用时的难点是什么？

答：在 1 号燃煤炉、2 号燃煤炉的 4 个电场全部投入自动输灰时，4 个电场需要采取先到先输的模式运行，压栈、出栈程序就完成这个任务。程序采用先进先出的逻辑进行，需要首先开辟 4 个紧连的顺序地址区，并且指针要指到第一个索引地址区。当任何一个电场完成进灰阶段准备输灰时，就把自己的序号压进第一个地址区（称为压栈），然后指针递减到一下索引号。当前电厂的输灰任务完成时，自己的输灰序号自动从顺序地址区弹出（称为出栈），然后指针递增返回前一个地址索引号。

压栈、出栈子程序的难点就在于对指针的灵活运用和对压栈、出栈根除概念的理解，一旦指针的索引出错，整个输灰程序就会乱套，无法完成输灰任务。

问 36 简述 S7-400 及编程软件 GRAPH 在景观水域综合治理中的应用项目概况。

答：某接待处经常要承接一些重要的外事活动，然而近年来由于其景观水域的水体受到周边生活用污水的严重污染，使得其水质变得很差，每年的 5～9 月，其景观水体在宽、浅的湖区出现了典型的水体富营养化现象，即蓝绿藻异常繁殖，使水体透明度急剧下降。另外，景观水域周边有很多树木，每年一到秋天，就会有大量的树叶掉落，这些树叶直落在湖面上，出现湖面大面积被树叶覆盖的现象。

鉴于上述情况需要对此接待处的景观水域进行综合治理。

解决方案是一方面通过对进入景观水域的水源给予过滤处理；另一方面对景观水给予循环流动处理。这样就可以解决水体水质的问题。

问 37　S7-400 及编程软件 GRAPH 在景观水域综合治理中的应用设备包括哪些？

答：此景观水域综合治理工程的电气控制系统所控设备共 76 台，实际使用 DI/DO 共 437 点，AI 共 29 个（液位、流量、水体指标数据采集等）。主要是对水泵的控制，为了保证控制器的高可靠性，控制器选择为冗余的控制器。控制器与上位监控软件均选择西门子控制设备。

（1）控制器部分配置。

1）2×9 槽机架。

2）中央处理器 CPU414H。

3）电源模块 AC 220V IN/24V，5V OUT。

4）热备同步模块支持光纤最远为 10m。

5）热备同步光纤为 1m。

6）以太网卡 CP443-1。

7）ET 200M 分布式 I/O。

（2）监控软件部分配置。

1）WinCC 上位监控软件。

2）CP1613 西门子专业以太网网卡。

3）RED-CONNECT 冗余切换网卡。

问 38　控制系统是如何构成的？

答：该系统采用了西门子公司的 S7-400 系列 PLC 作为下位计算机，采用 WinCC 作为景观水处理的监控软件。在中央控制室中配有工控机，通过西门子专业以太网卡 CP1613 和交换机连接到 Ethernet 网络上，与 S7-400 PLC 中的 CP443-1 以太网通信模块通信。

该项目的 WinCC 控制界面如图 7-12 所示。

为了保证系统的高可靠性，PLC 选择新型的 S7-400 双机热备产品——CPU414-4H，并通过远程 I/O 接口模块 ET200M 将 PLC 的 I/O 点与低压控制柜信号连接，将采集的各种信息，如液位、流量、各设备的运行状态、故障报警等显示在监控计算机（和操作屏）上，由操作人员在监控计算机（或操作屏）上对

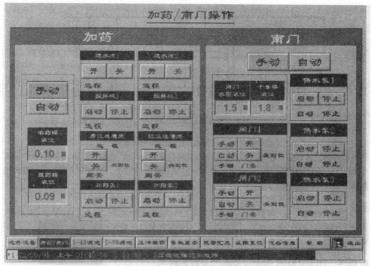

图 7-12　WinCC 控制界面

设备进行控制。

　　为了便于现场维护及操作，在 PLC 现场控制站上配置了西门子的 I0.4in 彩色液晶触摸式的人机界面。在触摸屏上可对所有设备进行操作，也可看到相关的工艺参数、报警信息等。操作屏通过 DP 总线与 PLC 通信。

　　该项目的系统如图 7-13 所示。

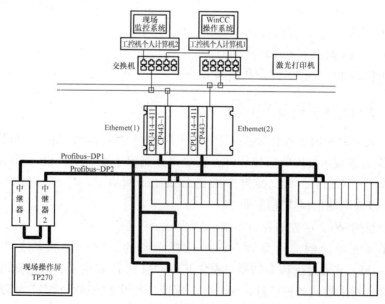

图 7-13　景观水处理系统的原理框图

为了保证系统的高可靠性，网络系统
选择双网卡、双交换机结构与上位机相连，
这样任一网络节点或元器件故障时均不会
影响到与上位计算机的通信。同样主控器
S7-400H 通过冗余的 Profibus-DP 网络分别
连接到冗余的接口模块 IM153-2 上。从总
体上看，除 I/O、操作面板以外，所有的设
备均是冗余的。TP270 的控制器通过 Profi-
bus-DP 连接，因为冗余的 CPU 的两个 DP
接口具有相同站地址，TP270 不能同时连
接到两个 CPU 上，通过 PLC 控制中继器的
电源从而保证 TP270 总是与主 CPU 连接。

中继器电源的连接方法如图 7-14 所示。

在控制的要求上，需要保证报警信息

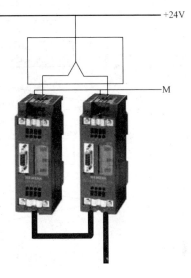

图 7-14　　中继器电源的连接方法

在 CPU 切换时不丢失。由于西门子冗余同
步采用事件同步，可保证控制及信息采集的无扰性，所以选择西门子冗余控
制器。

问 39　用 GRAPH 编制反冲程序及循环程序的编程要求是什么？

答：在水处理过程中，水体除了通过滤料进行正常的过滤外，对遗留在
滤池中的脏污及泥巴也要给予清除，这个过程就是反冲过程。反冲过程主要
是用时间来控制的。用 GRAPH 组态编程正好符合工艺的基本要求及特点。
由于反冲的 GRAPH 程序比较长，下面只简单介绍如何用 GRAPH 编制循环
程序。

编程要求：①3 台循环水泵；②每次工作两台设备；③3 台轮流工作。

问 40　循环水泵的工艺流程是什么？

答：循环水泵的工艺流程如图 7-15 所示。

问 41　GRAPH 组态的程序如何执行？

答：利用 GRAPH 组态的程序如图 7-16 所示。每个 S 代表一个步的操作，
如 S1、S2、S3 等，每一个步运行时将要执行一些操作，将要执行的操作填写到
步右边的表格中，如复位 1 号设备；启动 2 号设备、3 号设备及定时器 T2 等，

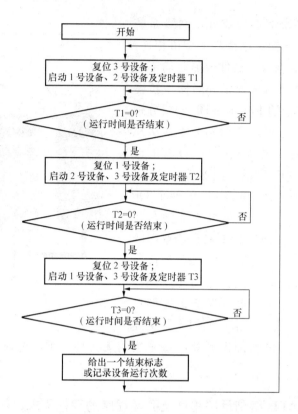

图 7-15　循环水泵工艺流程框图

这些操作实际对应一些确定的位，如 SQ1.1 表示 Q1.1 输出。利用符号表助记功能，可以将一些特定的符号名与 PLC 实际地址相连，这样在组态程序时，可以直接输入符号名，如 F03-ON-FLAG。步 S 之间的连接是通过 T 传递的，如果条件满足，如 S1 的运行时间 STEPL T 大于 150ms 时，S1 将传递到 S2 上，使能步 S2 运行。条件满足时再传递到其他步中，循环操作。当然步与步之间是可以有分支的，但这里没有应用。

上面介绍了工艺流程（见图 7-15）和 GRAPH 组态的程序（见图 7-16），相比可以发现，只是简单地将工艺流程分成步，然后添加操作指令即可，而且两者有许多相似之处。所以使用 GRAPH 软件特别适合于工艺人员编程，其实现操作的过程其实是在组态而非编程。

如果使用 STEP7 LAD 编程则要复杂得多，FC 的子程序如图 7-17 所示。

从图 7-17 中可以看出，使用梯形图的编程方法，由于要计算位、字节、字之间是否有冲突，计时器的个数是否受到限制，以及编程的规则，所以更适合程

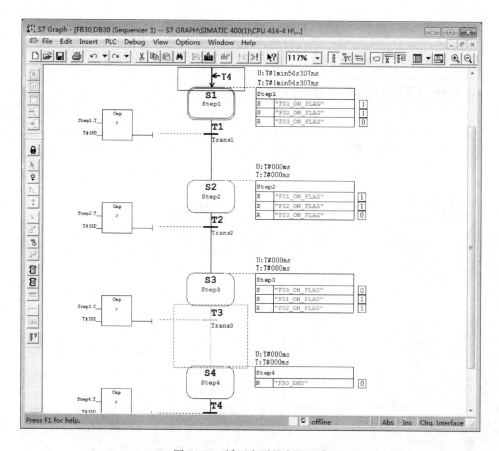

图 7-16 循环水泵的实际程序

序员而不适合工艺人员。

问 42 GRAPH 调试的快速性如何操作?

答： 程序组态完成后，下面的工作就是现场调试，如果使用梯形图或 STL，必须对语言非常熟悉，如设置断点、屏蔽或模拟一些现场点等。使用 GRAPH 的调试工具使调试任务简单快速。GRAPH 调试有 3 种方式：①手动；②缓动；③自动。结合整个项目，在初试阶段一些步或 I/O 点不能满足控制要求时，可以根据现场的要求使用手动模式操作，控制如图 7-18 所示。

手动操作可以每个步单独运行而不需要考虑步与步之间的传递关系，在调试初试阶段可以对满足条件的步单独调试，也可以设置每个步独立运行后观察组态的操作状态。当外部设备满足调试要求后，可以使用缓动模式调试组态的联锁操

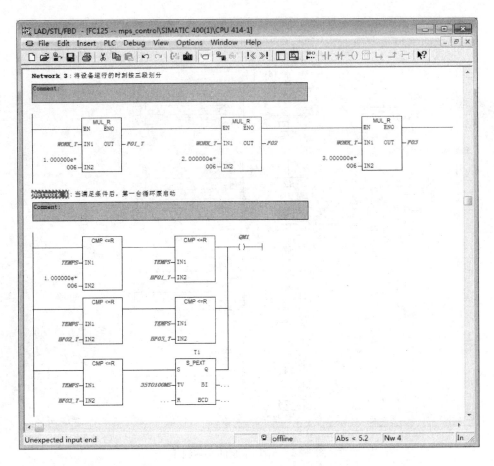

图 7-17　LAD 编程

作，步与步之间的传递条件满足或没有满足都可以通过单击"连续"按钮确认后才执行，这样可以避免由于步向传递太快，肉眼不能跟踪监控而带来的不便。所有的程序调试完成后，切换到自动模式进行试运行。

问 43　独特的人机界面监控功能如何实现？

答：除了简单的编程、快速的调试功能外，安装软件 PROAGENT（WinCC 或 PROTOOL）后，在 TP270 中可以监控 GRAPH 的步运行状态，并能切换操作模式，在 GRAPH 中集成了对步"互锁条件"和"监管控制"的报警功能，这些报警功能有别于在 TP270 中的报警功能。在 TP270 中的报警功能是 TP270 定时主动扫描 PLC 的报警位，如果信息位有变化则产生报警信息，并加载 TP 的时间标签。无论信息位变化与否，TP270 都循环扫描信息位，这样做将加重

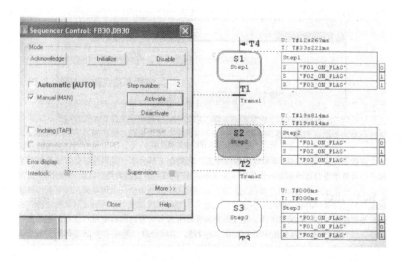

图 7-18　GRAPH 的调试工具

整个总线的通信负载。利用 GRAPH 集成的报警功能（在背景程序中自动调用 SFC17ALARM-SQ 功能，通过编译生成的 FC 块管理，不需要在程序中编程调用），报警信息是由 PLC 触发的，当信息位有变化，PLC 向 TP 或 WinCC 发送报警信息并加载 PLC 的时间标签，这样做的好处在于信息流是单方向的，并且信息位有变化才触发报警信息的发送，对总线的影响微乎其微，而且信息自动生成不需要手动添加。图 7-19 所示表示步 S1 中互锁关系没有满足，报警信息为自动生成的系统信息，报警信息必须被确认。如果需要更多的辅助信息（可以是中文），可以在"帮助"中手动添加。

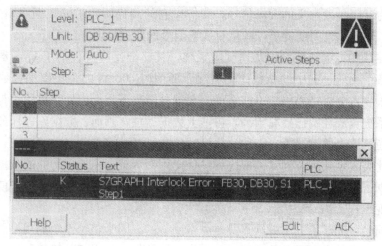

图 7-19　GRAPH 集成的报警及监控界面

在 TP270 中还集成了 GRAPH 的控制界面，如图 7-20 所示。

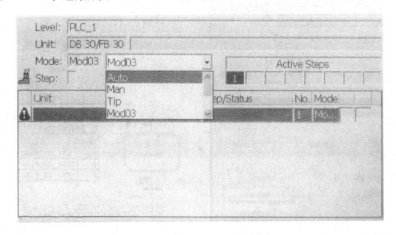

图 7-20   GRAPH 的控制界面

在控制界面可以选择 GRAPH 的操作模式，如在"Mod03"模式传递条件没有满足的情况下强行传递到下一步中，在 WinCC 中同样具有这样功能，这里不再介绍。

问 44 **为何利用 S7-400 PLC 及 WinCC 实现高速数据采集？**

答： 在使用 PLC 实现控制的领域，大多使用 WinCC 等组态工具来实现对现场信号的采集功能，并将数据存储到上位计算机数据库。但由于受到通信性能等原因的限制，通常的方法所能实现的数据采集周期局限于秒级。这其实也是正常的，因为对于一般意义的现场信号，我们对它的测控所要求的数据周期并不高，通常 1～2s 的采集周期就足以满足对现场信号的监控精度。

但在某些特定领域，如快速反应系统，其整个反应过程小于 5s，要分析了解其在整个反应过程中的参数变化情况，即使以 500ms 的采集周期，数据采集量仍然太少，分析结果仍然不够精确。在这种情况下，上位计算机用于与控制器通信的系统资源耗费已经非常高，再加上数据处理、画面、数据库等任务，在变量规模尚不算多的情况下，上位计算机的负载已经不堪重负。

对此类数据处理，通常的解决方案是使用带调整高速处理功能的数据采集板卡。数据采集板卡插在计算机插槽中，通过板卡提供的驱动程序接口，使用高级语言实现编程。

但同时，此解决方案的缺点又是非常明显的。因为整个系统的规模受到非常大的限制，即使系统的其他控制对象均为普通信号，但由于计算机的扩展插槽数量受限制，导致能实现的点数往往仅限于最多不超过几十个点，这样，如果面对的是稍大规模的项目，数据采集卡的模式就无能为力了。因此我们仍旧尝试使用 PLC＋WinCC 的模式来解决问题。

问45　解决问题的基本思路是什么？

答： 首先，我们来分析研究数据采集卡的实现方式。在数据采集卡中，根据数据采集的周期不同，会分为普通采集卡和高速采集卡，而在高速采集卡的性能指标中，非常重要的是它提供的缓冲区的容量。许多采集卡会有如 1KB 或者 2KB 的数据缓冲区用于实现高速采集数据的缓存。

采集卡从现场获得信号并进行 A/D 转换之后，将数据存储在缓冲区中，而个人计算机通过它的 PCI 插槽从板卡获取数据。这个过程其实也是一种通信的过程。为了保证数据采集的连续性，通常的方法是设定一个缓冲区半满的标志，或者说将整理个缓冲区分成两部分，采集来的数据首先堆栈到缓冲区 1 中，当缓冲区 1 存满，则发出一个半满信号到计算机，计算机收到这个半满信号，启动读取程序，将缓冲区 1 内的数据读取到计算机内存中。当数据读取结束，清空缓冲区 1 内的数据，在此期间，高速采集的数据缓存在缓冲区 2 中。同理，当缓冲区 2 满之后，同样发出半满信号，数据从缓冲区 2 转移到计算机。如此形成循环。

整理个逻辑实现的基础就是：数据的集中通信比分散通信的效率高得多，在远远低于数据堆满一个缓冲区的时间内，已满数据有充分的时间转移到计算机中。

根据缓冲区大小的不同，在缓冲区比较小的情况下，为了保证数据半满之后能够尽快将数据读出，以满足下一个周期的使用，半满信号往往需要较高的优先级，在计算机内以中断的方式通知后续的处理过程。但如果缓冲区尺寸能够提供的比较大，留给主机与板卡通信的查询时间能够足够长，那么即使使用普通 I/O 方式来处理半满信号也同样可行。

问46　运用 WinCC＋S7-400 如何实现高速数据采集？

答： 基于同样的思路，我们可以将该思想应用于 WinCC＋S7-400 PLC 的系统中。

首先，我们注意到，在 WinCC 中可以建立原始数据类型的变量。所谓的原始数据类型，就是在 WinCC 中定义变量的时候，只需要指定数据在 PLC 中的开始地址和长度，而具体数据的排列方式可以由用户自行定义。同时在 WinCC 的趋势变量记录中支持 AR-SEND 功能块的原始数据类型，它分别设计了趋势变量

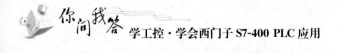

记录可以接受的将近 10 种原始数据类型的结构，这些数据结构原理大同小异，有针对一个采集数的，也有针对多个采集数的。时间标签的记录方式不同，有不带时间标签的，也有带时间标签的，有的记录均带时间标签，而有的仅仅首条记录带有时间标签，后续的记录以相同的时间间隔平移后推。

我们只对一个归档变量进行记录，同时，为了节省数据存储的空间和节省通信耗时，我们选择其中的第二种数据类型，即"具有等间隔时间标志的过程值"。这种数据类型的描述见表 7-1。

表 7-1　　　　　　　　　　　**第二种数据类型的描述**

DB 块地址	内　容			
0.0	报文类型＝1			
2.0	年		月	
4.0	日		小时	
6.0	分钟		秒	
8.0	0.1s	0.01s	0.01s	工作日
10.0	周期＝10			
12.0				
14.0	单元（类型）＝1		单位（范围）＝3	
16.0	AR＿ID 子编号＝0			
18.0	过程数据：数据类型			
20.0	过程值数量＝2000			
22.0	过程值1			
24.0				
26.0	过程值2			
28.0				
30.0				
32.0				
34.0				
36.0				
38.0				
40.0				
……				

其中，22.0 之前的 22B 存放报文头，之后为实质的数据序列。

报文头的各参数含义如下：

（1）报文头类型＝1。

（2）报文头类型定义了报文头中所包含的信息的类型，不同报文头类型所包含的信息见表 7-2。

表 7-2 **不同报文头类型所包含的信息**

报文头类型	时间标志	AR_ID 子编号
1	不带时间标志的报文头	不带 AR_ID
2	带时间标志的报文头	不带 AR_ID
3	不带时间标志的报文头	带 AR_ID
4	带时间标志的报文头	带 AR_ID

（3）时间标志：时间标志包含 SIMATIC S7 BCD 格式的日期和时间。WinCC 不使用工作日条目。

（4）周期性 10：在周期中读取过程值，该参数是在单位（范围）处指定的时间单位的因子。数据长度为双字。

（5）"周期"＝10；"单位（范围）"＝3：过程值读取周期为 10ms。

（6）单元（类型）＝1：指定时间信息的类型并修改参数"过程值的数目"。时间标志编号所对应的含义见表 7-3。

表 7-3 **时间标志编号所对应的含义**

编号	含　义
1	在相等的时间间隔内读数过程值，启动时间是在报文头时间标志中给出的，并且是强制性的。过程值之间的时间间隔由"单位（范围）"的时间单位和"周期"因素来定义
2	每个过程值包含一个时间标志，不评估输入到报文头的任何时间标志，其结构对应于具有 8B 长度的报文头中的时间标志
3	每个过程值均拥有一个相对时间差
4	每个过程值包含 AR_ID 子编号。在报文头中给定的时间标志应用于过程值。报文头的时间标志条目是强制性的

（7）单位（范围）＝3：指定用于单位（范围）的时间单位等于 1 或 3。单位（范围）编号所对应的含义见表 7-4。

表 7-4　　　　　　　　　　单位（范围）编号所对应的含义

编号	1	2	3	4	5	6	7
含义	保留	保留	ms	s	min	h	日

（8）过程数据－数据类型＝5：过程值直接以 S7 格式存储。

过程数据编号所对应的 S7、WinCC 数据类型见表 7-5。

表 7-5　　　　　　过程数据编号所对应的 S7、WinCC 数据类型

编号	S7 数据类型	WinCC 数据类型
0	字节	字节
1	字	字
2	INT	SWORD
3	DWORD	DWORD
4	DINT	SDWORD
5	实型	FLOAT

根据以上的数据类型定义，我们在 S7-400 PLC 中建立数据块 DB10，分别在 STEP7 和 WinCC 中做相应的调用。

建立 FB37，调用 SFC37AR-SEND 函数发送数据，如图 7-21 所示。

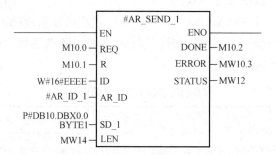

图 7-21　建立 FB37 调用 SFC37AR-SEND 函数发送数据

其中，MW14＝8022，表示整个发送数据区长度为 8022B，除了包含 22 个报文头之外，建立 2000 个 REAL 型的数据，长度为 8000B。

所使用的变量 M10.0 为归档的使能位，使能之后 PLC 主动与 WinCC 进行通信，完成通信后 M10.2＝1。

在 OB1 调用 FC 块中调用 FB37，自动分配 AR-ID＝16♯1。

然后在 WinCC 中建立一个 RAW DATA TYPE 的变量。变量记录中，选择过程变量，并制定 AR-ID 一致。

这样，通过使能位 M10.0 的控制命令，就可以将数据区中的 2000 个数据发送到 WinCC 数据库中。这里的数据区尚没有任何数据，需要编程实现数据序

列。下面为双缓冲区模式实现连续记录的过程。

（1）生成信号。正常应用时，数据大多直接从模拟量模块采集。实验中为了方便检查效果，在 OB35（10ms）中生成正弦曲线，周期为 20s，2000 年的数据。

```
L       MD400
L       L♯1
+D
T       MD400
DTR
L       3.141592e-003
*R
SIN
L       1.000000e+003
*R
L       1.000000e+003
+R
T       MD404
```

采集的数据放在 MD404 中，为实数形式。

（2）数据记录到缓冲区。首先建立长度为 4000 个 REAL 的数据块 DB400 作为双缓冲区，如图 7-22 所示。

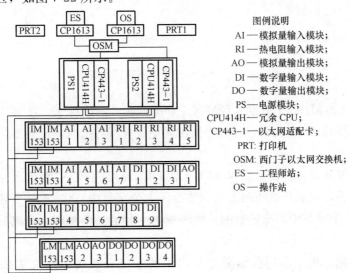

图例说明
AI——模拟量输入模块；
RI——热电阻输入模块；
AO——模拟量输出模块；
DI——数字量输入模块；
DO——数字量输出模块；
PS——电源模块；
CPU414H——冗余 CPU；
CP443–1——以太网适配卡；
PRT: 打印机
OSM: 西门子以太网交换机；
ES——工程师站；
OS——操作站

图 7-22　建立长度为 4000 个 REAL 的数据块 DB400 作为双缓冲区

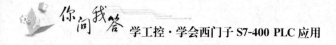

在 OB35 中使用间接寻址编程，每采集一个数据，依次放入缓冲区，并在指针分别达到 2000 和 4000 时，生成半满信号和满信号，如图 7-23 所示。

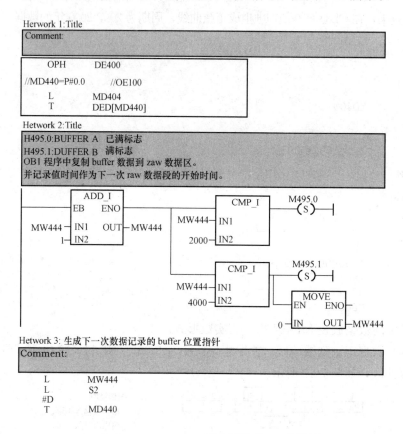

图 7-23　在 OB35 中使用间接寻址编程

M495.0 和 M495.1 分别为缓冲区 1 和缓冲区 2 的满标志，在缓冲区 2 满的同时，切换指针回 0。另外，在每个缓冲区记录首行数据时，记录下当前的系统时间。

（3）数据从缓冲区发送到 WinCC。在 OB1 调用的 FC 中编程实现：根据半满标志位状态，记录开始时间值送到数据区 8 个字节中；将 2000 个数据送到数据区的 8000 个字节中，指定数据长度为 2000，使能通信标志；完成后将此半满标志复位。

（4）其他。由于高速数据采集所占用的系统资源较多，采集来的数据占用空间也很大，所以通常情况下，这种高速数据的采集应当有一个开关，即只有在需要的时候才进行数据采集，如图 7-24 所示。因此程序还需要做一些相应的处理，使用一个 WinCC 能控制的中间量作为触发开关。在触发的上升沿，数据指针指向首行，在下降沿时，判断指针位置，判断在缓冲区 1 还是缓冲区 2。

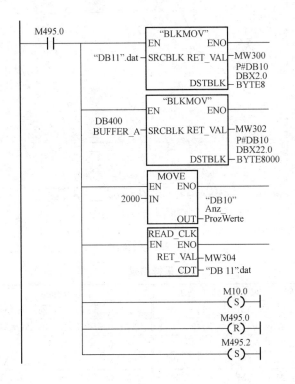

图 7-24　高速数据的采集应设置一个开关

问 47 **S7-400 PLC 及 WinCC 实现高速数据采集的效果是什么？**

答： 在 WinCC 的趋势图画面中添加对此归档的监视，可以看到动态效果，每过 20s，图像刷新一次，一个完整的正弦曲线周期被添加，2000 个数据记录被保存。图 7-25 所示为效果图。上部为采集结果的点图，下部对比的曲线是按传统方式所能达到的最小周期 500ms 采集的结果。

另外，以表格方式记录的采样结果见表 7-6。

可以看到，每条记录之间的时间间隔为 10ms，说明所有按照设计精度记录的数据全都被记录下来了。

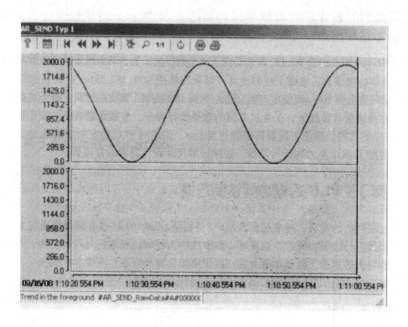

图 7-25 效果图

表 7-6 采样结果

日期/时间	列1	日期/时间	列1
2008.09.16 0：15：24.836AM	1196.73	2008.09.16 0：15：24.996AM	1147.19
2008.09.16 0：15：24.8：46AM	1193.65	2008.09.16 0：15：25.005AM	1144.08
2008.09.16 0：15：24.856AM	1190.56	2008.09.16 0：15：25.016AM	1141.00
2008.09.16 0：15：24.865AM	1187.48	2008.09.16 0：15：25.026AM	1137.89
2008.09.16 0：15：24.876AM	1184.39	2008.09.16 0：15：25.036AM	1134.78
2008.09.16 0：15：24.886AM	1181.30	2008.09.16 0：15：25.046AM	1131.66
2008.09.16 0：15：24.896AM	1178.21	2008.09.16 0：15：25.056AM	1128.54
2008.09.16 0：15：24.906AM	1175.11	2008.09.16 0：15：25.066AM	1125.43
2008.09.16 0：15：24.916AM	1172.02	2008.09.16 0：15：25.076AM	1122.34
2008.09.16 0：15：24.926AM	1168.92	2008.09.16 0：15：25.086AM	1119.19
2008.09.16 0：15：24.935AM	1165.82	2008.09.16 0：15：25.096AM	1116.07
2008.09.16 0：15：24.946AM	1162.72	2008.09.16 0：15：25.106AM	1112.94
2008.09.16 0：15：24.956AM	1159.62	2008.09.16 0：15：25.116AM	1109.82
2008.09.16 0：15：24.966AM	1156.51	2008.09.16 0：15：25.126AM	1106.69
2008.09.16 0：15：24.976AM	1153.41	2008.09.16 0：15：25.136AM	1103.57
2008.09.16 0：15：24.986AM	1150.30		

8

S7-400 PLC 网络通信实例

问1 基于 **PROFIBUS-DP** 的 **DX** 主从方式通信的原理是什么?

答: 基于 PROFIBUS-DP 协议（Direct Data Exchange）的通信模式是在主站轮询从站时，从站除了将数据发送到主站外，还将数据发送给在 STEP7 中组态的其他从站。MS 模式和 DX 模式的基本原理如图 8-1 所示。

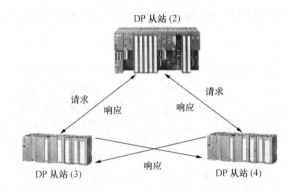

图 8-1　MS 模式和 DX 模式的基本原理

问2 基于 **PROFIBUS-DP** 的 **DX** 主从方式通信的软件和硬件需求是什么?

答: 软件：STEP7 V5.2。

硬件：PROFIBUS-DP 主站 S7-400 CPU414-3DP，两个从站 S7-300 CPU315-2DP 和 CPU314C-2DP，MPI 网卡 CP5611，PROFIBUS 电缆及接头。

基于 PROFIBUS-DP 的 DX 主从方式通信的网络配置如图 8-2 所示。

在该实例中，S7-400 作为主站，两个 S7-300 作为从站。在硬件连接之前，首先将上位计算机的 MPI 分别和 3 个 CPU 站点的 MPI 连接，进行初始化。然后用 PROFIBUS 电缆将 S7-400 和 S7-300 CPU 的 DP 相连，S7-400 为主站，两个 S7-300 为从站。打开 STEP7，新建一个项目，将该实例命名为 PROFIBUS-DP-DX，原则上从从站开始组态。

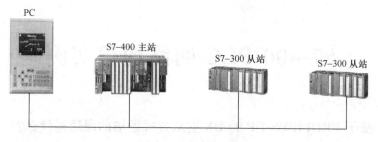

图 8-2　网络配置图

问 3　**组态 S7-300 从站如何创建？**

答：（1）组态两个 S7-300 从站，选中项目并右击，在弹出的快捷菜单选择"INSERT NEWORJECT"→"SIMATIC300STATION"命令，插入 S7-300 站点，如图 8-3 所示。

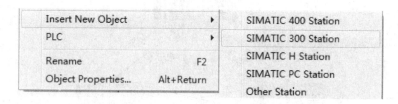

图 8-3　插入 S7-300 站点

（2）建立 S7-300 之后，双击"Hardware"图标，组态机架和 CPU，插入 CPU315-2DP 时，新建一条 PROFIBUS 网络，设置站地址参数。在"Address"栏配置 CPU315-2DP 的站号，本例中 CPU315-2DP 的 PROFIBUS 地址为 3。单击"Properties"按钮，在"Network setting"中设置传输速率和总线行规，本例中选择"DP"行规，传输速率选择"1.5Mbit/s"，如图 8-4 所示。

（3）如网络中使用了中继器、OBT 和 OLM 等网络元件，可单击"Options"按钮添加，然后单击"OK"按钮确认。

（4）双击 DP 栏组态操作模式和从站通信接口区，在"Operation Mode"菜单中选择从站模式，如果使用 PROFIBUS 网卡编程，如 CP5611，可以激活从站的编程功能，这样在 PROFIBUS 网络上可以同时对主站和从站编程，诊断地址选用默认值即可，选项如图 8-5 所示。

（5）进入菜单"Configuration"组态从站通信接口区，单击"New"按钮，加入一栏通信区，每栏通信区最大数据长度为 32 个字节，在本例中分别添加输入区一栏和输出区一栏各 10 个字节，开始地址为 0，在"Consistency"中选择

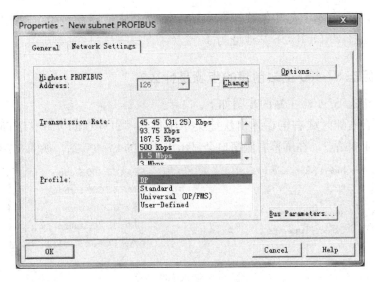

图 8-4　设置传输速率和总线行规

"Unit"，若选择"All"则主站、从站都需要调用 SFC14、SFC15 对通信数据打包解包，参数组态参考图 8-6。

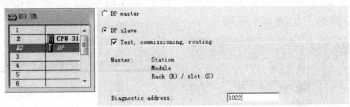

图 8-5　诊断地址设置

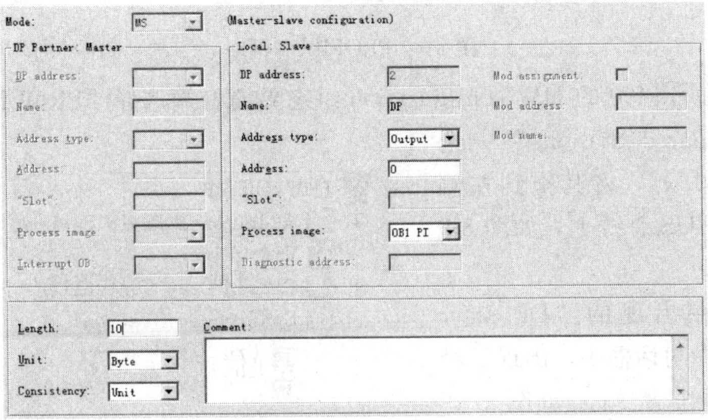

图 8-6　参数组态

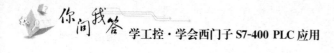

（6）以同样的方式组态另一个从站，使两个从站同在一条 PROFIBUS-DP 网络上，选择 PROFIBUS 站地址为 4。

问 4 组态 S7-400 主站创建的步骤是什么？

答： 组态 S7-400 主站的步骤如下。

（1）在右侧区域右击在弹出快捷菜单中选择"SIMATIC 400 STATION"命令，插入 400 站点，在屏幕右侧窗口会显示出相应的 S7-400 站，如图 8-7 所示。

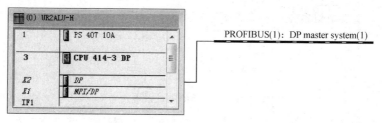

Insert New Object	▶	SIMATIC 400 Station
PLC	▶	SIMATIC 300 Station
		SIMATIC H Station
Rename	F2	SIMATIC PC Station
Object Properties...	Alt+Return	Other Station

图 8-7　插入 400 站点

（2）双击"Hardware"图标，组态机架、PS 和 CPU 模块，插入 CPU414-3DP 模块时，选择与从站相同的 PROFIBUS 网络，并设置站地址参数，本例中 CPU414-3DP 的 PROFIBUS 地址为 2。组态完成后单击"OK"按钮确认出现 PROFIBUS 网络，如图 8-8 所示。

```
(0) UR2ALU-H
1       PS 407 10A                    PROFIBUS(1): DP master system(1)
3       CPU 414-3 DP
X2      DP
X1      MPI/DP
IF1
```

图 8-8　PROFIBUS 网络

（3）在 S7-400 的 HW configuration 组态界面右侧选择"PROFIBUS DP"，在"Configured Stations"中选择"CPU315x"，将其拖到左侧的 PROFIBUS 总线上，如图 8-9 所示。

（4）在出现的"DP slave properties"对话框中，出现已经组态的两个从站，如图 8-10 所示。

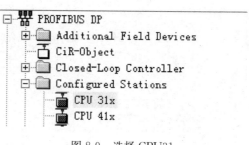

```
PROFIBUS DP
  Additional Field Devices
  CiR-Object
  Closed-Loop Controller
  Configured Stations
    CPU 31x
    CPU 41x
```

图 8-9　选择 CPU31x

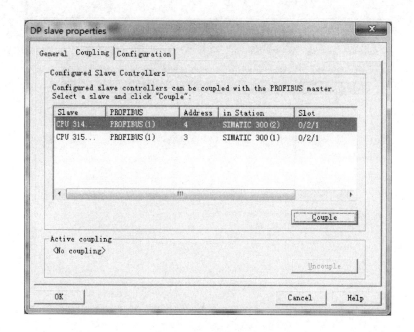

图 8-10　已经组态的两个从站示意图

（5）选择其中一个 CPU，单击"Connect"按钮，将其连接到 PROFIBUS 网络上，然后以同样的方法连接一个从站。若要从网络上断开站点，选择"Disconnect"即可。连接完成后再为两个 S7-300 从站设置其对应主站 I/O 接口区。例如，要设置地址为 3 的 CPU315-2DP 的 I/O 接口区，双击 3 号站，在弹出的"DP slave properties"对话框中的"Configuration"栏中单击"Edit"按钮，组态主站即 CPU414-3DP 的通信接口区，如图 8-11 所示。

（6）分别组态主站的通信地址区，对应规则为主站输出对从站输入，主站输入对从站输出。然后以同样的方法组态 4 号从站对应主站的通信接口区。

组态完成后对应的通信地址如下：

主站 CPU414－3：　　　　　　　　3 号从站 CPU35－2DP

IB0～IB9←　　　　　　　　　　　QB0～QB9

QB0～QB9→　　　　　　　　　　IB0～IB9

4 号从站：　　　　　　　　　　　CPD314C-2DP

IB10～IB19←　　　　　　　　　　QB0～QB9

QB10～QB19→　　　　　　　　　IB0～IB9

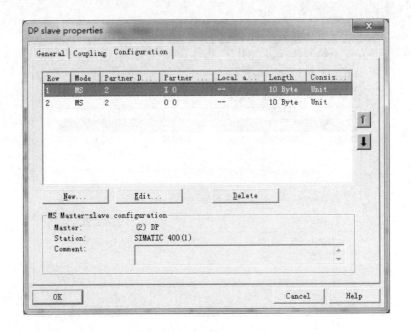

图 8-11　DP 从站属性

问5 **组态 DX 通信区如何操作?**

答: 上面的组态过程仅仅是 PROFIBUS-DP MS 通信模式, 只有上面的工作完成后才能进行 DX 模式组态。前面已经介绍了 DX 的通信方式, 主站轮询从站读取数据时, 从站广播发送数据给主站和指定的从站, 那么这个从站称为 "Publisher", 接收数据的从站称为 "Recipient", 我们以 3 号从站作为 "Publisher", 以 4 号从站作为 "Recipient"。双击 4 号从站新建一栏通信数据, 这时在 "Mode" 下可以选择 MS 或 DX 方式, 选择 DX 模式, 在 "Publisher" 地址中会出现 3 号站, 如果还有其他的智能从站在同一条 PROFIBUS 网络上也会出现这些站号, 本例中因为只有两个从站, 所有 4 号从站的 "Publisher" 站只有 3 号站。在下面的选择中要注意, "Publisher" 的 "Address type" 为 "Input", "Address" 可以选择, 这里都是指 "Publisher" 对应主站的 "Address type" 和 "Input", 从图 8-11 中可以看出, 3 号站发送给主站数据对应主站的接收区为 IB0~IB9。如果在 "Input" 区选择 0, 则 "Recipient" 4 号从站将接收主站地址 IB0~IB9, 也就是 3 号从站 "Publisher" QB0~QB9 的数据, 如果选择 4, 则接收 3 号从站 "Publisher" QB4~

QB9 的数据，也就是说，"Recipient" 可以有选择性地接收 "Publisher" 的数据，参数组态如图 8-12 所示。

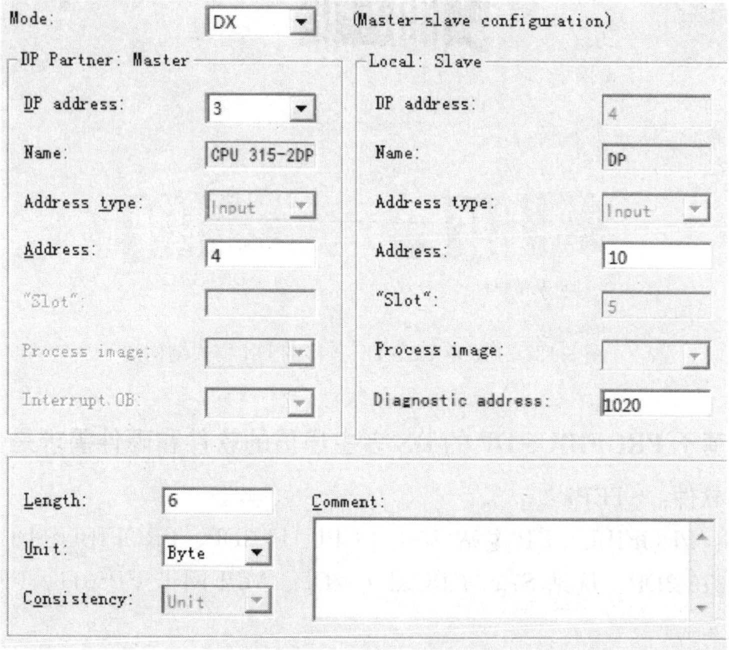

Mode:	DX ▾	(Master-slave configuration)

DP Partner: Master

DP address:	3 ▾
Name:	CPU 315-2DP
Address type:	Input ▾
Address:	4
"Slot":	
Process image:	▾
Interrupt.OB:	▾

Local: Slave

DP address:	4
Name:	DP
Address type:	Input ▾
Address:	10
"Slot":	5
Process image:	▾
Diagnostic address:	1020

Length:	6	Comment:
Unit:	Byte ▾	
Consistency:	Unit ▾	

图 8-12　参数组态

从上述对应关系中可以看出，当主站轮询 3 号从站时，3 号从站发送 QB0～QB9，则主站 IB0～IB9 中，同时发送 QB4～QB9 六个字节到 4 号从站 IB10～IB15 中，这里容易混淆的是 "Publisher" 的地址区，站地址是从站地址，通信区却是主站的。如果数据的连续性参数选择 "All"，"Publisher" 从站发送的数据都是以整个数据包的形式发送的。即使 "Recipient" 从站选择接收 "Publisher" 从站 1 个字节的数据也必须调用 SFC14。

问6 基于 PROFIBUS-DP 的 DX 多主通信的结构是什么？

答： 前面已经介绍 DX 通信模式，当主站依次轮询从站时，从站数据除发送给主站外，同时发送数据给在 STEP7 组态中指定的其他从站 DX 通信的另一种方式，即多主通信。用 PROFIBUS-DP 连接的 DX 模式下的多主通信，其结构如图 8-13 所示。

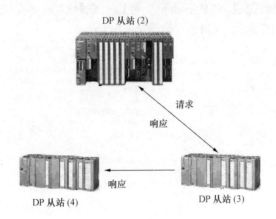

图 8-13　PROFIBUS-DP 连接的 DX 模式结构图

问 7 **基于 PROFIBUS-DP 的 DX 多主通信的软件和硬件需求是什么？**

答：软件：STEP7 V5.2。

硬件：PROFIBUS-DP 主站 S7-400 CPU414-3DP、PROFIBUS-DP 主站 S7-300 CPU315-2DP、从站 S7300CPU314C-2DP、MPI 网卡 CP5611、PROFIBUS 电缆及接头。

基于 PROFIBUS-DP 的 DX 多从方式通信的网络配置如图 8-14 所示。

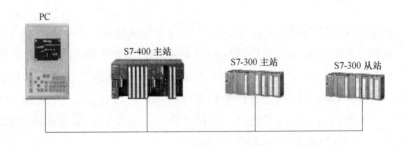

图 8-14　PROFIBUS-DP 的 DX 多从方式通信的网络配置

在该实例中，CPU414-3DP 和 CPU315-2DP 作为主站，CPU314C-2DP 作为从站。连接 CPU 集成的 DP 口，先用 CP5611 通信 MPI 对 CPU 初始化，然后修改 CP5611 参数成为 PROFINUS 网卡，连接到 PROFIBUS 网络上可以对每个站进行编程。

问8　组态从站的步骤是什么?

答:组态从站的步骤如下:

(1) 打开 STEP7 软件,新建一个项目,将该实例命名为 Multi-master,组态 S7-300 从站,选择项目名右击,在弹出快捷菜单中选择 "SIMATIC 300STATION" 命令,插入 S7-300 主站,在屏幕右侧会看到相应的 S7-300 站点出现,如图 8-15 所示。

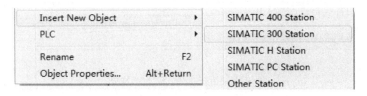

图 8-15　建立 S7-300 站

(2) 建立 S7-300 站之后,双击 "Hardware" 图标,组态机架和 CPU,插入 CPU315-2DP 时,新建一个 PROFIBUS 网络,设置站地址参数。在 "Address" 栏配置 CPU315-2DP 的站地址,本例中 CPU314C-2DP 的 PROFIBUS 地址为 3。单击 "Properties" 按钮在 "Network setting" 中设置传输速率和总线行规,选择 "DP" 行规,传输速率选择 "1.5Mbit/s",如图 8-16 所示。

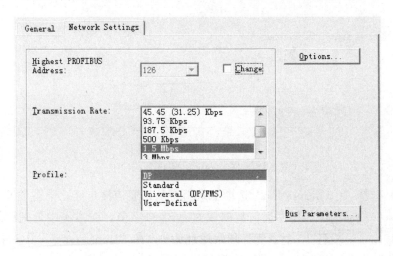

图 8-16　网络设置

(3) 如果网络中使用了中继器、OBT、OLM 等网络元件,可通过单击

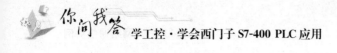

"Options" 按钮来添加，然后单击 "OK" 按钮确认。组态好的 S7-300 从站如图 8-17 所示。

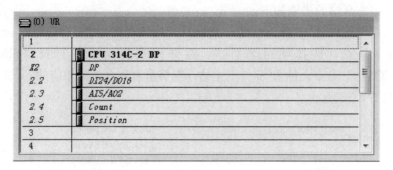

图 8-17　组态好的 S7-300 从站

（4）双击 DP 栏，组态操作模式和从站通信接口区，在 "Operation Mode" 选项卡中选择从站模式，诊断地址选用默认值即可，选项如图 8-18 所示。

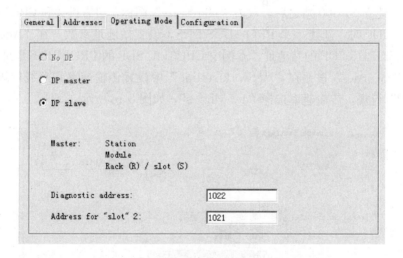

图 8-18　"Operation Mode" 选项卡

（5）选择 "Configuration" 选项卡来组态从站通信接口区，单击 "New" 按钮，加入一栏通信区，每栏通信数据最大为 32 个字节，在本例中分别添加输入区栏和输出区一栏各 10 个字节，开始地址为 0，在 "Consistency" 中选择 "Unit"，若选择 "All" 则主站与从站都需要调用 SFC14、SFC15 对通信数据进行打包解包，参数组态如图 8-19 所示。

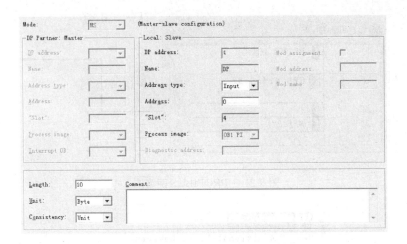

图 8-19   参数组态

问9   组态 2 号主站创建的步骤是什么?

答:以同样的方法组态 S7-400 站,具体步骤如下:

(1)在右侧窗口右击,在弹出快捷菜单中选择"SIMATIC400 STATION"命令,插入 S7-400 站点,在右侧窗口会显示相应的 400 站点,如图 8-20 所示。

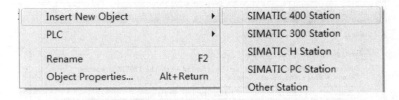

图 8-20   插入 S7-400 站点

(2)双击"Hardware"图标,分别组态机架、电缆和 CPU 模块,插入 CPU414-3DP 时,选择与从站相同的 PROFIBUS 网络,并设置地址参数,本例中 CPU414-3DP 的 PROFIBUS 地址为 2。组态完成单击"OK"按钮确认,出现 PROFIBUS 网络,如图 8-21 所示。

(3)在 S7-400 的"HW configuration"组态画面右侧选择"PROFIBUS DP",在"Configured Stations"中选择"CPU31x",并将其拖到左侧的 PROFI-BUS 总线上,如图 8-22 所示。

(4)在出现的"DP slave properties"对话框中,出现已经组态的从站,如图 8-23 所示。

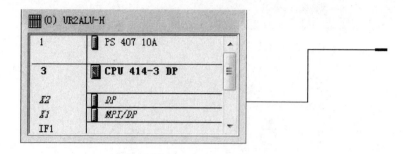

图 8-21　PROFIBUS 网络图

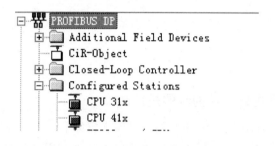

图 8-22　选择 CPU31x 示意图

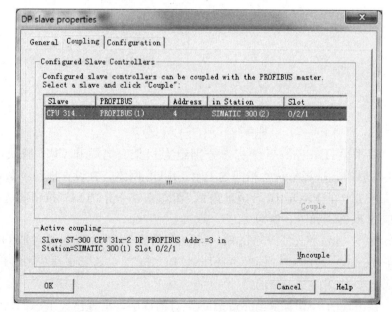

图 8-23　DP slave properties 对话框示意图

（5）选择 CPU，单击"Connect"按钮，将其连接到 PROFIBUS 网络上，单击"Disconnect"按钮，也可以使其从网络上断开。连接完成后再为 S7-300 从站设置其对应主站的 I/O 接口区。例如，在"DP slave properties"对话框中的"Configuration"选项卡中单击"Edit"按钮，组态主站即 CPU414-3DP 的通信接口区，如图 8-24 所示。

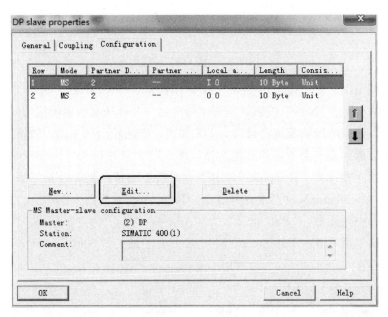

图 8-24　CPU414-3DP 通信接口区

（6）分别组态主站的通信地址区，对应规则为主站输出对从站输入，主站输入对从站输出。

组态完成后对应的通信地址如下：

主站 CPU414-3	3 号从站 CPU315-2DP
IB0～IB9←	QB0～QB9
QB0～QB9→	IB0～IB9

问 10 组态 4 号主站的步骤是什么？

答：与上面组态的主站不同的是，4 号主站不能发送数据给 3 号从站，而 2 号主站可以。同组态 2 号主站的过程一样，具体步骤如下：

（1）插入一个 S7-300 站，组态机架、电源和 CPU，组态 CPU 时出现 PRO-FIBUS 组态画面，选择站号为 4，与两个主站在同一 PROFOBUS 网络上，如图

391

8-25 所示。

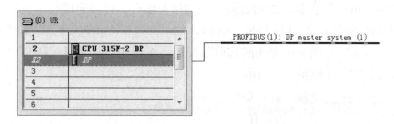

图 8-25   插入 S7-300 站

（2）双击图 8-25 中的 DP 栏，选择操作模式为"Master"，选择"Configuration"栏，单击"New"按钮，组态 4 号主站与 3 号从站的通信接口区，与 DX 通信一样，这时的通信模式已修改为 DX 模式，主站轮询从站读取数据时，从站广播发送数据给其一类主站和其他主站，那么这个从站称为"Publisher"，接收数据的其他主站称为"Recipient"，由于上面组态的从站是 3 号站，那么 3 号从站将作为"Publisher"，4 号主站将作为"Recipient"，如图 8-26 所示。

在选择中要注意，"Publisher"的"Address type"为"Input"，"Address"可选择，这里都是指"Publisher"对应某一类主站的"Address type"和"In-

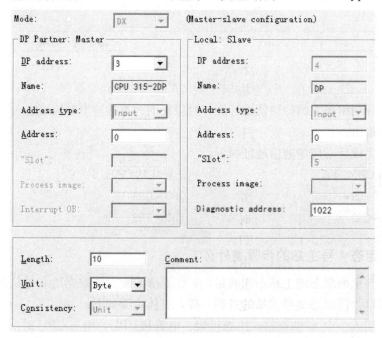

图 8-26   组态 4 号主站与 3 号从站的通信接口区

put"，从上面组态可以知道 3 号从站发送给主站数据对应主站的接收区为 IB0～IB9。如果在"Input"区选择 0，则"Recipient"4 号从站将接收主站地址 IB0～IB9，也就是 3 号从站"Publisher"QB0～QB9 数据；如果选择 4，则接收 3 号从站"Publisher"WB4～QB9 的数据，也就是说，"Publisher"可以有选择地接收"Publisher"的数据，本例中选择 4 号主站的接收区为 IB0～IB9，对应于 3 号从站的数据发送区为 QB0～QB9。如果选择所有通信数据区，在上面例子中"Publisher"为智能从站（带有 CPU），普通的从站如 ET200M 等也可以作为"Publisher"，"Recipient"可以是多个，多主通信时，只有从站的一类主站可以发送数据给其从站，其他主站不能给作为"Publisher"的从站发送数据，只能接收数据。

问 11 基于 PROFIBUS-DP 的等时模式通信的循环过程是什么？

答：与中央 I/O 相比，分布式 I/O 的过程响应时间不稳定，这是由于 PRO-FIBUS-DP 协议用于 PLC 与现场级分散的 I/O 设备之间的通信，在这种分布式的自动化体系中有许多小的循环，这些小循环的执行时间是不一致的，每个循环周期不能保持同步。如图 8-27 所示为主站 CPU 轮询两个从站的循环。

如图 8-27 所示，它包括非等时过程循环 T1～T2：

（1）T1：读入输入信号的转换时间。

（2）T2 和 T6：在从站模块背板总线上的循环时间。

（3）T4：主站 CPU 程序扫描时间。

（4）T3 和 T5：PROFIBUS-DP 总线上的轮循时间。

（5）T7：输出信号转换到端子的时间。

（6）T1～T7 的各个循环时间决定了整个过

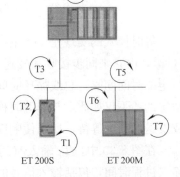

图 8-27 主站 CPU 轮询
两个从站的循环

程的响应时间。如果 CPU 从 ET200S 读入一个输入信号再发送给 ET200M 的一个输出上，要经过 7 个循环，由于各循环的运行时间不相等且不同步，循环之间可能有间隔，假设在 ET200S 上接入一个恒定的频率信号，经过 T1～T4。CPU 中读到的数据可能不是一个恒定值，这是由于整个过程的响应时间是不固定的。各个循环大体可分为 3 个循环，即用户程序循环、DP 循环和 I/O 循环，非等时模式如图 8-28 所示。

　　然而，当今的生产的和过程操作（如运动控制和闭环控制）要求更加迅速和更加准确的响应时间，特别是对于 PROFIBUS-DP 这种分布式 I/O 体系，用户需要从输入响应到 CPU 处理，最后输出到端子上有一个确定的时间和相等的时间，通过 PROFIBUS 的等时模式可以实现这样的功能，时间响应效果甚至比中央 I/O 还要好。在等时模式下，整个过程的响应时间是由恒定的 DP 总线循环和同步的单个循环时间构成的，如图 8-29 所示。

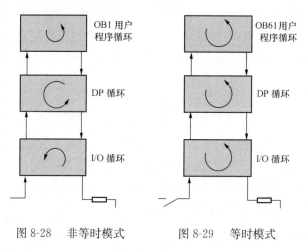

图 8-28　非等时模式　　　　图 8-29　等时模式

　　等时模式的实现是 DP 主站发送给从站一个时钟脉冲作为一个全局控制帧（GC），由它来同步接收和发送从站数据。系统时钟贯穿整个系统，使其有一个恒定的时间间隔，总线循环时间的固定和各个循环的同步保证了过程响应时间是恒定的。不仅如此，与非等时模式相比，由于各个循环的同步，不存在数据读取或发送的周期等待，所以使响应变得更加迅速。

　　在图 8-30 中，T_1 输入时间可以在 STEP7 软件中进行设置，它设定了数据输入过程时间，包括输入信号的转换时间以及数据在背板总线上的传送时间，在这个时间内所有的输入数据刚好传送到从站的 IM，然后 DP 主站发送全局控制帧开始 DP 轮询从站，当所有从站上的数据已经准备好后，触发同步循环中断 OB61，此时开始执行 OB61 中的程序，与此同时进行上一个周期的 T_0 过程和下一个周期的 T_1 过程。程序执行完毕，启动新的全局控制帧，开始新的 DP 循环周期，在 T_0 时间内输出所有数据到从站的端子上，这样保证主站给所有从站一个连续等时的响应，这个时间包含了所有的主从之间的数据交换时间，以及从站上信号的转换和背板总线上的传送时间。

　　下面通过一个具体的实例做进一步的说明。

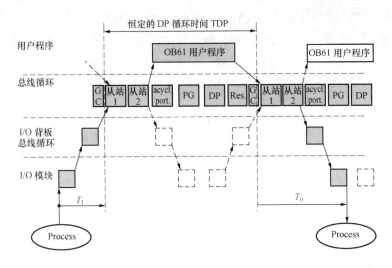

图 8-30 等时模式时序图

问 12 基于 **PROFIBUS-DP** 的等时模式通信的软件和硬件需求是什么？

答：软件：STEP7 V5.5。

硬件：PROFIBUS-DP 主站 S7-400 C I414-3DP V3.1、DP 接口模块 ET200S IM151-1 High Feature、DP 接口模块 ET200M IN153-2（带有等时功能）、分布 I/O 模块 DI 2Xdc24V 和 DO 2xDC24V/2A、MPI 网卡 CP5611、PROFIBUS 电缆及接头。等时模式网络配置如图 8-31 所示。

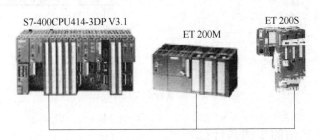

图 8-31 等时模式网络配置

按图 8-31 将 CPU414-3DP 集成的 DP 接口、IM153-2 及 ET200S IM 151-1 High Feature 的 PROFIBUS-DP 接口连接好。

问 13 组态 **S7-400** 主站的步骤是什么？

答：组态 S7-400 主站的步骤如下：

（1）打开 SIMATIC MANAGER 软件，在"FILE"菜单下选择"NEW"命令，新建一个项目，该实例中项目命名为"PROFIBUS-ISOCHRONE"，在项目屏幕的左侧窗口右击该项目，选择"Insert New Object"命令，插入一个 SIMATIC 400 Station。如图 8-32 所示，可以看到 400 主站已经在项目屏幕的右侧。

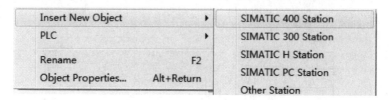

图 8-32　插入 S7-400 站

（2）双击"Hardware"图标，在"HW configuration"窗口中按硬件的实际安装顺序组态硬件系统；分别插入 S7-400 机架、电源和 CPU 模块，在配置 CPU 时，会出现对话框，可对 PROFIBUS 网络属性进行组态，通过单击"New"按钮新建一个 PROFIBUS 网络"PROFIBUS（1）"，在本例中，将其地址设为 2 号站，选择"Properties"→"Network setting"命令将传输速率设置为 1.5Mbit/s 并将总线行规设置成为 DP，单击"OK"按钮确定。配置好的 S7-400 主站如图 8-33 所示。

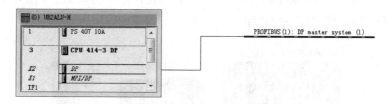

图 8-33　配置好的 S7-400 主站

问 14　组态从站的步骤是什么？

答： 下面组态 ET200S IM151-1High Feature 从站。

（1）从右侧硬件列表中选择与产品号相同的硬件，将其拖到 DP 总线上，在出现的对话框中为其设置站地址为 6，按照组态 ET200S 相同的方法组态 ET200M。

（2）按照硬件顺序和产品号配置 ET200M，然后配置站地址为 4。

组态好的整个系统如图 8-34 所示。

(0) UR2ALU-H
1
PS 407 10A
3
CPU 414-3 DP
X2
DP
X1
MPI/DP
IF1
PROFIBUS(1): DP master system (1)
(1) ET 20
(5) IM151

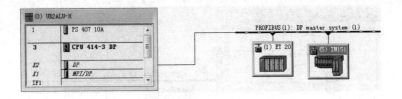

图 8-34　系统组态示意图

问 15　组态等时模式对象参数的步骤是什么?

答: 组态完毕后，双击 HW configuration 系统组态窗口中的 CPU414-3DP 栏，设置 CPU 属性，具体步骤如下：

（1）选择“Synchronous Cycle Interrupt”选项卡，如图 8-35 所示。

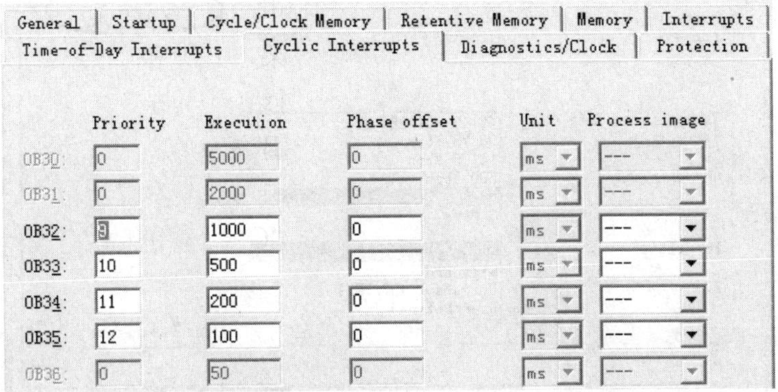

General
Startup
Cycle/Clock Memory
Retentive Memory
Memory
Interrupts
Time-of-Day Interrupts
Cyclic Interrupts
Diagnostics/Clock
Protection
Priority
Execution
Phase offset
Unit
Process image
OB30: 0 5000 0 ms ---
OB31: 0 2000 0 ms ---
OB32: 9 1000 0 ms ---
OB33: 10 500 0 ms ---
OB34: 11 200 0 ms ---
OB35: 12 100 0 ms ---
OB36: 0 50 0 ms ---

图 8-35　“Synchronous Cycle Interrupt”选项卡

设置一个同步循环中断，如果有 3 个网段，可将 OB61～OB63 都进行配置，在该实例中，只配置 OB61 即可，指定 DP 主站系统为 1，为了快速更新过程映像区，设置过程映像区分区为 1，然后为 S7-400 设置时间延迟，这个延迟是启动 OB 块和全局控制之间的延迟，它指的是 PROFIBUS-DP 轮询时间中的循环数据交换时间，即从站数据交换完毕的时间。

（2）设置 DP 主站系统。

1）在 HW configuration 系统组态窗口中双击 DP 栏，在 DP 主站系统中激活“the constant bus cycle time”，具体做法如图 8-36 所示。

2）双击 DP 主站系统，在“Genera”选项卡中单击“Options”按钮，在出现的“Properties-PROFIBUS”对话框中，选择“Network Settings”选项卡中，单击“Options”按钮，如图 8-37 所示。

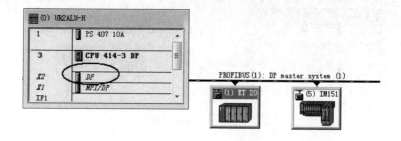

图 8-36　设置 DP 主站系统

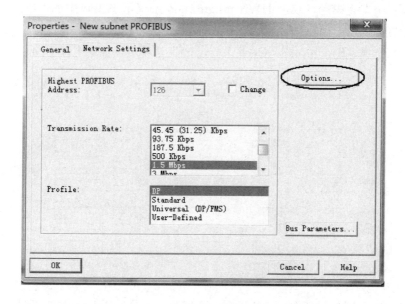

图 8-37　"Properties-PROFIBUS" 对话框

3）在 "Options" 对话框中，选择 "Constant Bus Cycle Time" 选项卡中进行如下设置：激活 "Activate constant bus cycle" 选项使 PROFIBUS-DP 主站轮询从站的时间是一个固定值，这也是等时模式下的 DP 轮询方式；激活 "Times Ti and To same for all slaves" 选项，使所有从站的 T1、T0 时间保持一致；如果此处不选择，则要在各个从站上设置，这样各个从站的 T1/T0 时间可能不一致，其他的保持默认设置，单击 "OK" 按钮确认；参数设置如图 8-38 所示。

（3）设置 DP 从站系统。

1）在 OB61 中定义的过程映像区分区为 1，这里把与等时模式相关的 I/O 模块放在过程映像区分区为 1 中，这样做的目的是快速更新 I/O 的映像区。以

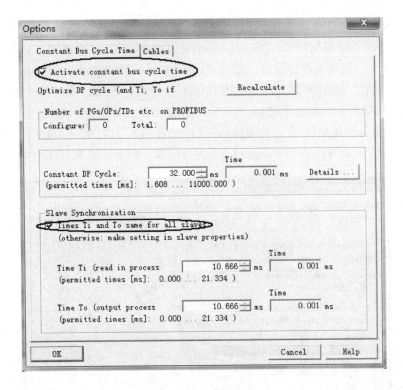

图 8-38 参数设置

ET200M 为例，设置 I/O 的过程映像区分区，双击 I/O 模块，如图 8-39 所示。

2）选择"Addresses"选项卡，选择过程映像区分区，如图 8-40 所示。

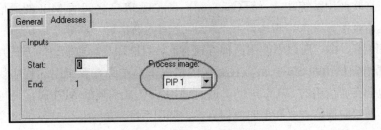

图 8-39 设置 I/O 的过程映像区分区

General | Addresses |

Inputs

Start: 0   Process image:

End: 1   PIP 1

图 8-40 选择过程映像区分区

3）完成 I/O 过程映像区分区的设置后，组态每个从站的等时模式。双击 DP 从站图标（如 IM153-2），在"Properties-DP Slave"对话框中，选择"Isochrone Mode"选项卡进行设置，激活"Synchronize Dpslave to constant bus cycle time"选项，同时激活支持等时模式的 I/O 模块，不支持等时模式的模块将不可选。如果在 DP 主站不选择"Times Ti and To same for all slaves"选项，则图 8-40 中每个从站的 T_1、T_0 时间要单独设置，T_1、T_0 时间可以不一样。本例中选择"Times Ti and To same for all slaves"，如图 8-41 所示。

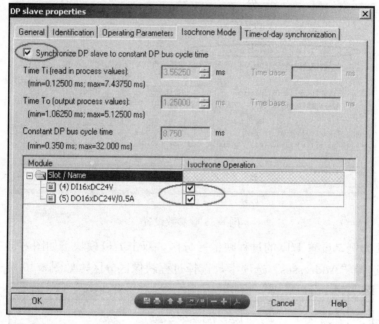

图 8-41　"Isochrone Mode"设置

问 16　基于系统功能的通信方式有几种？

答： 全局数据包通信的组态必须要求是在一个项目下，使用非常不灵活，有一些用户喜欢调用系统功能（SFC65~69）来实现 PLC 之间的 MPI 的通信，这种通信方式适合于 S7-300、S7-400 和 S7-200 之间的通信，一些非常老的 S7-400CPU 不含有 SFC65~69，所以不能用这种方式通信，只能用全局数据包的方式判断一个 CPU 是否有通信用的 SFC，可以在联机的情况下，在线查看所用的程序块，看一看是否包含有通信用的 SFC65~69，通过调用 SFC 来实现的 MPI 通信又可分为两种方式，即双向通信方式和单向通信方式，调用系统功能通信方式不能和全局数据通信方式混合使用。本例中所需硬件作为 CPU315-2DP 和 CPU416-2DP。

问 17 双向通信的特点是什么？如何应用？

答： 在通信的双方都需要调用通信块，一方调用发送块发送数据，另一方就要调用接收块来接收数据，这种通信方式适用 S7-400 之间通信，发送块是 SFC65［X-SEND］，接收块是 SFC66［X-RCV］。

下面举例说明怎样调用系统功能来实现通信。在 STEP7 中创建两个站：STATION1，CPU 为 S7-416，MPI 站地址为 2；STATION2，CPU 为 S7-315-2DP，MPI 站号为 4，2 号站发送 2 包数据给 4 号站，4 号站判断后放在相应的数据区中。在 2 号站 OB35 中需调用 SFC65，如果扫描时间太短，发送频率太快，对方没有响应，将加重 CPU 的负荷，在 OB35 中调用发送块，发送任务将间隔 100ms 执行一次，编写发送程序如下。

（1）SFC65。

```
CALL "X _ SEND"
REQ      : = M1.1
CONT     : = TRUE
DEST _ ID    : = W＃16＃4
SD        : = P＃DB1.DBX0.0 BYTE 76
RET _ VAL    : = MW2
BUSY      : = M1.2
```

（2）SFC65。

```
CALL "X _ SEND"
REQ        : = M1.3
CONT       : = TRUE
DEST _ ID     : = W＃16＃4
REQ _ ID     : = DW＃16＃2
SD         : = P＃DB2.DBX0.0 BYTE 76
RET _ VAL    : = MW4
BUSY       : = M1.4
```

（3）SFC69。

```
CALL "X _ ABORT"
REQ        : = M1.5
DEST _ ID     : = W＃16＃4
RET _ VAL    : = MW6
```

BUSY　　　　　: = M1.6

程序参数定义如下：

（1）REQ 表示发送请求，该参数为 1 时发送。

（2）CONT 为 1 时表示发送数据是连续的一个整体。

（3）DEST-ID 表示对方的 MPI 地址。

（4）REQ-ID 表示一包数据的标识符，标识符自定义，本例中两包数据的标识符分别为"1"、"2"。

（5）SD 表示发送区，以指针的格式表示，本例中第一包数据为 DB1 中从 DBX0.0（DBB0）以后的 76 个字节数据，发送区最大为 76 个字节。

（6）RET-VAL 表示发送的状态。

（7）BUSY 为 1 时表示发送中止。

在本例中，M1.1、M1.3 为 1 时，CPU416 将发送标识符为"1"和"2"的两包数据传给 4 号站的 CPU315-2DP。

一个 CPU 究竟可以和几个 CPU 通信？这和 CPU 的通信资源有关系，这也决定了 SFC 的调用次数，在选项手册中，常常可以看到"动态连接"这个术语，其与 SFC 的调用有关，以上例进行说明，M1.1、M1.3 为 1 时，与 4 号站的连接就建立起来了，反之 4 号站发送，2 号站接收同样要建立一个连接，也就是说两个站通信时，若都需要发送和接收数据，则需占用两个动态连接，具体可参考图 8-42。

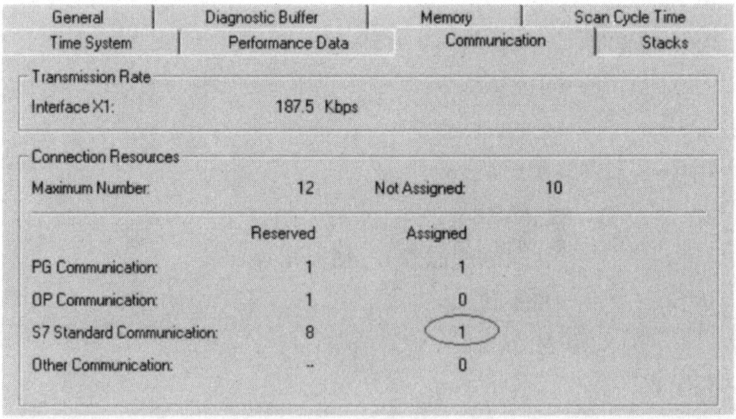

图 8-42　动态连接

如果连接没有释放，必须调用 SFC69 来释放连接，在上例中 M1.5 为 1 时，与 4 号站建立的连接断开，如图 8-43 所示。

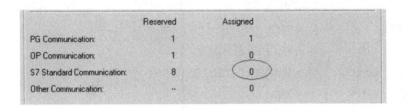

	Reserved	Assigned
PG Communication:	1	1
OP Communication:	1	0
S7 Standard Communication:	8	0
Other Communication:	--	0

图 8-43　连接断开

问 18 **单向通信的特点是什么？如何应用？**

答： 与双向通信时两方都需要编写发送和接收块相比，单向通信只在一方编写通信程序。这也是客户机与服务器的关系，编写程序一方的 CPU 作为客户机，没有编写程序一方的 CPU 作为服务器，客户机调用 SFC 通信块对服务器的数据进行读写操作，这种通信方式适合 S7-400/200 之间通信，S7-400 的 CPU 可以同时作为客户机和服务器，S7-200 只能作为服务器。SFC67［X-GET］用来读回服务器指定数据区中的数据并存放到本地的数据区中，SFC68［X-PUT］用来写本地数据区中的数据到服务器中指定的数据区中。下面举例说明怎样调用 SFC 通信块来实现单向通信，先介绍 S7-400 之间的通信，与上例一样，建立两个 S7 站：STATION1，CPU 为 S7-416-2，MPI 地址为 2 作为客户机；STATION2，CPU 为 S7315-2DP，MPI 地址为 4 作为服务器，调用 SFC68。CPU416 把本地数据区的数据 DB1. DBB0 以后的 76 个字节存储在 CPU315 的 DB1. DBB0 以后的 76 个字节中，调用 SFC67，CPU416 读出 CPU315 的数据 DB1. DBB0 以后的 76 个字节，放到本地 DB2. DBB0 以后的 76 个字节中，具体程序如下。

（1）SFC68。

CALL "X ＿ PUT"

REQ　　　　：＝M1. 1

CONT　　　：＝TRUE

DEST ＿ ID　　：＝W♯16♯4

VAR ＿ ADDR　：＝P♯DB1. DBX0. 0 BYTE 76

SD　　　　：＝P♯DB1. DBX0. 0 BYTE 76

RET ＿ VAL　　：＝MW2

BUSY　　　　：＝M1. 2

（2）SFC67。

CALL "X ＿ GET"

REQ	: = M1.3

REQ   : = M1.3

CONT   : = TRUE

DEST_ID   : = W#16#4

VAR_ADDR   : = P#DB1.DBX0.0 BYTE 76

RET_VAL   : = MW2

BUSY   : = M1.2

RD   : = P#DB2.DBX0.0 BYTE 76

（3）SFC69。

CALL "X_ABORT"

REQ   : = M1.5

DEST_ID   : = W#16#4

RET_VAL   : = MW6

BUSY   : = M1.6

程序参数定义如下：

1）DEST-ID 表示对方的 MPI 地址，VAR-ADDR 表示指定服务器的数据区。

2）SD 表示本地数据区（数据源），当 M1.1 为 1 时，CPU416 将数据区的数据从 DB1.DBB0。以后的 76 个字节的数据存放到 CPU315 的数据区 DB1.DBB0 以后的 76 个字节中。

3）RD 为本地数接收区，当 M1.3 为 1 时，CPU416 将 CPU315 中从 DB1.DBB0 以后的 76 个字节中的数据存放到本地数据区 DB2.DBB0 以后的 76 个字节中。

问 19 基于系统功能块的通信方式如何操作？

答：对于 MPI 网络，调用系统功能块进行 PLC 站之间的通信只适合于 S7-400 之间的通信。S7-400 通信时，由于 S7-300CPU 中不能调用 SFB12 [BSEND]、SFB13 [BRCV]、SFB14 [GET]、SFB15 [PUT]，不能主动发送和接收数据，只能进行单向通信，所以 S7-300 PLC 只能作为一个数据的服务器，S7-400 PLC 可以作为客户机对 S7-300 PLC 的数据进行读写操作。S7-400 通信时，S7-400 PLC 可能调用 SFB14、SFB15，既可以作为数据的服务器也可以作为客户机进行单向通信，还可以调用 SFB12、SFB13，发送和接收数据进行双向通信，在 MPI 网络上调用系统功能块通信，最大一包数据不能超过 160 个字节。

现在介绍 S7-400 之间的单向通信。先建立两个 S7 的 PLC 站，STATION1

的 CPU 为 S7-416，站地址为 2；STATION2 的 CPU 为 S7-315-2DP，站地址为 4。假设 S7-400 PLC 把本地数据 DB1 中字节 0 以后的 20 个字节写到 S7-300 PLC DB1 中字节 0 以后的 20 个字节中，然后再读出 S7-300 PLC DB1 中字节 0 以后的 20 个字节中的数据，并将其放到 S7-400 PLC 本地数据块 DB2 中字节 0 以后的 20 个字节中。具体过程如下：

（1）在硬件组态中建立通信连接表。在 STEP7 中"Option"→"Configure Network"选项进入网络组态画面，如图 8-44 所示。

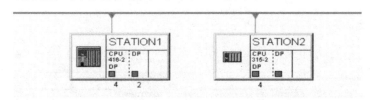

图 8-44　网络组态画面

（2）单击 STATION 1 的 CPU，出现连接表，双击连接表选择连接类型"S7 connection"，并选择所需要连接的 CPU 名称，在本例中选择 CPU 315，如图 8-45 所示。

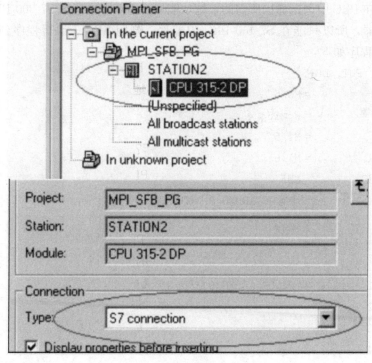

图 8-45　选择 CPU 315

（3）单击"Apply"按钮后连接表建立完成，并可以查看连接表的详细属性，如图 8-46 所示。组态完成以后编译存盘下载连接表信息。

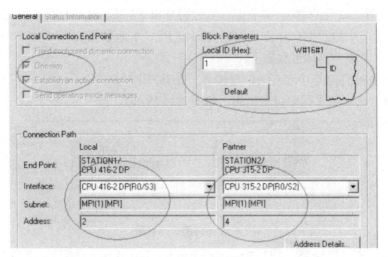

图 8-46 连接表属性

（4）在 PLC 中调用通信所需的系统功能块，由于单向通信 S7-300 PLC 是数据的服务器，所以只能在 S7-400 PLC 中编程，调用 SFB15 编写程序到 S7-300 PLC 中，程序如下：

```
CALL：PUT，DB15
REQ         ：＝M0.5
ID          ：＝W＃16＃4
DONE        ：＝M1.5
ERROR       ：＝M1.6
STATUS      ：＝MW6
ADDR_1      ：＝P＃DB1.DBX0.0 BYTE 20
ADDR_2      ：＝
ADDR_3      ：＝
ADDR_4      ：＝
SD_1        ：＝P＃DB1.DBX0.0 BYTE 76
SD_2        ：＝
SD_3        ：＝
SD_4        ：＝
```

其中，REQ 为上升沿触发，每一个上升沿触发一次。调用 SFB14 读出

S7-300 PLC的程序如下：

```
CALL：PUT，DB14
REQ         ：= M0.5
ID          ：= W♯16♯4
NDR         ：= M1.2
ERROR       ：= M1.3
STATUS      ：= MW4
ADDR＿1     ：= P♯DB1.DBX0.0 BYTE 20
ADDR＿2     ：=
ADDR＿3     ：=
ADDR＿4     ：=
SD＿1       ：= P♯DB2.DBX0.0 BYTE 76
SD＿2       ：=
SD＿3       ：=
SD＿4       ：=
```

　　程序编写完成后下载到 CPU 中，就可以建立通信了，调用系统功能块通信与调用系统功能块（SFC）的通信相比，每包的数据更大一些，但是要在硬件组态中建立连接表，配置要繁琐一些，并且同样要占用 S7-300PLC 的通信资源，根据作者的经验，在 MPI 网络中调用系统功能块（SFC）进行通信要好一些。

S7-400 PLC 过程控制实例

问 1 水箱液位系统的组成与功能是什么?

答：水箱液位系统由电动调节阀、水箱和压力变送器模块组成。电动调节阀用于调节水箱的进水量大小，压力变送器用于检测水箱中的水量，控制器的输出量用于控制电动调节阀的开度。水箱液位系统的结构如图 9-1 所示。

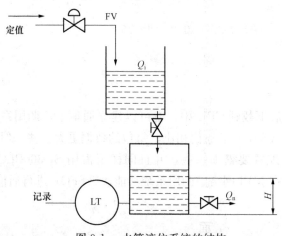

图 9-1　水箱液位系统的结构

液位变送器采用工业用的扩散硅压力变送器，含不锈钢隔离膜片，同时采用信号隔离技术，对传感器温度漂移跟随补偿。压力传感器用来对下水箱的液位进行检测，变送器为二线制，因此在工作时需串接 DC 24V 电源。

采用 Honeywell 智能电动调节阀，用来进行控制回路流量的调节。电动调节阀型号为 ML7420A3055-E，具有精度高、技术先进、体积小、质量轻、推动力大、功能强、控制单元与电动执行机构一体化、可靠性高、操作方便等优点，控制信号为 DC 4～20mA 输出 DC 4～20mA 的阀位信号，使用和校正非常方便。

问 2 实现水箱液位的定值控制的程序设计有几种方法?

答：有两种方法可以实现水箱液位的定值控制，主要是对 PID 算法的编写和 P、I、D 三个参数值的调节，一是采用 PCS7 库中现有的 PID 模块，二是采用

SCL 编写增量式 PID 模块。

问3 采用库中现有的 PID 模块如何操作?

答: 采用 CH-AL 输入模块用于读取当前水箱液位值,并将所读取的液位值转换为 PLC 可接受的值,将该值连接到 PID 模块的 PV-IN 引脚,作为测量值,与给定值 SP 进行比较。通过 PID 算法给出控制量输出,将此值传给输出模块 CH-AO,并转换为执行机构可以接受的值输出到现场,通过反复的偏差调节,使液位系统达到稳定状态。编写的 CFC 程序如图 9-2 所示。

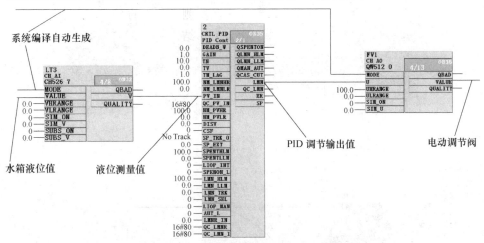

图 9-2　控制水箱液位的 CFC 程序

SIMATIC WinCC 调试界面如图 9-3 所示。图 9-4 所示为 P、I、D 参数调节

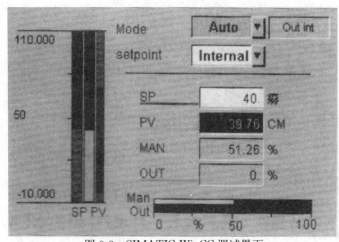

图 9-3　SIMATIC WinCC 调试界面

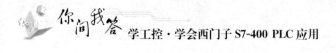

窗口。图 9-5 所示为 PID 调节响应曲线。

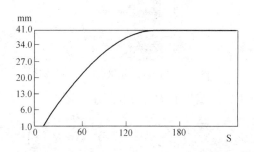

Controller settings		Monitoring of error signal	
GAIN	-8	ER: HH alarm	100
TI	0 s	ER: LL alarm	-100
TD	0 s	ER hysteresis	0
Deadband	0 癣	Suppr. ER Alarm	□
Lag time	0 s	Error Signal	-6.58
Enable Optimiz.	□	High alarm active	□
		Low alarm active	□

图 9-4   参数调节窗口

图 9-5   PID 调节响应曲线

<hr/>

问 4 **采用 SCL 编写 PID 模块如何操作?**

答: 采用 SCL 编写的增量式 PID 程序如下:

```
FUNCTION _ BLOCK FB605                //FB605 位模块的名字
VAR _ TEMP                            //临时变量定义区
   //Temporrary Variables
   xp: REAL;
```

```
   xi：REAL；
   xd：REAL；
   outtemp1：REAL；
END _ VAR                              //静态变量定义区
VAR
   //Static Variables
   error：REAL；                        //当前的误差值
   error _ 1：REAL：= 0；               //上一时刻的误差值
   error _ 2：REAL：= 0；               //上上时刻的误差值
   outtemp2：REAL：= 0；
END _ VAR
VAR _ INPUT                            //模块的输入量
   water _ level _ actual：REAL；
END _ VAR
VAR _ OUTPUT                           //模块的输出量
   output：REAL；
END _ VAR
error：= setval - water _ level _ actual；//设定值减去实际值为误差值
xp：= error - error _ 1；
xi：= error；
xd：= error - 2 * error _ 1 + error _ 2；
outtemp1：= kp * xp + ki * xi + kd * xd；
outtemp2：= outtemp2 + outtemp1；
   IF outtemp2＜0 THEN
     outtemp2：= 0；
   END _ IF；
   output：= outtemp2；
error _ 1：= error；
error _ 2：= error _ 1；
END _ FUNCTION _ BLOCK
```

将新建的 FB605 块创建到自己建立的目录 NEW-PID 中，以便于查找，在 CFC 的 NEW-PID 中即可找到 FB605，调用 FB605 模块，并调用 CH-AI、CH-AO 模块。编写好的控制程序如图 9-6 所示。

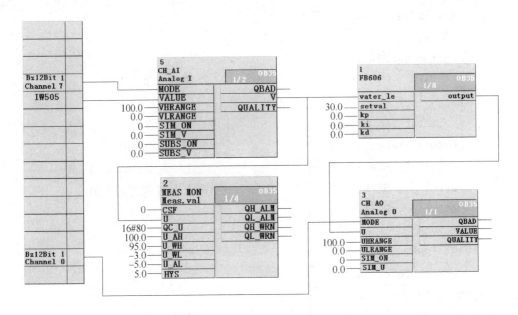

图 9-6　控制水箱液位的 CFC 程序

调试方法与采用库中现有的 PID 模块调试方法类似，只是 P、I、D 参数调节有所差异，这里不再赘述。

问 5　**基于 PCS7 的反应釜工控系统被控对象的工艺流程是什么？**

答：被控对象为过程工业常见的带搅拌釜式反应器系统，属于间歇反应过程。其工艺流程图如图 9-7 所示。

工艺设备包括：两台高位计量罐，其中，A 物料计量罐液位 L2、入口阀 V3、出口阀 V4、A 物料泵及泵电动机开关 S4；B 物料计量罐液位 L3、入口阀 V2、出口阀 V5、B 物料泵及泵电动机开关 S2；C 物料下料流量 F6、C 物料下料阀 V6。带搅拌器的釜式反应器，反应器内主产物浓度 A、反应温度 T1、液位 L4、反应物出口流量 F9、出口阀 V9、出口泵及出口泵开关 S5。反应器蛇管冷却水入口流量 F7、蛇管冷却水阀 V7；反应器夹套冷却水入口流量 F3、夹套冷却水阀 V3；反应器夹套加热蒸汽阀 S5；反应器放空阀 V5、反应器搅拌电动机开关 S5、高压冷却水阀 V30。

问 6　**基于 PCS7 的反应釜工控系统是如何设计的？**

答：（1）反应升温速度控制。在缩合反应阶段，由冷态常温逐渐诱发反应至

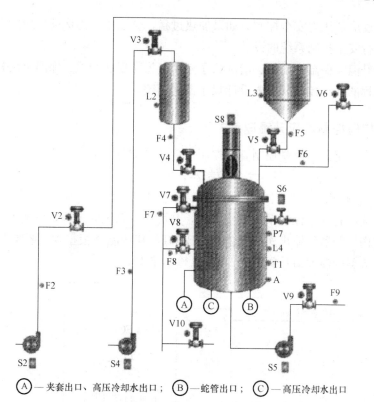

Ⓐ—夹套出口、高压冷却水出口；Ⓑ—蛇管出口；Ⓒ—高压冷却水出口

图 9-7 间歇反应工艺流程图

温度达到 121℃左右。在此阶段要求设计控制系统，保证温度以 $0.1\sim0.2℃/s$
的速度上升。

本间歇反应过程中有主副反应的竞争，主反应的活化能较高，期望较高的反
应温度，加热速率过慢会使反应停留在低温区，副反应会加强，影响主产物产
率，因此，提高反应温度有利于主反应的进行。但加热速率过高会使反应后续的
剧烈阶段失控而产生超压事故。

反应釜温度和压力是确保反应安全的关键参数，所以必须根据温度和压力的
变化来控制反应速率。

（2）反应保温温度控制。经过缩合反应后，在反应保温阶段要使反应釜温度
保持在 120℃左右 $5\sim10min$（实际为 $2\sim3h$），以使反应尽可能充分的进行，达
到尽可能高的主产物产率。

（3）主产物产率控制。为得到一定的转化率的产品，要求对反应器最终产物
的产率进行控制。注意，产率无法在线采集。反应主产物 D 的产率主要受到升
温速度、保温时间与温度的影响。

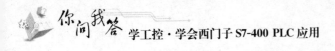

（4）反应器压力安全控制。如果加热过猛，会超压。为保证反应安全，需要对压力进行安全控制系统的设计。

（5）升温、保温、出料、清洗顺序控制。为实现从升温、保温至出料、清洗的整个过程的自动控制，需要设计顺序控制系统。

问7 如何控制反应升温速度？

答： 本系统采用模糊控制算法控制反应釜升温速度，使其为 $0.2℃/s$。如图 9-8 所示的模糊控制器设计为二维控制器，即输入是反应釜当前的温度 T 和温度变化率 TC，输出量是阀门的相对开度 U，这种结构反映模糊控制器具有 PD 控制规律，从而有利于保证系统的稳定性，并可减少系统的超调量以及系统的振荡现象。模糊控制器的输出送给功能块 FB-501，其功能是根据模糊控制器的输出和当前反应釜的温度值从阀门 V7 和 V8 输出绝对开度值。

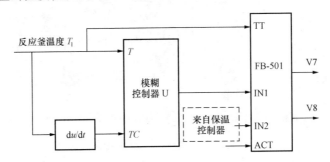

图 9-8　升温速率控制器原理图

模糊控制算法包括两个部分，一是计算机通过离线计算得到模糊控制查询表的程序。这部分程序为矩阵运算，可用 MATLAB 语言编制。二是计算机根据采样值计算温度和温度变化率，并对它们进行量化，再通过查询表得到相应控制量，然后乘以比例因子输出到被控对象的程序。图 9-9 所示为升温控制程序图。

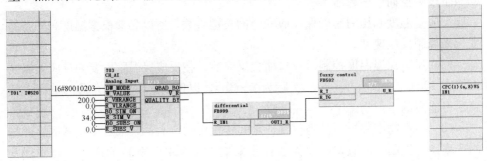

图 9-9　升温控制程序图

问8　**如何控制反应保温温度？**

答：保温控制器由一个 PID 模块和一个功能块 FB-501 组成，如图 9-10 所示。当反应温度达到118℃时，由 SFC 程序控制，使升温控制器停止工作，并启动保温控制器。在保温阶段 SFC 程序将 FB-501 的 ACT 端置 1，这时 FB-501 的 IN1 端将变为无效状态。在保温控制阶段，FB-501 接收两个信号：反应釜温度 T_1 和 PID2。通过内部用 SCL 编写的程序控制 V3、V4 和蒸汽加热阀 S6。图 9-11 所示为保温温度控制程序图。

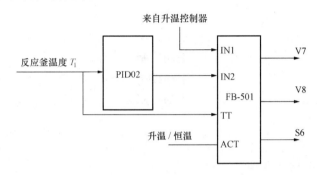

图 9-10　保温控制器原理

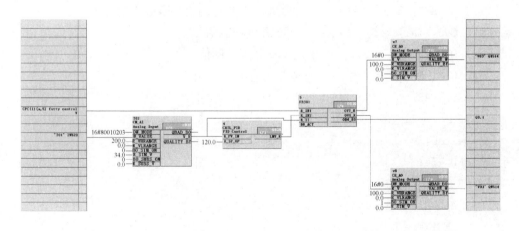

图 9-11　保温温度控制程序图

FB-501 和 SCL 源程序如下：

```
VAR _ TEMP
    //Temporary Variables
```

```
END _ VAR
VAR
   //Static Variables
LP：REAL：= 0；                    // 保存上一次 P 的值，以便计算 Delta P
DeltaP：REAL；                     //P 的变化趋势
END _ VAR
VAR _ INPUT
   //input variables
   P：REAL；                       //检测到的压力值
   MODE：BOOL；                    //手动自动
   IV5：INT；                      //手动控制 V5
   IV10：INT；                     //手动控制 V10
   IS8：BOOL；                     //手动控制 IS8
END _ VAR
VAR _ OUTPUT
   //output variables
   ALARM1：BOOL：= 0；             //P0.8 大于时的报警开关
   ALARM2：BOOL：= 0；             //P 大于 1.6 是的紧急事故报警开关
   OV5：INT：= 0；                 //V5 开度控制值
   OV10：INT：= 0；                //V10 开度控制值
   OS8：BOOL：= 1；                //S8 控制值
END _ VAR
IF P<> LP THEN
DeltaP：P - LP；
END _ IF；
IF P>0.8 THEN
   ALARM1：= 1；
   IF MODE = 1 THEN
      OV5：= IV5；
      OV10：= IV10；
      OS8：= IS8；
   ELSIF P>0.83 THEN
      IF P>1.2 THEN
```

```
IFP>1.6 THEN
    ALARM2：=1；
ELSIF DeltaP>0 THEN
    OV5：=100；
ELSE
    OV5：=0；
END _ IF；
ELSIF DeltaP>0 THEN
OV10：=100；
OS8：=0；
ELSE
OV10：=0；
OS8：=1；
END _ IF；
END _ IF；
If P<1.6 THEN
ALARM2：=0；
END _ IF；
IF P<0.8 THEN
ALARM1：=0；
END _ IF；
LP：P；
END _ FNCTION _ BLOCK
```

问9 反应器压力安全控制如何操作？

答： 为保证反应安全，压力安全控制系统示意图如图 9-12 所示。压力安全控制程序图如图 9-13 所示。

压力安全控制器 PCS 接收压力值 P，通过内部 SCL 程序，使 PCS 的输出端口输出相应的值，进而执行相应的操作进行压力安全控制。其 SCL 源程序如下：

```
VAR _ TEMP
    //Temporary Variables
END _ VAR
VAR
```

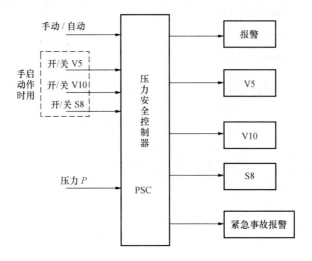

图 9-12　压力安全控制系统示意图

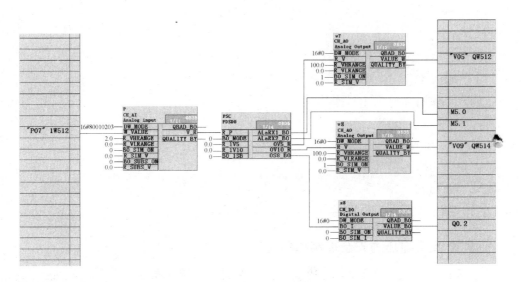

图 9-13　压力安全控制程序图

```
    //Static Variables
LP：REAL：= 0;                    // 保存上一次 P 的值，以便计算 Delta P
DeltaP：REAL；                    //P 的变化趋势
END _ VAR
VAR _ INPUT
```

```
    //input variables
    P: REAL;                    //检测到的压力值
    MODE: BOOL;                 //手动自动
    IV5: INT;                   //手动控制 V5
    IV10: INT;                  //手动控制 V10
    IS8: BOOL;                  //手动控制 IS8
END _ VAR
VAR _ OUTPUT
    //output variables
    ALARM1: BOOL: = 0;          //P0.8 大于时的报警开关
    ALARM2: BOOL: = 0;          //P 大于 1.6 是的紧急事故报警开关
    OV5: INT: = 0;              //V5 开度控制值
    OV10: INT: = 0;             //V10 开度控制值
    OS8: BOOL: = 1;             //S8 控制值
END _ VAR
IF P<> LP THEN
DeltaP: P - LP;
END _ IF;
IF P>0.8 THEN
    ALARM1: = 1;
    IF MODE = 1 THEN
        OV5: = IV5;
        OV10: = IV10;
        OS8: = IS8;
    ELSIF P>0.83 THEN
        IF P>1.2 THEN
            IFP>1.6 THEN
                ALARM2: = 1;
            ELSIF DeltaP>0 THEN
                OV5: = 100;
            ELSE
                OV5: = 0;
            END _ IF;
```

```
    ELSIF DeltaP>0 THEN
        OV10: = 100;
        OS8: = 0;
    ELSE
        OV10: = 0;
        OS8: = 1;
    END _ IF;
END _ IF;
If P<1.6 THEN
    ALARM2: = 0;
END _ IF;
IF P<0.8 THEN
    ALARM1: = 0;
END _ IF;
LP: P;
    END _ FNCTION _ BLOCK
```

问 10 顺序控制方案设计的步骤是什么？

答：升温、保温、出料、清洗顺序控制步骤如下：

（1）迅速检查并确认进料阀 V4、V5、V6 和出料阀 V9 已经关闭。

（2）开启反应釜搅拌电动机 S2，打开夹套蒸汽加热阀 S6，观察反应釜内温度 T_1 逐渐上升。

（3）当 $T_1 \geqslant 45℃$ 时，关闭 S6，反应靠自身的放热效应不断加快反应速度。

（4）当 $T_2 \geqslant 65℃$ 时，升温速度控制系统开启，控制反应釜温度 T_1 上升速率保持在 $0.2℃/s$ 以内。然后以允许的最快速率达到 $120℃$。

（5）当 $T_3 \geqslant 118℃$ 时，升温速度控制系统关闭，保温控制系统开启，并运行 10min，使反应釜温度保持在 $120℃$（压力保持在 $0.68 \sim 0.70MPa$），以使反应尽可能充分地进行，达到尽可能高的主产物产率。

（6）将放空阀 V5 打开 10s，放掉釜内可能残存的气体。

（7）关闭放空阀 V5。

（8）打开出料泵 S5、出料阀 V9，观察反应釜液位 L1 逐渐下降。

（9）当液位下降至 0.0m 时，关闭 S5 和 V9。

顺序控制程序图如图 9-14 所示。反应釜控制系统的整体控制程序如图 9-15 所示。

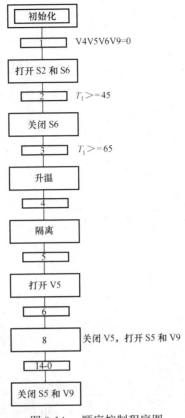

图 9-14　顺序控制程序图

问 11　什么是 PROFIBUS PA？它有何功能？

答： PROFIBUS PA 标准传送技术是根据过程工业量身制定的。标准化的通信服务可以保证不同生产厂家的现场设备之间的互操作性以及运行期间现场设备的远程参数化。

PROFIBUS PA 网络基于电气传输部件。信息和能源管理通过一根屏蔽的双绞线即可完成，使用直线形、树形和星形拓扑网络，传输距离可达 1.9km，可以使用无源 PROFIBUS PA 终端元件（SpliTCnnect 端接器）连接总线段。主要使用 DP/PA 连接器用于 PROFIBUS DP 的网络传输。

对于 SIMATIC PCS7，自动化系统和现场设备之间通过 CPU 中的代理块进行通信，覆盖所有现场设备。可采用运行过程中装入 DP/PA 连接器和现场设备中的组态数据使用工程师站进行组态。通过集成在工程师站中的过程设备管理器 SIMATIC POM 来实现参数化、调试和诊断。

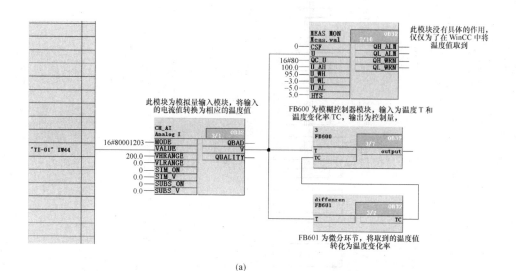

(a)

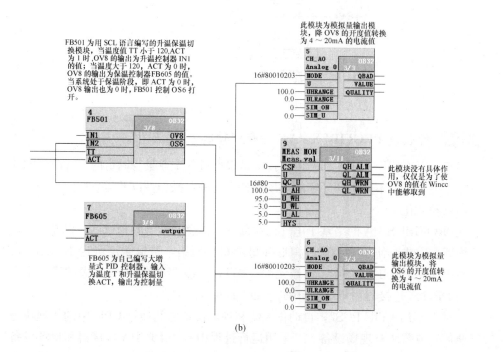

(b)

图 9-15　反应釜控制系统程序（一）

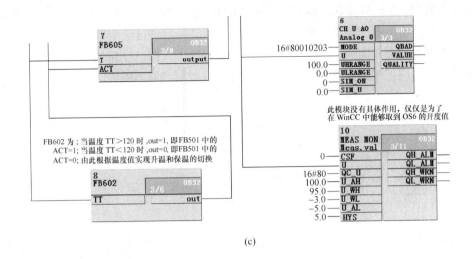

(c)

图 9-15 反应釜控制系统程序（二）

DP/PA 连接器是一种非常简单的网关，用于连接 PROFIBUS DP 和 PRO-FIBUS PA 两个总线系统，但是降低了传输速率。因此，PROFIBUS DP 和 PROFIBUS PA 可以相互组合，对于 PROFIBUS DP 的时间性能没有任何影响。

问 12 基于 PROFIBUS 的流量控制系统的结构是什么？

答：以流量计作为测量变送单元，以变频器作为执行机构，控制水泵的转动频率，从而控制水的流量，构成闭环液位控制系统。系统结构如图 9-16 所示。

图 9-16 PROFIBUS 流量控制系统

问 13 如何设计基于 PROFIBUS 的流量控制系统的程序？

答：采用 PA-AI 模块来检测流量计流过的流量，用一个乘法模块对流量进行

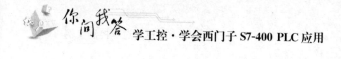

线性化处理，PA-AI 模块的输出连接到 PID 模块的 PV-IN（流量测量值），经 PID 算法调节后给出的控制量输出到 CH-U-AO 模块，最终传送给变量器，变频器和流量计控制程序图如图 9-17 所示。图 9-17 中有两个 CH-U-AO 模块，其中，与 PID 模块相连的用来控制变频器的频率，另一个用来控制变频器的启动和停止。

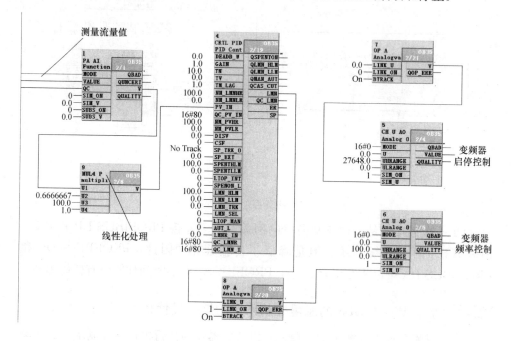

图 9-17　变频器和流量计控制程序图